民國建築工程期刊匯編

MINGUO JIANZHU GONGCHENG QIKAN HUIBIAN

56

《民國建築工程期刊匯編》編寫組 編

广西师范大学出版社
GUANGXI NORMAL UNIVERSITY PRESS
·桂林·

第五十六册目録

新工程（昆明）

28101

新工程

中華郵政局特准掛號認爲新聞紙類

第三期

上海商業儲蓄銀行

資本伍百萬元

公積七百六十萬元

經營一切銀行業務

各大商埠均可通匯

昆明分行正義路三六六號

辦事處金碧路四〇二號

郵政儲金匯業局發行

節約建國儲蓄券

目的：提倡社會節約，獎勵國民儲蓄，吸收遊資，興辦生產事業。

種類：甲種券爲記名式，不得轉讓，可以掛失補發。

乙種券爲不記名式，不得掛失，可以自由轉讓，並可作禮券饋贈。

券額

分國幣五元，十元，五十元，一百元，五百元，一千元六類

甲種券照面額購買，兌取時加給利息及紅利。

乙種券購買時預扣利息，到期照面額兌付。

期限

甲種券存滿六個月後，卽可隨時兌取本息一部或全部，如不兌取，利率隨期遞增，存滿五年及十年，並於利息之外，加給紅利。

乙種券分一年至十年定期十種，可以自由選定。

利息

甲種券週息複利六厘至七厘半，外加紅利。

乙種券週息複利七厘至八厘半。

優點

本金穩固——由郵政負責，政府担保。

利息優厚——有定期之利，活期之便。

存取便利——可隨地購買，隨地兌取。

中國銀行

昆明支行 地址 護國路三四五號

雲南省分支機關

楚雄 祥雲 下關 保山 壘允 開遠

箇舊 曲靖 平彝 宣威 祿豐

以上均已開業

芒市 騰衝 昭通

以上正在籌備

代理中國保險公司承保各險

國外分支機關

大阪 倫敦 紐約 仰光 檳榔嶼

泗水 河內 海防 新嘉坡 巴達維亞

辦理各項存款放款儲蓄信託進出口押匯貼現及國內外匯兌等一切銀行業務并自建新式倉庫供堆貨物如荷各界惠顧毋任歡迎

交通銀行

創辦已經三十餘年

經營一切銀行業務

分支行處遍設各地

辦事手續便利敏捷

國貨飛虎牌油漆

鐵路橋樑及建築物必需之品

振華油漆有限公司

昆明批發所護國路四三號

電報掛號二一〇六號「批」

辦理商業銀行一切業務
兼營各種儲蓄存款
總行 上海江西路
滇行 昆明金碧路
其他分支行五十餘處
金城銀行
資本收足
國幣柒百萬元
公積金
國幣叁百陸拾柒萬元

中國農民銀行經

國民政府特許爲供給農民資金復興農村經濟促進農業生產及提倡農村合作之銀行

資本總額　收足壹千萬元

業務　本銀行除營農民銀行條例規定之各項業務外並呈准設立兼辦儲蓄業務

總行　重慶

分支行處

江蘇省　上海

浙江省　寧波　紹興　金華　江山　溪口

安徽省　屯溪

江西省　上饒　吉安　贛縣　萍鄉　樟樹　寧都　南城

湖北省　宜昌　老河口

湖南省　衡陽　沅陵　零陵　常德　邵陽　新化　芷江　湘潭

四川省　重慶　成都　廣沅　樂山　萬縣　瀘縣　宜賓　內江　資中
南充　宣漢　渠縣　永川　自流井　大渡口

福建省　漳州　泉州　永安　建甌　延平　寧德　浦城

廣東省　韶關

廣西省　桂林　南寧　柳州

雲南省　昆明　曲靖　蒙自　澂江

貴州省　貴陽　安順　遵義　銅仁　畢節

陝西省　西安　潼關　南鄭　安康

甘肅省　蘭州　天水　平涼

西康省　西昌　雅安

青海省　西寧

寧夏省　寧夏

本行淪陷區域各行處現均撤至安全地帶辦理清理

28112

合中企業股份有限公司

UNITED CHINA SYNDICATE

LIMITED

Importers Exporters & Engineers.

經理廠商一覽

GRAF & CO.	鋼絲針布
J. J. RIETER & CO.	紡織機器
JACKSON & BROTHERS, LTD.	印染機器
J. & H. SCHOFIELD LIMITED	織布機器
SOCIETE ALSACIENNE DE CONSTRUCTION	毛紡機器
HYMAN MICHAELS CO.	鐵路鋼軌
RAMAPO AJAX CORPORATION	鐵路道岔
BOSIG LOKOMOTIV-WERKE	新式機車
FEDERATED METALS CORPORATION	銅錫合金
YORK SAFE & LOCK CO.	銀箱銀庫
SARGENT & GREENLEAF, INC.	保險鎖鑰
ALLGEMEINE ELEKTRICITAETS GESELLSCHAFT	電氣機械
FULLERTON HODGART, & BARCLAY	各種機械
SYNTRON CO.	電氣工具
JOHN ALLAN & SONS, LTD.	愛倫柏根
FLEMING BIRKBY & GOODALL	優等皮帶
RUDOLF KNOTE	辯治審定機

總公司：上海圓明園路九十七號　電話一三一四一號

分公司：香港雪廠街經紀行五十四號　電話三二五八一號

昆明青年會三百零二號

電報掛號各地皆係"UCHIS"

新通貿易公司

中國資本　中國人才

本公司創辦二十餘年承辦歐美各國名廠機電設備製造生產工具歷蒙各國各大實業廠家加以採用現派有工程師及各種技工常川駐滇爲各界服務如蒙垂詢當竭誠効勞以答雅意

本公司獨家經理各項設備

瑞士卜郎比公司　蒸氣透平電機及一切電氣機件
英國克勞司萊公司　柴油及煤氣引擎
英國第一煤氣引擎公司　煤氣引擎
瑞士希密公司　水力透平機
瑞士蘇爾壽兄弟公司　各式抽水機
比國亞可斯公司　電焊絲及電焊用具
瑞士沙狄可公司　電表

滬總公司　上海江西路四〇六號
港分公司　港皇后大道中十一號
滇分公司　昆明正義路二七四號

昆明

瑞新順五金號

本號專辦各國名廠五金雜貨經售路鑛局所各項鋼鐵材料

上海、香港均有分號

昆明文廟東巷二號

電報掛號二六一二

美　中國電氣股份有限公司　商

China Electric Company

LIMITED

INCORPORATED IN U. S. A.

本公司為國際電話電報組織之聯號製造廠遍及全球國內滬港等地亦設有分廠並聘有專門工程師代客設計舉凡一切電氣通訊設備莫不應有盡有如荷賜顧竭誠歡迎

總公司　上海　麥特赫司脫路二三〇號　電話三四三二五號

分公司　香港　告羅士打行二二六號　電話二五四三二號

昆明　巡津街盤龍路一六號

電報掛號　各地均為六一一四號即「話」字

28117

中天電機廠

磁石式電話機　長途

途用攜帶

桌機

牆機

共電式電話桌機

共電式電話牆機

自動式電話桌機

自動式電話牆機

磁石交換機由五門至五百門

抬式及牆式

共電亮燈式交換機由十門至五百門

（附帶自動轉盤）

自動分機由五十門至五百門

西門子式及西電式各種電話零件齊備

總廠　天津英租界福發路

分廠　上海麥根路

香港辦事處灣仔高士打道一四五號

重慶辦事處中一路二四三號

昆明辦事處北門街廿五號對門

公興昌五金號

上海

總號　重慶路壹百念玖號
電話 三四零九六 / 三二八二一 電報7642

分號　河南路五七二至四號
電話壹陸伍伍一號

外埠

香港　雪廠街經紀行廿六號
電話三二九四九電報Ledin

昆明　東寺街二零三至四號
電報掛號二四玖零

自運歐美各國五金材料
專營路礦局廠兵工器械
航空建築輪船各種用品

經理

協大工廠
國貨機器
五金工具

CHEONG FAT Co.,
112, Des Voeux Road Cent.

祥發五金號

香港德輔道中壹壹貳號
電話貳肆四貳壹號

專辦

鐵路建築汽車
機器開鑛航空
用品

IMPORT - EXPORT

SOCIÉTÉ GÉROLIMATOS

若利嗎洋行

MAISON FONDÉE EN 1908

YUNNANFU

Quincaillerie-Outillages divers-Produits metallurigiques-
Matériaux de construction-Ciment-Verres à vitre.

Articles sanitaires.

Verrerie-Vaisselle-Ustensiles de cuisine.

Pneux-Chambres à air pour Autos-Vélos et pousse-pousse.

Bicyclettes-Coffreforts-Appareils téléphoniques-Corde.

Droguerie et Alimentation générale.

本行開設滇垣歷有卅餘年專辦大小五金各種工具鋼鐵玻璃及水泥等建築材料兼售各式汽車卡車人力車內外輪胎衛生用具玻璃器皿西餐廚房用具單車保險鐵櫃繩索電話材料歐美罐頭食品一應俱全價格克己如蒙賜顧毋任歡迎

行址：昆明金碧路四〇七八號

電話七三八號

電報掛號 GÉROLIMATOS

28123

英商文儀洋行有限公司昆明分行

同仁街三十九號

THE OFFICE APPLIANCE CO. LTD.

Kunming Branch

39 Tung Yen Street

KUNMING

Sole Agents For.

Royal Typewriters

Monroe Calculators

Victor Adding Machines

Kardex card Cabinets

Fire Proof Steel Safes

Ribbons and Carbon Paper

Repair Department

Expert Mechanic Given

Satisfactory Service

At Reasonable harge

28126

28127

WITH THE COMPLIMENTS

OF

JARDINE, MATHESON & COMPANY, LIMITED.

AND

JARDINE ENGINEERING CORPORATION, LIMITED.

王徵與我國第一部機械工程學

劉仙洲

摘要

王徵是我國三百年前的第一位機械工程學家。他所譯的「奇器」圖說和所著的「諸器圖說」是我國第一部機械工程學。本文係將王公生平的事蹟和這部書的內容加以介紹，以備我國機械工程界同人的參考。

目次

一、引言

在我國幾千年的歷史上，若搜求對於機械工程有相當創造的人，雖說也能得到一二十位，(參考拙編中國機械工程史料)如張衡的創造候風地動儀，諸葛亮的創造木牛流馬，耿詢的創造水力混天儀，賈秋壑的創造脚踏車船等等。但有計畫的有條理的寫一部關於機械工程學的著作，則不能不首推明末的王徵。我在「中國機械工程史料」上由西洋輸入的機械工程學一章上，曾約略的介紹過一次。現在就我搜得的材料，再作一比較詳細的敍述，以供我國機械工程界同人的參考。

二、傳略

(本段因多係採用原來字句，故仍用文言。)

公諱徵，字良甫，號葵心，又號了一道人。陝西涇陽縣人。明隆慶五年(1571)公生。距今三百六十六年。父應選，號湝北。以經算教授鄉里。著有算數歌訣，湝北山翁訓子歌各一卷。

萬歷五年(1577)，公年七歲。從里儒張鑑遊。鑑曾任河東運司。有學行。後鄉人私謚曰貞惠先生。公受父師之訓，自少即有經世志。

萬曆十四年(1586)，公年十六歲。補博士弟子員。

萬曆二十二年(1594)，公年二十四歲。中舉人。後九上公車不遇。芒履蔬食，以著書力田爲務。當是時，耶穌會士利瑪竇(MatteoRicci，義大利人，1552—1610)講學京師。東南人士，如徐光啓李之藻等與之遊。公以屢上公車之故，亦時聞緒論。且性好格物窮理，尤與西士所言相契，遂受洗禮。嘗慕木牛流馬之奇，又受西人輸入之自鳴鐘等器之影響，曾自製虹吸，鶴飲，輪壺，代耕，及自轉磨，自行車諸器。後繪圖附說，成「諸器圖說」一卷。初刻本有天啓六年(1626)自序。

天啓二年(1622)，公年五十二歲。中進士。明年(1623)，西人艾儒略(Jules Aleni, 1582—1649)所著「職方外紀」成。公讀之。見其中所載奇人奇器，絕非前此聞見所及。對於西洋奇器遂發生極大之興趣。

尋補廣平推官。値白蓮教興，株連無數，公悉辯釋之。又濬清河閘，溉田至千頃。教民以諸葛陣圖，曰：「天下不可以無事之治治之也。猝有變，將何恃？」天啓三年(1623)，以繼母憂去職。

天啓五年(1625)，公年五十五歲。時比利時人金尼閣（字四表，原名 Nicolas Trigault, 1577—1628 ）在山西，乃邀至陝西開教。金尼閣於利瑪竇卒年至中國。曾集利瑪竇筆記爲拉丁文「中國開教史」。又曾著西儒耳目資一書。以拉丁字母註漢音。當時西人入中國，能閱中國文字多者焉。公旣從金尼閣習其文，乃自爲之序，並丐其鄉人前吏部尚書張問達序而刻之於陝，故迄今言中國人習拉丁文最先者，亦當推公也。

天啓六年(1626)，公年五十六歲。服闋，入都。會西人龍華民(字精華，義大意人， Nicolas Longobardi, 1559—1654），鄧玉函(字函璞，瑞士人，Jean Terrenz, 1576—1630），湯若望（字道未，德國人， Jean Adam Schall Van Bell, 1591—1666)以候旨

修曆留京邸，公與之遊，乃以職方外紀所載奇器叩之，三人因出其所藏圖籍之關於奇器者令公縱觀。公大悅。遂急請擇其中實有益於民生日用國家興作甚急者譯以中文。由鄧玉函口授，公任筆譯及繪圖。不數月卽完成。名之曰「遠西奇器圖說錄最」。後多簡稱之曰奇器圖說。天啓七年(1627)刻於北京。距今三百十餘年。清乾隆年間修四庫全書，著錄子部譜錄類。

補揚州推官。適三王之國。從者誅求無藝，民不堪其擾；公挺身白王，王爲折節。徽州富民吳養春與弟爭產。弟赴東廠首其兄佔黃山，獲大利。魏忠賢提養春拷訊，詞連巨室數百人。下公按問。公據法爭之，全活甚衆。各省爲魏閹建生祠。揚州祠成，公與淮海道陝人來復獨不往拜。時稱關西二勁。旋丁父憂去職。

島賊爲亂。登撫孫元化疏起公爲山東按察司僉事，監遼海軍務。崇禎四年(1631)閏十一月，登州遊擊孔有德等叛，登州陷。元化被執。公隻身航海歸。崇禎六年(1633)二月，官軍復登州。論罪遣戍。尋遇赦歸。

關中寇盜充斥，三原令張縉彥從公受方略，議戰守。爲連弩，活機，自行車，自飛礮，以資捍禦。閭閻獲安。當時相國葉向高徐光啓，太傅孫承宗，冢宰李松毓，中丞左光斗等，咸推爲王佐才，交章爭薦。卒爲權奸所抑，未能復出。

崇禎十六年(1643)，李闖入關，羅致薦紳。公知不免。手題墓石曰：「明了一道人之墓」。闖使至，公引佩刀自誓。乃繫其子永春去。公素德於鄉，鄉人以身贖者百人，永春得不死。

崇禎十七年(1644)，京師陷。懷宗殉國。公聞變，設帝位哭

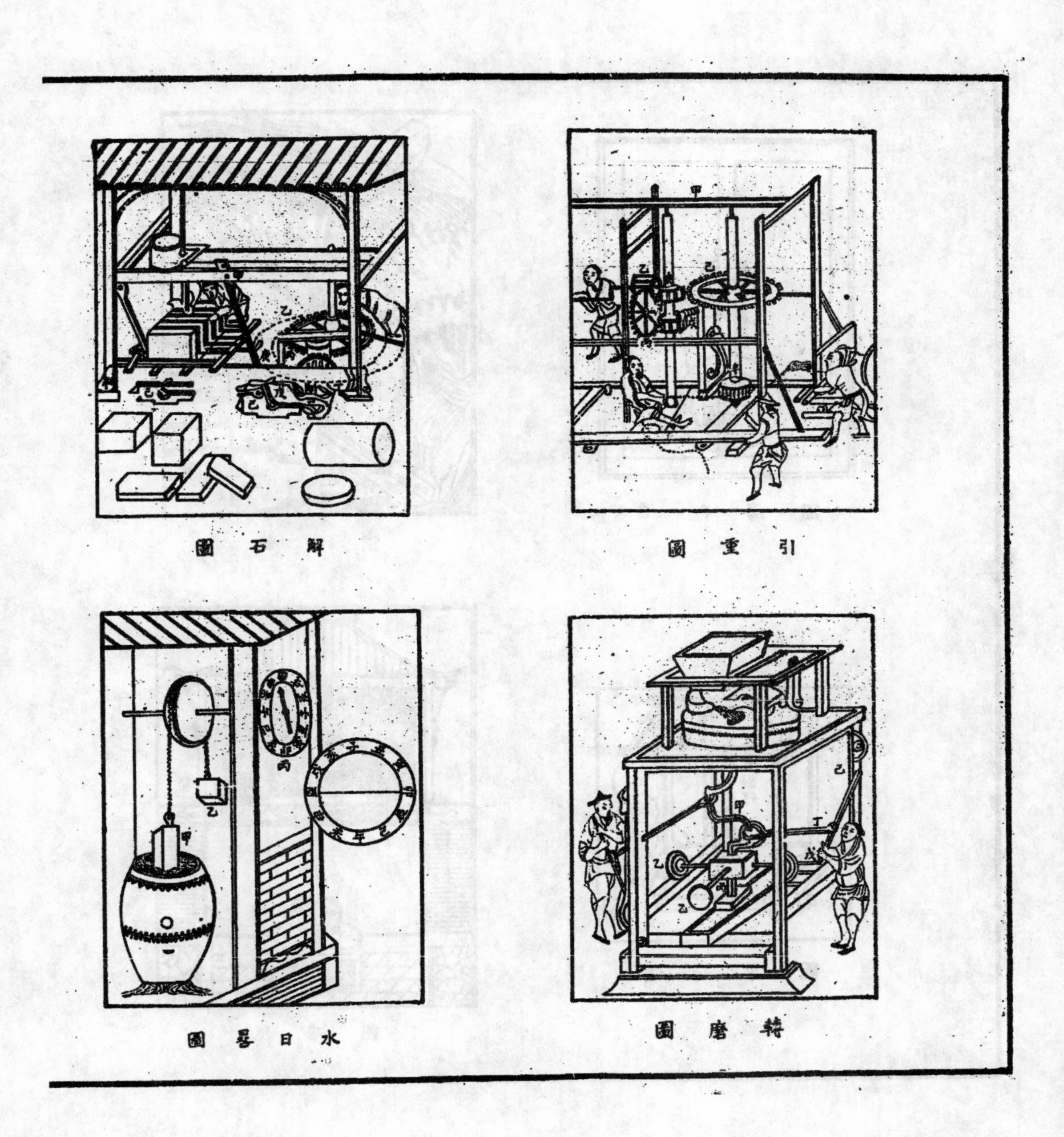

解石圖

引重圖

水日晷圖

轉磨圖

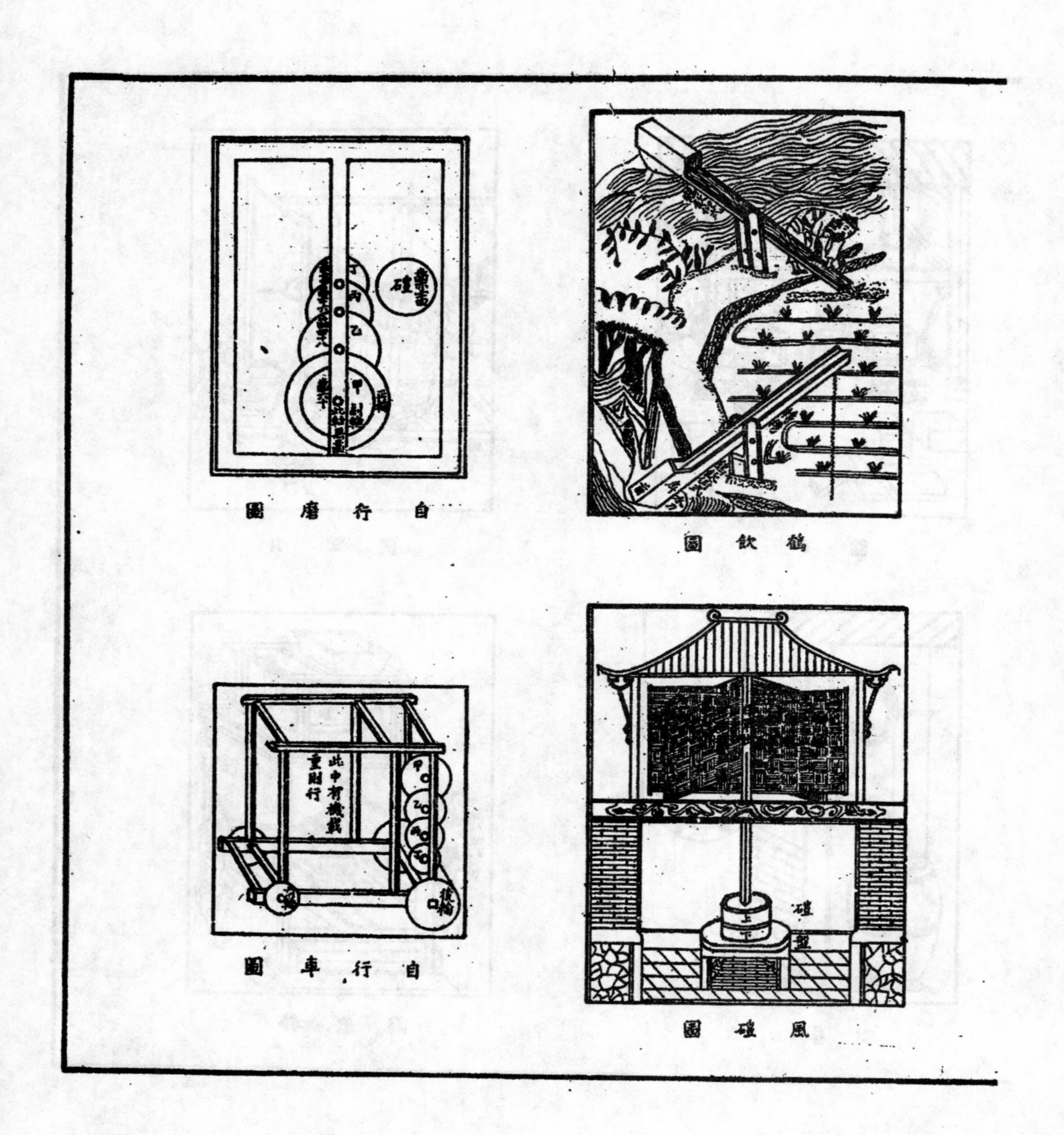

自行磨圖

鶴飲圖

自行車圖

風磑圖

於家，七日不食死。（明史祝萬齡傳，稱：西安陷，萬齡深衣大帶，趣至關中書院，哭拜先聖，投繯死。僉事涇陽王徵，太常寺卿耀州宋師襄……皆里居，城破並抗節死。未知孰是。）享年七十有四。門人諡曰端節。清乾隆時。又追諡曰忠節。

所著之書，除奇器圖說與諸器圖說外，尚有學庸解，百子解，天問解，兩理略，丁心丹，癡想語，任真語，著鏡，士約，兵約，鄉兵約，兵誓，屯兵末議，甲戌紀事，草野杞談，感時俚言，特命錄，忠統錄，路公繪心錄，元真人傳，張貞惠公年譜，崇正述略，專天實學，真福直指，曆代發蒙，辨道說，畏天愛人論，發旱禱天歌，西書釋譯，西洋音訣，山居題詠景天閣對聯，額泰三晉等各一卷額泰衷言四卷，尺牘二卷，尺牘遺稿四卷，奏議一卷，文集六卷，經集全書二十七卷。

永春子璵。璵子承烈，清康熙四十八年(1709)進士。官至刑部尚書。承烈子穆，雍正元年(1723)舉人，以詩書世其家。

三、不甚合理的記載

我們讀古人的傳記，常見有言過其實的地方。當推崇一個人往往稱許的太過；當痛恨一個人，往往貶抑的太過。這似乎都是不應當的。王公的傳記，從前都失之太簡略。明史上只有附在祝萬齡傳上的幾句(見前段)。陝西通志，涇陽縣志說的也都很簡單。方與溪文集上「書涇陽王僉事家傳後」一文，和張縉彥為他作的墓誌上，說的較詳，但是只注意他的政蹟，稱讚他的死節。對於他的學術，無甚闡揚。對於他各方面記載比較最詳的，當推近年來黃節先生在國粹學報上為他立的傳和陳垣先生在青年進步雜誌上為他立的傳。但黃傳上有下列的一段：

「……未通籍時，每春夏播耕，多為木偶以供驅策。或舂者，或簸者，或汲者，或炊者，或操餅杖抽風箱者。機關轉捩，宛如生人。至收獲時，輒用自行車束載以歸。其所居室，竅一壁以通言語。每一人語竅，雖前後相隔數十屋悉聞之。皆其心所發明者……」。

陳傳上亦有同樣的一段：

「……每當春夏耕作，卽驅所制器從事隴畝。舂者，簸者，汲者，炊者，操餅杖者，抽風箱者。機關轉捩，宛然如生。至收獲時，則以自行車捆載禾束以歸。邑人奇而效之，利甚溥。所居室：竅一壁以傳語。每值冠昏喪祭，以一人語竅，則前後數十屋皆聞。名曰空屋傳聲。見者以為諸葛孔明復出。……」

這樣說法，未免過於玄妙了！就現在所說的「機器人」，似乎也沒有這樣玄妙。無論就機械的原理言，或是就當時機械工程的程度言，都似乎是不可能的事。後來我考察他們兩位這樣記載的來源，知道都是根據清道光十年(1830)重刊本奇器圖說張鵬翀所作的序文。他的序文裏邊有這樣一段：

「……余聞之父老云：公未通籍前，每春夏播耕時，多為木偶以供驅策。或舂者，簸者，汲者，炊者，操餅杖者，抽風箱者，機關轉捩，宛然如生。至收穫時，輒製自行車以捆載禾束，事半功倍。……名曰空屋傳聲。」

我們看這一段序文，開首說是「余聞之父老云」，且道光十年距公生時，已有二百年的時間，傳聞之言，可靠性已甚小，而黃陳兩位先生竟又把得之傳聞的話去掉，就眞似實有其事的樣子了。因爲這樣言過其實的推崇，對於王公學術上的眞價值並不能有所增進，所以我沒有把它列在傳略裏邊。

又在張鵬翂的序文裏邊，還有下列的一段：

「……公於甲申林下時，聞李自成寇京師，公壘瓦礫爲內外城，如京制。繞城默祝七晝夜。適一犬自西南至，拽城一隅圮。公知事不可爲。乃仰天慟哭，七日不食而殉國難」。

這一段，黃陳兩位先生所作的傳都沒有採入。我以爲是很對的。

四、譯奇器圖說的動機及其經過

關於譯奇器圖說的動機及其經過，在第二段已經稍微敍述了一點。若打算知道更詳細的情形，最好讀他那篇最詳細最有價值的自序。現在把它擇要抄下，以備參考：

「奇器圖說乃遠西諸儒攜來彼中圖書，此其七千餘部中之一支。就一支中，此特其千百之什一耳。余不敏，竊嘗仰窺制器尙象之旨，而深有味乎璇璣玉衡之作。一器也，規天條地，七政咸在，萬禩不磨。奇哉，蔑以尙已。考工指南而後，代不乏宗工哲匠。然自化人奇肱之外，巧絕弗傳，而木牛流馬遂擅千古絕響。余甚慕之愛之。間嘗不揣固陋，妄製虹吸，鶴飲，輪壺，代耕及自轉磨，自行車諸器，見之者亦頗稱奇。然于余心殊未甚快也。

偶讀職方外紀所載奇人奇事，未易更僕數；其中一二奇器絕非此中見聞所及。如云多勒多城在山巔取山下之水以供山上，運之甚艱。近百年內，有巧者製一水器，能盤水直上山城，絕不賴人力，其器自能晝夜運轉也。又云亞而幾墨得者，天文師也。承國王命造一航海極大之舶。舶成將下之海。計雖傾一國之力，用牛馬駱駝千萬，莫能運也。幾墨得營作巧法，第令王一舉手引之，舶如山岳轉動，須臾卽下海矣。又造一自動混天儀，其七政各有本動，凡列宿運行之遲疾，一一於天無二。其儀以玻璃爲之，悉可透視。眞希世珍也。職方外紀，西儒艾先生所作，其言當不得妄。余蓋爽然自失，而私竊嚮往，曰：嗟乎，此等奇器，何緣得當吾世而一覩之哉!?丙寅冬，余補銓如都。會龍精華，鄧函璞，湯道未三先生，以候旨修歷寓舊邸中，余得朝夕晤請教益，甚讙也。暇日因述外紀所載質之，三先生笑而唯唯。且曰：「諸器甚多，悉著圖說。見在可覽也。奚敢妄」余亟索觀。簡帙不一。第專屬奇器之圖說者，不下千百餘種。其器多用小力轉大重。或使升高，或令行遠，或資修築，或運芻餉，或便泄注，或上下舫舶，或預防災祲，或潛禦物害，或自舂自解，或生響生風。諸奇妙器，無不備具。有用人力物力者，有用風力水力者，有用輪盤，有用關捩，有用空虛，有卽用重爲力者。種種妙用，令人心花開爽。間有數製，頗與愚見相合。閱其圖繪，精工無比。然有物有像，猶可覽而想像之。乃其說，則屬西文西字。雖余嚮在里中，得金四表先生爲余指授西文字母字父二十五號，刻有西儒耳目資一書，亦略知其音響，顧全文全義則茫然其莫測也。於是亟請譯以中字。鄧先生則曰：「譯是不難。第此道雖屬力藝之小技，然必先考度數之學而後可。蓋凡器用之微，須先有度有數。因度而生測量，因數而生計算。因測量計算而有比例。因比例而後可以窮物之理。理得而後法可立也。不曉測量計算，則必不得比例，不得比例，則此器圖說必不能通曉。測量另有專書，算指具在同文，比例亦大都見幾何原本中。」先生為余指陳。余習之數日，頗亦曉其梗概。於是取諸器圖說全帙，分類而口授焉。余輒信筆疾書，不次不文，總期簡明易曉，以便人人閱覽。然圖說之中，巧器頗多，第或不甚關切民生日用，如飛鳶水琴等類，又或非國家工作之所急需，則不錄。特錄其最切要者。器誠切矣，乃其作法或難，如一器而螺絲轉太多，工匠不能如法，又或器之工值甚鉅，則不錄。特錄其最簡便者。器俱切俱便矣，而一法多種，一種多器，如水法，一器有百十多類。或重或繁，則不錄。特錄其最精妙者。錄既成，輒名之曰遠西奇器圖說錄最云。客有愛余者顧而言曰：「吾子嚮刻西儒耳目資，猶可謂文人學士所不廢也。今茲所錄，特工匠技藝流耳。君子不器，子何敝敝焉於斯？矧西儒寓我中華，我輩深交，固真知其賢矣。第其人越在遐荒萬里外，不過西鄙一儒焉耳，奚為偏嗜篤好之若此」余應之曰：「學原不問精粗，總期有濟於世，人亦不問中西，總期不違於天。茲所錄者，雖屬技藝末務，而實有益於民生日用國家興作甚急也。儻執不器之說而鄙之，則尼父繫易，胡以又云備物制用立成器以為天下利莫大乎聖人？且夫畸人罕遘，紀學希聞，遇合最難，歲月不待，覩其奇而不錄以傳之，余心不能已也。故嚮求耳目之資，今更求為手足之資已耳，他何計焉。」……（下略）

五、當時一部份士大夫接受西洋科學的精神

當明末萬曆，天啓，崇禎三朝，即十六世紀的末年到十七世紀的初年，我國一部分士大夫極有接受西洋科學的精神。徐文定公光啓就是當時的領袖人物。純粹科學，如天文，數學；應用科學，如水利，測量，機械等；都盡量加以迻譯。又當時譯書的方法，除由西人自譯的以外，大多數是由西人口授，中國人筆述。如利瑪竇徐光啓合譯的幾何原本前六卷；利瑪竇李之藻合譯的同文算指前編二卷，通編八卷，別編一卷。利瑪竇李之藻合譯的圜容較義一卷；熊三拔（Sabathinde Ursis, 1575-1620）譯的泰西水法六卷；羅雅谷（Jacques Rho, 1593-1638）譯的測量法義十卷，比例規解一卷；鄧玉函譯的大測二卷，割圜八線表六卷，測天約說二卷，湯若望譯的混天儀說五卷，籌算指一卷等。

由以上的情形看起來，可以知道當時將西洋科學輸入者中國的精神非常的熱烈。雖有一部分人士，如徐如珂，沈漼，晏文輝，余懋孳等不斷的表示反對，亦不之顧。惜譯機械工程者只王徵一人。

六、當時在中國的傳教士與西洋學者的關係

當時在中國的傳教士大多數是飽學之士。因為當時中國人對於外人排斥的很利害。不但傳教是不容易的事，有時甚至入國境都很困難。所有傳教士一方面想着和中國的士大夫交遊，以取得

社會上的地位，一方面更打算取信於當時的國君，非很有學問的人是很難勝任的。如利瑪竇曾經從當時大數學家所謂丁先生者學過幾何。他在所譯的幾何原本自序裏邊說「……至今世又復崛起一名士，爲竇所從學幾何之本師，曰丁先生(1537—1612)。開廓此道，益多著述。竇昔遊西海，所過名邦，每遘顯門名家，輒言後世不可知，若今世以前，則丁先生之於幾何無兩也。先生於此書覃精已久，既爲之集解，又復推求續補凡二卷，與元書都爲十五卷。……」丁先生所著的數學書籍，由明末傳教士帶來，現在仍擬在北平北堂圖書館的還有十餘種。並且當時徐光啓譯的幾何原本，李之藻譯的同文算指，圜容較義等書，都是根據他的著作。(參考李儼著中國算學史。)

又張星烺著歐化東漸史上說，鄧玉函未入教前，俗名 Schreck 年三十餘，入耶穌會。善算學。在歐洲時，曾交遊義大利國名物理學家蓋利流(Galileo)云。

由以上的情形看起來，可知當時輸入的科學，其程度並不低。

七、所譯奇器圖說的內容

奇器圖說計分三卷。第一卷係「緒論」和「重解」。緒論大致敍述這門學問的性質和應用。重解敍述重，重心，和比重等。第二卷爲「器解」敍述各種機械之構造及其應用。如天秤，等子，槓杆，滑車，輪盤，螺線，斜面等。第三卷爲各種機械實際上之應用。計有起重圖說十一；引重圖說四；轉重圖說二；取水圖說九；轉磨圖說十五；解木圖說四；解石圖說一；轉碓圖說一；書架圖說一；水日晷圖說一；代耕圖說一；水銃圖說四。茲抄錄四例，以見一斑：

(a)引重第一圖說

先爲方架如甲。次用轆轤，一人轉之如乙。但此轆轤如瓜瓣樣，有六齒。緊靠轆轤齒，立安大輪。輪周有齒，與轆轤之齒相合，如丙。大輪之軸斜安鐵螺絲轉，如丁。緊靠此螺絲轉豎一立軸。軸下端亦平安斜螺絲轉，如戊。上端安小輪，有齒，如庚。小輪緊靠有平安大輪如己。周有齒，與小齒輪相合。大輪同軸下端有小滑車如轆轤狀。上繫索三迴，如辛。以一端繫重，以一端用一人曳之如壬，則重行矣。

(b)轉磨第三圖說「磨中之樞，下安鐵曲拐，如甲。樞下端再安十字木杆。杆末各安鉛砣，如乙。樞下安鐵鑽，入鐵窠中，如丙。於曲拐中安木桄。兩端各爲轉環，如丁。一端轉環安人手曳桄上，如戊。其人手所曳之桄，上端安於架上立桄，亦有轉軸，如己。一人斜曳其手中之木，可前可後，而樞端下面，十字鉛軸砣爲之助力，則磨自可轉矣。倘或磨重，於對旁再增一曲拐，再用一人對曳如前法，尤有餘力。」

(c)解石圖說「假如有石欲解成幾板。則有架如甲。於架近一頭處安立軸。上安有齒平輪，如乙。平輪轉旁燈輪如丙。燈輪又轉小立輪上，如丁。小立輪有外軸曲拐，如戊。曲拐之端貫直鐵杆。兩端有環，如己。一端之環貫曲拐之末。一端之環則貫曳鋸之長木杆下端。長木杆上端有軸可轉。木杆立貫鋸於兩頭滑車榾轆中，如庚。鋸或二或三，俱精鐵爲之，第無齒耳。兩曳鋸長木杆下端連以鐵杆兩端有環，如辛。以二馬曳立軸平輪，則曲拐往來，鋸自行矣。」

(d)水日晷圖說 「先以小缸盛水。於底鑽一小孔，徐徐出水。上安小榾轆。長轉軸木，如甲。然亦不必太重。上端出墻外。榾轆上纏以索，下端繫重繫小重，如乙。墻外軸端，定安日晷如丙。水徐徐下，則重木亦必徐徐下，而日晷以時轉矣。此省便法也。」

八、所著諸器圖說的內容

諸器圖說一卷，據自序說，是他自己著的。和奇器圖說完全譯自西洋書籍者不同。所包的內容如下：

【一】、引水之器(a)缸吸(b)鶴飲【二】、轉磑之器(a)輪激——用水力(b)風動——用風力(c)自轉——準自鳴鐘之理，用重爲力【三】、自行車 準自鳴鐘之理，用重爲力【四】、輪壺【五】、代耕【六】、連弩。

若細讀書上的敍述，知除鶴飲代耕等數種外，其餘有的是採取西洋自鳴鐘的原理而加以變通，如自行車與自行磨；有的是根據中國的舊法而加以改良，如連弩。且精細研究之，彼所計畫的自行車自行磨實難見之實用。但以三百年前的老進士，不但能把自鳴鐘的原理及構造懂清楚，更能根據它計畫新機器，也就很可欽佩了！現在也抄錄四列如下：

(a)鶴飲圖說 「爲長槽。或以巨竹，或以木。其長無度，竝水深淺以爲度。尾殺於首三之一。首施戽，惟樸屬爲良。戽之

容則以穀。戽臂，施木刀，如棹末之制，俾與水無忤。中其槽，設兩耳。函軸。迺於岸側薗兩楹高地僅尺。俾毋杌。楹之巔對設以軹，貫軸其中，惟活。昂其首，入之戽也。水滿，則首一昂，而流之奔於槽外也，其孰禦？視桔槔之功，無虛而提也。可省力十之五。」

(b)風磑圖說 「爲層樓一座，上七下八。方徑各長丈有三尺。樓上層不圍。下層三面圍墻，一面門。樓下安磑以臺。臺高三尺。磑上扇中鑿方孔，深三寸。用安將軍柱下端。將軍柱長丈有二尺。上端安鐵鑽，俗所謂六角六面是也。其尖入上橫梁。橫梁當四方之最中處，安鐵窠。窠即爲柱尖入處。柱下端爲方柄，相磑上扇中所鑿方孔爲之。

將軍柱從樓板中央貫上，直至橫梁，橫梁下尺許以下，樓板上尺許以上，始安風扇。風扇凡四，每扇橫長六尺，上下五尺。堅木爲框，中加十字木棖。一面用蓆障之。邊皆以索連之框上。先於將軍柱樓板上尺許以上，橫梁下尺許以下，安夾風扇木輪二。各厚尺許。周圍除安將軍柱外，寬仍尺許。各十字鑿五寸深槽。槽視風扇框厚薄爲之。風扇入槽以裹，仍兩端爲孔安上。即用索緊束柱上。勿令活動爲則。風扇可卸可安，樓之製照尋常。磑亦尋常用者。無他謬巧，只借風力省人畜之力耳。此蓋西海金四表先生所傳，而余想像圖說之若此。觀者肯廣爲傳製，或於民生日用不無小補云。」

(c)準自鳴鐘推作自行磨圖說 「先以堅木爲夾輪柱二根。厚四寸，寬六寸。高視輪爲度。輪凡四，名之甲乙丙丁。甲輪之

齒凡六十。乙齒四十八。丙齒三十六。丁之齒則二十四，與磑周輪齒相對。乙丙丁之軸皆有齒，數皆六。甲輪軸則獨無齒。然有副輪，徑殺於正輪者尺有五。副輪者，貫索而垂重，所以轉諸輪因而轉其磨者也。而轉副輪則另有一機，其垂而下也，與正輪同體而下，其上也則轉副輪而正輪分毫無掛。且其轉上之法甚活，婦人女子可轉也。此爲全體。輪架安定。旁安其磨。磨上扇，周施齒如丁輪。但與丁輪齒相間無忤則磨行矣。凡甲輪轉一周可磨麥一石。若索可垂深兩輪，則又不止一石而已。第作此較難。非富厚家不能。如只用數轉，則輕便殊甚。是在智者，自消詳焉。」

(d)準自鳴鐘推作自行車圖說「車之行地者輪凡四。前兩輪各自有軸，軸無齒。後兩輪高於前輪一倍，共一軸。輪死軸上。軸中有齒六，皆堅鐵爲之。卽於軸齒之上懸安催輪，凡四，名之甲乙丙丁。丁齒二十四。丙三十六。乙四十八。甲六十。甲軸無齒，乙丙丁各軸皆有齒。齒皆六。甲輪以次相推而丁。催軸齒則車行矣。其甲輪之所以能動者，惟一有機承重。愈重愈行之速；無重則不能動也。重之力盡，復有一機斡之而上。倘遇不平難進之地，另有半輪催杆催之。若所稱流馬也者。其機難以盡筆。總之無木牛之名，而有木牛之實用。或以乘人，或以運重。人與重正其催行之機云耳。曾小樣，能自行三丈。若作大者，可行三里。如依其法，重力垂盡，復斡而上，則其行當無量也。此車必口授輪人始可作，故亦不能詳爲之說，而特記其大略若此云。」

九、奇器圖說與諸器圖說的版本

此兩書向來都是合刻的。它的版本，除四庫全書本不計外，據我個人搜集的已有四種。

(一)天啓七年（1627）版　此版最前列武位中作的奇器圖說序。其次爲王徵自序。自序第四頁有「候旨修曆」字樣「旨」字抬頭，另起一行。此爲其他版本所無。可證明確係明代刻版。每頁九行。每行二十字。又奇器圖說每卷之前都有下列三行：

西海耶穌會士　鄧玉函　口授

關西景教後學　王　徵　譯繪

金陵後學　武位中較梓

諸器圖說之前，除一自序外，並有下列兩行：

關西　王徵著

金陵　武位中較梓

又此種版本，後於清嘉慶二十一年（1819）由公的七世孫王介加一序文，曰「明關學名儒先端節公全集序」並加陝西通志上的王徵傳於序後。

(二)淸道光十年（1830）版　此版字樣紙張均較次。前無王介序文。但加入張鵬翂一序文。自序中「旨」字不抬頭。奇器圖說每卷前的第三行改爲

金陵後學武位中較　安康張鵬翂梓

諸器圖說之前也改爲

關西王徵著　金陵武位中較

安康張鵬翂梓

封面有篆文「奇器圖說」四大字及「道光庚寅仲春月重鐫」「來

鹿堂藏板」等字。其餘相同。

（三）清光緒三年（1877）版　此版將書名改為『機器圖說』將諸器圖說的序文和本文都提到前邊。實在毫無足取。或因光緒年間一般人對於『機器』一名辭已經比較的普通，書賈為推廣銷路起見，改「奇器」為「機器」也未可知。最可笑的是只把書名和序文裏邊的名稱改了，書裏邊並沒有改。其餘的也和道光年版沒有差異。

（四）守山閣叢書版　以上三種都是單行本。這一種則列入叢書的子部。和單行本不同的地方如下：

甲、書前邊加入四庫全書提要一文

乙、除王徵自序外，他序都刪去

丙、各種單行本，奇器圖說中各圖上和說明裏邊多用拉丁字母為標誌。此種版本，則一律改為甲乙丙丁等字

丁、繪圖較精。本文所採的八個圖，都是根據守山閣叢書本製的

戊、奇器圖說每卷前邊改為

明西洋鄧玉函口授

關西王　徵譯繪

金山錢熙祚錫之校

諸器圖說前邊改為

明王　徵著

金山錢熙祚錫之校

己、書最後加錢熙祚作的『奇器圖說跋』一文

十、結　論

根據以上所敍述的，我們可以得到下邊的兩點感想或認識：

第一，就第五和第六兩段來看，知道在十六世紀的末年和十七世紀的初年，我國已有一部分遠見之士，誠意的接受西洋的純粹科學和應用科學，而當時到中國的西洋人，又多和西洋的著名科學家有關，他們科學的程度並不低下。倘我們的學者能保持並擴大這種精神，政治方面，不但不予以抑壓，反加以提倡，則我國的學術或早已和西洋的學術並駕齊驅。可惜多數的讀書人眼光太短，不但不予以授受，反予以排斥；政治方面，不但不予以提倡，反予以抑壓，甚至對於西洋人有驅令出國等事。坐使最近三數百年，人家的科學和工業都突飛猛晉，我國則使大多數的聰明人埋頭於戕賊人性的八股文，以致今日一切落人之後，最上者，亦不過從事於所謂考據，辭章或經義，此真可為痛心者。

第二，我國自與西洋交通以來，一般學者對於西洋的學術所以不願接受，甚至反加排斥的原故，我常想最主要的是兩種偏見在那裏作祟。其一為所謂『攻乎異端』的偏見。孟子的拒楊墨，韓愈的攻佛老，是這種偏見的代表。歷代的學者都要學這一套，才算是正派，才算是聖人之徒。外來的學術，當然要認作異端的，所以也當然在應排斥之列的。其二為所謂「道與藝」或「形而上形而下」的偏見。讀書人的責任是要研究所謂「道」所謂「形而上」的學問的。屬於科學的，工業的，都是所謂『藝』所謂『形而下』的。讀書人是不應學不屑學的。直到最近，某國立大學文

法學院的學生還有主張把工學院分出去，說它是職業學校，不應使它和所謂『研究學術最高學府』在一處！這種偏見，在我國學術史上的惡影響也是非常的大。對於這兩種偏見，非有很大的毅力，很高的見解的人，不容易跳出它的範圍。王徵就是這樣的一個人。我們看他兩篇自序裏邊所表現的見解和主張是怎樣：

在奇器圖說的自序裏，他說：

『學原不問精粗，總期有濟於世。人亦不問中西，總期不違於天。茲所錄者，雖屬技藝末務，而實有益於民生日用國家興作甚急也。……』

在諸器圖說的自序裏，他說：

『民生日用之常，漸有輕捷省便之法。使猶滯泥罔通，似於千古制器尚象之旨不無少拘。……』

這是何等的見解！可惜王公倡之於前，很少有人加以繼續。至最近數十年，因國難日深，才又有表示接受西洋學術的傾向。但我國學術界曠過這三數百年的損失，眞是太大了！於介紹王公生平事蹟和他的不朽的著作的時候，實不禁感慨係之！

參考文獻

1. 祝萬齡傳，明史卷二百九十四，列傳第一百八十二。
2. 陝西通志 忠義六
3. 書涇陽王僉事家傳後，方望溪先生文偶抄
4. 黃節著王徵傳，國粹學報黃史列傳
5. 陳垣著涇陽王徵傳，青年進步雜志
6. 張星烺著歐化東漸史
7. 李儼著中國算學史
8. 天啓七年版奇器圖說
9. 道光十年版奇器圖說
10. 光緒三年版奇器圖說
11. 守山閣叢書版奇器圖說

二十六年七·七·清華大學十月堂

改善我國公路之經濟分析（自公路研究實驗室叢刊第一種轉載）

國立西南聯合大學公路教授 李謨熾

摘　要

改善公路，藉以節省燃料之消耗，增加汽車及輪胎之壽命，減低行車及養路之費用；以及促進行車安全之保障，車行速率之增加，與行車之安適等等，皆為目前從事公路運輸事業者，所最注意之問題。本文範圍，乃將公路改善後之效果與行車及養路費用之關係，詳細加以分析：計分距離，路面，養路，坡度，時間，安全及安適七項研討。其中尤以路面之改善，對於汽油消耗之節省，尤為顯著。以目前我國西南及西北諸省公路運輸狀況而論，改善公路，每年節省費用，約在一萬萬五千萬元以上，其中燃料，輪胎，配件，及汽車等項，幾全係舶來之品。而此鉅額之無謂消耗，並非無法避免。苟能積極從事改善工程，特別注意路面之改善，利用最新公路工程技術知識，善用國產地方材料，使目前路面改善以至最好可能之程度。同時注及路綫之改正，以期一勞永逸。是以大量國產工料，加以技術上之配合與應用，套取鉅額外匯，當無異以土石換黃金也。

引　言

公路經濟問題之重要，與運輸量成一正比例。抗戰前因有鐵路及水路為主要交通孔道，而西南及西北諸省，又不若今日之重要。故公路交通，始終居於次要地位；而公路經濟問題，亦根本不能談到。以公路運輸繁密之蘇浙皖京滬一帶而論，據民國二十三年七月運輸調查結果(註一)：全綫里程1,618公里，每日平均運輸量，不過34.4輛，計35.7公噸。貨運絕少，即以贛湘川內地諸省而論，貨運收入，佔營業收入成份亦低。江西省民國二十四年統計(註二)，為13.3%；湖南省民國十八至二十二年統計，為16.3%；四川省民國二十五年統計，為10%；在鐵路及水路運輸發達諸省，為數更低。因公路運輸成本過昂，無法相與競爭，故在抗戰前之公路運輸，大都限於客運。

全國公路運輸量，雖未有詳密之調查，然可由汽油輸入量及公路里程，估其概值，其法如下：

全國公路通車路綫長度＝96,435公里（民國二十四年十二月統計）

全年汽油進口量＝41,000,000加侖（民國二十四年統計）

全國汽車輛數＝44,802輛（民國二十五年四月統計）

大客車　18%假定每加侖汽油行駛16公里

運貨車　21%假定每加侖汽油行駛14公里

小客車　61%假定每加侖汽油行駛20公里

$$每加侖汽油平均行駛里程=16\times0.18+14\times0.21+20\times0.61=18公里$$

$$每日平均運輸量=\frac{汽油消耗總量\times每加侖汽油平均行駛里程}{365\times公路里程總長度}=\frac{41,000,000\times18}{365\times96,435}=21輛$$

$$每輛平均噸數=\frac{35.7}{34.4}=1.04公噸$$

$$每日平均運輸量=21\times1.04=21.8公噸$$

上述運輸量，係包括全國公路及城市街道而言。其中假定全國汽油進口，全部用於汽車；雖東四省，新疆，西藏及蒙古公路里程在內，但其汽油之輸入，別有來源；加以城市街道里程，因統計缺乏，亦未計在內；故與事實，頗有出入。是以實際行駛於公路上者，抗戰前全國公路平均運輸量，每日不過12公噸左右而已。

抗戰以來，運量驟增。在鐵路網未完成之過度時期，西南及西北諸省，無論軍運民運公運，大都惟公路是依。公路運輸，由昔日被動，一躍而至今日主動地位，在目前抗戰中，其所負使命之重要，不言而可喻。雖最近將來。幹道公路每日運輸量，可望增至數百公噸，但以公路容量而言，仍相差懸殊。按米却爾氏估計（註三），鋪砌雙線公路，每方向運輸量為3,000噸；白倫教授估計（註四），每日公路運輸量為2,000公噸。美國雙車道公路，最大容量，每日可達10,000輛而無擁擠之現象，（註五）德國奧托邦四車道公路上，每小時每方向可運送軍隊七萬人（註六），百萬大軍，朝發夕至，觀此誠足驚人。吾國公路，苟能得其萬一，則於經濟及軍事兩方面之收獲，必有可觀。

公路容量雖如上述，苟運輸量增加，而於工程方面不謀改善，則不惟行車經濟之損失甚鉅，即百十車輛，在雨季亦有難通行之虞，其影響之大可知。本文範圍，特於改善公路工程之經濟分析，作一詳密之研討。

例題之假設

改善公路工程事前之準備，必需有準確精密之運輸調查，以及將來運輸量之估計。改善經濟時期，宜以公路重要時期為限，因我國情形，公路運輸，根本非一經濟之運輸。一旦鐵路完成，或抗戰勝利，公路地位，即將恢復戰前之常態，其運輸量或較戰前略增，但決不致似目前之繁重。抗戰結束時期，不能預知，故最低限度，宜以鐵路完成日期為根據。

為易於明瞭起見，在下述分析時，佐以數字例題計算。雖容有假設數字，未能與實際情形相符，但其理則一。今假定擬改善某某公路，全綫里程計長1,000公里。因平行鐵路，三年可以

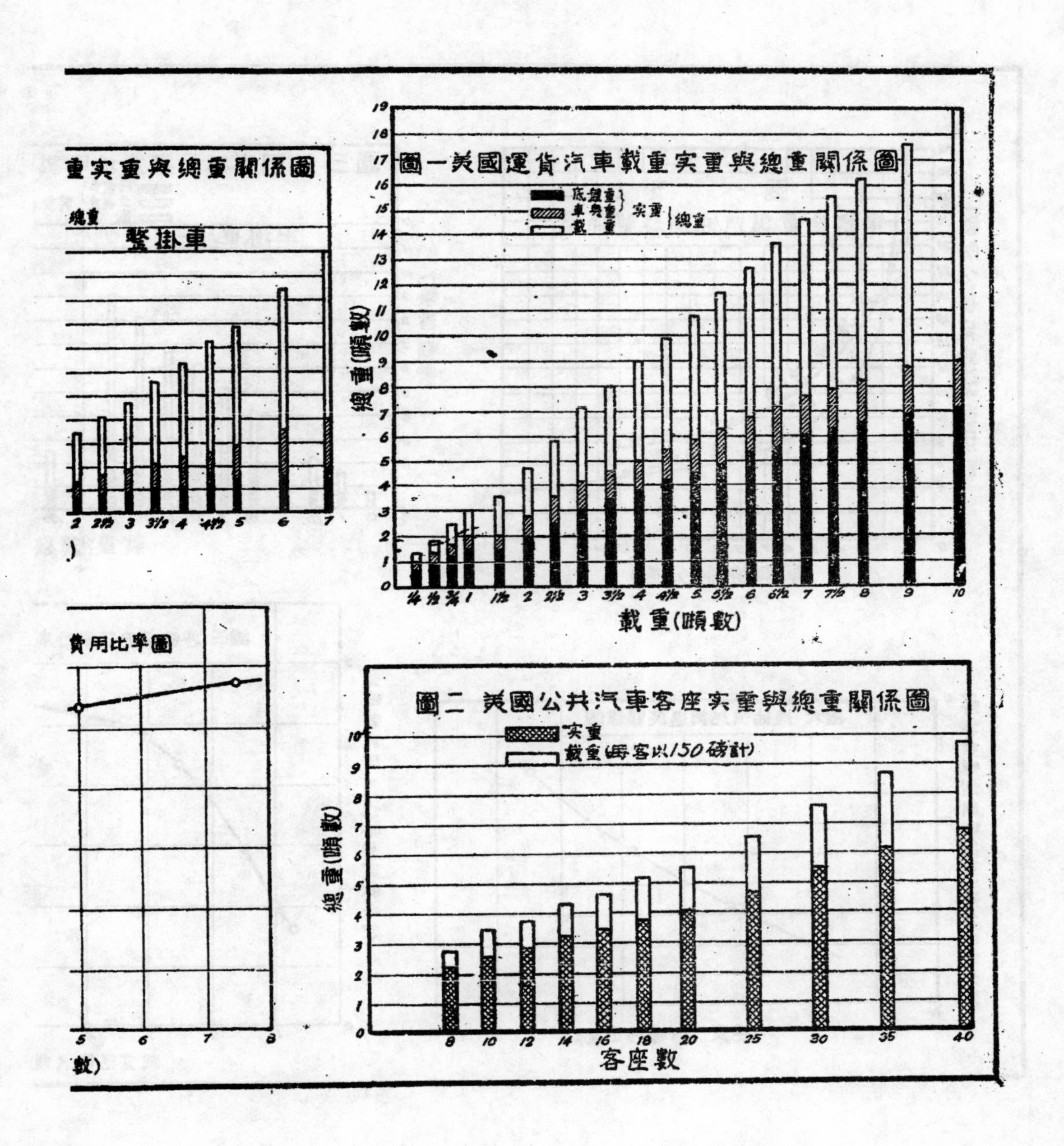

重实重與總重關係圖
總重
墊掛車
2 2½ 3 3½ 4 4½ 5 6 7
費用比率圖
5 6 7 8
數)
圖一 美國運貨汽車載重实重與總重關係圖
底盤重
車身重
載重
实重
總重
總重(噸數)
載重(噸數)
¼ ½ ¾ 1 1½ 2 2½ 3 3½ 4 4½ 5 5½ 6 6½ 7 7½ 8 9 10
圖二 美國公共汽車客座实重與總重關係圖
实重
載重(每客以150磅計)
總重(噸數)
8 10 12 14 16 18 20 25 30 35 40
客座數

28143

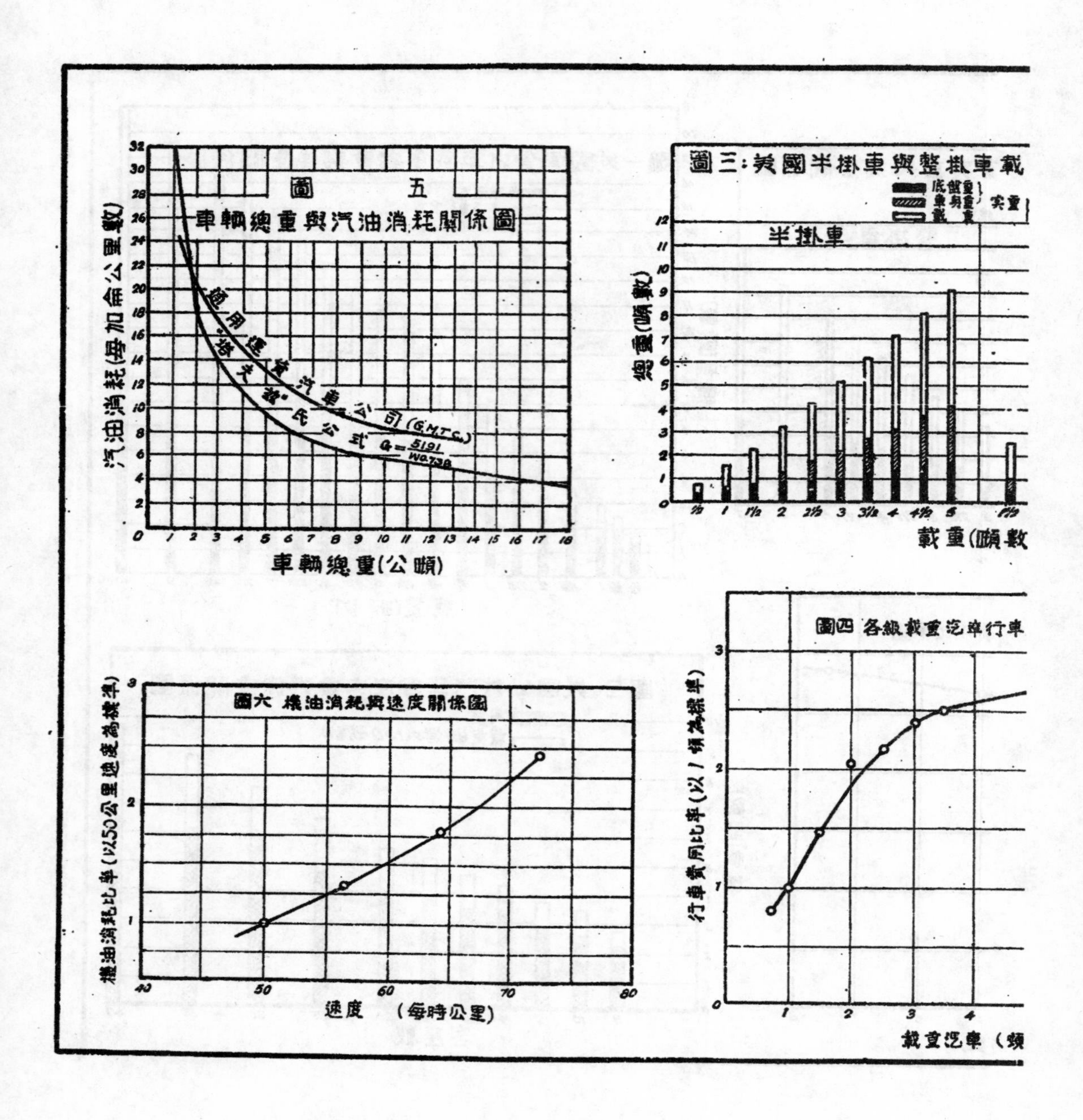

圖 五
車輛總重與汽油消耗關係圖
汽油消耗(每加侖公里數)
車輛總重(公噸)
通用運貨汽車公司 (G.M.T.C.)
播夫拉氏公式 $G=\frac{5191}{W^{0.738}}$
圖三：美國半掛車與整掛車載
底盤重
車身重
實重
載重
半掛車
總重(噸數)
載重(噸數
圖六 機油消耗與速度關係圖
機油消耗比率(以50公里速度為標準)
速度 (每時公里)
圖四 各級載重汽車行車
行車費用比率(以1噸為標準)
載重汽車（噸

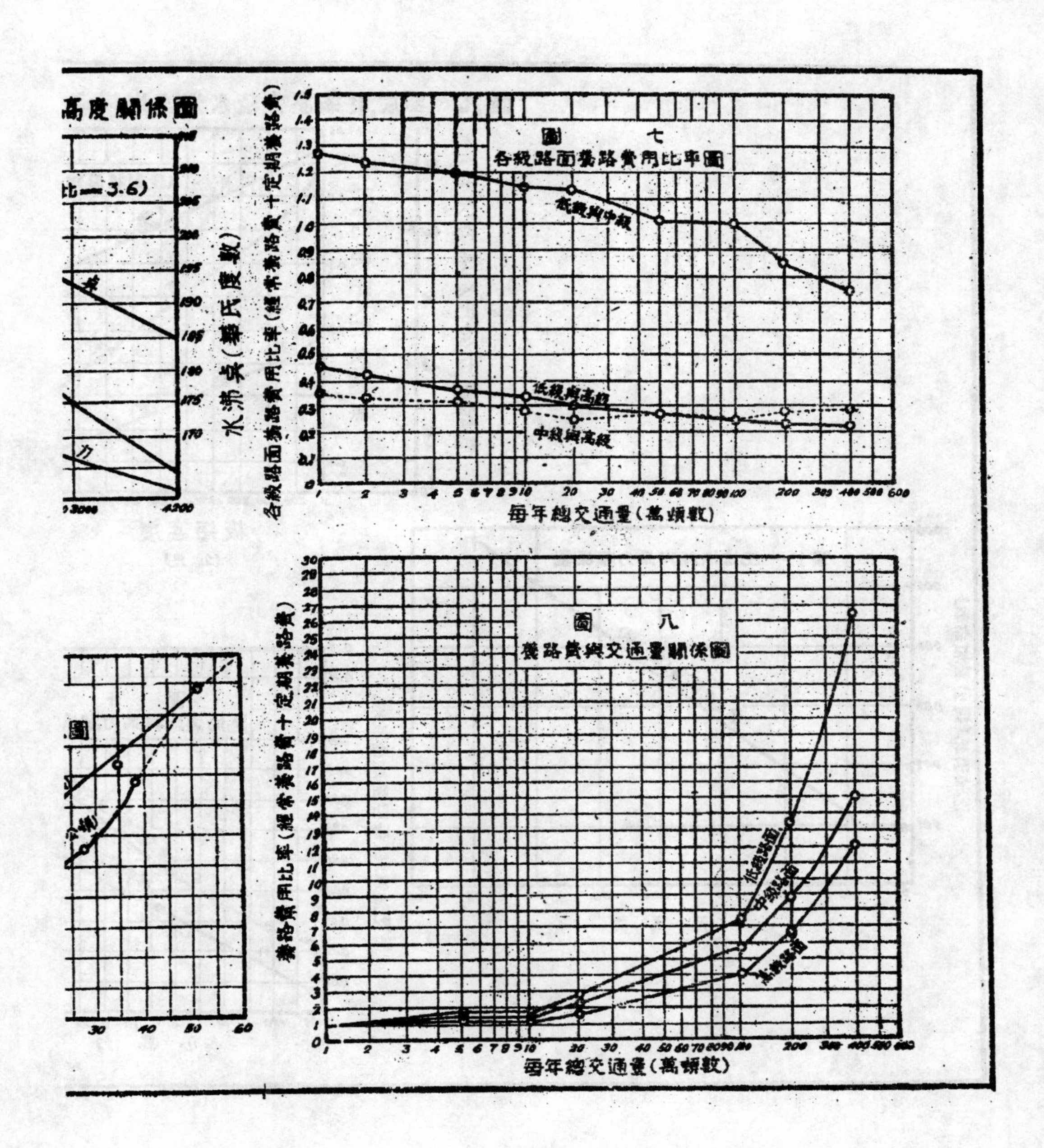
高度關係圖
水沸點(華氏度數)
圖 七
各級路面養路費用比率圖
低級與中級
低級與高級
中級與高級
各級路面養路費用比率(經常養路費+定期養路費)
每年總交通量(萬噸數)
圖 八
養路費與交通量關係圖
低級路面
中級路面
高級路面
養路費用比率(經常養路費+定期養路費)
每年總交通量(萬噸數)

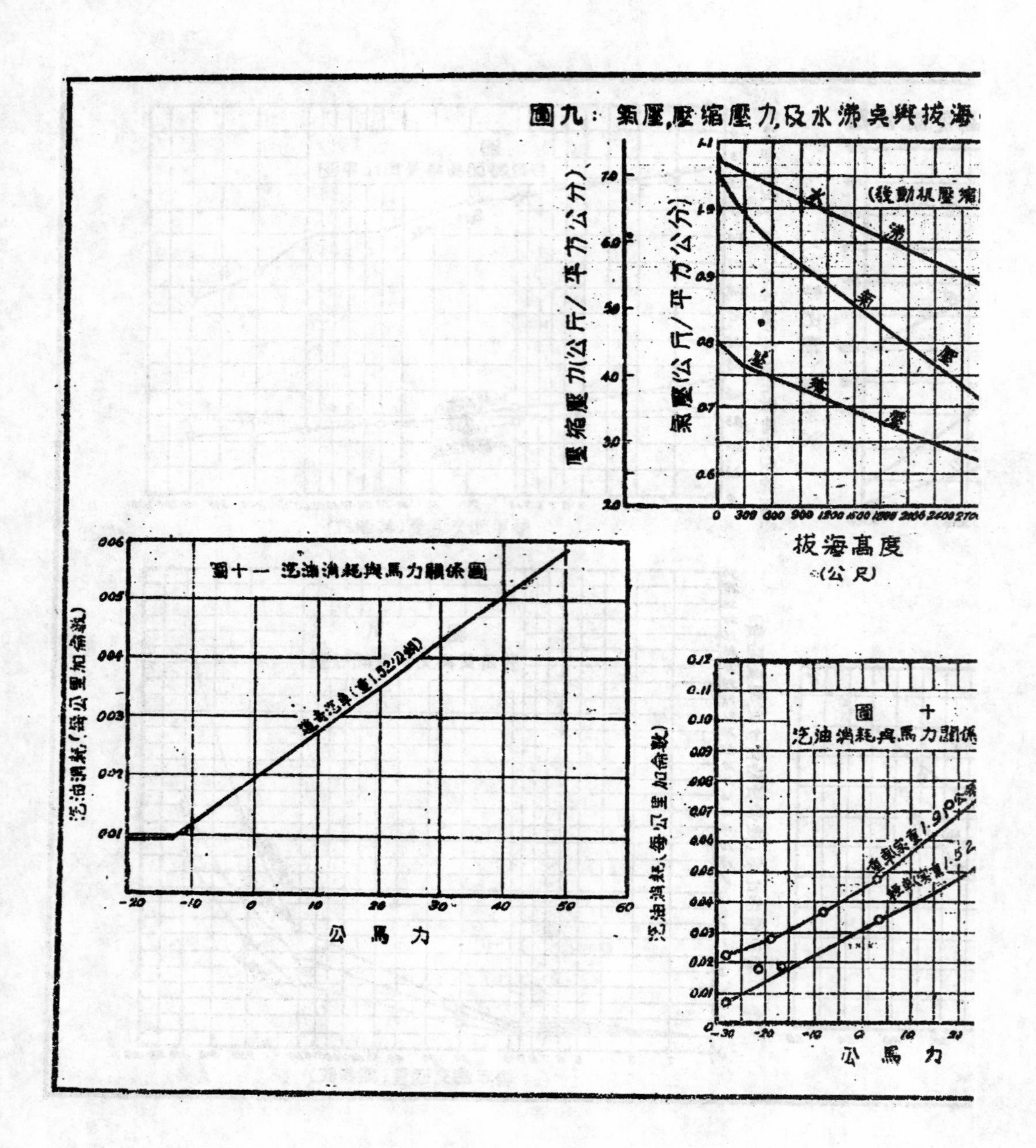

圖九：氣壓,壓縮壓力,及水沸點與拔海
壓縮壓力(公斤/平方公分)
氣壓(公斤/平方公分)
(發動機壓縮
拔海高度
(公尺)
圖十一 汽油消耗與馬力關係圖
汽油消耗(每公里加侖數)
公馬力
圖十
汽油消耗與馬力關係
汽油消耗(每公里加侖數)
公馬力

計劃完成，改善公路工程時間，以一年爲期，故經濟時期，等於二年。其運輸量及其性質之調查與估計，路綫及路面改善之計劃，皆列舉如下：

運輸量(每日平均雙向量，往來各半)＝150輛

運輸性質分析：

車輛類別	平均載重	平均實重	百分數	輛數
運貨汽車	$2\frac{1}{2}$公噸	3公噸	90%	135
乘客汽車	$1\frac{1}{2}$公噸	2公噸	10%	15

（乘客汽車包括大小客車）

實重＝底盤重＋車身重；總重＝載重＋實重。

下圖指示載重與實重之關係：圖一爲美國運貨汽車，圖二爲美國公共汽車，圖三爲美國半掛車與整掛車之情形。

平均每日雙向運輸量$=135\times2\frac{1}{2}+15\times1\frac{1}{2}=360$公噸

每車平均載重量$=\frac{360}{150}=2.4$公噸

工程改善計劃：

改定路綫里程＝10%×1,000＝100公里

因路綫改定而縮短距離＝5%×100＝5公里

過陡坡度里程＝5%×1,000＝50公里

	東向	西向
平均坡度	11%	10%
平均坡距	300公尺	350公尺
坡度里程	30公里	20公里

平均拔海高度＝2,000公尺

距離之經濟

行車費用，可分爲變動及固定二類，美國自動工程師學會（註七），分項甚爲詳細，茲列舉如下：

甲、變動行車費用：

1. 燃料——原價，運費及稅款。
2. 機油——發動機機油原價及運費
3. 輪胎及輪胎修理——輪胎消耗，輪胎修理，及輪胎換置費。
4. 底盤修理材料
5. 上部結構修理材料——車身及車頂配件，及其他附屬機件用以修理者。
6. 底盤修理工價
7. 上部結構修理工價
8. 油漆工料
9. 汽車事變工料
10. 修理廠工價——洗刷，擦亮，上油，打氣，加水等。
11. 修理廠材料
12. 其他——換置輪胎，司機制服等。

乙、固定行車費用：

13. 司機及助手工資

14 車房租金及修理
15 車輛保險
16 牌照，執照及車稅
17 車輛折舊
18 管理費
19 車價利息
20 固定費
21 行政費

通常營業汽車行車費用之分析，不必如是之精密，玆將目前我國行車費用，大概估計如下：（按外匯市價及生活程度，隨時改變，各地不同，故在目前情形，極難作一準確之估計。）

甲、變動行車費用：　　　　元角分厘

1. 燃料　　1.200
每加侖汽油行駛10公里
每加侖汽油價值$12(市價較此爲高)

2. 機油　　0.067
每加侖機油行駛300公里
每加侖機油價值$20

3. 輪胎　　0.240
輪胎壽命15,000公里（多處較此爲低，僅及2/3）
每對輪胎（內外胎）32"×6"×10摺
價值$1,200（市價較此爲高）

4. 配件及修理（某處統計）　　0.180
配件每100公里$16
修理每100公里$2

共計　　1.687

乙、固定行車費用

5. 汽車折舊（按阿格氏估計汽車折舊方法，　　0.120
半作變動行車費用，半作固定行車費用）
汽車價值$18,000
汽車壽命150,000公里（多處較此爲低，僅及2/3）

6. 車價利息　　0.040
利率週息一分
每日平均行駛150公里
每年行駛300日

7. 司機工資　　0.016
每月司機工資$60

8. 車房　　0.003
每年車房建築費折舊及利息$120

9. 保險費（司機及車輛）　　0.000

10 牌照費（極少，可不計在內）　　0.000

11 管理行政費（某處統計）　　0.160

　　2.026

12 養路費　　0.143
運貨汽車每公噸公里六分
乘人大客車每車公里八分

合計 $2.169

平均載重量＝2.4公噸

平均每公噸公里行車費用＝$\frac{2.17}{2.4}$＝$0.90

燃料，機油，輪胎，及配件四項變動行車費用，佔行車總費用$\frac{1.69}{2.03}$＝83%。按抗戰前江西省民國十七至二十二年統計，變動行車費爲營業進款43.5%；二十一年統計，爲41.6%。湖南省民國二十二至二十四年統計，變動行車費爲支出總計41.1%。蘇浙皖贛湘豫六省，變動行車費用佔行車總費用，平均爲57.6%，均較目前爲低。推其原因，因抗戰來外匯騾漲，變動行車部份，又全屬舶來品，故影響特鉅。

行車費用，各級汽車不一，圖四係以一噸運貨汽車爲標準單位，與其他各級載重汽車行車費用之比率(註八)。抗戰前平均載重約爲一噸半，現在約爲二噸半。若按此圖估計，其行車費用，約爲1與1.5之比。抗戰前每公噸公里行車費用，蘇浙皖贛湘豫鄂陝甘九省平均爲三角六分，而今日一躍約至九角之譜，超過二倍有半。無他，皆因外匯物價之奇昂也。

於是因距離縮短五公里，每年節省費用之計算如下：

每公里縮短距離節省費用＝150×365×1·89＝$103,500

縮短五公里節省費用＝$103,500×5＝$517,000

路面之經濟

汽車在泥濘或凸凹不平路面上行駛，較在乾燥平坦者爲困難

。有時深陷泥中，車輪旋轉而仍不能前進，尚須加以人力推輓之，一班駕駛者，多曾有此種經驗。推其原因，不外路面過劣，阻力增加。泥濘土路之道路阻力，每公噸車重可達150公斤，較混凝土，磚塊及瀝青鋪路等高級路面，多至六倍。阻力愈大，所需馬力自愈多，汽油消耗，與馬力成正比例。故不良路面之結果，最顯著者，即爲汽油消耗之增加。其次如輪胎之磨耗，因受震機件之易於損傷，修理費用之增加，車輛壽命之減低，皆有莫大影響。路面改善，不惟直接能節省行車費用，間接於行車速率之增加，養路費用之減低，乘客之安適，精神之愉快，以及貨物之不受震傷損失，皆有裨益也。

吾國土路里程，在抗戰前，全國平均約佔80%。當時交通稀少，軍運無關，故尙不發生嚴重問題。當今運輸日繁，軍運不能一日停頓。在此情形之下，必須具一有良好四季暢達之路面方可。但大部公路，雖具有所謂泥結碎石路面，然終難勝此重任。故路面之改善，實爲一目前急需解決之問題；於經濟原則，於軍事方面，皆有其價値。如何善爲利用地方材料改善路面之技術，因篇幅過長，又在本文範圍之外，故不贅及。(請參閱公路研究實驗室月刊)

汽油消耗與各級路面關係之實驗，此種資料，吾國絕少。美人文夫果教授(註九)，在其文中，論述甚詳，摘述如下：

路面類別		所需機力比率 (以中等混凝土路爲標準)
一級：	混凝土鋪路 上等狀況(潔淨，光滑，無紋)	0·90

	中等狀況（光滑）	1·00
	下等狀況（粗澀，帶紋）	1·15
二級：	處治路面（指瀝青處治等）	
	上等狀況	1·10
	中等狀況	1·15
	下等狀況	1·25
三級：	未處治路面（如礫石等）	
	上等狀況	1·20
	中等狀況（有時鬆軟）	1·30
	下等狀況（鬆軟不平）	1·50
四級：	天然土路	
	上等狀況（乾硬）	1·20
	中等狀況	1·45
	下等狀況（軟化不平）	1.70

由上表可知路面之改善，對於燃料之節省甚鉅。假定由最劣路面改至最佳路面，可節省汽油 47%。同一路面，如修築得法，養護有方，維持最好狀況，其節省汽油，亦有可觀。例如土路由下等改至上等狀況，可節省汽油 30%；礫石路由下等改至上等狀況，可節省汽油20%。

阿格氏將路面分爲高中低三級：（註十）高級指一切鋪路，如混凝土，鋪塊，及瀝青等鋪路；中級指礫石，碎石，及瀝青處治等路面；低級指天然土，砂土，及薄蓋礫石碎石等路面。此三級路面各項行車費用指數比率如下：

	高級	中級	低級
牽引阻力（公斤/公噸）	35	55	80

汽油	1·00	1·20	1·47
機油	1·00	1·00	1·00
輪胎（內外胎）	1·00	2·22	2·90
配件及修理	1·00	1·20	1·47
機件損傷	1·00	1·10	1·24
其他	1·00	1·00	1·00
影響比值(變動行車費用部份)	1·00	1·24	1·51
總比值	1·00	1·18	1·38

根據愛俄瓦州立大學教授摩頁及文夫杲雨氏研究結果，（註十一）以郵政汽車 293 輛，在各季情形之下，行駛於三種路面上。汽車平均年齡，爲二年九月。行駛里程總數，約爲五百萬公里，均勻分佈於各季氣候及各級路面。由此結果，不但能知行車費用與路面種類之關係，且知氣候影響行車費用之效果。

	鋪路（混凝土）	礫石路（未處治）	土路
汽油			
每加侖行駛公里數	24.2	21·1	21·8
比值	1·00	1·13	1.08
機油			
每加侖行駛公里數	425	256	182
比值	1·00	1·36	1·91
輪胎	1·00	1·44	1·26
修理及配件	1·00	5·60	10·10
影響比值	1·00	1·47	1·70
總比值	1·00	1·31	1·49

28150

修理及配件相差過高原因，係由行駛於鋪路之車輛，較行駛於礫石路及土路者爲新之故。

	汽油	機油	修理及配件	影響比值
鋪路（混凝土）				
夏季	1·00	1·00	1·00	1·00
秋季	1·00	1·20	1·20	1·02
冬季	1·24	1·10	5·60	1·39
春季	0·95	1·00	0·60	0·94
礫石路（未處治）				
夏季	1·00	1·00	1·00	1·00
秋季	1·06	0·73	0·82	0·98
冬季	1·24	1·07	2·03	1·40
春季	1·17	0·93	1·82	1·29
土路				
夏季	1·00	1·00	1·00	1·00
秋季	1·12	1·00	1·94	1·37
冬季	1·40	1·10	2·70	1·79
春季	1·28	1·05	2·24	1·57

氣候影響行車費用，以土路爲最高，礫石路次之，鋪路爲最低。

燃料消耗，因數甚多，因情形之變更，同一路面，同一汽車，此次行駛時汽油消耗，未必與他次行駛時相同。影響燃料消耗之較重要因素爲：（1）車輛總重，（2）路面狀況，（3）路綫狀況，（4）發動機及底盤狀況，（5）輪胎設備，（6）齒輪減速，（7）行駛速率，（8）風向，（9）汽車前部面積，（10）運輸情形，（11）制動器使用，（12）停車次數，（13）拔海高度，（14）氣溫及濕度，（15）汽油及機油品質，（16）司機技術及道德觀念（17）行政及管理，其中尤以總重爲支配因數。在同一路綫及路面情形之下，汽油之消耗，通常可由車輛總重推算之。

窩納塔夫茲氏根據各式及各級大小汽車七萬五千輛之答案，推演成如下公式（註十二）

$$G=\frac{5191}{W^{0.738}}$$

G＝每加侖汽油行駛里程（公里）

W＝車輛總重（公斤）

圖五爲根據上述公式及通用運貨汽車公司之資料，繪成一汽油消耗與總重關係圖。

關於各級汽車汽油消耗率之統計，散見各種刊物者甚多，茲擇要數處，列表如下：（汽油消耗，概以每加侖行駛公里計。）

運貨汽車載重量（噸）	愛俄瓦工程實驗所1933（註十三）車數	消耗	美國公路處1933 車數	消耗	美國郵政部1933 車數	消耗
1/2	104	22·9	68	23·5	2,649	14·9
3/4	93	21·6	211	17·1	97	12·6
1	201	20·0	8	16·3	3,854	12·5

$1\frac{1}{2}$	463	17·2	34	15·1		
2	65	14·6	9	15·1	722	9·2
$2\frac{1}{2}$	28	12·5				
3	34	10·6			319	6·0
$3\frac{1}{2}$	19	9·2				
4	1	8·2	1'	8·2		
5	1	6·4			73	4·0

美國公路處，於 1932 年，曾作一全國汽車課稅精密之調查，下表爲其假定之汽油消耗率：

車輛類別	假定汽油消耗率（每加侖行駛公里）
乘客及營業小汽車	22·5
機器脚踏車	57·2
公共汽車	
學校 7座或以下	22·5
學校 8至20座	16·1
學校 20座以上	11·1
公共 7座或以下	22·5
公共 8至20座	12·9
公共 20座以上	8·1
運貨汽車	
$1\frac{1}{2}$噸及以下	16·6
$1\frac{1}{2}$噸以上3噸以下	12·2
3噸及5噸以下	9·7
5噸	8·0
5噸以上	6·5

美國貿塔克牌運貨汽車，每加侖汽油行駛公里概數，可根據下表估計之。（註十四）

式様 / 總重(噸)	T-11	T-15,T-17,T-19,	T-25,T-30	T-42,T-44	T-60,T-82,T-30
1·4	24·2-27·4				
1·9	20·9-24·2				
2·0		20·1-21·7			
2·5		17·7-20·9			

3·0		16·1-19·3	13·7-16·1	13·7-16·1	
3·5		14·5-17·7	12·9-15·3	12·9-15·3	
4·0		13·7-16·9	12·1-14·5	12·1-14·5	
4·5			11·3-13·7	11·3-13·7	11·3-12·9
5·0			11·3-12·9	11·3-12·9	10·5-12·1
5·5				10·5-12·1	10·5-12·1
6·0				10·5-12·1	9·7-10·3
6·5				10·5-12·1	9·7-10·3
7·0				9·7-10·3	8·9.10·5
7·5				9·7-10·3	8·9-10·5
8·0					8·9-10·5
8·5					8·0-9·7
9·0					8·0-9·7
9·5					8·0-9·7
10·0					7·2-8·9
10·5					7·2-8·9
11·0					7·2-8·9
11·5					7·2-8·9
12·0					6·4-8·0
12·5					6·4-8·0

13·0					6·4-8·0
13·5					6·4-8·0
14·0					6·4-8·0

我國抗戰前運貨汽車統計，雖無等級之分，然平均載重，總在$1\frac{1}{2}$噸左右。按浙江省民國十六至二十三年統計，平均每加侖汽油行駛 16·4 公里，每加侖機油行駛 345 公里；根據民國二十二年度十八路段之統計，平均每加侖汽油行駛 17·3 公里，每加侖機油行駛 385 公里。江蘇省每加侖汽油平均行駛 13·6 公里，每加侖機油平均行駛 500 公里。湖南省民國二十二至二十四年統計，平均每加侖汽油行駛 15 公里。江西省每加侖汽油平均行駛 17·4 公里，每加侖機油行駛 512 公里。抗戰以來，購入車輛，載重量雖增，然若按每加侖汽油行駛 10 公里計，並不爲多，路面改善後，假定其效率增至每加侖 12 公里，節省消耗僅16.7%，亦不爲多。如是則每年因路面改善而能節省汽油之消耗，爲

$$\left(\frac{1}{10}-\frac{1}{12}\right)\times 1,000\times 150\times 365\times 12=\$10,950,000$$

，約一千一百萬元。

汽油節省之計算，既如上述，其次則爲機油，輪胎，配件及修理費之節省。機油消耗，按摩貢教授研究結果，與路面種類有關；按文夫果氏研究，與行車速率亦有關係，蓋行車愈速，所需滑潤油愈多，其關係如圖六。

賀塔克牌運貨汽車機油消耗及修理費比率表

式樣	機油消耗(每加侖公里槪數)	修理費
T—11	644	1·00
T—15	563—604	1·00
T—17	563—604	1·00
T—19	563—604	1·13
T—25	524—563	1·25
T—30	524—563	1·25
T—42	483—524	1·38
T—44	483—524	1·38
T—60	483—524	1·50
T—82	483—524	1·75
T—90	483—524	2·00

影響輪胎摩耗之因數甚多，茲列舉如下：(註十五)

甲　屬於路面者：

1. 路面種類
2. 路面狀況

乙　屬於車輛者：

1. 車重

2. 汽缸數目
3. 彈簧性質
4. 輪胎排列

丙 屬於司機者：

1. 車輛速率及風阻力
2. 運用制動器方法
3. 緊急停車之次數
5. 滑行，加速，及減速。
4. 駕駛之謹愼及技術

丁 屬於氣候情形者：

1. 氣溫
2. 雨量及分配
3. 日光

戊 屬於輪胎者：

1. 輪胎種類
2. 輪胎品質
3. 輪胎溫度
4. 輪胎年齡
5. 輪底種類
6. 脹大壓力

輪胎磨耗與行車速率及溫度成正比例，每小時六十公里速度之輪胎磨耗，約較每小時三十公里速度之磨耗高出一倍。後輪磨耗，較前輪磨耗爲多；光滑鋪路，多至 200％；礫石路面，少至 118％；平均約爲 150％。輪胎磨耗與路面之關係，據馬克羅教授（註十六）及德那教授（註十七）實驗結果，列如下表：（輪胎壽命係以磨耗 1,360 克爲決定）

路面類別	路面狀況	磨耗率（公克/1000公里）	指數	輪胎壽命（公里）
混凝土	普通	37·2	1·00	36,600
粗級配地瀝青混凝土	普通	35·2	0·95	38,600
磚塊	普通	50·4	1·36	26,200
瀝青碎石	最好	84·5	2·28	16,100
	最壞	357·0	9·60	3,820
碎石	最好	68·8	1·85	19,300
	普通	163·5	4·40	8,340
	最壞	410·0	11·05	3,300
礫石（愛俄瓦）		75·2	2·02	18,300
未碎最好礫石		184·0	4·95	7,320

由上表可知路面之良好與否，影響輪胎磨耗實大，同一路面，最好與最壞情形，其壽命可相差四至六倍之多。發動機之養護，與旋轉及車行速率成正比例。底盤及車身之修理，視受震動情形如何，與汽油消耗率及路面粗糙度亦成正比例。

計算變動行車費與路面之關係，亦可由機油，輪胎及配件與汽油之比值求之，下表雖爲事變前統計，然此四者皆爲舶來品，目前價値雖較戰前爲高，但其比率，則無差別也。

	江西省	江南汽車公司	滬大長途汽車公司
	17—22年	21—22年	22年	23年
汽油	49·7%	50·0%	60·5%	58·8%
機油	3·7%	4·9%	1·3%	6·3%
輪胎	17·2%	18·5%	17·3%	14·8%
配件	29·4%	26·6%	20·9%	20·1%

	湖南省		浙江省	平均
	22—24年	24年1-4月	20—21年	
汽油	53·7%	62·2%	58·7%	54%
機油	9·3%	7·8%	6·9%	5%
輪胎	11·4%	6·0%	19·3%	16%
配件	25·6%	24·0%	15·1%	25%

假定汽油費居變動行車費用 54%，則每年因路面之改善而節省變動行車費用總數，等於$\frac{10,950,000}{0·54}$=\$20,278,000約爲二千零三十萬元。

路面改善後，不惟節省鉅額汽油，機油，輪胎，配件，及修理之費用，汽車壽命，亦可延長。美國汽車每年平均行駛14,260公里，壽命可達十五年，是汽車壽命，平均爲 214,000公里里程。我國抗戰前汽車壽命，據浙江省估計，爲160,000至200,000公里，公路改善後，汽車壽命之增加，至少可望由 150,000 公里（實際上，現在多處不及此數）增至180,000 公里，換言之，壽命至少可望增加20%。假設每輛汽車價值平均以18,000元計，則每年因汽車壽命之增加而所得經濟之代價爲：

$$\left(\frac{18,000}{150,000}-\frac{18,000}{180,000}\right)\times150\times365\times1,000=\$1,095,000$$

，是無異在此公路上，每年可以節省汽車六十輛也。

養路之經濟

路面之改善，不惟直接節省變動行車費用，間接於養路經費，亦可減低。目前公路運輸繁重，已達不能維持階級。換言之，今日之路面，不能勝任今日之運輸，已不諱言。若仍繼續勉强使用，而不圖改善之方，則不但經濟上，將蒙受嚴重之損失，惟恐必有一日車難暢通也。

養路費用，分爲經常及定期二種。前者爲常年經費，用於養護路面，橋涵及其他建築物；養路貴乎有恆，故每年經常費用，通常宜較每年所分配於定期費用爲高，後者係按定期用以翻修或加處治者。各級路面，養路費用不一，大凡路面建築費愈低者，所需養路費愈高。據全國經濟委員會第一試驗路經驗，混凝土鋪路與泥結碎石路，建築費爲四與一之比，而養路費則爲一與七之比。圖七爲在各種運輸量情形之下，各級路面養路費用之比率，（註十八）低級與中級，低級與高級，及中級與高級。

美國密西根州 1930至1931 年統計，第一表爲各級路面之養路費用與運輸量關係，第二表係以礫石路爲標準單位，各級路面養路費用之比率：

每日平均運輸量(輛數)	礫石路	路面處治瀝青碎石路	地瀝青鋪路	混凝土鋪路

0—250	1·00	1·00		1·00
250—500	1·54	1·34	1·00	0·97
500—1000	1·78	1·29	1·18	0·95
1000—2000	2·41	1·98	5·05	1·36
2000—3000			9·80	2·78
3000—4000			11·24	3·14
4000—5000				3·95

每日平均運輸量(輛數)	礫石路	路面處治瀝青碎石路	地瀝青鋪路	混凝土鋪路
0—250	1·00	0·498		0·143
250—500	1·00	0·433	0·052	0·090
500—1000	1·00	0·358	0·053	0·077
1000—2000	1·00	0·408	0·169	0·082

抗戰前我國每年每公里碎石路養護費，(註十九)平均為 250元。按民國二十三年統計，江蘇省平均每年每公里養路費為90元，在930公里距離之公路上，養路工人共計不過397名；在完成路面之公路，每一工人需養一公里至一公里半，每年每公里費用自132元至228元；至土路各綫，每一常工，需修養5至19公里之長，每年每公里費用僅十元左右。民國二十二年度浙江省十一路段養路費，平均每年每公里為248元，最低者為73元，最高者達507元；民國十九至二十一年，養路費佔用款平均為8.5％。湖南省二十六年預算，每公里養路費用為 155 元，佔二十四年度營業支出14·7％；二十二年七月至二十五年十二月，養路費佔支出總計9·9％。以往一般情形，對於養路過於疏忽，現在運輸日增，養路費用自隨之而增加，圖八為各種運輸情形下之養路費用比率。

按本文例題假設之每日平均運輸量 360 公噸計，則今日養路費與昔日之比，約為3與1之比；再加以工料之奇昂，超過戰前數倍。故現在養路費，較戰前超過四倍，不足為奇。依此計算，則養路費每年每公里約為一千元。假定路面之改善，可節省養路費用20%，如是則每年可節省 $1,000\times1,000\times20\%=\$200,000$ 二十萬元。

坡度之經濟

坡度經濟之計算，不易準確。蓋公路運輸性質不同，各種車輛坡度能力不一，此種資料又極缺乏，故計算時，頗感困難。但如欲作一概值之估計，亦非難事。通常凡坡距短於 150 公尺者，影響行車經濟甚微，改善坡度之收效利益，以長距坡度較多。坡度改善情形，不外有二：一為起伏地勢，由挖填土方，可將坡度路減，無改移路綫之必要。其所獲經濟之價值，通常不多。其二為山地之盤山路綫，勢必改綫及挖填同時進行，方可收效，改善工程雖大，其經濟價值亦較前者為多。

過陡坡度增加行車費用之原因有二：第一如實際地度，超過最大上升經濟坡度，上升時改換齒輪，效率減少，汽油消耗因之增加。第二如坡度過陡，迫使下駛汽車，使用制動器，機械能力，因之無謂損失。通常乘客小汽車，在高齒輪及汽門關閉情形之下，安全滑駛坡度為 5 至 6 %，運貨汽車附有掛車者，則僅 3 至4%。第三為在下坡時，一般駕駛習慣，使接合器脚接，發動機磨擦及汽油抽唧而不經濟。故公路經濟坡度之選擇，宜介乎適於上升及安全下降之間。

最大經濟上升坡度之定義，爲在發動機高效率速度範圍之下，可不改換齒輪而能上升之坡度。最大經濟下降坡度之定義，則爲在安全速度之下，可不使用制動器而能下降之坡度。據阿格氏計算最大經濟上升及下降坡度方法，其推演如下：（註二十）

$G+$ ＝最大經濟上升坡度（%）
$G-$ ＝最大經濟下降坡度（%）
h ＝上升高度（公尺）
L ＝坡距（公尺）
M ＝汽車質量
I ＝汽車慣量
E ＝動能差值（公尺公斤）
V_1 ＝汽車在坡底之速率（公尺/秒）
V_2 ＝汽車在坡頂之速率（公尺/秒）
S_1 ＝汽車在坡底之速度（公里/時）
S_2 ＝汽車在坡頂之速度（公里/時）
U_1 ＝汽車在坡底之角速率（弧度/秒）
U_2 ＝汽車在坡頂之角速率（弧度/秒）
g ＝地心引力（9.80公尺/秒/秒）
T ＝汽車牽引力（公斤/公噸）
R ＝道路阻力（公斤/公噸）
W ＝汽車總重（公噸）

E ＝移動動能＋轉動動能 $=\frac{1}{2}M\left(V_1^2-V_2^2\right)+\frac{1}{2}I\left(U_1^2-U_2^2\right)$

乘人汽車轉動動能＝ 5 %移動動能
載重汽車轉動動能＝ 10 %移動動能

$$E=\frac{1.05M}{2}\left(V_1^2-V_2^2\right)=\frac{1.05\times1000W}{2\times9\cdot8}\left(\frac{1000}{3600}\right)^2\left(S_1^2-S_2^2\right)=4.12\,W\left(S_1^2-S_2^2\right) \quad \text{（乘人汽車）}$$

$$E=\frac{1\cdot10M}{2}\left(V_1^2-V_2^2\right)=4\cdot32W\left(S_1^2-S_2^2\right) \quad \text{（載重汽車）}$$

上升坡度總能力＝WTL＋E
上升坡度總工作＝1000Wh＋WRL

$$WLT+4\cdot12\,W\left(S_1^2-S_2^2\right)=1000Wh+WRL$$

$G+=100\frac{h}{L}$；以10WL除之

$$\frac{T}{10}+\frac{0\cdot412\left(S_1^2-S_2^2\right)}{L}=G_++\frac{R}{10}$$

$$G+=\frac{T-R}{10}+\frac{0\cdot412\left(S_1^2-S_2^2\right)}{L} \quad \text{（乘人汽車）}$$

$$G_+=\frac{T-R}{10}+\frac{0.432\left(S_1^2-S_2^2\right)}{L} \quad \text{（載重汽車）}$$

$$G+=\frac{T-R}{10}$$

凡坡度過長，超過600公尺，或因彎度過銳，不能利用慣性者，應改用下列公式：

$$G+=\frac{T-R}{10}$$

同一原理，推演最大經濟下降坡度公式如下：

$$G_{-}=\frac{R}{10}+\frac{0.412\left(S_1^{\,2}-S_2^{\,2}\right)}{L}\qquad\text{(乘人汽車)}$$

$$G_{-}=\frac{R}{10}+\frac{0.432\left(S_1^{\,2}-S_2^{\,2}\right)}{L}\qquad\text{(載重汽車)}$$

由上述公式中，如欲計算經濟坡度，除道路阻力，車輛速度及坡度距離外，尚須知汽車之牽引力。汽車牽引力，視汽車種類，重量，馬力，機構等而不同。行駛於我國公路上者，多以福特、道奇、雪佛蘭、橡特、索尼克羅夫特、培德福、萬國、奇姆西、本茨等牌號居多。載重量在 $2\frac{1}{2}$ 公噸左右。下例牽引力計算，（註二十一）係以1939年道奇及福特牌運貨汽車，載重 $2\frac{1}{2}$ 噸為根據。

E＝發動機曲軸旋轉速率（每分鐘次數）

P＝推進機軸旋轉速率（每分鐘次數）

N＝輪胎旋轉速率（每分鐘次數）

a＝後軸比（後軸之齒輪減速比率）＝P/N

b＝傳達比（變速齒輪箱之齒輪減速比率）＝E/P

高齒輪： b＝1， $ab=\frac{E}{N}$， a＝E/N

Q＝發動機轉矩（公尺公斤）

S＝車輛速度（公里/時）

e＝變速齒輪等與接合器及後軸之效率（磨擦損失因數）

高齒輪： e＝0·85

其他齒輪： e＝0.72

T＝牽引力（胎環拉力）（公斤）

r＝後輪滾動半徑（輪胎外緣半徑）（公分）

W＝車輛總重（公噸）

A＝車輛前部投影面積（平方公尺）

R_r ＝滾動阻力（公斤／公噸）

R_a ＝風阻力（公斤）

R ＝道路阻力（公斤／公噸）

R_g ＝坡度阻力（公斤／公噸／%坡度）

B.H.P.＝制動馬力（公馬力） 1公馬力＝75公尺公斤/秒＝0.9863英馬力

TF37 道奇運貨汽車標準：（註二十二）

B.H.P.＝ 79 公馬力　　E＝3,000r.p.m.（最大馬力）

Q＝ 21.85 公尺公斤　　E＝1,200r.p.m.（最大轉矩）

壓縮比＝5·8:1

a＝5.667:1

b	
b＝1.00:1	第四齒輪
1·69:1	第三齒輪
3·09:1	第二齒輪
6·40:1	第一齒輪
7·82:1	反齒輪

r＝42·8公分

$$S=\frac{2\pi r\times 60}{100\times 1000}\times\frac{N}{a}=\frac{r\,N}{265\,a}=\frac{42\cdot 8\times 1200}{265\times 5\cdot 667}=34\text{公里/時}$$

$$B.H.P.=\frac{2\pi EQ}{75\times 60}=\frac{EQ}{716}=\frac{21.85\times 1200}{716}=36.6\text{公馬力}$$

主動輪轉矩＝Qae

$$T=\frac{Qae}{r}\times 100=\frac{100Qae}{r}=\frac{100\times 5.667\times 0.85}{42.8}Q$$

$$=11\cdot 25Q=11.25\times 21.85=246\ \text{公斤}$$

地勢拔海高度，影響炭化器作用頗大。因在海面高度時，空氣壓力，每平方公分約爲1·055公斤，相等於 80 公里厚之空氣層。地勢愈高，空氣層愈薄，氣壓愈低，每升高100公尺，每平方公分壓力，約減少0.01公斤。氣壓之減低，其影響發動機馬力有二：一爲壓縮壓力之影響，在海平高度時，平均福特汽車每平方公分壓縮壓力爲4.5公斤，燃燒後爆發壓力約爲壓縮壓力之三倍至五倍。如以四倍計，每平方公分爆發壓力，可至十八公斤。因機件殆至較高地勢，壓縮及爆發壓力因氣壓減少而隨之降低。因機件惰性及磨擦需用一部常數馬力，故發動機馬力之減少，並非絕對成一正比例；假設爆發壓力減少一半，則發動機馬力之減少，不止一半也。圖九指示壓縮壓力，氣壓及水沸點與拔海高度之關係（註二三）。二爲空氣稀薄之影響，在海面高度之空氣成份，氧25%，氮75%，汽油燃燒效能，視氧份而定，地勢愈高，氧份愈低。若不調整炭化器使合乎高度，則混合物有過濃及燃燒有過緩之弊。調整方式，不外有二：一爲裝置活動氣門，在地勢高時將空氣入口開大，使有充分氧氣流入。二如炭化器無此種空氣調整裝置，則在地勢高時，可改用較小汽油噴管代之，例如新式福特汽車，即有是種裝置。

福特『正式車盤』運貨汽車標準：（註二四）

B.H.P.＝36 公馬力　　E ＝3,800 r.p.m.

Q ＝21.45 公尺公斤　　E ＝2,200 r.p.m.

a ＝5·83:1

b ＝1·00:1　第四齒輪

1·69:1　第三齒輪

3·09:1　第二齒輪

6·40:1　第一齒輪

7·82:1　反齒輪

r＝42.8　公分

載重＝ 2·27　公噸

總重＝ 5·22公噸

$$S=\frac{42.8\times 2200}{265\times 5.83}=61\ \text{公里/時}$$

$$B.H.P.=\frac{21.45\times 2200}{716}=66\ \text{公馬力}$$

$$T'=\frac{100\times 5.83\times 0.85}{42.8}Q=11.55Q=11.55\times 21.45$$

$$=248\text{公斤}$$

牽引力＝道路阻力（牽引阻力）
- 滾動阻力
  - 軸承磨擦阻力
  - 路面阻力
- 風阻力
  - 皮面阻力
  - 磨擦阻力
- ＋坡度阻力

坡度阻力＝10WG（每1公噸車重每1%坡度爲10公斤）

滾動阻力包括軸承磨擦阻力及路面阻力：（註二五）視車輛機械性質，路面種類及狀況，輪胎尺寸及式樣，車輛彈簧，車輛重量，路面衝擊及歪扭，及軸承磨擦等因數而異。風阻力則視車身前部投影面積，車身形式及車輛速度而定，風阻力之公式爲 $R_a = KAS^n$（K＝0.004至0.006，n＝1.9至2.14）。爲簡易起見，通常計算，多將滾動阻力及風阻力二者合而爲一，名爲道路阻力，下表卽空心膠輪汽車在普通速度下之平均道路阻力（每公噸車重公斤數）：（註二六）

路面類別	上等	中等	下等
土	35	45	75
砂土	30	40	$62\frac{1}{2}$
油土	25	35	50
礫石，碎石	$22\frac{1}{2}$	30	50
瀝青面及碎石	20	25	$37\frac{1}{2}$
片地瀝青及地瀝青混凝土	20	$22\frac{1}{2}$	35
磚	$17\frac{1}{2}$	20	35
混凝土	15	20	35

（泥濘土路之道路阻力，每公噸可至150公斤。）

假定道路阻力在改善前，每公噸爲40公斤，改善後減爲每公噸30公斤。

$T = RW + 10WG$

$248 = 30\times5\cdot22 + 10\times5\cdot22G \qquad G = 1\cdot75\%$

$G_{+} = \frac{47\cdot5-30}{10} = 1\cdot75\%$

$G_{-} = \frac{30}{10} = 3\%$

$T_3 = \frac{100\times21\cdot45\times5\cdot83\times1\cdot69\times0\cdot72}{42\cdot8} = 355$ 公斤

$355 = 30\times5\cdot22 + 10\times5\cdot22G_3 \qquad G_3 = 3\cdot8\%$

$T_2 = \frac{100\times21\cdot45\times5\cdot83\times3\cdot09\times0\cdot72}{42\cdot8} = 649$ 公斤

$649 = 30\times5\cdot22 + 10\times5\cdot22G_2 \qquad G_2 = 9\cdot43\%$

$T_1 = \frac{100\times21\cdot45\times6\cdot40\times5\cdot83\times0\cdot72}{42\cdot8} = 1345$ 公斤

$1345 = 30\times5\cdot22 + 10\times5\cdot22G_1 \qquad G_1 = 22\cdot8\%$

由上計算，經濟坡度，不過3%左右。但按我國目前運輸狀況而言，若將全部坡度減至此數，不惟土石方工程過鉅，勢非所能，卽在經濟原則上，亦不許可。蓋減低坡度之經濟，並不如想像之高，由下列計算中可見之。故按作者意見，改良坡度以大限度，宜以6%爲限，蓋載重汽車，無論新舊，在第二齒輪，皆可自由上駛。改善坡度，同時並宜顧及坡度豎曲線與視距之關係，（註二七）以期視距顯明，不惟行車速率可以增加，行車安全，亦可多得一保障。改良坡度經濟之計算，根據上升高度工作原理，其法如下：（註二八，二九）

汽油能力：

每加侖汽油重量＝2·68公斤

每公斤汽油熱力＝10,550卡路里

每卡路里能力　＝427公尺公斤

每加侖汽油能力 $=2.68\times10{,}550\times427=12{,}070{,}000$ 公尺公斤

假設車機總效率 $=15\%$

每加侖汽油實能力 $=12{,}070{,}000\times0.15=1{,}811{,}000$ 公尺公斤

每一公噸上升一公尺之汽油消耗率：$G=\dfrac{1{,}000}{1{,}811{,}000}=0.000552$ 加侖

$$M=\text{燃料消耗比}=\frac{\text{任何齒輪燃料消耗率}}{\text{高齒輪燃料消耗率}}=\frac{(\text{齒輪比})(\text{任何齒輪效率})}{\text{高齒輪效率}}$$

$$M=\frac{6.40}{3.09}=2.07$$

C = 汽油每加侖單價（元）

V = 每年總交通量（百萬公噸數）

h = 改善前原有坡度高度（公尺）

h' = 改善後新定坡度高度（公尺）

S = 每年改善坡度節省汽油消耗費（元）

$S=552CV(Mh-h')$

坡度改善經濟之分析，需將每一坡度個別計算，本文為簡便起見，僅以總平均數為例。假定過陡坡度里程總計50公里；東向平均過陡坡度 $=11\%$，平均坡距 $=300$ 公尺，坡度里程 $=30$ 公里；西向平均過陡坡度 $=10\%$，平均坡距 $=350$ 公尺，坡度里程 $=20$ 公里。如改善坡度，規定以6%為限，東向平均坡距增至450公尺，西向平均坡距增至500公尺。

$$V=\frac{\left(135\times5\frac{1}{2}+15\times3\frac{1}{2}\right)\times365}{1{,}000{,}000}=0.29$$

$$S=552\times12\times0.145\left((2.07\times33-27)\times\frac{30{,}000}{300}+(2.07\times35-30)\times\frac{20{,}000}{350}\right)=\$6{,}290{,}000$$

因距離之增加而影響行車費用（包括汽油、機油、輪胎、配件、汽車及養路捐），每車公里為\$1.89，每年總數為Y元。

$$Y=\frac{150\times365}{2}\times1.89(0.50\times30+0.43\times20)=\$1{,}220{,}000。$$

每年因坡度改善而能節省實費用為 S 與 Y 之差值，計為五百零七萬元。

坡度經濟之計算，亦可根據汽油消耗與馬力之關係求之。此種資料，雖不甚多，但可引舉二例，以為計算之根據。美國泰克薩斯州倬空實驗室，（註三〇）研究實重1.91公噸重車及1.52公噸輕車，在每小時64.4公里之速度，其結果繪成一汽油消耗與馬力關係圖（圖十）。邢教授亦曾將1930年道奇牌雙座汽車（重1.52公噸）實驗，（註三一）在燃料混合物不改變情形之下，燃料消耗與馬力成一直線關係，其結果如圖十一，與泰克薩斯州倬空實驗室輕車結果，大致類似。

時間之經濟

路綫及路面改善後，如彎道取直，坡度減低，視距顯明，路面平坦，於行車速度，自可增加，速度增加，時間可以節省。時間之節省，於軍運及軍事上之價值，無法以金錢表示之；客貨所得時間上之價值，亦難以數字估計；但時間節省所得之代價，最少限度，可以減少司機之工資。摩頁及文夫累兩教授文中，（註三二）對於郵政汽車在土路，礫石路及鋪路三種路面上之旅行速率，分析頗詳。旅行速率＝（旅行里程總數）/（旅途時間總數），包括途中停止時間；影響旅行速率因數，主要者為路面種類及狀況，氣候，停止次數，及車輛種類。平均旅行速率：土路夏季每小時為16.1公里，冬季每小時11.0公里，全年每小時11.3公里。礫石及鋪路夏季每小時為24.8公里，較土路高54%；冬季每小時19.7公里，較土路高79%；全年每小時22.6公里較土路高100%。郵政汽車，沿途停止地點甚多，每公里設有2至2½信箱，其他汽車之旅行速率，應較此為高。我國現在情形，長途乘人客車每小時行駛速度不過35公里。旅行速率每時不過8¾公里；運貨汽車每小時平均行駛速度約為25公里，旅行速率不過6¼公里；因沿途宿站關係，每日平均行駛時間，總在六小時左右。公路改善後，沿途宿站，宜酌添加。運貨汽車行駛速度，至少可望由每時25公里增至30公里，每日平均行駛時間，仍以六小時計，旅行速率，至少可望由每小時6¼公里增至7½公里；每年司機工作日期以300日計，則每年因時間縮短而能節省司機工資之費用如下：

$$\left(\frac{1}{25}-\frac{1}{30}\right)\times 1{,}000\times 365\times 150\times \frac{60\times 12}{300\times 6}=\$146{,}000$$

或 $$\left(\frac{1}{6.25}-\frac{1}{7.5}\right)\times 1{,}000\times 365\times 150\times \frac{60\times 12}{300\times 24}=\$146{,}000$$

安全之經濟

公路安全，為公路及汽車事業發達國家之最嚴重問題。美國汽車行車事變，每年總在一百萬次左右；1927至1938十二年中，因汽車事變而死亡者，總計395,027人，平均每年死亡約三萬三千人（註三三）。吾國情形，雖不如是之嚴重，但目前公路行車事變，車輛，生命，及貨物之損失，實有可觀。故公路安全問題，目前甚為重要，從事公路運輸事業者，知之尤稔。

公路行車事變之原因，由於人性因數者居多。人性因數，包括司機之疏忽及粗率，技術之不良，身心之缺點等，以及行人及旅客之不慎。美國1927年事變分析：死亡26,618人，傷害798,700人，人性因數佔87%，其他因道路之不良及機件之缺點之物理及機械因數，僅13%（註三四）。我國公路行車事變，各處均有記載，雖次數過少，不足代表平均情形，但可想見一斑。湖南省民國二十二至二十四年統計，事變313次，人性因數佔89.2%，死亡與傷害為1與2.11之比；每次事變平均死0.54人傷1.13人，每次事變費用平均為133元（註三五）。江西省民國二十一至二十二年統計，事變256次，死傷之比，為1與2.31，每次事變平均死0.11人，傷0.26人；人性因數佔75.8%其中雖有一部車身翻覆及滑入溝池原因，屬於道路，但人性因數，仍居多數（註三六）。廣西省民國二十一至二十三年統計，事變188次，人性因數佔82.4%，死傷為1與4.65之比；每次事變平均死0.32人，傷1.48人

（註三七）。四川省民國二十五年二月至二十六年六月統計，事變195次，死傷爲1與4.72之比；每次事變平均死0.20人，傷0.94人，事變次數佔行車次數0.50%。蘇浙皖京滬閩贛七省市民國二十四年統計，事變502次，死傷爲1與5.02之比；每次事變平均死0.18人，傷0.90人。事變原因之分析：屬於駕駛及障礙之人性因數，居77.7%；屬於車輛者爲5.6%；屬於道路者爲16.7%，其中因陡坡，狹路，山邊，濕滑，十字路，橋樑及水濱等不良道路情形，居10.2%（註三八）。湖南省民國二十至二十四年統計，事變468次，平均每百車輛每年事變45.3次，每百萬公里行程每年事變13.7次。

若按以上統計綜計，抗戰前公路行車事變，人性因數居80%，與美國情形相同，由此可知美國駕駛者，並不較中國駕駛者爲謹慎。死傷比率，爲1與3.44，每次事變平均死0.26人，傷0.91人。美國汽車事變死亡總比率爲1與30，在公路上者，則爲1與16.4之比。每次事變，通常以死0.05人，傷一人，損失費美金525元計。美國1927至1938十二年統計，平均每百萬公里每年事變不過兩次。若以湖南省每百萬公里每年事變13.7次相較，則吾國事變頻數，超過美國約七倍。美國公路運輸量及交通擁擠情形，遠濶我國之上，而我國事變頻數，反較爲多，是我國公路安全之問題，有待改善者實多也。

改善公路，如彎道半徑之加長，過陡坡度之減低，過窄路幅之展寬，顯明視距之增加，護欄及路牌等安全設備之添設，以及路面之改善，於行車事變，自可減低。抗戰以來，運輸日繁，事變頻數，因之增加，肇禍事件，時有所聞，輕則車貨損失，重則全車生命覆歿，損失價值難以估計，雖因時間之促迫，車輛之驟增，以致司機之訓練，或不能如昔日之嚴格，有以致之。但西南及西北諸省公路，一部因在抗戰中趕築完成，工程規定，亦多不能如標準實施，故目前事變原因，人性因數成份恐不如往日之多，主要原因，當以道路不良居首。據最近某處事變原因分析：人性因數居27%，機械因數居27%，道路因數則居46%；每百萬公里行駛里程每年事變頻數，平均爲26.4次；每次損失費用，平均爲169.50元，其他各處事變頻數及損失費用，恐仍不止此數。

生命損失賠償費用，我國汽車肇禍，由於司機之過失而致死亡者，江西省公路處規定埋葬費爲二百元（註三九），雲南省公路總局規定行人及乘客埋葬費爲一百至二百元（註四十），湖南省公路局規定行人安埋撫恤費爲二百元以內，乘客安埋撫恤費爲五百元以內（註四一）。生命價值既如是之輕視，無怪乎司機疏忽人命之事，常有所聞也。

根據上述統計，我國現在情形，可假定每百萬公里行駛里程，每年事變爲30次，屬於道路因數者爲45%，每次事變平均損失費用以200元計，則每年因公路改善而所希望之安全代價等於：

$$\frac{150\times365\times1,000}{1,000,000}\times30\times0.45\times200=\$148,000$$

此數爲最少估計，有時車墜崖下，一車之值，助近二萬元，其損失之大，可想而知也。

安適之經濟

公路改善，旅客乘車之安適及心理上之愉快，貨物之不受震傷損失，客貨運輸之安全保障，皆甚空泛，難以數字估計。但吾人敢斷言者：乘客願付較高之票價，貨主願付較高之運費，以求安適之快慰，時間之經濟，生命及貨物安全之保障。若公路旅行，視為一種娛樂而不視為畏途，則又可吸收一部份飛機乘客。觀乎美國每年行駛於公路上者，達三四千萬萬車公里之多，公路利用之程度可知。最近中國運輸股份有限公司規定客貨基本運價，自廿九年一月十六日起，每客座公里為七分，貨物每公噸公里，一等品為一元零五分，二等品九角五分，三等品八角六分（註四二）。交通部滇緬公路運輸管理局，最近自二十九年二月一日起，改訂客貨基本運率；客票每客座公里為九分，貨物每公噸公里一等品為一元一角五分，二等品一元零五分，三第品九角五分（註四三）。假定以每客座公里七分，每公噸公里一元計；每客車平均載客十六人，每貨車平均載貨二公噸半計；如公路改善能收實效利益後，則票價及運費增加百分之一，想無異議。（例如川滇公路由昆明至瀘州，全程票價為$64.05，增加1%，則為$64.69）。依此估計，則在此公路上，每年收入，可望增加：

$$(16\times15\times0.07+135\times2.5\times1.00)\times365\times1{,}000\times1\%=\$1{,}293{,}000.$$

結論

改善公路之進行，有三方面：一為路綫之改正，包括距離之縮短，彎道之取直，坡度之減低，視距之加長，護欄及路牌之添設；二為路面之改善，主要工作，為路面本身之翻修或改進，其他為土壤之穩定，路基或路面之展寬，邊溝之清理及路肩之修整；三為橋渡之改善，如橋樑涵洞之加固或改修，渡口之整理或建橋。但橋渡之重要，非普遍性，如橋渡稀少之公路，即無此種問題發生，若路綫及路面，則無論何路皆同。其改善後之效果，互有關係，譬如行車速率之增加及安全之保障，雖大多由於路綫之改正，但路面之平坦，亦有以致之，茲將二者效果，分列如下：

路綫改善之效果：

1. 距離之經濟
2. 坡度之經濟
3. 時間之經濟
4. 安全之經濟

路面改善之效果：

1. 燃料，機油，輪胎及配件之經濟
2. 汽車之經濟
3. 養路之經濟
4. 安適之經濟

上述各項效果之節省費用，係以一千公里之公路，平均每日行車一百五十輛及運輸量每日進出三百六十公噸計算，茲總列如下：

項　別	節省費用數額	主要改善方式	外匯部份
距離之經濟	$　517,000	路綫（改綫）	$478,000
路面之經濟			

汽油，機油，輪胎及配件	$20,278,000	路面	$20,278,000
汽車	$1,095,000	路面	$1,095,000
養路之經濟	$ 200,000	路面	
坡度之經濟	$5,070,000	路綫（坡度）	$5,163,000
時間之經濟	$ 146,000	路綫（坡度彎道）	
安全之經濟	$ 148,000	路綫（安全設備視距，彎道坡度）	$ 148,000
安適之經濟	$1,293,000	路面	
	$28,747,000		$27,162,000

總計在此一千公里之公路上，每年可節省費用二千八百七十餘萬元，其中95%係舶來品之節省。路面改善結果，年可節省二千二百八十六萬六千元，居總數80%；路綫改善結果，年可節省五百八十八萬一千元，居總數20%。假定以此數存諸銀行，預計改善工程，一年可以完成，故經濟之期限，實爲二年，存款複利週息爲8%，半年複利一次。然後舉債或發款修路，複利週息爲10%，亦半年複利一次。二年之後，借款本利總額。宜與二年存款本利總額相等，方與經濟原則上相符合。

A＝每年存款數額

r＝存款複利週息

r'＝借款複利週息

n＝存款年期

n'＝借款年期

P＝n年後存款本利總額

S＝借款總額

$$A=\frac{\left(1+\frac{r}{2}\right)^{2}-1}{\frac{1}{2}r}\cdot\frac{\frac{1}{2}r}{\left(1+\frac{r}{2}\right)^{2n}-1}P=\frac{\left(1+\frac{r}{2}\right)^{2}-1}{\left(1+\frac{r}{2}\right)^{2n}-1}P$$

（註四四）

$$P=\frac{A\left[\left(1+\frac{r}{2}\right)^{2n}-1\right]}{\left(1+\frac{r}{2}\right)^{2}-1}=\frac{28,747,000\left[\left(1+0.04\right)^{4}-1\right]}{\left(1+0.04\right)^{2}-1}$$

$$=28,747,000\times2.0616=\$59,840,000$$

$$S\left(1+\frac{r'}{2}\right)^{2n'}=P$$

$$S=\frac{P}{\left(1+\frac{r'}{2}\right)^{2n'}}=\frac{59,840,000}{(1+0.05)^{6}}=\frac{59,840,000}{1.34}$$

$$=\$44,657,000$$

按經濟原則，每公里改善費用，實爲44,660元；改善路面部份，每公里可值用35,730元；改善路綫部份，每公里可值用8,930元。

上例不過路畢改善公路後之價值，及改善之應當費用。抗戰以來，我國西南及西北諸省公路，運輸量雖不盡似例題假設之多，但大部幹路如川滇公路及滇緬公路等，最近將來，運輸量有過之無不及。後方幹道公路綫網里程總數，約在15,000公里左右，雖各路運量不一，情形不同，然若綜納估計，每年節省費用，總在一萬萬五千萬元以上，而其中幾全係舶來品。如何節省此鉅額無謂消耗之漏卮，實為我國公路目前最嚴重之問題。消耗中之最顯著者，為燃料，輪胎，配件，修理及汽車等項，而此數者，無一不受路面直接之影響。交通部張部長在『抗戰以來之交通設施』文中，(註四五)亦曾言及：「今後公路方面之工作，一面積極開闢新綫，以期增密公路綫網，一面則在改善舊路，以期增加運輸效率。改善工程最要者，為減少渡口，改善坡彎度，修理路面等三項，現均逐步實施。」由是而觀，質量兩方面，務須同時並重，故如何改善路面，提高質的方面，實為當今迫切問題之一。

路面種類，普通可分為高中低三級：高級路面，為水泥混凝土，瀝青混凝土，片地瀝青，磚塊，木塊，石塊等鋪路；中級路面為瀝青碎石，瀝青處治，水泥結碎石及水結碎石路，穩定級配混合物路等；低級路面為石灰結碎石，泥結碎石，礫石，砂土，煤渣，及天然土路等。我國現在路面問題，無論在經濟上或時間上，決不能談到高中級以上之路面，並須絕對放棄依賴外貨之劣習，僅能於原有之低級路面着手，改良至最好程度，最大限度，亦不過採用中級路面之較次者。此種低級路面問題，並不僅限於我國，即在美國亦然。蓋美國全國公路里程，雖近五百萬公里，佔全世界三分之一，能繞地球一百二十五週。如詳細加以分析，有路面者，不過百分之三十；瀝青碎石以上至混凝土高級路面，不過百分之五；無路面者約佔百分之七十：其中有排水設備者僅四分之一，其餘四分之三，無排水設備，換言之，美國約有土路二百六十萬公里，雨時泥濘，不能通車，雖黃金富國，亦不能全事改修。故年來美國對於低級路面之修築方法，研究不遺餘力，頗有成效，以東南諸州如佐治亞州，成績尤著；由各種關於低級路面論文之多，亦可想見一斑（註四六）。我國研究改良低級路面問題，因地方情形之不同，固不能盡效美國，但在技術原則上，大致相同。善用地方材料，加以最新公路工程技術知識之配合與應用，方足達到可能中之最好程度。譬之廚師，烹調得法，其味自佳，祇求其技術上之改進，決不依賴外洋材料之購置。故研究改善路面之方式，第一步為試驗室之研究。第二步須修築試驗路或利用試驗室環道，（註四七）以觀成效；如此則工程之技術，可得按步而進行，敷衍偷巧，自可免除。所惜目前各方，對於公路改良及其推行，不外兩種觀念：一為懷疑，二為畏難。苟不堅定意志，勇往直前而積極謀改善之方，則每年雖消耗數千百萬之公帑，不過徒有改善之名，未必有改善之實，然則此每年一萬萬五千萬元以上之鉅額無謂消耗，仍不能防其漏卮外流也。

參考資料索引

註一　全國經濟委員會公路處：　中國公路交通圖表彙覽　民國二十五年五月

二　公路運輸專號　交通雜誌第四卷第一二期合刊　民國二十五年二月　145——296頁

三　W. A. Mitchell: Army Engineering　1938

四　Prof Dr Ing Blum: Verkehrspolitik und Verkehrswesen.

als Kriegsmittel der Gegenwart
Militarwissenschafliche Rundschau, Heft 5 und 6, 1937, Seite 668-681, 834-850.

五 R. E. Toms: Segregation of the Various Classes of Traffic on the Highway
Public Roads Vol. 19, No. 5 July 1938, pp. 82-93

六 A. H. Brodrick: The New German Motor Roads
The Geographical Magazine Vol.6 No.3, Jan. 1938 pp. 193-210

七 S. A. E. Handbook 1936 Edition pp. 639-647

八 S. Johannesson: Highway Economics 1930

九 Robley Winfley: Motor Vehicle Operating Costs As Affected by Roadway Surfaces
Highway Research Board Proceeding 1934, pp. 23-48

十 T. R Agg & H. S. Carter: Operating Cost Statistics of Automobiles and Trucks 1928

十一 R. A. Moyer: Rural Mail Carrier Motor Vehicle Operating Costs on Various Types of Road Surfaces
Highway Research Board Proceeding 1938 pp.41-60

十二 Bureau of Public Roads: Taxation of Motor Vehicles in 1932. 1934 pp.262-270

十三 R. Winfrey: Statistics of Motor Truck Operation in Iowa 1933

十四 General Motors Truck Company: Elements of Truck Transportation 1931.

十五 O. L. Waller & H. E. Phelps: Relation of Road Type to Tire Wear
A. S. C. E. Transactions Vol. 92 No. 1674, 1932, pp. 854-874

十六 W. C. McNown: Investigation of Tire Wear
Highway Research Board Proceeding 1926, pp. 26-35

十七 H. J. Dana: Investigation of Tire Wear
Eng. Bull. No.18, State College of Wash, 1926

十八 R. G. Paustian: A Study of Costs on Various Types of Highways
Highway Research Board Proceeding 1932 pp.51-60.

十九 李謨熾：抗戰中之公路軍運政策
新動向二卷六期 民國二十八年四月 577-580頁

二十 T. R. Agg: The Economics of Highway Grades, 1923

二十一 C. T. B. Donkin: The Elements of Motor Vehicle Design 1935, pp. 30-52

二十二 Dodge Truck Specifications 1939.

二十三 Dyke's Automobile and Gasoline Engine Encyclopedia 1935, pp. 116, 765-766

二十四 Ford Truck Specifications 1939

二十五 R. G. Paustian Tractive Resistances As Related to

Roadway Surfaces and Motor Vehicle Operation 1934

二十六 C. C. Wiley: Principles of Highway Engineering 1935 pp. 391-393

二十七 李謨熾：公路視距之研究 國立清華大學土木工程學會會刊第五期 民國二十八年 75-85頁

二十八 T. R. Agg: Estimating the Economic Value of Proposed Highway Expenditures
A. S. C. E. Transactions, Vol. 99. No. 1882, 1934, pp. 1124-1154

二十九 T. R. Agg: Potential Saving from Grade Reductions Roads & Streets, Nov. 1933, p. 404.

三十 J. A Oakey: Operating Characteristics of Cars on Gradés. Civil Engineering, Vol.7 No. 6, June 1937, pp. 396-398

三十一 H. B. Shaw: Highway Grades and Motor Vehicle Costs Highway Research Board Proceeding 1932, pp.91-104

三十二 R. A. Moyer & R. Winfrey: Cost of Operating Rural Mail-Carrier Motor Vehicles on Pavement, Gravel & Earth 1939

三十三 Automobile Facts & Figures 1939 Edition pp.57-61

三十四 Mo Chih Li (李謨熾): A Study of Highway Accidents 1930

三十五 湖南公路局： 湖南公路輯覽 民國二十六年一月

三十六 江西公路處規章彙編 民國二十三年

三十七 廣西道路局：道路年刊 民國二十四年六月

三十八 四川公路安全運動特輯
四川公路月刊，第十六期民國二十六年四月

三十九 江西公路處 汽車傷人處理規程 民國十七年十二月十三日公佈

四十 雲南省汽車傷斃行人乘客處理規則

四十一 湖南省公路局處理行車事變章程

四十二 中國運輸股份有限公司：客貨基本運費及雜費表 二十九年一月十六日

四十三 交通部滇緬公路運輸管理局：改訂客貨基本運率 二十九年二月一日

四十四 L. I. Hewes & J. W. Glover: Highway Bond Calc lations 1936

四十五 張嘉璈：抗戰以來之交通設施
新經濟 第一卷第八期 民國二十八年三月 199-204頁

四十六 Mo Chih Li (李謨熾): A General Study of Low Cost Highways (A Thesis, 209 pages)

四十六 試驗室環道，英文名爲 Circular track, 其法乃在室內修築一槽形鋼筋混凝土環道（直徑約四公尺），上鋪以擬加試驗之路面，然後以相等載重車輪在其上旋轉，以試驗其行車之結果。 （見附圖）

編輯公約

一、本誌純以宣揚工程學術爲宗旨。關於任何惡意批評政府或個人之文字，概不登載。如有記載錯誤經人檢舉，立卽更正。

二、本誌所選材料，以下列三種爲範圍：

甲、國外雜誌重要工程新聞之譯述；

乙、國內工程之記述及計劃；

丙、各種工程學術之研究。

三、本誌稿件，務求精審，寧闕毋濫。乙項材料，力求翔實。丙項材料，力求切實。

四、本誌稿件，雖力求專門之著述；但文字方面則務求通俗，以適應普通曾受高等教育者之閱讀。

五、本誌歡迎投稿。稿件須由投稿人用墨筆謄正，用新式標點點定；能依本誌行格寫者尤佳；如有圖案，須用墨筆繪就，以不必再行縮小爲原則；譯件須將原著作人姓名及原雜誌名稱說明；由投稿人署名負責。

六、凡經本誌登載之文稿，一律酌酬稿費。每篇在一千字以上者，酬國幣十元至五十元；內容特別豐富者從優；一千字以下者，隨時酌定。

七、本誌以複雜圖案，昆明市無相當承印之所，有時須寄往外埠刊印。所有稿件，請投稿人自留一份，萬一寄遞遺失，俾有存底可查。

八、本誌係由熱心同人，以私人能力創辦。嗣後如有力之學術團體，願意接辦者，經洽商同意，得移請辦理。

四川綦江水道工程述要

沈百先

一 總論

交通運輸，關係抗戰建設，至爲重要。自軍興以來，政府對於陸路之交通建設，慘澹經營，不遺餘力，惟水道運輸之費省效宏，各國均有前例，查西南各省水道棋布，均以灘險流急，冬春則苦淺澀，夏秋則畏洪濤。如能施以整理工程，亦可爲運輸之幹道，以補陸路交通之不足。導淮委員會奉令籌辦整理綦江水道，已屆一年，其間一段已告完成，爰將辦理經過，述其大概，以供關心水道建設人士之檢討焉。

二 綦江水道概況

綦江爲揚子江南岸支流，發源於貴州之桐梓縣，北行經松坎鎮始入四川省境，名松坎河，復北行至綦江縣之趕水鎮，羊渡溱渡二支河匯入，水源漸廣，始名綦江，自趕水南行經蓋石羊蹄兩峒達三溪場，有蒲河匯入，自三溪西北行，經綦江縣城至江津縣之順江場，匯入揚子江，自趕水至順江場計長一百三十五公里。

綦江流域爲山岳地帶，絕少平地，偶有之亦不寬廣，山岡盡爲水成砂岩所組成，表面已風化之土層，厚薄有差，山谷低地，則積有沙泥，土質肥沃，適於耕種，故農產頗豐，桐油，蔴，紙，明礬，煤，鐵，尤爲沿江兩岸特產，其中煤鐵兩礦，散佈更廣，除零星小礦區不計外，洋渡河沿岸土台場及松坎河沿岸趕水鎮上游之白石塘，共約蘊鐵鑛砂一千四百萬噸，可熔鐵七百餘萬噸，蒲河上游王家壩一帶煤礦，約藏六千萬噸，均爲川省有名礦區，富經濟價值，各種農工礦產，均賴綦江幹支運銷各地。

綦江兩岸爲羣山所束，河道隨山勢曲折，頗少整直之處，河底高低不一，河槽亦寬窄有差，河底或爲岩石，或爲沙礫，傾斜峻陡，遂多灘險，全河淺險之處，約有百餘處，或水流湍急，或水深不足，自趕水至順江場，平均河底坡度爲一萬分之九，上游較陡，下游較緩，蓋石羊蹄兩峒河底傾斜特大，蓋石峒最陡處，在五百公尺間河底高度差七、五公尺，坡度合一千分之十五，羊蹄峒長達一公里，其起訖點河底高度差五、九公尺，其中最陡處坡度達一千分之十四以上，兩峒爲全河最險之處，水流過急，向不通航，上下貨儎，需用人力盤駁，至爲不便，其他水流湍急舟行困難之處，亦屬不少，在枯水時期上游最淺之處，僅存水二三公寸，下游亦僅五六公寸左右。

綦江水道在抗戰以前，未有水文測驗，自導淮會設計整理以後，又爲時間人力所限，未能作有計劃之實施。據沿岸居民稱每年一、二、三、九、十、十一、十二，各月爲低水時期；其他各月頗多漲落，爲中水位及高水位時期。高水位與低水位相差，約自七公尺至十餘公尺。民國以來，以二十二年夏季洪水爲最高，是年羊蹄最高水位，高於低水位達十七公尺，蓋石達二十公尺，三溪達十四公尺，洪水延時不長，兩岸地勢又高，不足釀成災患，在枯水時期，上游流量僅十餘秒公尺，下游亦僅二十秒公尺，漲水時水色混濁，挾沙量頗大，枯水時期水色清淨，絕少沙泥。

綦江在中高水位時，揚子江內載重二十五公噸之民船，可上溯至蓋石，羊蹄蓋石間亦可通行載重五公噸之民船，趕水羊蹄間僅可通行三公噸船，松坎趕水間則僅通舢板。惟上水時以水流湍急，舟行困難滯緩，大號民船竭十餘人之力，日行僅十餘公里，下水則順流而下，頗爲迅速，平均每日可行六七十公里。在枯水時期爲淺段所阻，揚子江內民船，無法上溯，蓋石以下，五公噸民船勉能通行，蓋石以上至趕水鎮僅二三公噸，趕水以上河水更淺，卽舢板亦難通行。

綦江支流，以蒲河羊渡河最富整理價值，惟羊渡河流短源小，傾斜峻陡，枯水時期涓滴全無，殊難利用，蒲河較長，惟傾斜亦大，卽下游自蒲河場至三溪十六公里間，河底平均坡度，亦達一千分之一，四，枯水時期流量僅二三秒公尺，水小灘多，航行困難，蒲河場下游建有舊式石堰，蓄水濟運，間日一啓放，啓堰時船方能勉強通行。

三　整理計劃

甲、計劃大綱

整理綦江原則，爲維持相當之坡度，及最小之深度與寬度，以適應現在船隻吃水之需要，因暫定支流最小深度爲一公尺，幹流最小深度爲一，五公尺。凡有亂石灘險阻礙航行者，一律清除之，河底高凸者鑿平之，幷暫定流速在每秒二公尺以下時，爲通航時期，整理各段河槽斷面，卽以此爲標準，遇山洪暴發之時，流速過大，臨時停航，考其時間，每次不過二三日，山洪過後，立卽復航。

凡水位相差過巨之處，非浚鑿之工所能達整治之目的者，必須採用滾水壩調整水位，幷於每座滾水壩之旁設船閘一座，以爲尋常水位通航之用。洪水時期任其漫溢，暫停通航，因于羊蹄蓋石兩峒各建閘壩一座，以去急流，而免盤駁之煩。蒲河下游之一段施以渠化，建閘壩三座，抬高各段水位，以利運輸。

1. 閘壩設計

各處船閘之閘室，一律規定淨長六十六公尺，預計每次過閘，可容載重五噸之鰍板船十二艘，共載重六十噸，或容載重十噸之大號板船六艘，亦共六十噸，每次過閘上下各一次，約需一小時，每日開放十次，上下放行船隻各十批，約各輸載重六百噸，如將船隻改善，或晝夜連續開放，尤可增加運量。

蒲河下游之一段，長約十五公里，河底高差達十五公尺以上，因建築閘壩各三座，使該段最小水深能有一，二公尺，各滾水壩之高度，須使壩之上下游水位相差，約各五公尺，羊蹄及蓋石滾水壩高度，以去峒中急流，幷有一，五公尺水深能通航爲原則，故羊蹄滾水壩之上下游水位差需四，八公尺，蓋石九，二公尺

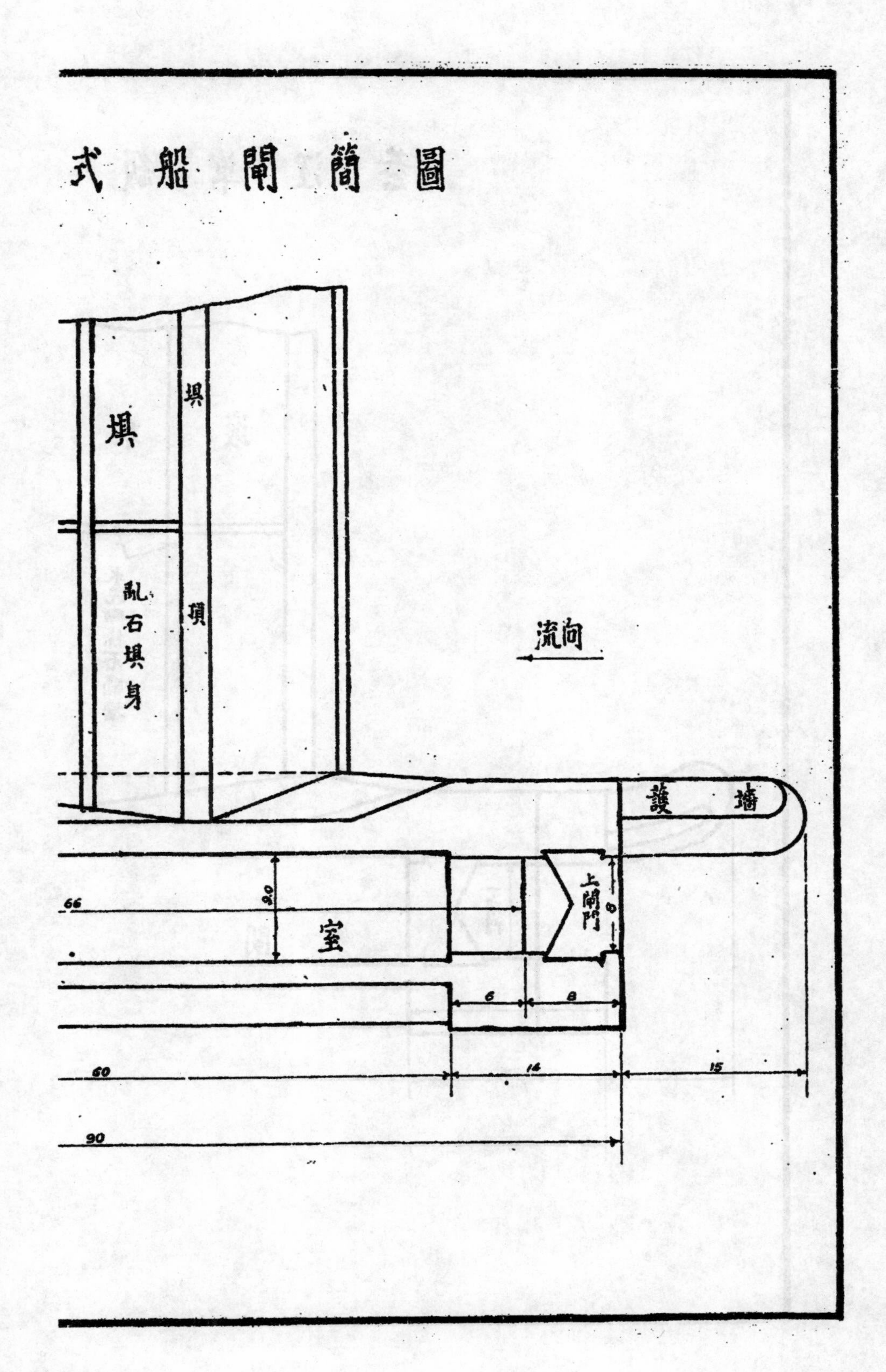
式船閘簡圖
壩
壩頂
亂石壩身
流向
護墻
上閘門
室
66
20
10
6
8
60
14
15
90

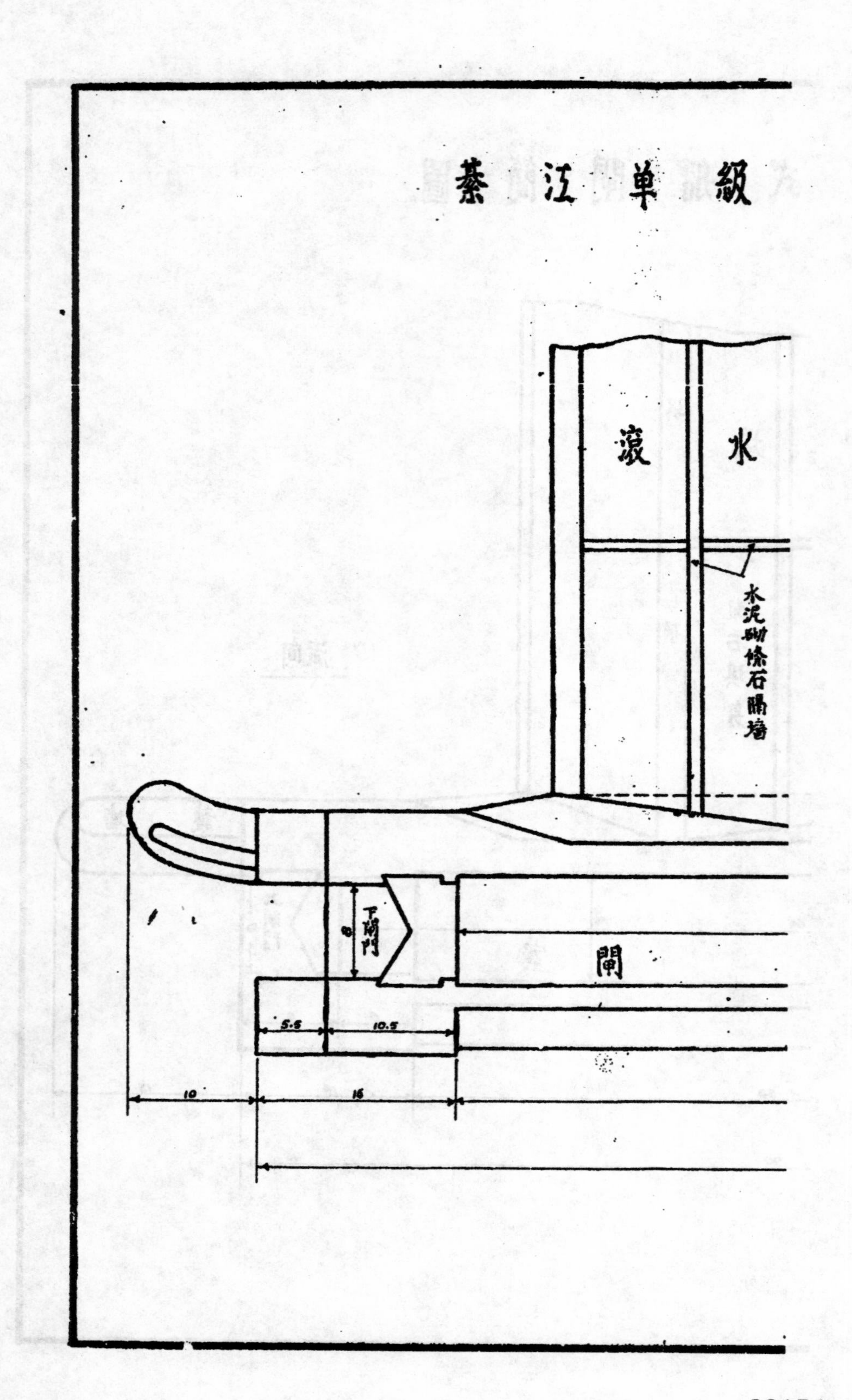

28174

區平面圖

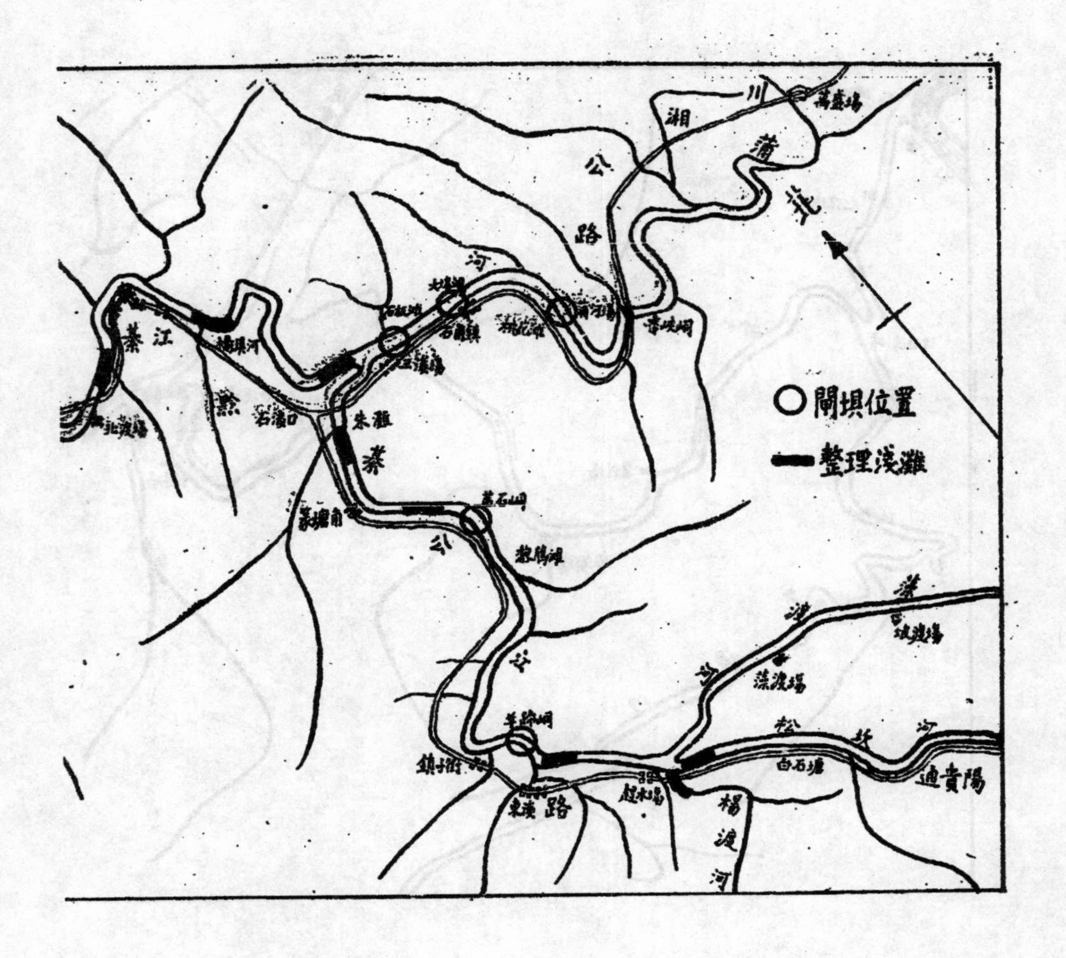

綦江工

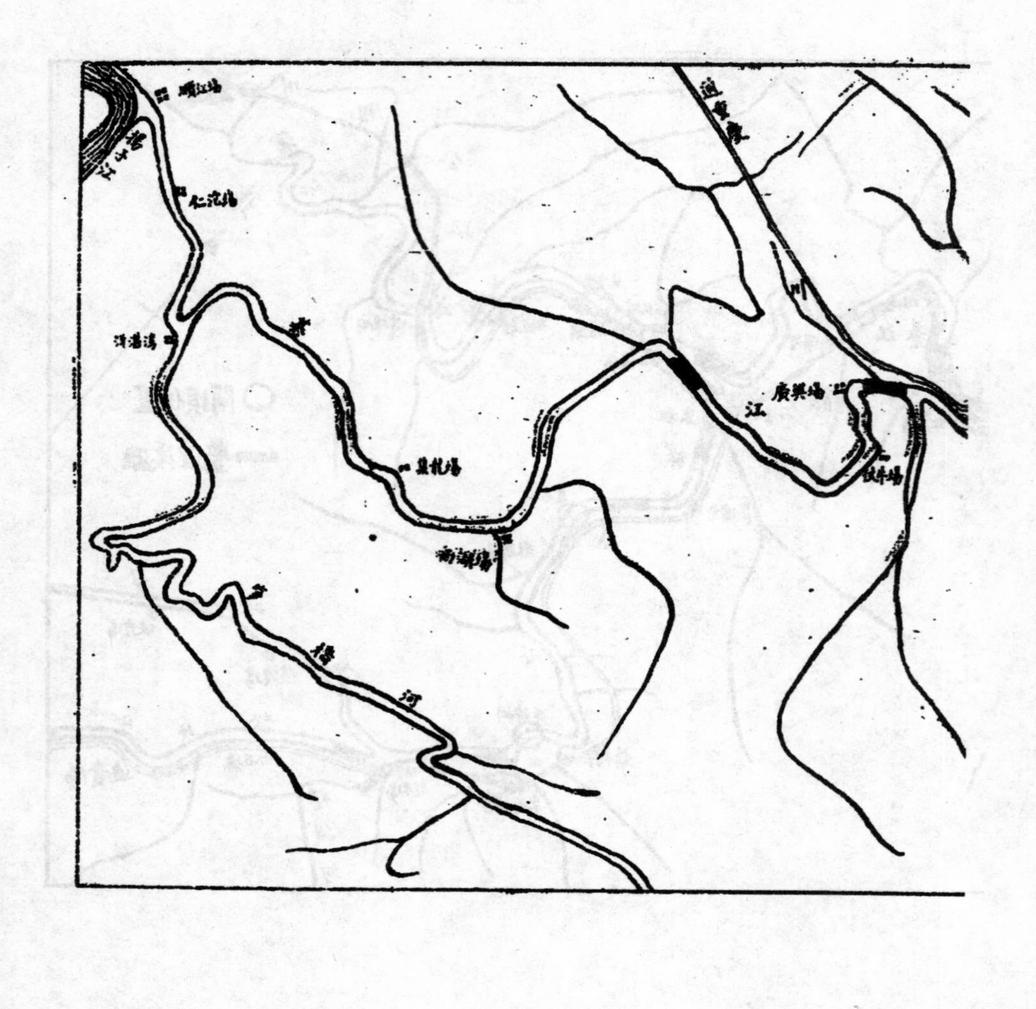

（見工區平面圖）。各閘壩儘量利用國產原料，閘牆用當地砂石盤成長條形（平均三公寸見方一公尺長），以一比三水泥沙漿砌成，牆高八公尺，建於河底岩石之上，閘門以木樑及鋼件組合而成，上游閘門高五、六公尺，下游七、六公尺，寬各約四、八公尺，木樑厚三十公分，寬三十五公分，爲川省所產松木，每組閘門關閉時成一人字形，門之上下游水位差，所生之水壓力，全由木樑承受，除蒲河三閘及羊蹄峒上下游水位差約各五公尺，木樑所生應力在規定限度之內，尙覺安全外，蓋石上下游水位相差過巨，以上尺寸之木樑不能承受，而事實上又不能用更大之料，故蓋石船閘，爲雙級式，有閘門三道，閘門以人力推動機械，以利啓閉，輸水涵洞建於閘牆之內，斷面積約一、五平方公尺，通每道閘門之上下游涵門，亦爲木樑及鋼件所組成，爲插板式，用機械及人力使之上下，以司啓閉（見單級式船閘簡圖）。

滾水壩斷面爲梯形壩，頂寬二公尺，上游斜坡爲一比二，下游一比五。有縱橫隔牆數道，以條石及水泥砂漿砌成以防滲漏，基礎爲河底岩石，隔牆之間以塊石塡築，壩面則以條石立砌。

蒲河三處閘壩，於二十八年十一月間先後完成，蓋石峒船閘已於廿八年十月間完成，滾水壩現正加工趕築中，務於本年大汛前完工，羊蹄峒閘壩現正同時加工趕築中。

2 淺灘整理

河槽過寬河底高昂之處，或加以疏浚，使水深增加，或建築丁壩順壩，使低水位時水流集中，水位抬高，水深增加，間亦二法並用。河流分岔之處，則建築堵支壩，使水流集中一槽，以增水深，開挖之河槽，以能容二船並行爲原則，丁壩順壩束狹河槽之程度，以能使水深有需要之數，而河槽仍有相當寬度，且不致過於影響上下游水位爲原則。壩用大塊石乾砌，壩頂約與中水位相平，高水位時任其漫溢而過，其他石樑礁石有礙航行者，一律予以炸除，各險要淺灘工程，務於本年汛期以前完成。

3 經費概算

（甲）閘壩工費　蒲河綦江各閘壩，或已完成，或正在趕築，其各部結構，爲適應當地情勢及安全起見，變更原計劃之處頗多，所有增減工費，及各種新增工程單價，尙待核算，茲姑將本會與包商覆記營造廠原議各閘壩包價，暨本會自辦及覆記代辦各材料價值表列於後，以備參考。

（一）蒲河石板灘閘壩包價	一六一、二三九、七〇元
（二）蒲河大場灘閘壩包價	一七九、〇五四、七四元
（三）蒲河桃花灘閘壩包價	一七七、九六二、八九元
（四）綦江蓋石峒閘壩包價	三四五、二四二、五〇元
（五）綦江羊蹄峒閘壩包價	二六四、四一四、四三元
（六）各壩閘門涵門包價	二一一、〇〇〇、〇〇元
（七）覆記代辦閘門涵門鋼件料價	一二二、七四五、二〇元
（八）本會自辦水泥二萬四千五百桶料價	二三四、〇〇〇、〇〇元
（九）兵工署撥用生鐵四十噸鋼件十四噸料價	三四、一三九、〇〇元
以上五閘壩工料價共計	一、七二九、七九八、四六元

(乙)整理淺灘工費　二十七年冬季至二十八年春季所整理之淺灘計十七處，共計支出工費七萬二千四百八十三元零三分，二十八年冬季興辦之淺灘工費，預算十七萬零九百三十三元五角，各船閘上下游引水道工程六萬四千八百四十六元正，繼續整理未完各灘六萬二千二百三十元八角，又工程準備金三萬元，共計三十二萬八千零十元三角。

四　整理後之成效

蒲河水量式微，航行多阻，自三處閘壩于廿八年十一月陸續完成後，水位抬高，除桃花灘閘壩因無適當地址，向上游遷移二公里，致中間一段河底高昂，水深不足，正在趕挖外。其至石板灘，及桃花灘至蒲河場各段，河槽內水深充足，水流平緩，通航無阻。現該河運煤船隻，絡繹不絕，上下無需等候，蒲河堰放水，運輸效率大見增加，各閘上下開放各一次，所需時間及閘室容量，與計劃頗能符合，預計綦江幹流之蓋石羊蹄二閘壩完成之後，上下船貨當可省盤駁之勞。

二十八年春季完工各淺灘，率皆著有成效，尤以順壩工程，最稱滿意，趕水鎮下游之鷄公灘及蛇皮灘，在未建順壩時，枯水時期僅存水二三公寸，自順壩完成之後，即在汛期以前，因水流集中，流速增加，航槽內沙泥及較小卵礫即被水流冲刷，水深逐漸增加，自經大汛時期水流冲刷之後，航槽更深，即二十八年冬季枯水時期，亦有一公尺左右之水深，河槽束狹以後，因比較增加流速，冲刷力自亦加大，且兩岸順壩爲極適宜之縴道，上水船隻並無困難之處也。

編輯『中國工程人名錄』

資源委員會技術室，根據以前該會調查處，所徵集之全國專門人才調查表，先出版『中國工程人名錄』一種內容一萬五千餘人，詳載資歷，久爲我國工程人才調查之巨著，印有樣本及調查表，可函香港郵政信箱一八四號索取。並希各工程人員，將最近五年之狀況，報告該會，以便彙編云。

中國水利工程學會啓事

查上年冀省及津市水災，災情之重，遠過民國六年，茲擬徵集下列各項資料。(一)水災成因。(二)水勢最大時淹沒區域及面積。(三)河堤潰決情形，如日期地點寬深及奪流數等。(四)堤工損壞情形。(五)宣洩情形，如水之去路及涸出時期等。(六)河湖變遷情形。(七)損失估計。(八)善後意見(九)其他。凡有關于上列各項調查報告或私人紀錄，均所歡迎，希即寄交香港郵箱一八四號中國工程師學會辦事處轉交，毋任感幸，其有願得酬報者，請一併聲明，以便酌量致送。

中國水利工程學會謹啓

美國航空界之發展概況

錄自 Mechanical Engineering 1939 二月號

王守融

Athelstan F. Spilhaus 原作

甲　氣象學方面之發展

美國測候局（Weather Bureau）局長W. R. Gregg 博士之死，實爲氣象學界之重大損失。無論在測候局或其他航空學術機關，Gregg 博士在氣象學上之貢獻皆甚多。其中首要者爲國際間氣象學界之合作，雖至今全部工作尚未一致，但自設立國際氣象機關後，任何學者皆認氣象之研究乃有世界性者。

美國氣象界主要之工作，爲觀測高空氣象；經哈佛氣象台（Harvards Blue Hill Observatory）加省理工大學（C.I.T.）及美國標準局（U.S. Bureau of Standard）在技術及儀器方面之贊助，測候局已在各地設立六所無綫電氣象觀測台；無論氣候之優劣，在大氣中同溫層以下之氣象，均能觀測無遺。此工作於去年七月中完成。實則在1936年時，美國已有二十五所測候站；並曾作飛機載測候自錄器之實驗飛行。但正進行設立無綫電測候站時，不幸陸軍人員退出合作，致其中七站之高空測候工作，無果而止。無綫電測候站成立後，本擬與原有飛行測候站同時工作，亦因經濟關係，未能實現。現僅將雙方所得記錄，在適當情形之下，互相比較而已，此實爲美國氣象界之不幸也。

去年七月中，曾有以氣球作高空氣象測驗，其結果較以前所得者準確；其平均上升之高度爲二十四粁，而最高達三十一粁；超出已往記錄。此測驗之結果，雖未經分析；自大體觀之，其中有價值之材料必多。

推行氣象之研究工作，雖爲空中交通之要素，但測候站網，亦甚重要：過去一年中設立之測候站，較前數年爲多。

商業航空界對氣象學之貢獻亦不少，因航空界須有準確而完備之氣象紀錄，即小規模之航空公司，亦多聘有氣象學家。航空界對於高空飛行飛機表面結冰問題之紀錄甚多。關於觀測海洋上空之氣象，現正推行設立觀測機關，最近開會之全美氣象學會，（American Meteorology Society）亦曾對實際航空氣象問題，加以討論焉。

去年各學術研究機關在氣象學上之發見亦不少，此處略舉其主要數端。加省理工研究院羅斯培敎授（Prof. Rossby）及其從者，曾作新法氣象試驗（等熵試驗）；在等熵面作試驗現已爲可能之事，此實驗之結果，在實用上是可證明一般氣象機關所用之等熵圖表無誤也。

加省理工研究所曾爲陸軍方面設計一無綫電測候儀，頗稱滿意。紐約大學，添設之氣象學系，有本科及研究學生，可見氣象學現已另成一獨立之職業。航空當局定有計劃訓練測候局需要之人員，且其中有數人已選入加省；麻省理工研究所，及紐約大學，繼續深造。

總之：美國測候局之水利部及農商部之土壤組，在水利及氣象上之貢獻，殊堪注意。其中尤顯著者，爲水利部及實省，水電叢事會之氾濫預測法，此僅爲其貢獻之一。保護土壤組，曾作氣候對土地沖積之測驗，在測驗流域內，相隔600碼，即按置一雨量表，總數在一百以上，可見此測驗之精確。故其結果實爲氣象及水文學上重大之收穫也。

此文僅略述氣象學發展概況，但亦足以表其一般趨勢矣！

乙 飛機設計之發展

Richard M. Mock 原作

在外觀上1938年之飛機亦無異於往昔，然改進之處亦不少，其大部皆關於安全問題者；而飛機之大小，近年來亦增加不少。

過去未有巨型飛機及飛船，現已完成者不少，且將加入商業運輸航綫。前數年中雖亦有巨型飛機，但往往不能作日常定班飛行。1938年中最著名之飛機爲四發動機 Boeing 314式飛船，Douglas DC-4式陸用機及德國 Focke FW 61-Bramo 14a式直昇飛機。

安全問題

巨型飛機發動機之數量與安全之關係，常成爲設計中之重要問題。爲增加載重及減少費用起見，巨型機之發動機當愈少愈佳。但在安全方面則發動機愈多之飛機愈安全。飛行安全乃空中運輸之唯一要素，與管理及經濟均有密切關係。

1938年中關於飛機安全方面之改進甚多，其中最特著者爲運輸機裝置之頭輪(Nose Wheel)。前述 Douglas DC-4 式機，即首裝此設備者。裝頭輪後飛機在地面上比較穩定，故起飛，降落，及滑走時，亦較安全，尤以作盲目降落爲甚。裝頭輪之飛機降落時，所行距離較短，故比較安全，而起飛時萬一發動機發生阻礙，仍可在短距離內降落不生危險。換言之，降落距離相同之飛機，裝頭輪後其載重必可增加。

Douglas DC-4式機之總載重達60,000至65,000磅，乃目下僅有之裝頭輪運輸機。但在製造中之運輸機裝此式起落架者亦不少。此類巨型機之頭輪往往可以自由轉動，使全部起落架，毋須控制在任何方向均穩定，但有保險控制設備，以免在地面急轉時與地相撞。小型飛機用可控制之頭輪，亦在試驗中。

設計方面之特殊點

近年來各製造廠家均在設法升高運輸機艙內之氣壓，以便作高空航行。如美國陸軍所屬之 Lockheads XC-35號機曾作數次飛行試驗，飛行時艙內之氣壓，較飛機外部爲高。Boeing, Douglas 及Curtiss Wright等飛機製造廠，設計運輸機時，均使可改爲壓力艙者。

關於飛機形狀方面，美國雖無特殊之高翼飛機，但一般趨勢在恢復早年之高翼式。低翼式飛機之特點爲便於裝置伸縮式起落架，因低翼可收藏此式起落架。但經數年來之經驗，及材料上之改進，製造較長之起落架現已無困難。而高翼式之飛機，駕駛者之視線較廣，飛行特性上亦有若干優點，爲低翼式所不及也。

多發動機之飛機，採用多個垂直翼尾(Multiple Vertical

Tails)者日衆。1937年之Consolidated XPB2Y-1四發動機飛船，仍用單直翅及向舵；其後在橫安定面兩端各添裝一垂直面，經多次試驗結果良好，Douglas DC-4式即有三對直翅及向舵，爲適合航空運輸起見，用多個垂直翼尾後，可減底飛機之全高。Boeing 314式四發動機飛船，原僅一垂直翼尾，但經數次飛行試驗後已添爲三組垂直尾翼，其中有二爲活動而可控制者，另一爲固定者，裝于船身上。

設計巨型飛機時，對于如何增加控制力效率，亦甚重要。Boeing 公司出品之飛機，駕駛員所施之力，可直接傳至控制翼之後緣。但Douglas公司則用普通控制機械而另添一水力機關以增強控制力。

飛機表面各部之積冰，亦爲設計時之重要問題。普通飛機因翼積冰及動降低之關係，不能飛行於寒冷空中。但若將主翼及尾翼之前緣，包以橡皮套，以免積冰，並設法防止氣化器內冰凍；更用懸環，使螺旋槳亦無積冰，則此機即可在結冰之情形下，繼續飛行。其次要者爲控制面之前緣及駕駛桿等之積冰，此類問題經B.F. Goodrich 橡皮公司，以冷風洞作種種試驗，已逐一設法防止矣。

此外尙有一問題，即飛機之震動。1938年中 Hamilton 標準公司，曾以炭精小塊，使與螺旋槳相接觸。轉動時因壓力之更變而影響炭精塊之電阻，用此法可測其震動。螺旋槳轂(Hub)之震動亦可用此法測之。而飛機其餘各部之震動，則可用普通震動記錄器測之。

飛機表面之平滑，設計時仍甚注意，依一般趨勢，當儘量設法採用平頭鉚釘使表面平滑。

材料方面之發展

截至今日，鋁合金仍爲製造飛機之主要材料。在美國用鎂合金者不多，但歐洲用鎂合金者日衆。發動機架支部份及起落架仍爲銲連之鋼管所組成。德國 Blohm & Voss HA-140 號飛機之機翼僅有一管形樑，乃鋼板銲成者，此樑直徑甚大兼作容汽油器。

美國飛機採用半硬殼式機身者頗多，其長桁大半均爲連續者。機翼之構造則趨向單樑式及金屬蒙皮者。蒙皮亦有以不銹鋼製者，但不甚廣。鋁合金構件之接連多用鉚釘，銲接法僅用於次要及隔離部份。德國 Heinkel 廠用爆炸法打鉚釘；將空心之鉚釘中實以炸藥，然後以電流燃之即使鉚身爆漲。此法可增加打釘之速度。木材僅用于小型飛機，如 de Haviland Albatross 機之機身，全以木材製成。受範性材料在飛機上之應用，仍未推廣，但研究者頗多，現正設法將此類材料應用以製造主要構件。

飛機附件

多發動機採用活葉螺旋槳爲1938年之新發展。裝活葉螺旋槳之飛機，駕駛員可任意停閉發動機，不致影響飛行特性過甚，且減少震動。普通用者爲 Hamilton 標準水力式螺旋槳；而軍隊中則多用 Curtiss Wright 電氣式螺槳，美國陸軍曾以 Curtiss 式驅逐機作試驗，在發動機主軸上裝一對反向迴轉之螺旋槳。意大利及荷蘭在數年前已有此類設計。

Vega 飛機公司曾在一架飛機之左右各裝一對氣冷直綫式發動機，此二具發動機同時轉動螺旋槳。此機曾作數次飛行實驗，而第一架 Vega 飛機有此式原動機者，亦在製造中。

巨型飛機之電氣設備。近多採用交流電。其電壓及週率則無一定，115伏脫400週率三相式及115伏脫800週率單相式均有。此類高壓交流電，不獨應用便利，其重量亦較昔日所用之12伏直流電為輕。巨型飛機均有輔助原動力機，如DC-4式機有二具Eclipse自動式原動力機。

德國Dornier DO26式四發動機飛機裝有二對並列之發動機。其後列之發動機可升起至前列螺旋槳之氣流以外。

Mc Kinley 公司曾在 Piper Cub 小型飛機上裝置彈性浮艇作試驗性之飛行。

水壓力式機械在飛機上之應用日見推廣，起落架，發動機，頭輪，減震器，起落輪制閘，輔助起動器，燃油泵及控制面增力器等皆為水壓式器械。其水壓力均自馬達直接轉動之壓力泵得來。另有一壓力存儲箱，以供短期而大量之需要。

1938年將終之時，Curtiss Wright 公司正將完成其 Model 20 式巨型雙發動機運輸機。Boeing 307式飛機亦將完成，此機乃備高氣壓艙者。法國之 Latecoere 六發動機 140,000 磅巨型飛船亦在製造中。此船之模型已經試驗。而美國 Pan Americon 公司亦曾計劃能載一百乘客之飛船；並已為著名飛機製造廠所接受承造矣。

丙 發動機之發展

C. Fayette Taylor 原作

適于商業運輸及軍用飛機之大型發動機，去年中無何新式樣產生。僅小處之改良及動力之增加而已。而大半工廠從事製造者為50馬力左右之小型發動機，並有各種新式樣問世。此類發動機適用于甚輕小之飛機。

採用新式星形發動機座之飛機甚多。此式機座可減少震動，以免傳至全部飛機機架。

一般多發動機運輸機大半採用全活葉螺旋槳。雙發動機之飛機，設有一發動機因阻礙而停止時，此式裝置可改進其飛行性能及安全性，並減少過度震動。螺旋槳之材料仍以鋁合金者多，但木製者亦不少。鎂及空心之鋼螺旋槳仍在試驗期中。研究飛行時螺旋槳內部之應力者不少，其結果對任何材料製造螺旋槳之安全有莫大之關係。

1937年時美國用提士(Diesel)發動機者結果不甚滿意。在德國此種發動機亦不若點火式者普遍。但自 Nordmer 及Nordstrum 二機作橫渡大西洋之長距飛行後，提士發動機用于飛機上已無困難；而最近水上飛機長距飛行之紀錄亦為一裝提士發動機之飛船所得。然提士發動機之缺點尚多，如欲以代點火式發動機，勢必逐一改良，此皆目前之工作也。

1938年之巨型機皆有輔助原動力機，用以發電，但其重量及可靠性均未臻上乘，仍須繼續加以改良。

數架高空飛行之飛機，正在進行計劃中。此類飛機均備有增壓器及高氣壓艙；其詳細情形，則尚未發表。

丁　空中運輸之發展

James M. Coburn 原作

美國民用航空當局去年度之事績頗足稱道。在數年前，自航郵合同取消後，美國航空運輸事業因法律限制，不獨無擴充其資本，一般經營航空事業者，對已投之資已亦殊無把握也。

增加安全性

去年美國製造之飛機，多數均有優良之安全性。商業上採用此類飛機不獨可增加收入，同時亦減低成本。前述 Douglas DC-4式機，即其中之一。經 Douglas 公司縝密之計劃及航空運輸公司數千小時之飛行試驗，發覺此式四發動機飛機起飛時，若某一發動機忽生阻礙，仍可應付有餘，即使二發動機同時停止，仍較雙發動機之飛機停其一機為優也。事實上雖則起飛時不常發生此類現象，但為防止起見，駕駛者終覺緊張疲勞耳。

在平常情形下，DC-4式飛機用三具發動機即可升至適當高度遍飛全美國。如用二具發動機亦足飛行任何聯邦航綫也。DC-4式飛機在經濟方面，雖不能處處皆勝他機一籌，但据初步估計，其噸哩(Ton-mile)之成本已低於一般飛機。其載重之大，亦為增加收入之一原因。

儀器對航行之効用

無綫電對飛行之効用，已離試驗而入實用時期，用無綫電可增進飛行之安全。

測定飛行方向，校正飛機之位置，乃避危險之唯一良法，已為人所公認。但因缺乏準確儀器等問題，遲遲未能實現。而最近全美各重要地點所裝設 Western 電氣公司之儀器，已將此等問題解決矣。

此外 Western 電氣公司尚有一種新出之區域指示表，此表指明飛機之實在高度，故影響飛機安全甚大。在降落時亦甚重要。並指明所經路綫及山谷河流，使駕駛者可知飛機之準確位置，為其他儀器所不及者。

Sperry 公司亦有一新式無綫電儀器，乃用以自動尋覓方向者。用時僅須將無綫電轉至目的地，經內部複雜之綫路，表面即指出應循之方向。此等設備，自亦增進航行之安全也。

渡海航行

Pan American 航空公司之 Boeing 飛剪號飛船，曾於去年作橫渡大西洋之壯舉。此飛船之大及其飛行距離之長，已使美國自傲於橫渡重洋之榮譽也。

足與 Pan American 公司相較者有附屬於美國 Export 運輸公司之航空部份，現有自美國至英國 Lisbon 之長距航綫。由 Lisbon 客貨可以輪船轉運地中海各口岸。該公司現購一 Consolidated 式飛船以作試航之用。

前述各節僅為美國空中運輸之大概情形。最近自航空公司及政府方面合作後，未來一二年中，空中運輸之發展殊難限量也。

房屋建築及城市設計對於防空之趨勢（續篇）

鄭恩泳

本篇文章乃自美國建築雜誌 Architectural Record 中編譯而成。其第一段係關於房屋建築方面業經本刊第一期發表；現第二段係關於城市設計方面卽在本期發表。

關於防空辦法之各文章中可覓得兩項定論。第一定論卽：疏散必須實行。雖鷄見鷹來襲，必奔散而避叢林之下，人亦如是，逃見飛機空襲亦必散開而求安全．第二定論是：爲疏散易於實行起見，將參戰之國家均按全國整個範圍而計劃之，私人所有者則歸政府管束。

疏散之爲標準辦法並不自防空始；在昔和平時代之城市設計專家卽酷愛此法。在歐洲以及南北美洲之城市設計專家對於現代式大城市中不經濟的擁擠情狀抨擊已久。在蘇聯機工業均應以疏散爲原則以不疏散爲例外。在美國（尤以東南部份爲明顯）亦已甚有此種之趨勢。關於實施疏散之技術的種種辦法實爲衆所熟知無庸枚舉；例如將工業製造廠遷移至原料出產地點；應用迅速運輸方法由出產廠家直接搬運以免應用堆棧；公路網日見擴展；動力網與迅速交通工具之發展；等等。

表面上，各方辦法似乎異途同歸。實業家欲覓效能較高之地點；設計家欲覓空曠區域以利衛生；防空當軸欲覓空地以資安全。結果均趨疏散之一目的。故倫敦建築師雜誌嘗稱城市設計者因防空關係反得到本身問題之正當解決辦法，但其理由則或不在此；無論如何，防空爲因，衛生爲果，固未嘗非因禍得福也。該雜誌又責政府未禁止大倫敦隣近工業之飛速擴展致違疏散原則。德國著作者蓄樂斯伯格絕對歡迎防空，因防空產生之需要可使城市中空氣流通，普通可惜的營房式房屋亦可因此取消，而代以綠茵草地。

因防空而得疏散結果未免過於樂觀；蓋此樂觀並非根據於科學方法的態度殊屬不幸。因根本問題不但是因防空而至疏散並且須注意爲何原因，在何時候，應在何處，而疏散也。欲求此項問題之答案須先一究許多之事實。

爲何原因而疏散

城市設計之標準須視空襲之性質如何而定。正月份建築雜誌對於個別炸彈投在個別房屋之結果已有論列。至於城市設計乃與整個空襲有關，故內容略有不同。不過此項空襲在歷史上未有前例；現在城市之情形又與羅馬時代沿海露空無城牆市鎮忽被海盜襲擊之情形無異。簡言之：

1.空襲之發生也突如其來；速度至高。倫敦離岸祇有七分鐘之飛程。

2.空氣能予襲擊者藉以施行突擊而逸。其廣也可達全球，其高也可入同溫層 Stratosphere。轟炸機飛騰過高固覺不便，但由萬向下滑飛，在有利環境之下，可用無聲趨近 Silent Approach 之技術而實行偷襲。如果此種襲擊施行得法，則直至轟毀後飛去之前無從得到警報。

3.空襲不但是要炸軍事目標，並且有意濫炸，以搖動民心為目的。

4.空襲技術進步如是之速，致使城市設計家常以至少一代時間為設計有效時期者負有特重責任。

在何時候而疏散

英法兩國之緊急辦法均預備於戰事發生後將人口集中區城內婦孺遷徙。巴黎有較速之逃逸交通道路（有新的隧道，地下車路，公路等）。最近英國計劃亦設50處夏令露營，每處可容 350 平民，全部露營共費五百萬金圓，平均每人約須 275 金圓。但此項辦法極不澈底。現在問題是居民應在何時開始疏散，應在宣戰時（如果確有宣戰）或初次轟炸時？應隔幾久疏散一次，是否空襲一次疏散一次？疏散後經過幾久，是否直候至空襲解除為止？普通之城市設計對於此類問題如不先行解決則結果必至完全失敗而一無所獲也。

應在何處而疏散

耐久之防空設計不以臨時救濟辦法為滿足；而對工業中心人口集中之處謀作永久計劃，其結果須使空軍對此等處(一)難以到達，(二)難以尋覓，(三)難由空中加以擊中，或至少難由空中加以毀壞。至於所謂難以到達一語實指疏散之結果，而疏散之觀念在戰爭時與在和平時迥不相同，須使融和一致，則永久計劃始有濟焉。

到達難易問題

1.地理關係。一國之工業與人口中心地點遠離戰事前線是防空第一武器。本問題內容含有無窮的複雜情形。依技術上的觀點，關於數種中心，例如海港及礦務，勢難遷離；依經濟上的觀點，足以阻礙大規模工業之重行復原；除非新興工業化國家始無問題；目前飛機飛程之遠，增展非常迅速，致具有廣大土地有如一洲之國家得作有效的遷離者祇有蘇聯，美國，及中國而已。不能將易被襲擊之各中心向內地遷移之國家，有時頗似一肥胖之決鬥者，常覺自己距敵人甚近而敵人距己身反有加倍之遠。由海參威至日本東京不到 600 哩；日本所有大城市及海港離海參威幾皆在此範圍之內；蘇聯工業中心離日本東京至少2000哩。日本如欲報復則覺鞭長莫及。美國有兩則設計極合軍事意義：一為將存金移至 Fort Knox 地方，一為在亞伯勒成山脈之西發展動力系統。

2.氣理關係。氣理即空氣學乃將空氣現象繪成圖式之科學也。此科學已經發現空氣中最好之航線。但為防衛起見，城市在理想上所需者為最惡之航線，即指山地擾動空氣及沼澤多霧之區域。實際上空氣之統制想難做到。但空氣氣體經航空家研究之後已使氣候之預測大見進步；氣候之統制在試驗室已屬可能；吾人可望做到利用人工的霧氣與人工的大風暴雨以防衛城市。

尋覓難易問題

現在空襲目標並不專以軍事對象爲限。祇有黑夜或其他惡劣的偵視環境始足以防護人口衆多之全部城市。但是普通城市應具之形狀常成爲空襲極易尋覓之目標，欲加隱蔽幾不可能。

1.顯著的天然地上目標。 河流最易認識而招禍。倫敦無論如何黑暗而老年的太晤時河覺無法遮蔽。

2.顯著的人工地上目標。 例如運河，鐵路，公路等之迤長線路及反光表面均成易尋之目標。

3.強大的形式。 例如鎔鐵爐，有天窗的工廠，公共建築物等亦易令人注意。

4.雲霧及烟。 常不可靠。現人工所能製造之烟幕除隱蔽單個行動之目標如船與飛機外，亦難遮蔽更大之目標。

5.樹林。 有數位德國學者主張稱植森林可作爲理想的隱蔽物，但彼輩殊未慮及燃燒彈對於此聯森林地域在晴旱時候之作祟情形。

6.有各種彩色及樹林點綴之地景。 此爲隱蔽異象之最好方法。露空式之小市鎮與花園式之城市，既舒適於居家，又獲防空之保障。美國之遊玩小路爲防術空襲之最好道路。路旁之風景及路綫之彎曲使其較不顯明，空中不易發現；同時許多鄉鎮道路與之連接足供逃逸之用。

擊中及毀壞之難易問題

關於住宅，凡光線充足空氣流通四圍有草地者對於防空亦有效力。又各屋遠隔而無天井者亦可減少直接衝炸及衝擊作用之危險；人口稀散自亦減少人命之傷害。疏散辦法可將房屋在平面上稀散佈置或在立體上向高建築，或兩者兼用亦可，但比之許多城市鐵架式 Grid-iron 設計實能構成不易擊中與毀壞之空襲目標。

關於工廠缺乏同樣辦法殊屬不幸。現有之工廠佈置俱係樓面廣闊屋頂開窗如爲空襲目標難免擊中。其他事業愈摩登化愈使易被毀壞；例如鐵路電氣化，煤氣管之擴延，電話線之增多等等，均是損失愈易加大之現象。重複鐵路路線固缺效率，但在緊急疏散時乃有莫大價値。故軍事與民事之設計在此等處彼此作用實在相離太遠也。

1.迅速撤退之大路。 巴黎在昔有許多廣大地域缺乏逃難之交通便利。現在新的大路，如果施設成功，足使大量羣衆得以到達空曠的鄉野。

2.市民稀散之大路。 由城市向外之大路四通八達則市民可以稀散居住。此爲防空進步之次一步驟，早具深切認識之城市如德錯艾 Detroit 是。減少居民之趨勢爲花園式城市設計派所力爭，蓋此派主張每一有限之聚居中心，四周圍以顯明的草地；如是則人口稠密之城市絕難辦到。

3.沿大路稀散居住。 此爲防空當局所有意提倡者如德勒斯登 Dresden 城是也。如此辦法將使長條式或路旁式城市發展有重新加以嚴密研究之趨勢，因此式城市發展現爲普通城市設計家所認爲不適用者也。

4.環繞路線兼備稀散作用。 城市馬路爲同心的環繞式，易以保留集中的經濟優點，但欲兼備稀散作用，可以由市中心向外各方向開築大路，其計劃是較急進，採用者有莫斯科城市。其作用之成功程度當視對於流通大道之緊急的統制情形如何耳。

5.長條式城市發展。 此式雖久已爲城市設計家所批評，認爲效能低微，但是此種『一吋寬一哩長』式之城市顯爲空襲之困難目標。

6.流動式拖車住區。 美國現所時行的氣車拖動之拖車 Trailer，其中佈置一如摩登住宅，關於各項設備幾乎應有盡有，不過規模較簡單耳。城市中均可用此拖車充作住宅，所恐者空襲忽臨時間上不及開動。但因其爲流動式對於撤散人口確爲有用的工具，不過地下之公用設備亦須有價廉有效的流動代替品而後可。

結論

防禦空襲及和平時代設計均趨向於疏散。然雖同爲疏散，因其目的各異，遂致疏散方式難以相似。故凡以疏散於和戰同是有益因可一舉兩得者未免輕易樂觀，尙應加以研究也。

戰爭開始以後始行撤散是一可怕的現象。長久之防空設計須使工業及人口各中心永久的不易被敵方空軍到達，不易尋覓，不易擊中。

祗有廣大如洲之國家（美國蘇聯等）有機會將大部分資源遷移至敵人不能到達之地點。但是無論何國此項辦法對於商業上效能常生阻礙。現因努力於防空之結果而產生空氣學之嚴密的研究，誠一極好現象。此項研究對和平時統制空氣亦有益處，乃一新的學問也。此外有第二種之研究，卽由空中向下望見地景之研究。最足防衛之地景似爲花園式城市設計家及公園道路設計家所已成就之淆亂視力辦法。房屋問題應須重加研究；大概露空式房屋適於居住者似亦易於防衛。關於城市設計，現刻對於長條式路旁式之城市正在重加注意。

本篇內容簡單祗能概括言之，惟擬奉告讀者，防空問題關係複雜，疏散一點並不能包括一切。已經建設之城市將捲入戰爭漩渦者除完備的防空室辦法（地面之下者）外實無其他代替品。

鐵路叢談

程文熙

第二章　蒸汽機車（續）

四、機車之購製

理想之機車：又要牽力大，又要行駛速，爬山轉灣又要靈便；但此三點，不能無限制的各自放大，其緣由如次：

(1)牽引力與蒸汽壓力及汽缸容積成正比例；但增高汽壓，或擴大汽缸，即須加固及加大鍋爐；而鍋爐不能無限制的放大，因受機車最大限，車軸支持能力，及路軌橋樑負重等等之限制故。

(2)牽引力與車輪直徑成反比例；故縮小輪徑，可增牽力。但欲增高行駛速率，又須放大輪徑。此外速率亦受路軌橋樑之限制，亦不能任意增高也。

(3)欲能爬山，應增加動輪之數目；但動輪多，定軸距大，小灣道即不能通過。

因此種種牽制，購製機車之時，不能不各方兼顧：根據坡度灣道之大小，以定軸距；參照路軌橋樑等之狀況，以定速率；並在可能範圍之內，求得最大之牽引力。訂購機車之時；下列各項，應詳細開送承造廠家，俾可憑以規畫製造。

一、欲購機車數目

二、鐵路軌距

三、鐵路長度

四、每一機車軸應負重若干

五、每公尺長之鋼軌重量若干

六、道枕中心之距離

七、最高坡度

八、最高坡度之長

九、最小灣道半徑

十、最小灣道是否在坡道之上

十一、列車應拉之噸數（車皮及載量）

十二、拉重車時之速率在平地若干 在最高道坡若干

十三、燃煤之性質(Calorie)

十四、煤站與煤站之距離水站與水站之距離

十五、車鉤離軌道之尺寸及其式樣

十六、風閘，潤油器，沙箱及烘熱水器之式樣

十七、何式機車

十八、機車最大高寬之限度

十九、轉盤之長度

二十、轉轍器之號數或轍度

我國各路所用機車，率購自歐美各廠。爰將各國製造機車之廠家，及其業經供給我國之數量，分別列表如后：

世界各國製造機車廠一覽表

英國

Sir W. G. Armstrong, Withworth & Co.
Scotswood Works, Newcastle-on-Tyne;
Thames House, Millbank, Westminster.

....

W.G. Bagall Ltd. Stafford;
32 Victoria St. S.W.1.

....

Andrew Barclay son & Co. Ltd.
Caledonia Works, Kilmarnock, Scotland;
38 Victoria St. S.W.1.

....

William Beardmore & Co. Ltd.
Parkhead Steel Foundry, Glasgow;
36 Victoria St. S.W.1.

....

Beyer, Peacock & Co.
Gorton Foundry, Manchester;
Abbery House, S.W.1.

....

John Fowler & Co. Ltd.
Leeds;
113 Cannon St. E.C.

....

R.&W. Hawthorn Leslie & Co. Ltd.
Forth Banks Loco. Works, Newcastle-on-tyne;
54 Victoria St. S.W.1.

....

F.C. Hibberd & Co. Ltd.
16 Northumberland Avenue, S.W.2.

....

Hudswell, Clarke & Co. Ltd.
Railway Foundry, Leeds;
53 Victoria St. S.W.1.

....

Hunslet Engine Co. Ltd. Leeds;
21 Tothill St. S.W.1.

....

Kitson & Co. Ltd.
Airedale Foundry, Leeds.

....

國名	廠名	路名	各廠供給機車數量	各國供給機車數量
美國	Baldwin Loco. Co.	新寧,廣三,北寧,津浦,平漢,隴海,南潯,平綏,膠濟,粵漢,	238	479
	American Loco Co.	滬杭,廣三,南潯,潮汕,津浦,平綏,平漢,膠濟,粵漢,道清,隴海,	204	
	Lima Loco Co.	廣三,平漢,平綏,	28	
	Roger Loco Co.	平綏	3	
	Potarson Cie	平漢(2-6-0)	6	
英國	Kerr Stuart & Co.	京滬,滬杭,道清	7	274
	Robert Stephenson Co.	京滬	18	
	North British Co.	京滬,北寧,廣九,平綏,津浦,滬杭,	125	
	W.G. Bagnall Loco Co	京滬	2	
	Peckett & Son.	滬杭	2	
	Hudswell Chark & Co.	滬杭	6	
	Avonside	津浦	2	
	Manning wardle & Co Leeds.	廣九,道清	6	
	Dubs	津浦	1	
	Vulcan Iron Works.	隴海,膠濟	32	
	Beyer Beacock & Co.	道清	5	
	Howthorn Lestie	津浦	12	
	Kitsons & Co.	滬杭	11	
	Airedale Foundry, Leeds.	廣九,滬杭	7	
	The Hunslet Eng. Co.	首都,輪渡,杭江	7	

國別	廠名	路別	數	合計
國	R. P. & Trittons)	北寧	23	
	Nosthyth Wilson Co.	津浦	8	
德國	Hohenzollern	粵漢	8	125
	G. Egestorfe.	隴海	2	
	Henschel & Son.	膠濟,滬杭,津浦,潮汕,隴海	41	
	Berliner Masch. Act. Ges.	滬杭,津浦	11	
	A. Borsig & Co.	滬杭,膠濟	10	
	Humbolt.	津浦,膠濟	23	
	Hanovrshe Machinenban.	隴海,滬杭,	3	
	Schwarzkopff.	南潯,膠濟,廣三	15	
	Orenstein & Koppel.	杭江	9	
	Hanomag.	津浦	4	
	Sohm a. G.	潮汕	1	
	Hannover Linden Ioco Works.	滬杭	2	
比國	Ste ano John Cockril	滬杭,平漢	25	146
	At. metallurgigue de Tubize	汴洛,隴海,平漢	62	
	Ste Franco Belge.	平漢	8	
	At. Saint Leonard.	正太	11	
	Construction Belge.	平漢	40	
法國	Fives Lilles	平漢,正太	93	135
	LeCreusot	平漢	32	
	S. F. C. M.	汴洛	10	

Mirrless, Biekerton, & Day, Ltd.
Stockport;
Grosvenor Gardens, S.W.7.

....

Motor Rail, Ltd. Simplex Works,
Bedford.

....

Nasmyth, Wilson & Co. Ltd.
Patricroft, near Manchester;
8 Sanctuary, S.W.1.

....

North British Locomotives Co. Ltd.
Glasgow;
13 Victoria St. S.W.1.

....

Peckett & Son Ltd.
Atlas Loco. Works, Bristol;
9 Victorir St. S.W.1.
"Sentinel "Wagon Works Ltd, Shrewsbury.

....

Robert Stepheson & Co. Ltd,

Darlington;
20 Grosvenor Gardens. S.W.1.

....

Vulcan Foundry Co.,
Newton-le Willows, Lanc; "
River Plate House, Finsbury Circus.
E.C.

....

Walker Bros., Ltd.,
Pagefield Works, Wigan

....

D. Wickham & Co. Ltd. Ware.

....

Yorkshire Engine Co. Ltd.,
Sheffield;
52 Grosvenor Gardens S.W.1.

....

Kerr Sturat & Co.

....

Avonside

....

Manning Wardle & Co. Leeds.

....

Dubs.

....

R.P. & Tritons.

....

德國

A. Borsig Lokomotiv Werke,
Hennigsdorf, near Berlin.

....

Berliner Maschinenbau-Actien-Gesellschaft
Vormals, L. Schwartzkopf
Berlin N. 4.

....

Maschinenfabrik
Augsburg-Nurnberg A.G.
Augsburg

....

Fried. Krupp Aktiengesellochaft
Loco. Department.
Essen

....

Henschel & Sohn G.M.B.H.
Kassel, Germany.

....

Hohenzollern

....

Hannoverische Maschinenbau A.G.
Vormals. G. Eggestorff
Hannover Linder

....

Schwartlkdoff

....

Orenstein & Koppel A.G.
Orenstein, Berlin.

....

法國

Ateliers de construction du nord de la France et des
Mureaux,
Blanc-Misseron (nord).

....

Compagnie Generale de Construction de Locomotives;
Batignolles-Chatillon.
45 Avenue Kleber, Paris (16e).

....

Compagnie Generale d'Electrecite,
54 Rue la Boetic, Paris.

....

Decauville Aine (Societe nouvelle des etablissements)
66 Rue de la Chaussee d' Antin, Paris.
Adresse telegraphique:
(Decovilfer-Paris 22).

....

Compagnie de Five Lille,
7 Rue Montalivet, Paris.

....

Schneider et Cie,
Siege Social et Direction Generale,
42 Rue d'anjou, Paris (8^e).

....

Societe Alsacienne de Construction
mecanique,
Graffonstaden (Bas-Rhin)
Unis France. 4, Rue de Vienne, Paris.

....

Ateliers de Construction mecaniques.
Corpet, Louvet & Co.
La Courneuve (Seine).

....

Etablissement A. Pinguly
65-67, Rue Bugeaud, Lyon.

....

Ste Dyle et Bacalar
15 Avenue Matignon, Paris (8^e).

....

Cie des Forges et Acieries de la
Marine et d'Homecourt.
(Compagnie de Saint Chamond)
Direction Generale
12 Rue de la Rochefoucauld, Paris 9^e.

....

比國

Locomotives a Vapeur.

S.A. Societe Anglo-Franco-Belge de Materiel de Chemin de fer, LA CROYERE.
S.A. Les Ateliers Metallurgiques de Nivelles, NIVELLES.
S.A. Ateliers de Construction de Boussu, BOUSSU.
S.A. John Cockerill, SERAING.
S.A. Etablissements Dumoulin Magant, 5, Rue Renoz LIEGE.
S.A. Energie, MARCINELLE.
S.A. Forges, Usines et Fonderies de Gilly, GILLY.
S.A. Forges, Usines et Fonderies de Haine-Saint-Pierre,

HAINE-ST.-PIERRE.

S.A.Ateliers du Grand-Hornu, HORNU.

S.A.Grosses Forges & Usines de La Hestre, HAINE
-St.-PIERRE.

Mecanique et Chaudronnerie de Bouffioulx, BOUFFIOULX.

(anciennement "La Biesme")

S.A.Usines Metallurgiques du Hainaut COUILLET

S.A.Ateliers de Construction de la Meues, SCLESSIN

S.A.Ateliers du Thiriau, LA CROYERE.

美國

American Locomotives Co.
Schenectady N. Y.
30 Church Street,
New York, U. S. A.

....

Baldwin Loco. Works.
Eddystone, Pa.
Philadelphia, Pa.
U. S. A:

....

Lima loco Works, Inc.

Lima, Ohio,
New York, N. Y.
U. S. A.

....

Davenport Locomotives Works.
The Divison of Davenport Bosler
Corporation.
Davenport. Jowa.

....

The Whitcomb Loco Co.
Rochelle Illinois
Subsidiary of the Baldwin Co.

....

其他各國

Ste Suisse pour la construction de locomotives et
Machines.
Winterthur,
Switzerland.

....

Skoda loco Works.
Czechoslavkia.

....

Werkspoor N. V.

(loco. Works)
Amsterdam
Holland.
……………………………………

Articulated Rail Motor Car.
Fiat-Via Nizza 250 Turin.
Italy.
……………………………………

The 1st Locomotive Works Poland.
Pierwsza Fabryka Lokomotyv W.
Polsce S. A.
……………………………………

Ateliers de Lugansk, U. R. S. S.
……………………………………

Canadian Loco Co. Ltd.
Kingston, Ontario
Kingston, Ontario, Canada
……………………………………

各國機車製造廠供給我國各鐵路之機車數量表(見另頁)

理想之機車：除上開三項要點外，尚有一項，更爲重要；，即機身之價值是。在質一方面言：機車之馬力愈大，則其價值愈大；在量一方面言：機車之重量愈大，則其價值愈大。而購機車者，爲購其牽引力，非購其重量；故機車之力量愈大，而同時其全身之重量愈小者爲最佳。蒸汽機車，不過機車中之一種；然在各種機車之中，能合此最佳條件者，厥維蒸汽機車。玆將各種機車之馬力與重量價值，參互比較，分列如左：

蒸汽機車每噸全身重量能發生三十五四馬力
電力機車每噸全身重量能發生十九四馬力
棣塞爾引擎機車每噸全身重量能發生十九四馬力

故以馬力與重量作比較觀，則以用蒸汽機車爲最宜。

蒸汽機車每一馬力合七十五金法郎
電力機車每一馬力合一百四十金法郎
棣塞爾引擎機車每一馬力合三百金法郎

故以馬力與價值作比較觀，亦以用蒸汽機車爲最宜。

機車鍋爐行爲

（續創刊號）

陳廣沅

（2）燃燒率與蒸發率

燃燒率者每方呎爐底面積（Grate Area）上每小時所燃燒之乾煤量也。此煤量特指已燃燒者而言，其未經燃燒即由爐底漏出者爲鍋爐損失（Loss）不在此煤量之內。又此煤量指除去水分之乾煤而言，其所含水分由爐底蒸發亦爲鍋爐損失（Loss）不在此煤量之內。就常識言，燃燒率愈高則鍋爐之蒸發量愈大；然據實驗結果，燃燒率愈高則每磅煤所蒸發之汽量愈少。如第四圖示2—10—0式機車之鍋爐行爲，橫軸示每小時燃燒乾煤量以磅計，縱軸示每小時之蒸發當量。燃燒之煤量愈增則蒸發當量亦愈增，正與我輩常識相合。然果細閱此圖，則蒸發當量之增加率（Rate of Increase）並非前後一律；燃煤量愈增，蒸發當量之增加率愈小。如以燃煤量除其相當之蒸發當量則得每磅煤所蒸發之蒸發當量；以縱軸表此數，以橫軸仍表燃煤量，則得第五圖。圖中各點略成一直線，每小時之燃煤量愈增則每磅煤所蒸發之蒸發當量愈少。如將此直線之兩端延長，則必與兩軸相交。與縱軸相交之點表示燃煤量爲零時，每磅煤之蒸發當量最高；當然無物理的意義；然爐底上祗燒少量之煤則每磅煤之蒸發當量爲最大；惟此時之總蒸發量太小不敷機車應用耳。與橫軸相交之點。表示燃煤量太大時，每磅煤之蒸發當量爲零；即火箱中滿塞以煤，燃燒因缺乏空氣而停止，當然不能蒸發水量矣。

如以蒸發熱面積除第五圖橫軸所示之燃煤量，則此軸所表爲每方呎熱面積每小時之燃煤量，仍以縱軸表每磅煤之蒸發量，則其關係仍略成一直線。其關係仍爲燃煤愈多者每磅煤之蒸發量愈少。美國鐵路工程學會 A.R.E.A. 即應用此關係爲求鍋爐蒸發量之基礎。

如以爐底面積除第四圖橫軸所示之燃煤量，則此軸所表爲燃燒率，再以此鍋爐之全蒸發面積除縱軸所示之蒸發量，則縱軸所表者爲蒸發率，即此圖表示燃燒率與蒸發率之關係。對於燃燒率與蒸發率關係之研究者自高斯博士 Dr. William F. M. Goss 以來頗不乏人，最近有美之佛來也及俄之博坡里夫 A.P. Poperev. 高斯所研究之材料僅普渡大學一個機車試驗之結果，且機車甚古小，故其結論或不能應用於現代之機車。佛來也及博坡里夫皆博引所有試驗如本雪文尼鐵路之試驗報告等，故材料極爲豐富。惟佛來也所得結果必須將機車試驗得少許張本（Data）方可應用其公式以得燃燒率與蒸發率之變化。博坡里夫之結論，祗須知任何機車之尺寸，即可應用以求得任何燃燒率之蒸發率。即正在設計尚未造成之機車亦可預測其燃燒率與蒸發率之變化。著者亦曾對此關係

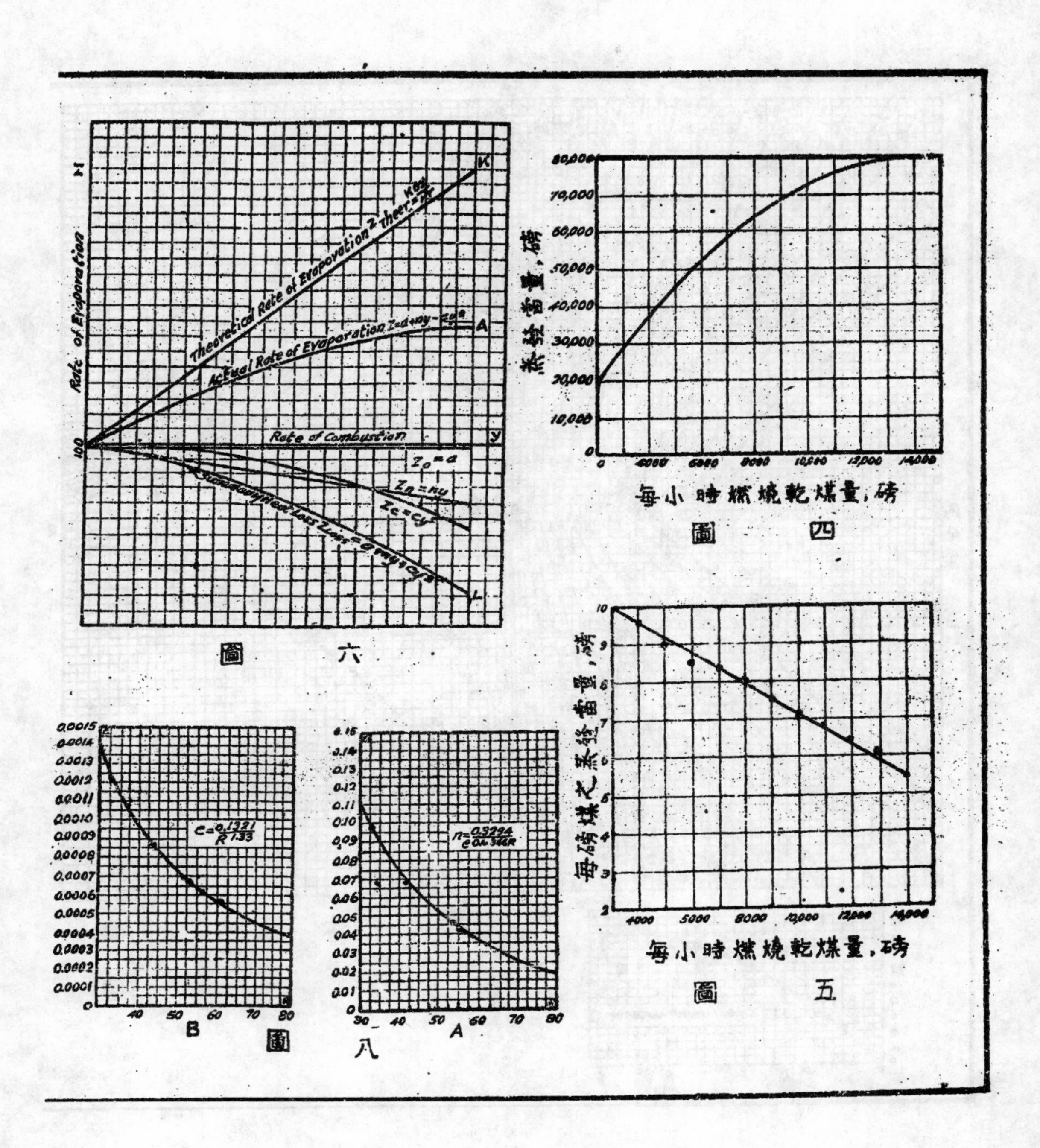
Rate of Evaporation
Theoretical Rate of Evaporation
Actual Rate of Evaporation
Rate of Combustion
圖 六
蒸發當量，磅
每小時燃燒乾煤量，磅
圖 四
每磅煤之蒸發當量，磅
每小時燃燒乾煤量，磅
圖 五
B
A
圖 八

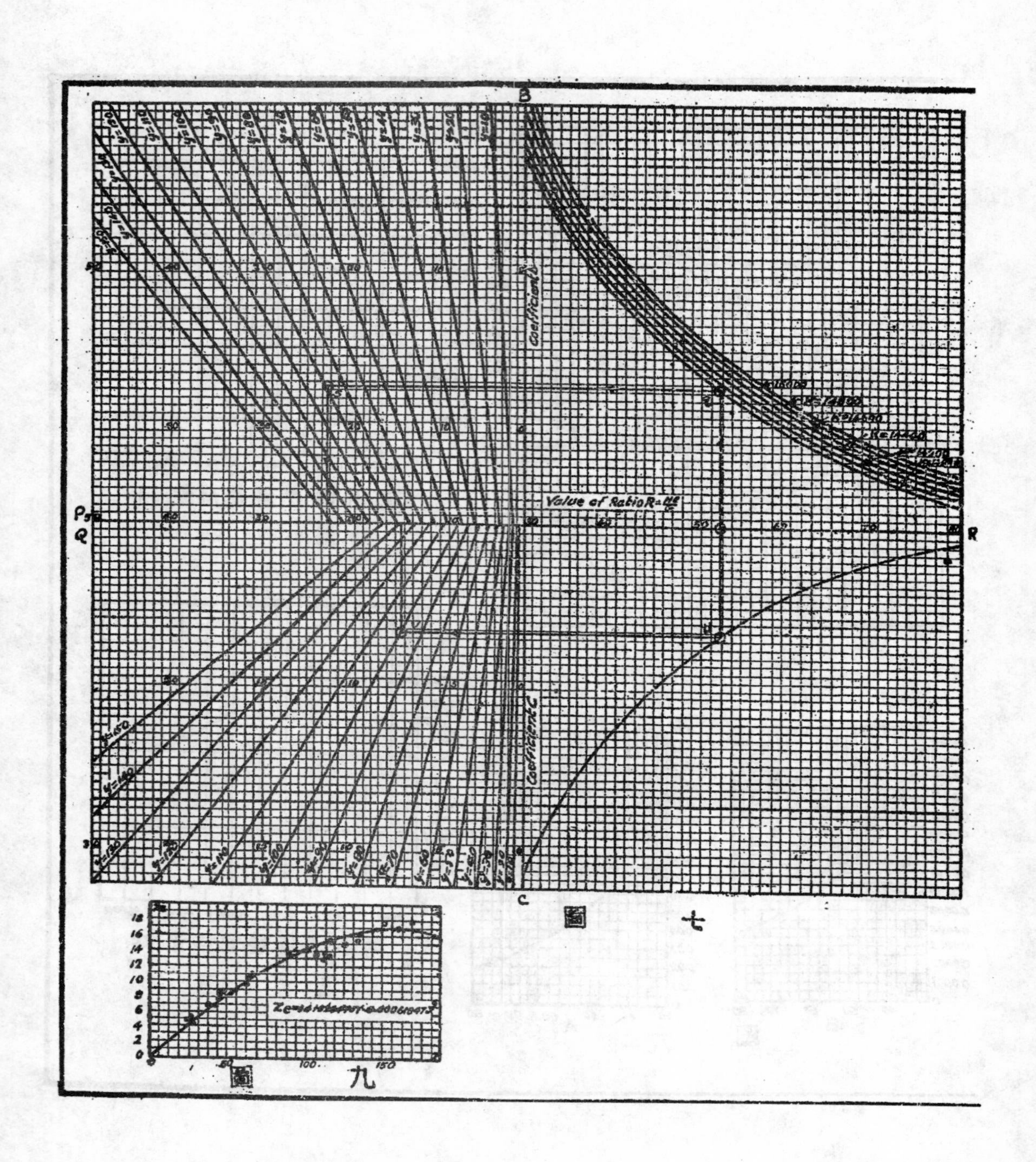
B
Coefficient D
Value of Ratio R
Coefficient C
P
Q
R
C
七
九

第六表　每磅煤所生之蒸汽(各種熱容量之煤)

每小時燃煤量 鍋爐蒸發面積	10,000 B.T.U.	11,000 B.T.U.	12,000 B.T.U.	13,000 B.T.U.	14,000 B.T.U.	15,000 B.T.U.
0.8	5.24	5.76	6.29	6.81	7.34	7.86
0.9	5.05	5.56	6.06	6.57	7.07	7.58
1.0	4.87	5.36	5.85	6.34	6.82	7.31
1.1	4.61	5.18	5.65	6.12	6.59	7.06
1.2	4.55	5.00	5.46	5.91	6.37	6.82
1.3	4.39	4.83	5.27	5.71	6.15	6.59
1.4	4.25	4.67	5.10	5.52	5.95	6.37
1.5	4.11	4.52	4.94	5.35	5.76	6.17
1.6	3.98	4.38	4.78	5.18	5.57	5.97
1.7	3.86	4.25	4.63	5.02	5.40	5.79
1.8	3.74	4.12	4.49	4.86	5.24	5.61
1.9	3.63	3.99	4.35	4.71	5.08	5.44
2.0	3.51	3.86	4.22	4.57	4.92	5.27
2.1	3.41	3.75	4.10	4.44	4.78	5.12
2.2	3.31	3.64	3.98	4.31	4.64	4.97
2.3	3.22	3.54	3.86	4.19	4.51	4.83
2.4	3.13	3.44	3.75	4.07	4.38	4.69
2.5	3.04	3.34	3.65	3.95	4.26	4.56
2.6	2.96	3.25	3.55	3.84	4.14	4.44
2.7	2.88	3.17	3.46	3.74	4.03	4.32
2.8	2.80	3.09	3.37	3.64	3.93	4.31
2.9	2.73	3.01	3.28	3.55	3.83	4.10
3.0	2.66	2.93	3.19	3.46	3.73	3.99

有長時期之研究，惟以每方呎熱面積每小時之乾煤燃量爲準求蒸發率之變化，結果得一直線，較其他方法簡易而準確。

（a）由每方呎熱面積每小時所燃之煤量求每磅煤之蒸發量法——美國鐵路工程學會 A.R.E.A. 於1910年由 A.K.Shurtleff 根據實驗擬定一表求機車鍋爐之平均蒸發量，如第六表。此表之左縱行爲每方呎熱面積每小時所燃之煤量。上橫行爲每磅煤之發熱量。表內數字爲各種發熱量之每磅煤所蒸發之蒸發量。由表可知，燃煤愈多則每磅煤所生之蒸發量愈少，又所燃煤之發熱量高則每磅煤所生之蒸發量多。此表以進鍋凉水爲 60°F 及鍋爐汽壓爲200磅/平方吋爲準。又所稱之熱面積祗爲蒸發熱面積，過熱面積不計算在內。又鍋內如有積垢，則每厚 1/16 吋在表列數目中減 10%。又表中所未列數目可用比例法求得之。據現在實驗結果，在鍋爐效率最大時，每磅煤之蒸發當量可至 12 磅，在尋常狀態中每磅煤之蒸發當量約在6與9磅之間，此表所列數，似覺較小。又此表所列者爲蒸發實量，應用時須注意之。

（b）由燃燒率求蒸發率之方法——博坡里夫派據第七表所載19個機車式驗結果而求得一公式，其理論如下。

設　K＝每磅煤之發熱量，以B.T.U.計之；

G＝爐底面積，以方呎計；

Y＝燃燒率，以每小時每方呎爐底面積所燃之乾量以磅數計

則　煤所發出之總熱量＝KGYb.t.u.……………(a)

又設　H＝鍋爐蒸發面積，以方呎計；

Z＝蒸發率，即每小時每平方呎蒸發面積（過熱面積除外）之蒸發當量，以磅計；

r＝每磅蒸發當量之汽化隱熱，即 9704.b.t.u.

則　水所吸收之總熱量＝ZHrb.t.u.－(b) 如爲理想之鍋爐，毫無損失，則 (a)(b)兩數應即相等

$$ZHr = KGY$$

即 $$Z = \frac{KG}{Hr}Y$$

設 $$R = \frac{H}{G} = \frac{\text{蒸發面積}}{\text{爐底面積}}$$

則 $$Z = \frac{K}{Rr}Y \cdots\cdots (e)$$

此式中所得之蒸發率 ZE 爲理想中限大之蒸發率，可以 Zr 記之，但事實上鍋爐之損失（Loss）甚多，博氏以爲鍋爐損失中有不受蒸發率之影響而爲一常數者，如漏汽損失及放射損失（因蒸汽之溫度爲常數）等，設 a 以表之；有與燃燒率成正比者，如未燃煤損失Unburnt coal loss爐灰熱損失等，設 nY 以表之，又有與燃燒率之正方成正比者，如煤燼及火花損失等，設 cY^2 以表之。如是則（c）式變爲

$$Z = \frac{K}{Rr}Y - a - nY - cy^2 \cdots\cdots (d)$$

即 $$Z = -a + \left(\frac{K}{Rr} - n\right)Y - cy^2 \cdots\cdots (7)$$

公式 (7) 爲表示蒸發率Z及燃燒率Y關係之基本式，其中 K 爲煤之發熱量，R爲鍋爐蒸發熱面積與爐底面積之比，r 爲9704.

皆爲已知數；a,n,c 皆爲係數，a 爲常數 cn 及 c 視煤之發熱量及比數R而變，如其值求得，則(7)式可以算出任何燃燒率 Y 時之蒸發率 Z 矣。在未求係數值以前，先研究(d)式以明其意義。

設 $Z_a = a$

$Z_n = nY$

$Z_c = cy^2$

$Z_t = \frac{K}{Rr} Y$

則，由(d)式得

$$Z = Z_t - (Z_a + Z_n + Z_c) \cdots\cdots (7a)$$

(7a) 式可以第六圖表示之。圖中 OK 線表示理想的蒸發率 Z_r，OL 表示三種損失之和即 $Z_a + Z_n + Z_c$，OA 表示Z。如是則此法之理論甚爲明顯。

現在再研究(7)式，因右邊第二項係數，K及 R_r 皆爲常數，故

設 $$b = \frac{K}{Rr} - n \cdots\cdots (e)$$

則，(7)式變爲

$$Z = -a + bY - cy^2 \cdots\cdots (7b)$$

(7b)爲此項公式之極簡形，由此極簡形可用微分法求得最大蒸發率 Z_m 及其相當之燃燒率 $Y_{Z=max}$。

即 $$Z_m = -a + \frac{d^2}{4C} \cdots\cdots (7c)$$

$$Y_{Z=max} = \frac{b}{2C} \cdots\cdots (7d)$$

故如求得 a.b.c. 之值則最大蒸發率及相當之燃燒率即可求得。

此時再研究基本式(7)其中a,n,c之值皆經博氏求出 a=04 又受煤之發熱量及比數之影響。n及c之數值皆甚複雜。研究結果，因煤質不同而分爲烟煤及高烟煤兩種，參閱第七表，×每種中因鍋爐之構造不同而分爲有拱管及無拱管兩種，其結果分別記之如下：

烟煤有拱管

$$Z = -0.4 + \left(\frac{K}{Rr} - \frac{0.3294}{e^{0.0366R}}\right)Y - \frac{0.1321}{1.33^{R}}Y^2 \cdots\cdots (8)$$

高烟煤有拱管

$$Z = -0.4 + \left(\frac{K}{Rr} - \frac{0.08368}{e^{0.00679R}}\right)Y - \left(0.000293 + \frac{4.15}{2.36^{R}}\right)Y^2 \cdots (8a)$$

高烟煤無拱管

$$Z = -0.4 + \left(\frac{K}{Rr} - \frac{7.0}{1.175^{R}}\right)Y - \left(0.000333 + \frac{4.585}{2.9271^{R}}\right)Y^2 \cdots (8b)$$

關於無拱管鍋爐之燃燒烟煤者因試驗結果全無，未曾求得。又式中 e=2,1783

(8) 式爲應用之公式，然此等公式在實用上未免太繁，博氏又計畫一圖解法，如第七圖。此圖之上右面表示Y係數之變化，上左面求第二項之值；下右面表示 Y^2 係數之變化，下左面求第一項及第三項和數之值。兩值相減，即得Z之値。茲詳述之。

上右面：

$$b=\frac{K}{Rr}-\frac{0.3294}{e^{0.0366R}}$$

先設K之數值，則右邊第一項係設爲一常數，然後以R之值爲橫軸，以b之值爲縱軸，即得圖中曲線。

上左面：

$$Z'=bY$$

先設Y之值，則右邊係數爲一常數，然後以b之值爲縱軸，Z'之值爲橫軸即得圖中直線。

下右面：

$$C=\frac{0.1321}{R^{1.33}}$$

以橫軸表Y之值，以縱軸表C之值，則得圖中曲線。

下左面：

$$Z''=cY^2+0.4$$

先設Y之值，則右邊第一項c之係數爲常數，然後以縱軸表示c之值，橫軸表示Z''之值

結果：

$$Z=Z'=Z''$$

茲再設例計算以明其應用方法。設欲求第七表中第四個機車1752在燃燒率爲100磅之蒸發率。此鍋爐R之值爲 52.49 （見表中）。在第七圖右邊上橫軸上七點豎一直線達K之曲線，因此鍋爐所燃煤之發熱量爲14,140，故在曲線上得9點由9點向左得b之值—再延長此線向左與Y直線相交，因此時之燃燒率爲 100 磅，故得s點；再由s點向下與橫軸相交一點得其數爲 23，是爲Z'之值。再由左邊橫軸七點垂一直線與曲線相交於U點，由U點向左與縱軸相交得c之值；再延長此線向左與Y直線相交，因燃燒率爲 100 磅，故得V點，再由V點向上與橫軸相交一點得其數爲 7.2 是爲Z''之值。故Z之值爲（23－7.2＝）15.8磅/平方呎/每小時

公式(8)中之(8a)(8b)係爲高烟煤而設，此種烟煤中含硬煤量，據實驗結果并不甚宜於機車之用；且中國機車所用烟煤之發熱量多不及 13,000 B.t.u.故公式(8a)及(8b)可以不用，而公式(8)之用途甚廣。演算(8)式，祇係數b及c稍覺繁難而b值中之n項尤覺煩瑣，茲爲便利起見將n及c之值與R之關係分繪第八圖A及B中以便應用。茲試求第七表中第六機車之蒸發率及燃燒率之關係以明其用。此機車之R爲56.35又所用之煤發熱量爲13,425 B.t.u. 由第八圖A得n之值爲 0.0415 又由B中得C之值爲0.00062。但

$$\frac{K}{Rr}=\frac{13,425}{56.35\times970.4}=0.2455$$

故b之值＝0.2455－0.0415＝0.204

將各值代入(8)中得

$$Z=-0.4+0.204Y-0.00062Y^2$$

第九圖示此機車之試驗結果其中所註公式

$$Z=-0.4+0.20470Y-0.00061847Y^2$$

係由計算得來與圖中所得相差甚微。此圖曲線即係代表此式而圖中各點係該機車試驗結果，亦可知計算結果與試驗結果甚相

之發熱量

$= \frac{R}{He/G}$	K 每磅乾煤之發熱量 B. t. u.	揮發物 %	根　　據
33.29	14,392	34.46	Penna. R. R. Co. Test Dept. Bulletin No. 11.
43.70	14,470	33.65	Penna. R. R. Co. Test Dept. Bulletin No. 21
45.51	14,470	33.65	Penna. R. R. Co. Test Dept. Bulletin No. 27
52.49	14,140	31.59	Penna. R. R. Co. Test Dept. Bulletin No. 28
53.31	14,467	34.88	Penna. R. R. Co. Test Dept. Bulletin No. 29
56.35	13,425	30.51	Penna. R. R. Co. Test Dept. Bulletin No. 31
61.86	14,530	35.08	Penna. R. R. Co. Test Dept. Bulletin No. 18.
51.56	14,728	16.45	Tests of Jacobs-Shuppert boiler - Dr. Goss.
57.03	14,913	16.25	The Penna. R. R. Co. At Louisiana Purchase Exposition - Chapter 15.
60.01	14,967	16.25	The Penna. R. R. Co. At Louisiana Purchase Exposition - Chapter 18
60.12	14,989	16.25	The Penna. R. R. Co. At Louisiana Purchase Exposition - Chapter 20
75.27	14,907	16.25	The Penna. R. R. Co. At Louisiana Purchase Exposition - Chapter 14
79.56	14,916	16.25	The Penna. R. R. Co. At Louisiana Purchase Exposition - Chapter 17
41.79	15,143	16.13	Penna. R. R. Co. Test. Bulletin No. 5
50.44	14,141	16.25	Penna. R. R. Co. At Louisiana Purchase Exposition - Chapter 13
50.56	14,998	16.25	Penna. R. R. Co. At Louisiana Purchase Exposition - Chapter 19
51.56	14,805	16.45	Tests of Jacobs- Shuppert boiler - Dr. Goss.
55.47	14,347	15.23	Superheated Steam in Locomotive Service - Dr. Goss.
73.73	15,007	16.25	Penna. R. R. Co. At Louisiana Purchase Exposition - Chapter 16

第七表　鍋爐尺寸及試驗時煤

	機車號數	Hc 全蒸發面積（無過熱面積）方呎	G 爐底面積 方呎
烟煤	E3SSD-318	1820.9	54.7
	F6S-89	2400.7	55.23
	E6S-51	2595.0	55.79
鍋爐有拱管	L-1-S-1752	3676.1	70.03
	K4S-1737	3692.1	69.26
	I1S-790	3944.2	70.00
	K2SA-877	3325.1	53.72
	Jacobs-Shuppert and Radial Stay boilers	2996 4	58.1
高烟煤	Consolidation No. 585	2819.2	49.43
	Bauc-lain 4 Cyl. Cpd. No. 535	2902.1	48.36
鍋爐有拱管	Cole 4 cyl. cpd. No. 3000	3000.0	49.9
	L. S. & M. S. Ry. No. 734	2541.22	33.76
	De Glehn cpd. No. 2512	2565.5	33.39
	E-2ANo. 5266	2319.3	55.5
高烟煤	Simple Consolid. No. 1499	2482.3	49.21
	Hannover cpd. No 628	1753.2	29.06
鍋爐無拱管	Jacobs-Shuppert aud Radial Stay boilers	2996.4	58.10
	Schenectady No. 3	943.0	17.0
	Tand. cpd. Santa Fe No. 929	4306.13	58.41

合也。

如須求此機車之最大蒸發率可將a,b,c之值代入(7C)及(7d)中卽得

$$Zm = -a + \frac{b^2}{4C} = -0.4 + \frac{(0.204)^2}{4 \times 000062} = 17.5 - 0.4 = 17.1 \text{磅}$$

$$YZ = max = \frac{b}{2C} = \frac{0.204}{2 \times 0.00062} = 171 \text{磅}$$

由第九圖檢得最大蒸發率約爲 16.9 磅其相當之燃燒率約爲175磅。數值甚爲相近。

有此一法，則任何鍋爐之蒸發率與燃燒率之關係可以甚易求得，惟由此法求得之蒸發率爲蒸發面積上每方呎每小時之蒸發量與過熱面積無關，卽有過熱器者其蒸發率相同，是爲此法之小疵，學者宜注意之。

(C)由每平方呎熱面積每小時之燃煤量求蒸發率法——此法係著者根據本雪文尼鐵路十個機車之試驗結果求得。第八表示此十個機車鍋爐之大概

第八表

機車號數	機車式別	H 全熱面積 方呎	G 爐底面積 方呎	H/G	煤之 發熱量 B. t u.	根據 Penna. R. R. Co. Bulletin. No.
1736	4-6-2	4,300	53·72	80·00	14,467	9
1752	2-8-2	4,900	70·00	69·90	14,000	10及28
318	4-4-2	2,380	54·07	43·50	14,392	11
7166	4-6-2	4,340	54·10	80·20	14,600	18
877	4-6-2	4,310	53·72	80·30	14,530	18
3395	4-6-2	5,600	58·03	95·00	14,427	19
89	4-4-2	3,090	55·23	55·90	14,470	21
51	4-4-2	3,410	55·79	61·00	14,470	27
790	2-10-0	5,420	70·00	77·40	13,350	31
4358	2-10-0	6,800	70·00	97·10	13,600	32

以上所稱全熱面積係連過熱面積在內。如以每方呎全熱面積每小時之乾煤燃量爲橫軸，以每方呎熱面積每小時之蒸發當量爲縱軸，幷將試驗結果以點表之，則得一圖圖中各點可以一直線通過之。此直線又可以方程式表之。如是演算結果得以下之公式：

$$Z = mx + b \cdots\cdots\cdots\cdots (9)$$

$$m = 8 - \frac{R}{40} \cdots\cdots\cdots\cdots (9a)$$

$$b = (4.75 - 0.035G) \times 校正數 \cdots\cdots\cdots\cdots (9b)$$

式中Z ＝鍋爐全熱面積每方呎每小時之蒸發當量，以磅計。

x ＝鍋爐熱面積每方呎每小時所燃乾煤量，以磅計

R ＝鍋爐熱面積÷爐底面積

G ＝爐底面積，以方呎計。

此式係根據乾煤每磅之發熱量爲 14,000B.t.u. 如煤之發熱量不爲此數宜用 EG.young 公式校正數

$$校正數 = \frac{K - 3,000}{14,000 - 3,000} \cdots\cdots\cdots\cdots (10)$$

式中K所燃煤之發熱量以 B.t.u. 計之。設以第八表之機車7166爲例，如每小時乾煤燃燒率爲100磅，則每小時之全燃燒量爲(54.1×100＝)5410磅，再以全熱面積除之得(5410÷4340＝)1.23，是爲x之值。

$$由公式，校正數 = \frac{14,600 - 3,000}{14,000 - 3,000} = \frac{11,600}{11,000} = 1.055$$

$$b = (4.75 - 0.035G) \times 1.055$$
$$= (4.75 - 0.035 \times 54.1) \times 1.055$$
$$= 2.855 \times 1.055 = 3.01$$

$$m = 8 - \frac{80.2}{40} = 8 - 2.0 = 6.0$$

$$Z = 6.0 \times + 3.01$$
$$= 6.0 \times 1.23 + 3.01$$
$$= 7.38 + 3.01$$
$$= 10.38磅$$

（未完）

戰時鐵路（續創刊號）

丘勤寶

（三）工作和管理

（三）

從理論去研究鐵路運送軍隊和給養的動作，便會常有過估鐵路運輸量的趨勢。其實鐵路的運輸量是依許多東西而定的，其中最重要的是：公路卡車數目，支線數目，車站大小和容量，機車引力，控制坡度的大小，車輛數量，路床情形，橋樑載重限制，標誌制度，和許多不同的本地情形。在前次歐洲大戰時候，美國鐵路在三十個月裏運輸過一千五百萬大兵。其中有二一，三三，

（四圖）

三列特別載客列車。換句話說，從一九一七年五月至一九一九年十月三十日期間內，平均每日有二四列車，平均每列車有十二輛車，載客四二四八人，以每小時二一哩的速度走七五九哩的里程。能在短期間裏，由一個地點裝運和出發最多列車的，要算一九一八年七月裏美國 Meede 地方的十六列車了。記得曾有一位權威者說過：假如鐵路用具是齊備，則各營地應該能够每隔一小時出發兵車一列。用客車運輸軍隊，其列車編制是和該路平時民用列車一樣辦法。

用公路作長途軍隊運輸，雖然其中有許多兵員會常常因前進中意外事變而墜死跌傷，以此減弱了軍力。但是他們到了終點以後，便能得到作戰時的疲勞嘗試，比在舒服的鐵路運輸情形下前進，自然要好些。所以如果時間能允許的話，最好整步前進，因爲這樣能使軍兵有帶器具進行的習慣。

依靠着鐵路在短距離裏運輸大量軍隊是無益的，因爲事實上要必須使時間富裕的話，便可以用公路於較短時間把軍隊分佈在這短距離上。鐵路運輸軍隊的必需時間，不僅消費在途中，還要消費在車站上的集合和分編列車的工作上。自軍隊行動摩托化以來，上述事實更加顯著了。故如有大量軍隊要移動少於七五哩的距程，則照例是利用摩托運輸爲佳。

關於車輛密度可用的紀載是很有限的，一條有良好組織的單軌線，約每日每向能運二五列車。假使列車都向同方向行駛，則在良好情形下，無疑的每半小時能有一次列車。在給養運輸裏，僅有百分之十七的時間消費在行程上，其餘時間大概都消費在車站中。和起落工作中。所以載貨容量普通是限於車站設備。在任何一個時間裏，工作於鐵路上的車輛不過百分之廿罷了。

近代鐵路工作裏最有興趣的各特點中，尤其是影響給養和運輸的，算是貨站設計了。無論那一個大貨站都應該包含各種便利設備。如載貨汽車直接轉運的設備，商業載貨汽車直接至工廠的設備，鐵路和輪船交通的水站設備等，都必須要因地制宜。

車輛載重：要把每個車輛都載到最大限度，是不可能的事，因爲一個車輛裏的立方容量，不是常常足供其最大限度載重的貨物體積。第十表是明白指出一個一千噸容量的軍用列車，實際能到前線的不過約八百噸罷了。

第十表　在鐵路車輛裏每十噸相當容量所能載的平均重量。

貨物	載重(噸)	貨物	載重(噸)
空氣器具	七・〇	木料	七・五
軍火	一〇・五	郵件	五・〇
麵包	六・〇	肉類	六・五
包裹貨物	九・〇	藥品	七・五
煤	一〇・〇	摩托運輸給養	五・〇
工程用具	一〇・〇	石，砂，磚等	一〇・五
米糧	一〇・〇	鐵路給養	八・〇
乾草	六・〇	軍需官給養	六・〇
平均	八・五		

斜坡：路軌坡度，影響該路載重很大，從第十一表我們可以看出斜坡的影響。百分之三斜坡實際減少很大的載重。雖然因爲

機車拉重永不會到牠最大量度，故一個超過了百分之二的斜坡，便需要更多列車以運同等數量的給養了。

第十一表　斜坡對於機車容量的影響

斜坡／載重	水平路軌	百分之一	百分之二	百分之三
載重的貨車（輛）	一六二	二四	一三	九
列車總重量（噸）	九七四四	一四五一	七八四	五三七

註：以上數目是用於六十噸載重的車輛，速度每小時十哩。

職員：前已說過，戰時路員應該以有經驗的鐵路人員編成為軍事單位，第十二表是用於有良好訓練的鐵路工作人員的數目。

第十二表　用於標準軌距鐵路工作和管理的職員：

時期	工作	管理
平時	每哩三至六人	每哩一至三人
戰時	每哩六至十二人	每哩二至五人

輕便鐵路的工作和管理：下列紀載是給我們對輕便鐵路有一種觀念：

(甲)列車平均速度是每小時六哩；平均每日行四十哩。單軌路每日最大容量是一千噸。每列車平均有八輛車。

(乙)能運於十噸(二二，〇〇〇磅)輕便鐵路車輛上的各種材料數量，概詳於作者的「戰時公路」(見香港華僑日報十一月廿一日至十二月十八日學術週刊)。

輕便鐵路的工作和標準軌距鐵路者不同的地方，是在前者中列車每一方向的最長行距罕過十哩，以行駛時常為礮火所阻，故有許多地方列車常在夜間行駛。輕便鐵路的動作，是和標準鐵路一樣以標誌來指揮的，列車行動是由中央辦公處控制。輕便鐵路的標誌約為二哩距離。

輕便鐵路需要時常管理，每段必須繼續巡查。這些工作尤其是應用於受礮火威脅的部份。在冰凍和溶解時期裏，重新校對路面的工作是必須的。無論什麼時間，管理隊都要從事重校軌線，碴石床，清邊溝，通涵洞，修橋樑等工作。

第十三表　用於輕便鐵路工作和管理的平均職員：

地帶	工作	管理
平靜地帶	每公里六人	每公里三人
緊張地帶	每公里十人	每公里八人

當路線為礮火所燬或出軌時，特別做工隊須另外用於該線。

(四)軍隊運輸

標準列車：歐洲大戰證明標準組織的軍隊列車，對於戰區裏軍隊迅速動員，是很有利益的。肯定的說，無論現在及將來戰爭裏，假如公路和鐵路都能使牠實用的話，標準列車是必定要被人使用的。

前次歐洲大戰時，在法國的美國遠征隊所用標準列車，是法國式的，包括着：機車，一輛鐵路代辦車，十五輛鐵悶車，一輛官員車，七輛平車，十五輛鐵悶車，一輛鐵路人員車。美國的鐵路運輸軍隊，曾採用兩種標準列車制：

甲式列車：廿三輛鐵悶車，九輛平車，一輛客車，一輛路員車。

乙式列車：十一輛鐵悶車，十七輛平車，一輛客車，一輛路員車。

在計算上列各種列車載重時，便要假定下列各條件：

(一)一輛鐵悶車能載三十六人或十八隻牲畜。

(二)一輛平車能載六輛二輪或三輪手車，或二輛載重汽車。

(三)機器或平常脚踏車是不必給派地位。

(四)一輛客車可載三十個官員。

運輸一師陸軍，是要上列甲式列車四十二列，加上乙式列車三十二列。

在前次歐洲大戰時期裏，美國還沒有軍事標準列車的規定，那時牠軍隊動員紀載，可臚列如下，以資參考：

第十四表　前次歐洲大戰時期裏，美國鐵路的工作。

由一九一七年年五月起至一九一八年十一月止

軍隊動員數目	八，七一四，五八二
平均每月	五〇二，七六四
最大數目(一九一八年七月)	一，一四七，〇一三
所用行李車及快車輛數	一六，二八五
所用貨車輛數	二三，〇七五
行駛特別軍事列車數目	一六，五三五

由一九一八年十一月十一日至一九一九年四月三十日：

軍隊動員數目	三，三八九，六六五
每月平均	六三三，九五九
最大數目(一九一八年十二月)	七三四，〇三四
所用車輛總數	四五，八八五
特別列車的數目	四，三三三

列車平均速度為每小時一九．五哩。

(五)輕便鐵路，軍路，和標準軌距鐵路的比較

輕便鐵路的建築和工作，都較軍事公路為經濟，牠的建築較雙向軍路要快三倍多。可是經驗告訴我們：一條良好的雙向路面公路，却比一條輕便鐵路要高三倍的價值，前者不但不限於動能而且那一樣載重都能負運，每日總量約三倍於單軌輕便鐵路者。

建築輕便鐵路的材料，僅要標準軌距者四分之一至二分之一左右。但後者的運輸噸數約十一倍於前者。所以除非當地情形需要用輕便鐵路，不然，在可能範圍內輕便鐵路隨時都應該改換以標準軌距鐵路。

(六)鐵路的保護

鐵路的保護，依敵人攻擊方法和鐵路本身重要性而異。敵人攻擊方法：(一)是用兵襲擊和破毀；(二)是用飛機空襲。在

一條易受敵人襲擊的鐵路各點上，要設以礮台或臨時性質的礮台，以防禦路線的破壞。如果全線都須保護的話，那麼便像從前英忒戰爭時美國那方的情形一樣，全線每哩設一臨時砲台。

在現代戰爭裏，後方主要運輸幹線，是敵人空襲目標之一，故該線必須有週密防備。照例說，每五哩置一高射砲台（橋樑須另外設備），爲後方主要鐵路幹線上最低限度的防空設備。

受敵人威力虛弱的地方，便可以只用着鐵甲車來回巡視各易受攻擊的路段。一列鐵甲車，由前到後包括着下列各種車輛：（一）沙車（二）機關槍車輛（三）一輛或多輛的守衛車（四）機車（五）裝砲甲車（六）高射砲車輛（七）其他車輛（八）機關槍車輛（九）沙車。

（七）混雜紀載

（一）前次歐洲大戰時，在法國的美國遠征軍隊裏，平均每機車拉二〇輛車。

（二）鐵路車輛的容量，是論大噸的（即二二四〇磅）法國噸（一〇〇〇基羅）是約等於二二〇四·六磅。

（三）在一個良好組織的鐵路上，平均每三哩有一哩邊軌和車站設備。

（四）要使每日十五列車經過一段一二〇哩路，必須要七五〇人員和一〇〇個機車。

（五）軍隊搭車的時間，普通約每列車三小時。

例如假定每次能夠同時裝置兩列車而每次又相接不間，問要多少時候才能完全把三三〇〇軍兵由長沙運輸至漢口？其間單軌鐵路距離是二五〇哩。根據以上所述的紀載，我們的答案是二七小時左右。

（註）本文大部取材於下列書籍及雜誌：

(1)Army Engineering,-Mitchell,

(2)American Militarism,Colly

(3)Military Engineer,

世界交通要聞

沈　昌

一、西班牙自內戰後，卽謀建設自 Madrid 至 Burgos 之新鐵路；並已在國內募集公債二十萬萬班幣（五千萬英鎊）。但材料甚爲困難，因鐵路材料，在西班牙國內，雖大都均能製造，但不能供給大量製品；在歐戰前，可以土產向德國易取機器車輛等，歐戰發生後，對德輸出，已無形被阻，或將向英國貿易，惟亦有債務等糾葛耳。

二、法國國家鐵路，自一九三九年十一月起，取銷頭等客車以後，客車祗有兩等。歐洲大陸鐵路之一般趨勢，均將頭等取銷；同時將二等車之設備改善提高，如瑞典那威諸國，其二等車，幾與他國之頭等車無別。

三、據路透社二月十二日柏林電稱：蘇俄與布加利亞之經濟協定則已簽定，同時簽定通航條約。蘇俄首都莫斯科至布加利亞首都蘇菲亞，於二月下旬卽將直接通航。

四、波蘭鐵路，於陷落時，爲波軍大事破壞。據德國交通總長陶氏 (Dorpmuler) 之視察報告：破壞橋梁達六百架，中並有重要大橋十一架，路軌之被毀者達數百英里。現德方正趕先修理連接俄德兩國之鐵道。至於經由波蘭聯絡德國與羅馬尼亞之鐵路，則在今春以前不能通車。又聞俄佔波蘭境內之鐵路，除德俄通道，仍照標準規矩外，餘均將改五英尺寬之俄國標準云。

五、煤汽汽車，歐洲大陸各國推行甚久。在一九三九年，法國所有之煤汽汽車在一萬輛以上；意國亦達二千輛；英國近亦大加提倡，去年十一月八日，英礦業部長特演說：五年內，政府無意徵收煤氣稅，以鼓勵人民採用煤汽車，同時將各式煤汽汽車在倫敦陳列，其中並有政府特設委員會所研究創造之式樣云。

六、在西班牙 Amposta 地方 Ebro 河上有一大橋，爲西班牙最長之橋，此次內戰被兵所毀，現已重建，於一九三九年十月四日正式落成。橋寬九．八四公尺，橋樑長一百三十四公尺，係懸橋式，工程期間共爲一百零四日云。

七、公路與鐵路競爭，在歐美久已成爲一極嚴重之問題。法國現已決策：長途運駛屬於鐵路；短途屬於公路；凡短途之鐵路線，均將拆除，而代以定時長途汽車，並已有兩短程鐵路，實行拆除；至於停止客運之短程支線，則在法國西南區，已有四十條之多。又印度方面，近曾有商人在加爾各答 (Calcutta) 及貝小完 (Peshawar) 間往返運貨，距離長一千五百英里，但其運費尙較鐵路爲廉。可見長途汽車運輸，有時亦可與鐵路競爭。

八、瑞士去年曾舉行全國博覽會於其首都，會畢，首都市長宣佈擬設一永久之運輸博物館。查瑞士首都，自一九一六年起，即設有鐵路博物館，再益以此次博覽會中之交通陳列品，即可爲運輸博物館之發軔。其中即將有一八五五年之 Speiser 機車，及最老之爬山鐵路車頭云。

九、錫蘭鐵路，因恐戰後煤價增漲，擬改燃木料。聞如用木料，可省二十五萬羅比一年。現在全錫蘭機車用煤，每月爲一千四百噸，約等於十六萬八千方碼之木料。

十、澳洲鐵路，於一九三九年九月十五日，舉行該洲通行鐵路百年紀念。

十一、昆斯蘭德之新港　澳洲東北部昆斯蘭德省馬開地方之產糖業始於一八六五年，嗣後產糖量近三百萬噸，價值達五千二百四十四萬一千零廿八金磅，現有新式製糖廠七家，其中五家係生產者所有；馬開鎮位於彼俄納爾河之口，因糖業之發達，該河港口久已不適於用，當一九二八年時曾幾次設計擬在河口北端二英里半造一深水港埠，並由政府借款壹百萬金鎊及補助金25%即廿五萬金鎊，但並未成功。

新港口於上年八月廿六日由昆斯蘭德總管福根史密斯主持開放，港埠佔地一百六十五英畝，護以四千二百四十英尺及三千三百十五英尺之長堤，並築有七百六十六英尺長及一百卅八英尺闊之混凝三和土碼頭，備有糖棧，更於堤之南端築一埠頭，又在原有碼頭及堤之北部間加築兩碼頭，以應將來之需要，入口處闊六百英尺，下水春潮漲時深卅英尺，船之停泊處深卅三英尺，俾到達該港最大之船可以通行無阻。

新港南距馬開鎮三英里半，通以鐵路，馬開鎮現有居民一萬二千戶，全區共有三萬二千戶，在一九三八及一九三九兩年中曾產牛油七十餘萬磅云。

十二、英國駐法遠征軍所需鐵路上機車車輛等材料係由貿易部負責辦理，「財政新聞」探得該部近向製造機車及車輛協會分別訂購小型運貨機車二百四十輛及二十噸載重之運貨蓬車壹萬輛，以供遠征軍在法國某部鐵路之用，價值約八百萬金鎊，此外另有其他設備品及碼頭上所需各種機具約值一百七十五萬金鎊，總計約九百七十五萬金鎊；此項定貨自需大批工人之製造與相當時日，故貿易部規定交貨程序時，亦曾顧及各廠家之出產量與其通常輸出貿易，俾能應付裕如云。

雲南富滇新銀行

爲

雲南省政府設立之唯一省立銀行

資本總額　貳千萬元

業　　務　除經營普通銀行業務外並特別兼辦農村貸款業務

總　　行　昆明市威遠街

分支行及辦事處　雲　南　省

永勝　景東
箇舊　開化　寧洱　佛海
車里　南嶠　景棟　開遠
彌勒　通海　宜良　路南
曲靖　尋甸　嵩明　昭通
晉寧　昆陽　安寧　祿豐
羅次　玉溪　武定　元謀
大姚　楚雄　雙柏　姚安
祥雲　賓川　下關　麗江
保山　順寧　騰衝　蒙化

內政部雜誌登記證警字第七一四九號

新工程

第三期

零售 國內每冊國幣五角 香港每冊港幣四角

▲外埠另加寄費▼

民國二十九年五月出版

發行人 沈立孫

總編輯 翁為

發行處 新工程雜誌社

代售處 各大書局

社址 昆明青門巷二十號

代印處 昆明大中印刷廠

新工程定價

時期	冊數	本省	外埠	香港	國外
半年	三	二元二角	二元八角	一元三角	二元七角
全年	六	四元四角	五元六角	二元六角	五元四角

寄費在內 郵票代款十足通用×港幣

華英行

經理

人力車胎
冷熱補胎膠
汽車輪胎
汽車零件
經售電料

地址：昆明護國路三二〇號

福特汽車雲南全省總經理

昆明汽車公司

獨家經理
福特廠出品

福特，謀克利，林肯賽飛，林肯及各種大小車輛，零件齊全。

經理凌志揚

辦事處 護國路二六六號
服務站 環城東路穿心鼓樓左首

保險子

科學實驗
抗戰時期
主

效力宏偉
人人宜備
治

急症虛脫　作戰重傷
炸彈炸傷　跌打損傷
腸傷流血　臟腑出血
吐血鼻血　大小便血
婦女血崩　臨產疼痛
腸胃疼痛　年老哮喘
心腦昏迷　暈車暈船
惡心嘔吐　神經激盪
失眠不安　色慾亢進
盜汗乳溢　一切痛症

雲南日月大藥房總發行
地址昆明市護國路九十一號

春日插秧
秋日豐收

個人經濟，亦復如此，苟能平日節省耗費，從事儲蓄，則積少成多，他日必有美滿之收穫

在本會儲蓄，每月僅存三元，六元或十二元，到期全數還本加利，每月抽籤一次，特彩已達三萬餘元，並有增至五萬元希望，頭、二、三、四彩、每加二千號，各增加一個，現已各有卅餘個，彩金鉅，彩額多，一經入會，希望無窮。

中央儲蓄會昆明分會

正義路四六三四號

新工程

第四期

中華郵政新聞紙類登記執照第九號

德商禮和洋行

經理

各種礦業機器

重輕實業工具

蔡氏光學儀器

德國化學藥品

昆明分行 小西門外新村 五十五號

28221

郵政儲金匯業局發行

節約建國儲蓄券

目的：提倡社會節約，獎勵國民儲蓄，吸收遊資，興辦生產事業。

種類：甲種券爲記名式，不得轉讓，可以掛失補發。

乙種券爲不記名式，不得掛失，可以自由轉讓，並可作禮券饋贈。

券額

分國幣五元，十元，五十元，一百元，五百元，一千元六類

甲種券照面額購買，兌取時加給利息及紅利。

乙種券購買時預扣利息，到期照面額兌付。

期限

甲種券存滿六個月後，即可隨時兌取本息一部或全部，如不兌取，利率隨期遞增，存滿五年及十年，並於利息之外，加給紅利。

乙種券分一年至十年定期十種，可以自由選定。

利息

甲種券週息複利六厘至七厘半，外加紅利。

乙種券週息複利七厘至八厘半。

優點

本金穩固——由郵政負責，政府担保。

利息優厚——有定期之利，活期之便。

存取便利——可隨地購買，隨地兌取。

28225

合中企業股份有限公司

UNITED CHINA SYNDICATE

LIMITED

Importers Exporters & Engineers.

經理廠商一覽

GRAF & CO.	鋼絲針布
J. J. RIETER & CO.	紡織機器
JACKSON & BROTHERS, LTD.	印染機器
J. & H. SCHOFIELD LIMITED	織布機器
SOCIETE ALSACIENNE DE CONSTRUCTION	毛紡機器
HYMAN MICHAELS CO.	鐵路鋼軌
RAMAPO AJAX CORPORATION	鐵路道岔
BOSIG LOKOMOTIV-WERKE	新式機車
FEDERATED METALS CORPORATION	銅錫合金
YORK SAFE & LOCK CO.	銀箱銀庫
SARGENT & GREENLEAF, INC.	保險鎖鑰
ALLGEMEINE ELEKTRICITAETS GESELLSCHAFT	電氣機械
FULLERTON HODGART, & BARCLAY	各種機械
SYNTRON CO.	電氣工具
JOHN ALLAN & SONS, LTD.	愛倫梢根
FLEMING BIRKBY & GOODALL	優等皮帶
RUDOLF KNOTE	擣治審定機

總公司：上海圓明園路九十七號　電話一三一四一號

分公司：香港雪廠街經紀行五十四號　電話三二五八一號

昆明青年會三百零二號

電報掛號各地皆係 "UCHIS"

With Compliments

from

ANDERSEN, MEYER & COMPANY LTD.

(With Head Office in Shanghai and

branches in all principal ports)

Represented in South-Western China

by

H. Y. TUNG, Direct Representative,

and by

its Sole Agents for Yunnan & Kweichow

Provinces

YUNNAN TRADING & ENGINEERING CORPORATION

Nos.4 and5 TUNG JEN STREET

KUNMING

28227

28228

提和鋼鐵製造廠

—特點—

規模宏偉·設備週全

來樣仿造·保證滿意

出品種類

新式防毒面具

各種禦彈鋼盔

標準工兵器材

一切交通用具

水壺飯盒口杯

寫字樓；

香港大道中太平行

電話：三四二七一

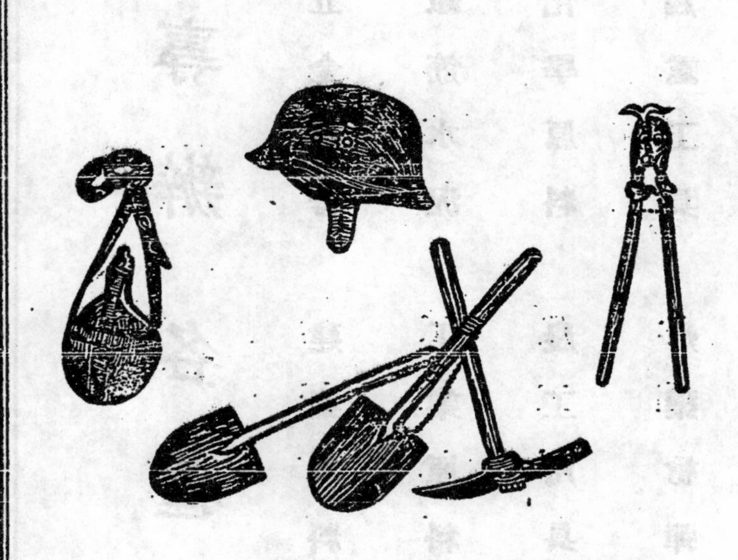

法商加波公司

資金壹萬萬佛郎

總公司
法國里昂

越南分公司
西貢 河內 海防
PHOM-PENH TOURANE QUINHON

雲南分公司
昆明 蒙自

分公司設遍
全球大商埠

專辦各種

五金鐵器 建築材料
鐵筋水泥 工業原料
化學原料 農工用具
起重工具 炸藥槍彈
衛生器具 各國紙張
應有盡有 歡迎賜顧

28230

自動列車控制各種制度之檢討

楊恪

溯自海禁開，鐵路興，開發資源，溝通文化，其用日宏，而其體日新。故歐美先進諸國，對於鐵路技術問題，莫不殫心竭慮，精益求精；舉凡建築，機車，以及車輛設備，咸有長足之進步，藉以達到運量增高，與時間經濟之目的。於是列車之荷重，速率，及行車之密度，遂能盡量提增。細考每屆効率之猛晉，殆皆循技術上劃時代之發明，拾級而升焉。

近世鐵路新興之技術，又厥以號誌爲最著。號誌者，乃以機電爲本質，而以保障安全，力求暢捷爲目的之工具也。在各種號誌制度昌明以下，自動列車控制制度，相繼而起。用就研究所得，述其概略。但此種著述，猶係創作，益以戰時播遷，書報全已散佚，參考闕如；倘有錯誤罣漏之處，惟海內先進，不吝金玉，惠加教正，實尤作者之所企幸也。

現代號誌使命之重要，自不待言；但在列車開行速率增高之際，道旁設置之號誌，與司機目光所接觸時間極暫，瞬息即逝，不幸事故，常因司機錯讀，或錯過號誌而發生。縱使嚴格訓練司機，仍有不足補救之嫌。是以在各種號誌設備之下，又必使其表象與司機之視線，甚或列車之動作，有更可靠更密切之連繫，方足以策進健全之保障，總其需求，可分四類如次：

（一）道旁號誌之表象顯示於機車車廂。

（二）列車速率超過號誌表象所許可時，使司機得一警告。

（三）列車速率超過號誌表象所許可時，自動發動列車車軔。

（四）上列各項之連合應用。

循是四類需求而發明之制度，統稱『自動列車控制』Automatic Train Control。因其需要之迫切，故十餘年來，各國專家，殫其心力，競相發明之制度，已有數十種之多。但據其科學原理而歸納之，約可分爲六類：一、機械；二、機電；三、光電；四、磁性；五、磁電；及六、電流感應是也。各類試驗之結果，其因不合實用，或成本太高，而經淘汰者，爲數亦屬不少；其能卓然存在，而至今猶爲歐美各路之所採用者，約有五種；用即就此範圍，分別述其概要。

一　機械式

此種機械式應用之時最早，並爲最簡單之一種，本世紀初即有採用。其佈置方法：係在號誌相近軌道旁，裝置以電力或氣力所起伏之鐵臂一具 Train stop（圖一）。在號誌顯示『進行』時，該臂下垂（圖一甲）；顯示『停止』時，則該臂向上（圖一乙）。

機車上之佈置：係於車軔氣管上，加裝氣瓣 Trip valve，由一可以上下之槓桿啓之。

在不准列車通過時，鐵臂向上。機車經過時，槓桿被頂，車軔氣瓣遂即開放，而使車軔發生作用；司機應即關閉汽門或電流，使列車在短距中停止進行，然後將此項氣瓣重置於正常(關閉)部位；俟號誌重行顯示『前進』後，賡續開駛。如列車行抵號誌時，即係顯示『前進』，鐵臂自仍留處其下垂部位，則機車經過時，槓桿氣瓣自均無動作，而列車亦可一仍其原有速率前進。

此種制度，機件簡單，成本較低，而修養亦易，是其優點。然因鐵臂及槓桿常有接觸，折斷彎曲在所難免，失慎堪虞。且鐵臂之距離號誌，不能過遠，致釀不必要之稽延。但因相處密邇，故車軔之自動作用又屬不能太緩，而列車間之衝擊，遂亦難免。故此種制度僅在市區中地底及高架車等類鐵路，列車之長度及重量，均甚有限者，較爲適用，是其缺點。

二　英大西鐵路式

此項制度，係以機械及電氣之配接而成，使列車行經遠距號誌時，即可發一信號，且在必要時，可發動車軔藉以喚醒司機，促其注意前方之進站，或其他絕對 (Absolute) 號誌。

軌道上之佈置：係用短鋼軌一截，釘於遠距號誌附近之路軌旁(圖二甲)。該短軌(8)底面，墊有隔電子，以與路軌間電路隔絕。短軌及路軌，復各引電線，接於遠距號誌臂所啓閉之電鍵(9)。在號誌顯示『警告』時，電路不通；顯示『前進』時，則兩者相連。

機車上之佈置及線路，略如圖二乙內。乙爲上下桿，其上部裝有複式電鍵。該桿在正常部位時，(1)(2)兩點經(5)而接通；被頂上時，(1)(2)隔斷；但在隔斷前，(3)即與(6)相連。(1)(2)隔斷後，(6)再與(4)相連，由(6)之連繫，(3)(4)兩點之電路，遂可先後經過上下桿底部之接觸點(7)，以達短軌(8)。丙中之EP，爲感應鐵一具 Electro-pneumatic valve；其吸鐵必藉人力推上，而由電力維持之不使下落。其吸鐵控制氣瓣，於下落時，使氣軔氣管經喇叭 Hooter 而與外空接通。R爲感性靈敏之繼電器。X爲電鈴。此外並備電池一套。

遠距號誌顯示『警告』時，(8)與路軌間電路不通。故列車行抵其處時，上下桿被頂，R之電路在(1)(2)兩點遂亦隔斷，而吸鐵下垂。EP因電路被阻，其吸鐵遂亦下落，開動氣瓣，使喇叭發出音響，而軔力亦漸生作用。同時，機車經過短軌後，R之線路恢復，惟EP必藉人力方能吸起，故必俟司機發覺，將其吸鐵推上後，喇叭聲方止；否則繼續發響，至軔管氣壓與外方空氣相等，亦即車軔完全發動時，方止。

遠距號誌顯示『前進』時，(8)與路軌間電路經(9)而接通。故列車經過，而上下桿被頂時，在(1)(2)隔斷之先，(3)即已與(6)接通，R之電路遂得由(3)(6)(7)(9)以至路軌，循機車車身，而仍連接於電池之陰極；R遂得維持其原來部位，不致下落。EP亦無動作。同時上下桿繼續上頂，使(4)與(6)相連，而鈴X之電路亦循(6)(7)(9)路軌等而接通。故司機經過

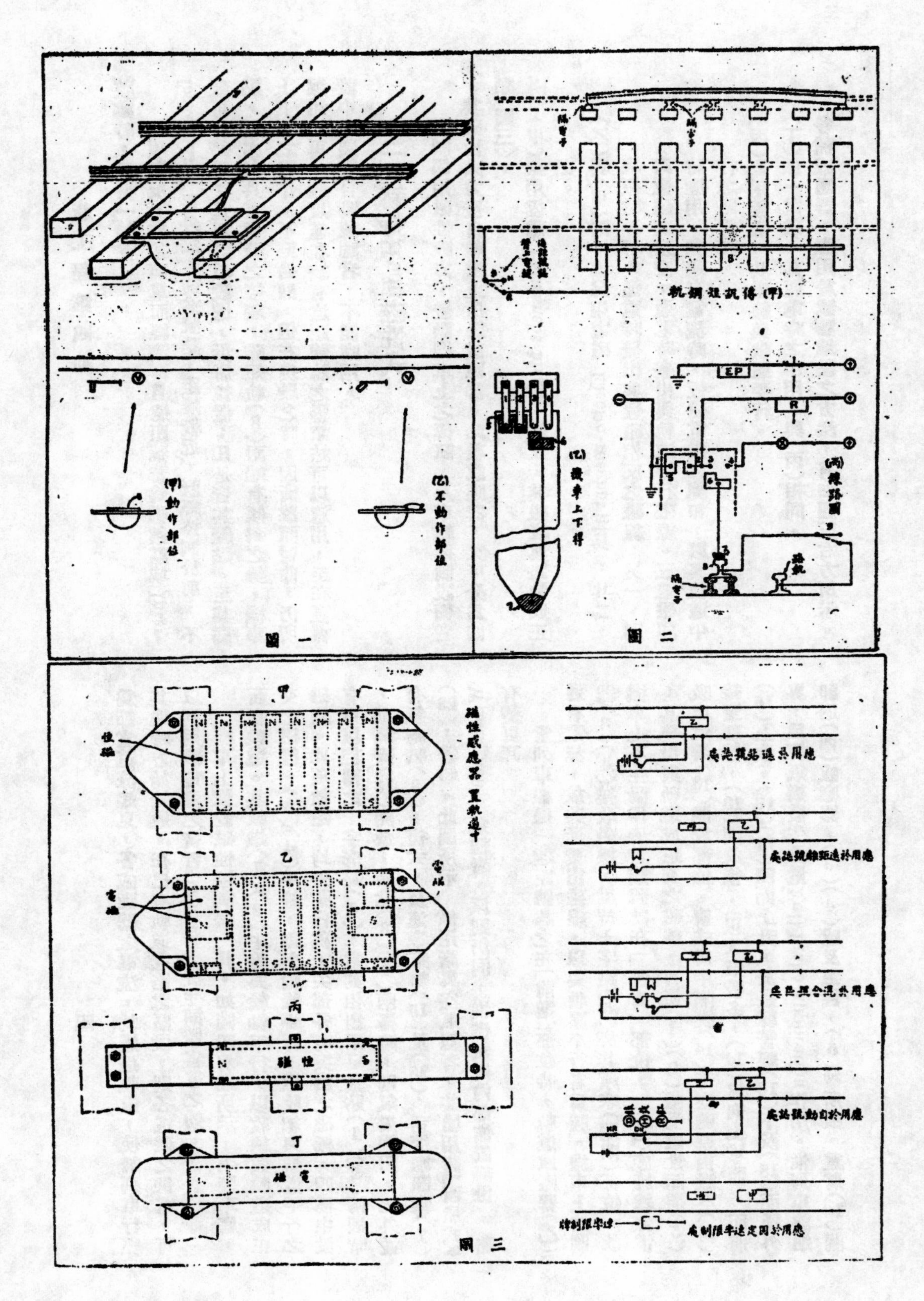
(甲)動作部位
(乙)不動作部位
圖一
傳訊短鋼軌(甲)
(乙)機車上下桿
(丙)線路圖
EP
R
圖二
甲
磁性感應器置軌道中
乙
丙
N
磁性
S
丁
磁電
圖三

該處時，可得一鈴聲。

此項制度，亦甚簡單而經濟。且遠距號誌爲聯鎖區域 Interlocked Area 最外點，前途號誌，距離較近，既經控制於前，不致再行錯過；是以該項設備，毋庸複置；凡是皆其優點。至其弱點，則亦在具有實際之接觸；雖短軌(8)兩端有傾斜之勢，機車上下桿之動作，不至過烈，但在疾駛之時，因衝擊而彎曲，仍所難免。再此制度僅在裝有遠距號誌之聯鎖站可以適用，至在區截段中之裝有自動號誌者，不能應用。

三　赫特Hudd磁性式

此制係用磁性吸力，發動機車上之傳訊，及車軔控制設備者。其磁性吸力發自軌道上所裝感應器。此項感應器，又可分爲四類(圖三)：

(甲)全用恆磁 Permanent Magnet 組成，其磁綫與路軌成正交。

(乙)與(甲)同，惟另用電磁 Electro-magnet 三具：其二，與恆磁平行，通電時發出與恆磁相反之磁線；另一，則與恆磁成正交，通電時發出與軌道平行磁線。三電磁同時應用，在通有電流時，恆磁電磁之總和，以與軌道平行之路爲強。

(丙)全用恆磁，其磁線與軌道平行。

(丁)係一電磁，其通電時之作用，與(丙)相同。

各種感應器，應用於號誌地點之方法，有如圖三右方所示。

爲節省電流起見，各感應器之電流，均通過軌道，使於列車行經其地時方始接通。在已有軌道電路之區段，則各電磁之供電，可以利用繼電器之簧舌 Contact，發生同樣省電之效。

機車上設置磁性控制器一具，如圖四右端所示，平裝車底，面對軌道。其軟鐵(1)(2)中線與輪軸平行，以收納與軌道成正交之磁綫。(3)(4)中線，則與輪緣平行，以收納與軌道平行之磁線。此項軟鐵，均外闊內狹，尖部各有突出之磁極。四極中設有可以旋轉之十字形鐵(5)：當其相對兩足緊貼(1)(2)兩極時，則氣瓣(13)開放；緊貼(3)(4)兩極時，則氣瓣關閉。此外並有氣喇叭(8)；複式，及速率氣瓣(15)及(23)；司機應訊鍵(7)(23)；等等。此圖所示，係用諸真空氣掣者。其屬用諸「西屋式」Westinghouse 氣軔者，原則仍同，惟僅氣瓣內部佈置部份，略有變更耳。

當列車經過一遠距號誌之在「前進」部位時，軌道感應器(乙)通有電流，故其所發出磁線，以與軌壓平行者爲強。機車上控制器(3)(4)接收磁線，維持十字鐵(5)於其原來(關閉)部位，故機車上不生動作。若該號誌在「警告」部位，則(乙)感應器無電；其發出與軌道成正交之磁線，可使(1)(2)感受磁性而將(5)吸至氣瓣(13)開放部位。複式瓣中隔膜(14)下空處原由微空(26)接至軔管，(13)開放後，以入氣較多，(14)遂向上彎曲，而將(15)上項。(16)(11)隨而上升，於是軔管經(16)下及(18)而通外界，足使氣瓣發生全量Full Brake Application 作用。惟列車前進即過(丙)感應器，(3)(4)感及磁性，(5)被所吸，重將(13)關閉，(14)下眞空於短期內亦卽恢復：(16)隨(15)而下落，故車軔作用，未發卽止。但(11)被頂後，以其不與(15)相連，故(13)關閉(15)下落後，(11)仍留原處；軔管經(21)(20)(19)而通喇叭(8)，空氣由該路竄入而發音響，並發動低量軔力 Partial Brake application 此項音響，及低量軔力，繼續發生，必俟司機將應訊鍵(23)撳下，由空氣壓力將隔膜(9)下彎，而(11)被壓至正常部位時方止。但車速若超過規定限度，則速率瓣(25)開放(23)下按時空氣由(25)漏出，(9)及(11)自無動作；司機必再降低速率至規定以內，然後再將(23)按下，方能制止此項音響及低量軔力。

列車經過進站號誌顯示進行時，亦如前述遠距號誌顯示「進行」時同，控制機件不生動作。

若號誌顯示「停止」，則感應器(乙)之電流隔絕，祇與軌道成正交之恆磁線存在，遂使控制器上(5)轉向(1)(2)而開放(13)。但進站號誌處不如遠距號誌前之有(丙)感應器，使(13)於短期內再行關閉，故(15)被頂後，不卽下落；遂使(16)長時開放：空氣自(18)進入軔管，而發生全量軔力，以迄列車全停爲止。同時(15)初被頂上時，空氣亦有由喇叭(8)管(19)孔(20)(21)而竄入軔管者。但孔(18)較大，進氣自多，由(8)輸入者爲量甚微僅能發一短聲，不足鼓其簧舌，使成長鳴。故在列車經過號誌之在「停止」部位時，機車上得一短音喇叭及全量軔力之發動。司機如欲繼續開車，必須按動(7)及(23)兩鍵。(7)之動作爲使(5)復轉向(3)(4)兩極。此項按鍵裝於車廂之外，使司機必須於列車停止後方能按用。

在三象 3-Aspect 號誌區域，每號誌地點，設(乙)(丁)兩種感應器(圖三)。號誌在「前進」部位時，(乙)感應器通電，使橫亙於軌道之磁綫失效，而機車上控制器遂得不生變動。顯示「警告」時，則(乙)感應器無電，而通電於(丁)，使(13)有短期之開放以得如前述經過遠距號誌在「警告」時之同樣效果。號誌顯示「停止」時，則(乙)(丁)兩感應器均無電，故軌道上僅有自(乙)發出與軌道成正交之磁線，其對機車控制設備之作用，有如前述經過進站號誌之在「停止」部位者相同。

此種設備，機車上各機件與軌路設備，無直接接觸，可免衝擊損壞。且可適用於任何號誌制度并路線上各固定速率限制處。至於列車經過號誌在「警告」部位後之速率限率、與低量軔力之發動及其徐疾，統可藉速率氣瓣(25)，及複式氣瓣(11)所開啓空隙之大小，預爲調整，以適合各種列車不同之需要，是其優點。

至其缺點，則軌道感應器之電磁耗電過大，且必爲直流，供電不易。至於恆磁，則以常有磁極相反之電磁線在其隣近，其強度不免隨時間而減弱。機車控制器之感應部份，必須裝置於底盤，十字形鐵部份，因沙石嵌入而發生障礙之事，亦所難免。

四 諧調電流感應式

此種制度，係應用交流電路遭遇諧調感應器 Tuned Inductor 時所發生之電流變動，以運用機車上之控制設備者。

軌道佈置，係在各號誌隣近，設置感應器。該器分 A B 兩種

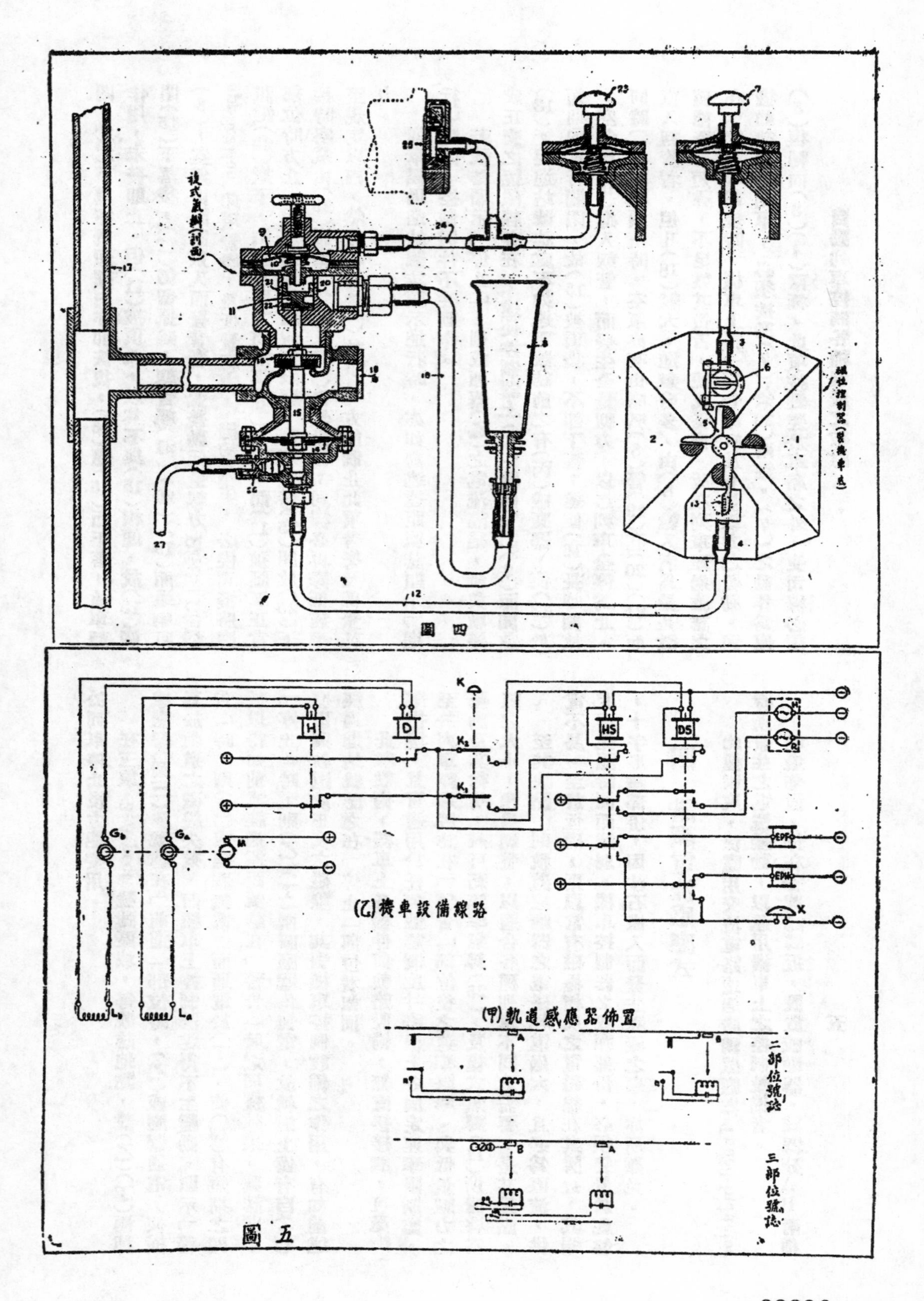

圖四
圖五

；前者調整 Tune 至 fa，後者至 fb；惟其線路系數 Circuit Constant，隨號誌表象而變更：即號誌在某一部位時，將感應器中調整用積電器 Condenser 以短路接通 Short-Circuit 而失其諧調作用。各感應器應用於二部位及三部位號誌 2—and 3—aspect Signals之方式，有如圖五甲所示

機車設備之線路，略如圖五乙所示。Ga Gb 係發電機，其頻率為fa fb，同以固定速度之電動機M牽動之。LaLb係二感應線圈，位於機車底部，使其電磁線可與軌道感應器相接觸。

Ga La 線路中有H繼電器管理「停止」信號。Gb Lb 線路之D則管理「慢行」信號。因H及D之動作為間歇性，故另備 HS及DS二維持電路 Stick Circuit。其中 K_1 K_2 為司機應訊鍵 K之接觸簧 Contact Spring：惟按動K後，K_1 必於列車停止後方接通；K_2 則於列車速度在規定緩行率下方接通。由 HS及 DS之簧舌所控制者：有車廂號誌 HK RK；電鈴 X；及電管氣瓣 EPF EPH。EPF 電流隔斷時，發動全量軔力。EPH電流隔斷時，則發動低量軔力。

號誌顯示「停止」列車駛經 A 感應器時，以感應器A係調整於 fa頻率，故經過具有 fa電流之 La 時，其內部受感應而發生一同頻率之高度感應電流 Induced Current 此電流復反應至 La而發出一抗電壓 Counter electromotive force。Ga La H線路之電流，因而有一霎那之減輸，H繼電器簧舌遂亦有片時之下落。HS電路因而被隔，其簧舌遂亦下降；使「停止」信號 RK 顯現於機廂，並開動電鈴，而隔斷 EPF 電路，使發動全量軔力。HS係維持電路之一部，故H重行吸起後，該繼電器尚必俟列車停止，司機按用K使K_1接觸後，方能重新吸起而恢復正常狀態。

號誌顯示「警告」時，A感應器以號誌 HR 簧舌所接通之短路關係，失其諧調作用；列車經過時，其被感應電流極低，故在 La 中所發生之抗電壓不足將其電流減低而使 H下落，故機車上一切不生變動。迨其行經 B感應器時，以其調整於 fb，對 La影響不大，故其關係電路亦無變動。惟 Lb 則以諧調關係，受有較高之抗電壓，使D有片時之下落：將DS線路隔斷而顯示慢行HK信號。開動電鈴，并間斷 EPH。使發生低量軔力；俟車行在規定慢行速率下，而司機按動應訊鍵K後，再行恢復原狀。

號誌顯示前進時，除調整器A已有如前述HR之短路外，調整器B，亦有 BR 簧舌之短路，故兩者均非調整於其原定之頻率。機車之 La Lb 經過其上，並不感受有足以使 H或D下落之抗電壓，故機車上一切設備及其動靜，均各保持正常而無變態。

為免司機特有此種設備而不復注意及道旁號誌起見，用以發動自動車軔之電管氣瓣 EPH及 EPF，兩皆賦有延遲性 Delayed Action。再進一層，並備有記錄器；則氣瓣每動作一次，該器皆有數字記錄，作為司機考勤之鐵案。緣此兩因，故司機必須於望見道旁號誌後依其表象而控制列車，並在接得鈴聲及車廂號誌後規定時間中，按動應訊鍵，方能使 EPF或 EPH不生作用，而免記錄。

此種制度之優點，在其軌道設置之簡單，而其無需乎電流供給，尤為特色。機車上牽動 Ga Gb 之電動機，以及各繼電器等

所需，全可取給於機車上由蒸汽發動而蓄電之電池，較諸道旁供電箭易遊甚。至其弱點，則爲感應器製造便利起見，機車上 Ga Gb 兩發電機之頻率，不能過低，是其修養工作不免較爲複雜耳。

五　軌道電路感應式

此制係將軌道電路之電流，感應及機車設備，而用以管理車廂號誌及自動控制者。各種制度中，欲求具有全時控制之性能者，舍此莫屬。

軌道設備，係在各軌道電路供電處設置編碼電鍵 Coding Mechanism 二具（普通採用每分鐘斷續八十次爲「警告」碼；一百三十次爲「前進」碼。在速度限制有兩種以上時，則加用其他斷續率；機車上亦須加添繼電器，速率鍵，號誌等，以接收是項訊號）：其一於號誌顯示「前進」時發動；其一則於顯示「警告」時發動。各供電點所發出之「前進」或「警告」電碼，均屬一律，其佈置線路，略如圖六甲所示。

機車上之線路佈置如圖六乙。其感應線圈位於機車最前端，藉以接收被列車輪軸接通之軌道電流，此項電流經兩線圈至擴大器Amplifier（與無線電機低率擴大器相似。軌道電流普通用每秒一百之頻率，故該擴大器可調整於該頻率，以得較高之効能。）再引入解碼器 Decoding Mechanism（與自動電話中所用之選擇器 Selector 相似。）經解碼器後，遂分爲二隨軌道編碼機而動止之H及D，以控制機車號誌及自動軔制。

車廂號誌備有三種表象：均隨前方道旁號誌而變更。惟除「前進」外，他二種表象則與道旁所表示者略有不同。例如前面號誌在「警告」時，車廂則爲「路綏」，M Proceed at Medium speed 表象；前方顯示「停止」時，則車廂內爲「慢行」，R Proceed at Restriced speed 表象。在經過號誌或區截，而車廂號誌自「前進」改爲「路綏」；及「路綏」至「慢行」時；利用綏性繼電器 HF DF，及普通繼電器HB DB，使發生鈴聲警告。若號誌表象之變化爲較低格的 Less restrictive，則並無鈴聲，以示區別。

EPM及EPR 係兩種電管氣瓣。前者電流隔斷時發生微量之軔力。後者隔斷時，則發生低量軔力。此二種氣瓣則由 MN RN「時性綏落」（Time-element Slow Release）繼電器直接控制之。MNRN 復由DH 及司機應訊鍵 K 所發動之 MS RS 控制之。假定MN之延遲性爲二十秒，列車離自動號誌「前進」區而進入「警告」區時，D 下落而 H通電，使車廂號誌自 F改爲 M。DF之綏落及 DB 之接通，予司機以鈴聲。同時 MN 電流隔斷，惟在二十秒內其簧舌仍將 EPM 電路維持。司機若於該時間內將速率降至規定範圍內，然後按K，則 MS 通電，當 MN之簧舌尚未脫開前，再使通電，則 EPM 所轄之自動車軔，尚可不生効用。反之：若司機並未將速率降低，則 MC在速率超過所規定時並不通電，K雖經按下，MS 仍不通電，故列車進入該區截二十秒後，EPM 所轄車軔卽生作用；必俟司機覺察按動 K 後，或前方號誌改顯「前進」後，軔力方弛。

列車前方號誌爲停止時，則DH均無電，其簧舌下落時，HF

HB或 DFDB 先後動作，而使電鈴振響。車廂號誌亦改顯 R。同時 RN 電流亦隔斷。設司機並不在預定時間中（RN之延時量）將速率減至「慢行」範圍內（RC之限制速率）而按動 K，則RN 銜舌下落，遂令 EPR所轄之氣軔發生作用。

列車行駛二號誌間，而前方號誌改變表象時，其對機車各設備亦有上述之功效。若司機於應訊後而列車速率重復超過限度時，則速率電鍵 MC RC 仍可重使自動車軔發生功効。

此制之優點：在其全時有效。即使軌路斷損，或車輛遺漏於正道等項之意外事變，亦可使前來之列車於望見號誌前得一「慢行」之車廂表象，以爲預備停止之警告。

至其弱點：則在機車以及道旁設備均甚複雜。裝置費用旣昂，修養技術亦須精巧。且軌道間漏電甚多，欲求機車感應電之有效，電壓必須較高，故其耗電程度，亦遠較普通軌道電路爲高。

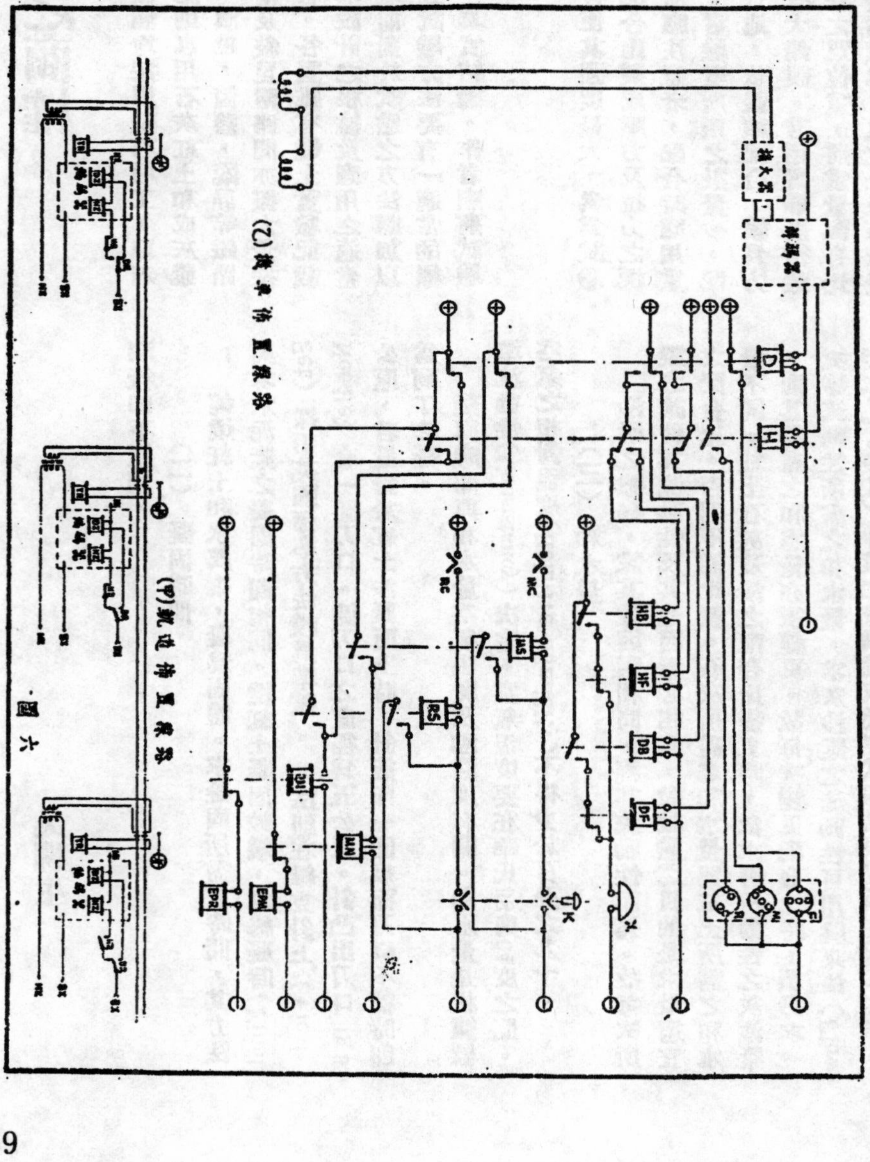

(乙)機車裝置線路

(甲)軌道裝置線路

圖六

試驗紅土方法之商榷

吳柳生

雲南省內因水泥價值過昂，普通橋涵均採用礁石圬工，以石灰和燒製紅土拌沙作沙漿。無沙漿之處則專用石灰紅土和成灰漿。此項灰沙漿乃雲南各地建築所習用。滇越，箇碧，臨屏等鐵路及各公路均曾採用，認爲滿意。現滇緬及敍昆兩路聞亦擬大量採用，然其強度及各項性質迄無實驗報告。各國雖有燒土實驗記載但與此地燒紅土之性質未必能同。爲求設計之根據及應用之適當計，燒紅土之試驗實急不容緩；但試驗前對於試驗之方法應加以研究，使試驗情形與實際應用相符；且試驗方法要有一適當的標準，使各次試驗結果可互相比較，求一眞實結論。作者願將試驗紅土應注意各點，提出討論。

（一）原料之配合

燒紅土，石灰，及沙三者如何配合使其強度最大，當爲試驗之主要目的之一。試驗方法可用各種配合比製成壓力及拉力之標準試件。求抗力最大試件之配合比。所應注意者，配合時應用重量之配合比。因依重量配合較爲準確。實驗室所用之數量少，配合量稍有錯誤，影響甚大。在工事進行地，依體積配合，較爲方便，且所用之數量大，稍不準確不致有大錯誤。若用實驗所得最佳之配合比來作工地配合時，可依材料之單位重，將重量配合比變作體積配合比。原料之重量以乾重量爲標準，且紅土及石灰受潮後即不適用。

（二）凝固時間

純燒紅土和水成漿，凝爲固體。求凝固所需之時間，其方法與求水泥漿之凝固時間相同。燒紅土凝固較緩，求終凝時(Final Set) 採用英國標準方法較爲準確。此法即在維克針上 (Vicat Needle) 套一圓刀口。圓刀口之直徑爲五公厘。針凸出刀口 0.5 公厘，若置針於紅土沙漿面上時，針能印一凹痕而刀口不能時即爲到了終凝。

凝固時間與和水量空氣溫度及潮濕度有關。和水量是根據標準流動性(Consistancy) 決定。空氣溫度要在華氏58與64度之間。空氣之相對濕度(Relative humidity)不得少於百分之九十。

（三）和水量

沙漿之強弱，設其他因素相同，視其流動性而異。故每次所製之試件其流動性及其他因素必相等，設試驗之目的是求最適宜之配合比。否則不能比較。石灰所需之和水量與紅土所需之和水量不同。紅土石灰及沙之配合比變更時，欲求等流動性之灰沙漿，則其所需之和水量亦須變更。故每次變更配合比時，須另求一次等流動性所需之和水量。求灰沙漿之流動性可用跳桌法 (Flow Table Method)。沙漿之流動性依跳桌試驗結果應爲100到115%。

（四） 製試件方法

各原料之混和與水泥沙漿之和法不同，因石灰與水泥之性質大異。紅土灰沙漿之適當混和方法略述如下：

取一不透水之槽，其容量約為4公升，用濕布揩一次。傾入較所需和水量少若干之水。將所需紅土石灰及乾沙分別秤好，準確到一公分重。每次所和乾材料之總重不得少於1.5公斤，亦不得多於1.8公斤。先將石灰加入水中，用一手攪拌；候成稀漿後，再加入紅土，繼續攪拌30秒；加入所需乾沙；以一手用力擠捏及攪拌75秒鐘後，停留60秒，再攪拌60秒鐘。混和時手上須戴橡皮手套。石灰不必磨細，因石灰之粗細視水化時之化學變化之快緩而異。磨細不但無益而且易於受潮。

另須注意之點，是製試件時所加之壓力要每次相等。用一標準重之打棒自一定高度打若干次。打棒之重為二公斤；打的高度為十公分；若打十二次，分佈於試件之全面。用此規定，紅土沙漿所受之壓力較水泥沙漿者為輕，因紅土沙漿之流動性須較大故也。

（五） 試件之貯藏

一切試件製成後連同模型置於平板上，藏入潮濕櫃內，櫃中空氣之相對濕度在90％以上。試件之上面露於空氣中。隔48或52小時後，將模除去，使試件之各面得露於潮濕空氣之中。試件製成後七日，將其置於流動水櫃中。滿二十八日後取作試驗。

水泥沙漿之試件製成後一天即置入水中，但紅土之在水中凝固能力（簡稱水性）尚未確知，故須於製成滿七天後再置入水中。紅土凝固較遲，故須於製成後滿二天始可將模除去。

（六） 紅土之水性

根據輕驗燒紅土能在水中凝固，但其在水中凝固的能力若何，尚屬問題。欲解決此問題，可製多數試件，其配合比，流動性及其他情形皆相同，惟置入水中之時間不同。設將試件分為七組；第一組於製成後一日置入水中；第二組於滿二天置入水中等等。滿二十八天後將各組同時取作壓力及拉力試驗。由試驗結果即可知其水性若何，并可與水泥之水性作一比較。

（七） 耐固性 （Soundness）

不耐固之沙漿於凝固後發生大量膨漲致裂開或彎曲。此種沙漿毫無效用。紅土沙漿是否耐固應待實驗證明。實驗方法固多，採用李氏（Le chatelier）法較為迅速簡便。其次則為蒸沸試驗。

（八） 膠力 （Bond Stress）

沙漿不但要有強大的抗壓力，而且要有大的膠力。膠力可以抵抗震動，并可以抵抗因地基座落不均而發生之拉力。故沙漿之膠力試驗與壓力及拉力等試驗同樣重要。作膠力試驗之方法見下圖。將沙漿依配合比及依標準混和法混和完成後，取兩塊磚，塗19公厘厚沙漿一層在一磚上，將另一塊磚壓於沙漿上，使沙漿成13公厘厚。兩磚之中線互成直角，磚面平行。將多餘之漿刮去。依標準方法將試件貯滿28天，取作試驗，求其膠力。

（九） 水分保留性 （Water Retention）

紅土沙漿之主要用途為砌磚石。砌磚石用之沙漿必須有水分保留性，使水分不易為磚石所吸收而成堅固之膠漿。作此試驗用儀器之裝造如下圖。此器有一抽氣機（Aspirator）。器內空氣壓力為一水銀壓力管制器所管制。另有水銀壓力計指示器內空氣壓力。漏斗上須蓋以薄橡皮片，試驗時使此片潮濕不得漏氣。多孔碟為不吸水之材料所製。濾紙應用硬質者。

試驗方法先將沙漿依標準和好，使其流動性在100與115%之間。沙漿經跳桌試驗後即刻倒回混和槽內，再混和30秒鐘；即將沙漿盛入多孔碟內，將項面刮平。使壓力管制器內水銀高差為50公厘。將舌門開放，漏斗內空氣得以吸出。吸60秒鐘後，即刻將舌門關住，使漏斗內回到平時壓力。將多孔碟內沙漿用小刀刮出，再倒入跳桌上之模內。以戴象皮手套的手指將模內沙漿攪拌後，再同樣定其流動性。前後兩次流動性差數之大小即示水分保留性之優劣。作此試驗必須迅速，每次試驗所費時間不得超過七分鐘。

膠力試驗之裝置

沙漿水分保留性試驗器

結論

以上所述九點，作者認為係紅土沙漿試驗應特別注意者。紅土與水泥性質不盡同，試驗方法不可全襲用水泥之標準試驗；本文將不同之點詳細敘述，其能同之點則從略。

一九三九年紐約世界博覽會中的兩座典型建築物

李德復譯

近世科學昌明，因之建築物亦時有驚人之舉。去年紐約舉辦之世界博覽會中，為壯觀會場起見，特建偉大之鋼鐵地球及尖塔，除表示該會係集全球各國精物於一堂，及人類文明之進步蒸蒸直上雲霄之喻意外，其建築之偉大，構造之艱巨，尤為近世之特出。本文係譯自英國建築工程師學會之刊物『The Structural Engineer』，國人閱之或亦可供參考乎。

在一九三九年紐約世界博覽會場中，最堪觸目二座建築物，要算是尚尖塔(Trylon)和大地球(Perisphere)了。尖塔是三角錐形高610英呎自塔底至頂漸漸由大而往上縮小，美國的鋼鐵業工人，叫牠為鋼針(Needle)。這塔的鋼架是由三根支柱(Column)連合築成，每柱共有39節。底部所用是箱式鋼柱(box section)，第一節鋼柱，雖然祇有十二尺長，但是牠的重量，已經有26噸！因為這塔是尖形故所用箱式逐漸縮小重量漸漸減輕，愈上載重愈小。頂上一節柱，祗用工字梁築成。塔的構造法，共分二部。從底部上至480尺一部鋼架，是由三根柱連同斜撐(diagonals)及撐桿(struts)組合而成。自480尺處往上到尖頂一部共高130尺，全部由鋼板(plate)及三根角鐵(angles)造成。

這一節130尺高的塔架全部，一氣造成。這種鮮有的工程，因為牠底部祗有15尺寬，頂部寬2尺7寸，而高度卻有130尺，顯然給予廠中製造者，及野外安裝者，不少困難。而且這部份鉚釘是完全要埋頭的(counter sunk rivets)，這條件對于施工上，又增了一層困難。灣曲及電桿的工作(bending & welding)，在這次是特別多，塔的三只腳，是由三根角鐵組合，角至角間圍以鋼板如圖。

單是這根角鐵，就須由出廠時90度角形，彎成60度角形。尖塔載重在492根蒸煉過木樁上，每根長100尺。在一隻柱腳上有192根樁，其餘二只柱腳下各有木樁150根。在樁頭上鋪了一層二尺厚混凝土平板(R. C. slab)四十尺見方。上面又鋪了一層三寸厚鋼板基礎(steel slab grillage)，牠的上面再要裝一個五尺高鋼架，尖塔全部是安裝在此架上。塔的三只腳底下。各有14根$2\frac{1}{8}$"錨頭螺栓(anchor bolts)，螺栓穿過了鋼架，通過了鋼基及混凝土平板，直到地底下。在40尺見方鋼架腳下，後來又澆灌了一層七寸厚混凝土。尖塔三只柱腳就在錨頭螺栓上栓住了，以防被風力掀起，各柱腳底部，有$1\frac{1}{4}$"鋼板一層，上面安了24根工字梁，再蓋二寸厚的鋼板一層。

尖塔全部鋼料，共重九百噸這座建築物，在鋼塔建築史上，是別開生面的，因為以前的習慣，為了要減小風壓力，所以設計是採取開式的(open type)。但是現在這座尖塔上部，卻有130尺是遮蓋住的，(covered)結果風壓力極大。故在鋼架設計上，須增加額外安全率，因此鋼料的重量却增加了。

大地球 (Perisphere) 是內外二個鋼鐵圓球體(Sphere)組合成的，其直徑為 180 英尺。內球的中心，比外球的中心，高三尺，它的製造，用去了2050噸鋼料。底架的構造，由八根九噸重鋼柱，排列成一個直徑72尺圓體，柱頂上則為一座深七尺六寸重大圓鈑梁，隱藏在二圓球體中。內外二圓球體，在構造上是由32架豎縱桁樑 (32 meridian trusses) 的內外二面所組成，頂部及底部皆由圓樑聯鎖(circular drums)，其餘部份，是由 15 架灣形平桁樑聯住 (curved horizontal trusses) 並有雙向斜撐加固。豎縱桁樑內面是全部灣曲的 (curved)，其曲面即成了內球體的表面。外部自頂至圓鈑樑底部亦是灣曲的，但是從圓鈑樑底部至地球底部，就平了 (horizontal)。外球體底部，又裝了較輕形縱梁，由圓鈑樑底部伸至大地球底部。架內部亦裝了輕形縱梁，用以支持內外球面的裱裝。大地球是載重在528根蒸煉過的木椿上，椿長九十尺。椿頂並覆以厚厚之鋼筋混凝土蓋板，安裝的時候，豎縱桁樑是從底到頂，一層一層地鉚就，但是當安裝到地球的中部時即『赤道線』上，各豎縱桁樑必往外傾倒，故須另加平桁樑以連住牠們，使不往外傾倒。安裝所用的工具，共有三種，底部及由底部至『赤道線』部份，是用一具20噸起重機(20T crawler crane)安裝的，然後再在圓鈑樑的中間，架起了一座九十尺高的方形安裝架，頂的二對角上，各放了一具12噸起重機(12T stiff leg derricks)牠們是用來安裝自『赤道線』部份上至球頂的桁樑。其餘鋼球部份的安裝，及安裝機具的遷移工作，是這樣的：

方形架上的一具起重機，吊起了一具小形起重機，(Jenny-wink crane) 而把牠安放在已經完成的建築物上部的一邊，利用牠就拆去並移去安裝架及架上的二具起重機，慢慢的把牠們吊到建築物外的地面上，然後再安裝了頂部未完成的部份，最後就在地球的一邊空地上，架了一根長木柱，利用滑車(block & takle)把小起重機由頂上吊至地面。大地球受風力的面積，比較尖塔更大，所以設計的時候，假定風的速度是每小時九十英里，即每平方尺的面積上須受30磅的壓力，而現在這地球面上，則由試驗的結果，應有每平方尺15磅的風壓力。

地球的入口，離地面五十尺，遊客是從兩座活動樓梯升上的，入口共有上下二處，相隔十二尺，進門後即踏上旋轉台，由台上可下望四周的各種展覽，出口處有橋直通尖塔，然後再由尖塔的斜道(helicline or ramp)降至地面。

建築完成後，有幻光燈照耀四周的噴泉，因此遮蔽了支持地球的鋼柱，所以看上去，這地球好似浮在半空的，夜間當各色燈光照在球面上的時候，顯示了大地球在轉動不定似的。

「城市規劃」之演進概述

陸孝崙

上古之民，穴居野處，獨行其善，各不相顧，固無所謂居室，更無所謂城市也。夷考古史：有巢氏敎民構木爲巢，以禦鳥獸，避風雨；及軒轅氏建宮室而居宅興矣。洎後智力遞進，族類繁衍，物競天擇，不相輔助，不足以圖存。於是守望相助，疾病相扶持，合羣生活興，而城市之繁衍，實以此爲嚆矢。或聚族而居巔，或結侶而處湖島，所以禦外侮，覓食源，意至善也。惟是慾無止境，山島野處，食源不繼，不得不求平原曠地，從事耕稼，以圖久遠。然外侮時至，佶者圍城而居，四方居民，麕集其間，工商繁興，車馬輻輳，良莠雜處，公衆生活，有待規理，於是城市之制興，而城市規劃尙矣！

有史以前，文獻無徵，歐西諸國，對于城市規劃一門，究討有年，岢章鉅著，琳琅環立，爰先述之：

希臘羅馬，英主輩出，文明銳度，鼎盛一時，所有計劃，悉爲有規則之圖形，而以「主軸式」(Axial Type)爲多。城中有一極寬之直街，爲迎神賽會之用，其他各街，由此歧出，蓋師米索泊旦米亞(Mesopotammia)古城之遺意也。約紀元前五百年，建築師希波特馬斯，(Hippudamns)創幾何圖形城市規劃說，一時名城設繪，强半出其手。最近由西西里掘出古城遺跡，東西直街，橫衢七八，分隔有緒，想見當時規設之精密。更後百餘年，爲希臘武功全盛時代，雄師所指，迭克名城；新建都市，多採棋盤式(Cheek Board Type)。市街逕直，城闕莊嚴；公共場所，佈置井然；居宅地帶，綠陰徧植；想見其時人民生活之優美。

羅馬本國土城，胥由自由發展，無計劃可言。至其殖民城市，多由軍營(Camp)開闢而成，作棋盤式，每每不惜矯揉地勢，以求平夷，故街道之砥直，較希臘尤甚。市區中心，設有廣場，(Forum)重要建築，環繞其間。通衢兩側，石柱林立，蔚爲壯觀，路面舖置巨石，中部拱起，兩旁步道，溝渠列佈，一如今日大都市中街道之設置。

中世紀時期，文化低落，社會黑暗，諸侯割據，神權大行。當時城市之特點：所謂禁堡也，則軍事勝地，巍然聳立；所謂教堂也，則金碧摩天，凛不可犯；所謂平民居宅也，則湫溢傾擠，雜亂無章，街道佈置，縱錯相值，絕無規矩可尋。後人遂以爲出諸隨意，每鄙夷不齒之。紀元十八世紀，有西特氏(Camille Sitte)者，一翻前說，謂其佈置，純仿自然，街衖房屋，大小適宜，迴環隱蔽，極曲折幽深之美，蓋匠心特具，非有規則者所得同日而語。德國學者，贊和此說；故其城市佈置，多據此爲則。

洎乎十六世紀中葉，文藝復興，追溯古代之文化城市規劃。城市規劃之演進概述亦宗復古，採希臘羅馬之幾何圖式，擴大而改善之；方矩而外，創爲圓形弧形輻射式等。惟時君權盛行，據學者研究：謂輻射式之街道，爲當時貴族射獵之途徑，而法國巴黎之廣砥大道，爲拿破崙第三用以壓迫羣衆暴動者也。雖用意如此，然幾何形佈置之發達，頗示形式之美，爲後世城市規劃之範本，今日法國學者，仍宗此法。昔日美利堅之城市，多爲棋盤式、最近衍變爲輻射式，蓋取車馬往返之便利也。

今之城市規劃學者，分爲法國派與德國派。德國派宗中世紀之不規則計劃，其言曰：「天下之美，存乎自然。「江山如畫」，江山未嘗有規律也，而美在其中矣。矯揉作態，削足就履，強作方圓之形，寸較而銖量之，不智甚矣！」法國學者曰：「自然固美，非盡美也。「江山如畫」，如畫方美；盡如江山，則未必美矣！人雖萬能，倣模自然，期于畢肖，則力有未逮。「畫虎不成反類狗」，況自然非盡美耶！不如若者爲方，若者爲圓，比例而設計之，猶可得整齊莊肅之美。」二說各有所據，未便品論甲乙。竊以爲首善之區，觀瞻所在，市街佈置，應坦直敞達，氣宇廣遠，一覽都盡，略無餘蔽，令人凜然于中，肅然于貌，則採用後說，較爲得宜。至于燕居之所，避暑之地，迴廊曲折，深環隱蔽，得盡自然林園之緻，應採前者。吾人計劃城市，應因地制宜，酌爲採用，能包含此二者之美，則善矣！若仍執二者之中，半規則而半自然之，便不成格局，終不免大方之譏也！

自法國大革命至于近世，工商諸業，極量發達。城市中人民畢集，遠超應有之數量，區域綿亘至數十里。街市構屋，以多爲貴；摩天大樓，日增一級。窄狹擁擠，一屋數姓；陰溼燥悶，居其間者，生趣殆無。全國經濟物力，集中于一二城市，更集中于一二城市之一二區域；地價物價，兩失平衡，于是共營高尙目的地之城市，一變而爲罪惡之淵藪矣！

識者憂之：德人創城市分區法 (Zoning Regulation)，繞原有城外以空隙之地帶，不使與城區相連接，中營園林綠紫，參以美術因素。於是人民於終朝碌碌之餘，得優遊其地，可以陶怡游憩。富賈貧民，來集其間，共享天然之賜與，所以矯正行爲之不法，私慾之橫流，良非淺鮮。

更有進者：英人漢胡特 (Howard) 氏，目睹都市之萬惡，著『明日』一書，創花園城市之說。識者翕然從之，斥資購地，計劃實際之花園城市，刻已有極大之成功云。

我國城市計劃，徵諸圖形：如西安洛陽北平等古代城市，均爲棋盤式。蓋我國數千年來，以農立國，井田制度，遺留至今，棋盤式乃自然之產物也。近世歐風東漸，新闢諸埠，如青島廈門，則爲不規則之設計；九江及重慶之一部分，則近乎輻射式之形態，大都隨地而異。城市規劃，一經確定，日後變更，困難費力，允宜愼之於始，俾可垂見。

旅中載籍短缺，參考無從，僅憑記憶，以致語焉不詳，斯文之作，聊備將來復興都市時，專家研討之小助爾。

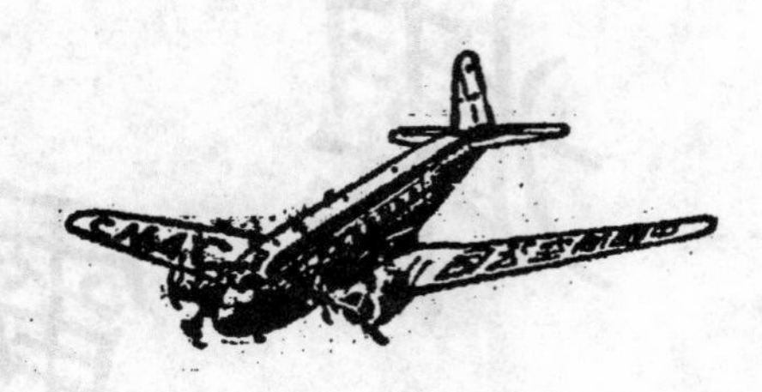

流線型道格拉斯機

安全 迅速 舒適

1. 渝昆仰線……重慶——昆明——臘戍——仰光

（每星期一由渝飛仰，星期二由仰飛渝）

2. 渝昆河線……重慶——昆明——河内

（每星期二五由渝飛河，次日由河飛渝）

3. 渝蓉線……重慶——成都

（每日往返飛行）

4. 渝港線……重慶——桂林——香港

（無定期—每週往返三四次）

5. 渝嘉線……重慶——瀘州——敍府——嘉定

（每星期一四當日往返）

中國航空公司

28247

軌距問題

陳君禹

一、緒言

鐵道軌距，關係建設成本，並影響運輸效率，至深且巨，歷為世界各國當局所重視；每一國度，常專用一種軌距，所以取其一律而便運輸也。我國自抗戰以還，西南鐵路，建設不遺餘力；多有主張仍應遵照國際路綫之規定，採用標準軌距者，見解極是，至堪欽仰；唯西南各省，地勢崎嶇，施工比較困難，且就抗戰現狀為目前國家經濟情況着眼，實又不得不有所權衡；交通當局，亦嘗詳細研討，以期適應需要；著者於役敍昆鐵路，躬與斯盛，爰參閱各國軌距專著，蒐集成篇，非敢謂為著作，願鑴諸本誌，以供研究是項問題專人之採擇云耳。

二、世界各國之軌距

世界各國現有鐵路之中，標準軌距 1.435m (4'-8 1/2") 者計71%，距軌 1.676m (5'-6")者6%，1.524m (5'-0")者7%，1.000m者6%，1.067m (3'-6") 者6%；餘則屬於其他各種軌距，茲將各國所採用之軌距列記於次：

英、美、德、法、加拿大、比利時、瑞典、瑞士、意大利、奧地利　1.435m(4'-8 1/2")

挪威，埃及　1.435m(4'-8 1/2")及1.067m(3'-6")

墨西哥　1.435m(4'-8 1/2")及0.914m (3'-0")

蘇俄　1.524m(5'-0")

澳洲，愛爾蘭　1.600m(5'-3")

印度　1.679m(5'-6")及 1.000m

錫蘭、西班牙、葡萄牙、智利、　1.676m(5'-6")

日本　1.067m(3'-6")

三、廣軌狹軌之優劣

甲、積載量( )(廣)車身積載量大致與軌距大小成比例。軌之大者，車幅大且身高，故其積載量與之俱大；惟車輛之自重，因車身增加，其每噸皮重反隨之減小。狹軌則不然，車幅既不能加大，其高度亦受相當限制，倘失之過高，反將車輛之重心位置增高，以致橫方向之安定，殊感不足，易於顛覆。(狹)增加車輛積載量，固屬有利；但車輛尺寸，失之過大，反足減低貨車之利用率。因除大量貨物之外，貨車之滿載，殊屬困難。事實上每每僅能裝載貨車之一部分，仍剩餘相當空位，即須開出，效率因之低減；客車亦因不必要之車身加大，徒足增加每一旅客之自重而已。

乙、運輸量(　)(廣)軌距大者，機車之火箱亦易加大，對於強有力之機車設計至爲便利，能將多數之貨車，一次拖運；又在設計上可以提高重心位置，增大車輪直徑，增進行車速度。

丙、節省營業費(　)(廣)運輸費係由列車公里計算。列車之長短，與運輸費實無大影響，故強有力之機車，能一次牽引多數貨車者，可減少列車次數，則運輸費亦因之減低，倘能將兩個列車，併爲一次開行，則運輸費約可減低二分之一。

(狹)在清閑之綫路，廣軌殊無利益。尤以旅客列車，無論旅客若何稀少，其運轉次數，亦難過度減少；故其結果，若採用廣軌，每多運轉不必要之列車。

丁、養路費(　)(廣)列車動搖較小，車輛之損傷，以及綫路之損傷，均較輕微，修養各費自可低減。

(狹)倘能增加鋼軌重量及枕木尺寸，則列車之動搖，在狹軌亦可與廣軌同樣減小，養路費同樣減輕。

戊、綫路建設費(　)(廣)建設費雖有少量增加，但廣軌較之狹軌，橫的安定度頗大。曲綫半徑雖小，其動搖亦較微，能減少出軌顚覆之危險。故次要綫可縮小曲綫半經，在山地迂迴，以縮短山洞長度等，其建設費亦可因之節省，在較陡之坡度，倘用強有力之機車，亦不難拖引，故坡度之限制，遠不若狹軌之嚴格，殊爲適宜。又 1.435m 之標準軌距，已占世界鐵路全長一百萬公里中之七十萬公里，頗易利用或流用先進國之各項新發明品或再用品。

(狹)狹軌較之廣軌，其綫路建設費，約可省減20%。利用此項節省之工費，可從事新路之建設。按之吾國現勢，無論以面積或人口作比例，鐵路之延長，爲數太微。此層對於新綫普及上，實大有裨益。

己、車輛最大限(狹)狹軌之最大限，若與普通輕便廣軌相比較，其寬相差無幾，車輛寬度達三公尺，決不困難，僅高度低五．五公分而已；貨車之積載量，固屬因此略有微減，若就客車而論，僅外車之上舖，稍嫌過低，但亦無大妨礙。

庚、狹軌改廣軌　鐵路建設，關係國計民生。如目前只能修狹軌，將來或有改廣軌必要時，爲兼籌並顧計，或採用具有伸縮性之狹軌，將橋樑山洞，以及其他之主要固定建築物，略予更動，不拘泥於狹軌之規定。或竟採用廣軌之標準，及至經過若干年後，沿綫貨運暢旺，或國防上有變更軌距之必要時，只須將枕木加長，路基鋼軌放寬，添補道碴，即可達到目的。其所費不大，在技術上亦決不感困難。永久建築物，如事先已留有餘地，決無更改之必要；枕木加長，可於更換時提前改用長枕；然後酌量情形，加以更改。例如南滿鐵路由 1.524 m(5－0")改換爲 1.435m(4－8 1/2") 辦法，先用三條狹軌，使廣軌與狹軌均能通行。凡屬新造車輛，概照廣軌標準，舊有者將車軸更換，此項更換費用，約估車輛總價之一成。倘於開辦時採用長軸，則所費更微。一俟各種設備籌劃就緒，祇須撤去狹軌一條，即可變爲正式廣軌鐵路矣。

廣軌與狹軌，就其本質言，實各有優劣按實地需要情形，經考慮後，擇一使用可也。

現代機車之趨勢

（鐵路機務叢談之二）

程孝剛

I

機車之設計，一限於重量，再限於空間，三限於彎道，四限於震動，五限於工作强度變動之頻數。故機車雖爲完全之動力廠，而其構造，則不得不與固定之動力廠，大異其趣。其顯著之差異，一曰製汽機件，二曰傳動機件。

燃料養化而成熱氣，鍋爐內之水，則吸收其熱量，而成蒸汽。其吸收之能力，係於：(甲)熱源及受熱面之溫度差，與其距離，因而幅射之熱量不同。(乙)接觸面之廣狹及(丙)接觸時間之久暫，因而決定其傳熱之差異。機車因重量及空間之限制，其接觸面不能甚廣，其接觸時間不能甚久，而幅射之熱，又因震動之限制，不能利用火磚，製成大燃燒室，以從事反射。故火箱之螺撑，雖屬異常麻煩危險，而無法避免。又廢氣及乏汽之從烟囱逃出者，溫度甚高，餘熱甚多，影響於整個發動廠之效率甚大，而無法避免。此製汽機件之因限制而發生之特殊困難也。

機車傳動，大抵用二汽缸及搖桿拐軸，而傳其動力於動輪。此種機件，因爲構造簡單，極合於空間及震動限制之條件。但其先天之缺點，在機構方面，則有搖桿角度之差，及往復機件之不易平衡。在熱力方面，則有汽缸壁及鞲鞴面冷熱循環之弊。又因二拐軸角度之差爲九十度，以致加於動輪之扭力，發生鉅大之變動。此傳動機件之因限制而發生之特殊困難也。

深思之士，對於上述困難，每思有以解除改良之，於是有如下之設計：

(一)改用電力機車，置發電廠於固定地點，而沿鐵道綫輸送電力，以便電力機車之隨時取用。

(二)改用內燃機車，用內燃機(狄塞爾)直接傳動於動輪。

(三)改用內燃機發電，而用電機轉動動輪。

(四)改用蒸汽渦輪(透平)發電，而用電機轉動動輪。

第一方法之電力機車，對於上述之五種限制，全給予滿意之解決。蓋其力源，既非負荷於機車之上，則機車僅爲傳動機關，其設計自易滿意。顧其困難，則在輸送電力，且發電廠或輸電綫路發生故障，則全線運輸，均將陷於停頓。近代空軍威脅電廠至鉅，於戰時尤爲不宜。

第二方法舍去製造蒸汽之部分，而力源仍在機車之上，似可補救電力機車之短。但直接傳動，既有困難，而內燃機之性格，對於第五項限制，卽工作強度變更之頻數，亦難於應付。

第三方法，不失爲第二方法之補救。但重量則增加甚鉅。然在不惜工本之場合，仍有特殊方法，以資解決。故仍不失其極有希望之前途。

第四方法仍用蒸汽。故製汽部分依然受限制，而傳動部分則改用電力，長處頗多。但重量之增加，則無可避免。且其增加之重量，必超過於採用第三方法。此項機車，雖在試用之中，但以忖測之，其前途恐多荆棘也。

以上之四種新式機車，除電力機車自成其特殊情形外，其餘三種，均尙有無形之短處。蓋機車之設計，除物理的五種限制而外，尙有一無形之人事的限制。機車雖爲千馬力以上之完全發動廠，而其司管理者，不過隨車之數人。較之固定發動廠，殊爲不侔。故機車以簡單爲上。平常之三汽缸，四汽缸設計，均須設法避免。若係內燃機或渦輪機，則管理上均增困難。況又有電機在內，則其管理上，實有不易克服之困難。

綜上所述，可見改用新法，雖有多途。而現代之機車，仍不能不在蒸汽及二汽缸之範圍內，設法應付。蓋其限制之項目，過於繁複，除此簡單之式樣外。尙無其他絕對完善之設計，可資代替也。

II

鐵路昔爲陸上運輸之霸王，顧在今日，則其地位已漸見動搖。公路以便利競爭於陸，飛機以迅捷競爭於空。且此二者，均無須自營路綫，開辦及維持費，均較之鐵路，處於有利之地位。故爲維持營業計，鐵路運輸，發生急劇之變遷。在客運，則有流線型及空氣調節之客車，在貨運，則有箱運接送 (Container door to door) 之辦法，以事招徠。顧其最主要之變遷，則在於客貨列車之速度及其載重。蓋必如此，則效率方可增高，而後方可與其他之運輸從事競爭。而此二項成功之程度，則機車之設計，可發生決定之意義。故現代機車之趨勢，可謂爲由二因素相輔而成，其一爲自然之進展，其二爲環境之强迫。

所謂自然之進展者，其發展過程，大致均關於熱效率。蓋機車爲一完全之動力廠，燃料消耗，爲開支之大宗。故在此方面努力改良，實爲極自然之趨勢。現代機車每公斤之煤，可製六至七公斤之蒸汽，每馬力小時所用蒸汽不過九公斤，比之一般無冷凝固定動力廠，並無遜色。所謂環境之强迫者，其發展過程，偏重於速度，而間接影響於列車載重。旅客列車之用流線型者，其機車車輛均屬特製，且尙未普及，而僅屬廣告性質，茲不具論。鐵路業務之重要改進，乃在於增加貨運之速度。而貨運速度，具二因素。其一爲貨物列車行駛速度，其二爲貨物列車調度速度。欲達到上項目的起見。機車之馬力，必須加大，以便增加行駛速度。機車之構造，必須能長距離行駛，以減少中途之停頓。機車之牽動力，必須加增，以免在界限坡度時將列車分裂。

以上所提及之改良，其功用常彼此互相關聯，並不限於一端。故以下分項敍述時，均採用概括的說明，不再分別其屬於某一因素。

(甲)燃料之加功　機車之燃料，通常爲長焰之烟煤，但在極特殊之環境，有用木料及重油者，因非常見，茲不具論。至於煤炭之品質，則隨地而異。有時不得不用短焰或其他低級之煤或煤末。爲適合此種環境，常採用煤粉或煤磚，以增加燃料之效率。煤粉之燃用方法，係用吹管吹入，使成霧狀，與燃用重油方法相似。蓋燃燒率與煤粒之表面成正比例。而煤粒表面之增加，則與煤粒之大小成反比例。故煤粒愈小，其與空氣接觸面愈大，燃燒亦愈完全。惟煤粉成塵狀時，易於爆炸，於儲存搬運時，危險甚大。故新式機車之碾煤器，卽附帶於煤水車上，以便隨碾隨用。煤磚之製造，須用瀝青混入末煤之內，加熱壓成磚形或球形。燃燒時成勻淨之塊，而所加之瀝青熱量較富，亦可助長火焰。其製造費用，視瀝青原價，及塊煤與末煤之比價而定。

利用煤粉時，因所吹進之空氣，在嚴密管理之下，故若能利用煙道之餘熱，將空氣加熱，則燃燒效率，尤可增加。現在雖無此種設備應用，但以臆測之，前途似頗有希望。

(乙)過熱器　在二十年前，過熱器尚未普遍採用，但在今日，則行駛列車之機車，殆無不採用者。且從前過熱面積比之熱面積，不過20%，而在今日，則已逐漸增至40%以上。蓋過熱器之功用，既無疑問，而現代機車之任務，又復日趨繁重，非此不足以應付也。總汽門置於烟箱之內，較之置於汽包內，優點甚多。不但更能發揮過熱氣之作用，且有保護過熱器之效力。故因此相得益彰，而被平行採用。

(丙)燃燒室及磚拱　煤炭在低溫度及空氣不足時之燃燒，常生多量之養化炭，爲熱效率上之重大損失。當機車馬力增大時，其所燒之煤，隨之增多。而養化初期，卽進入焰管，熱量被管壁吸收，而成低溫，以致燃燒不能完全，多量之一養化炭及濃烟因而形成。爲改良計，機車之後管鈑，常向前移，俾成燃燒室。又在火箱內加磚拱，以便煤氣及空氣，因旋動而得較密切之混合，然後入燃燒室，充分養化，而成二養化炭。此種裝置，除能得完全燃燒外，尙有二項益處，其一爲支持磚拱之水管，可助水之沸騰，其二爲減少濃烟，以免混濁都市中之空氣。

(丁)熱脊 (Thermic Syphon)　機車之熱源爲火箱，故火箱受熱面之蒸發量較之焰管，大至數倍。增加機車馬力之方法，自以擴大火箱熱面，比之增多焰管，較爲合宜，復次，熱力達至水中，必須經過火箱鈑，而火箱鈑與水之間，常有一薄層之蒸汽。此蒸汽層，有甚大之熱阻力，使熱力不易傳遞於水。其惟一補救之法，卽使水之流動加速，則蒸汽隨水上升，而汽層不致形成。爲達上項之目的，於是有熱脊之設計。既可增加火箱之熱面，又可助水之沸騰，而增其流動性。故熱脊之有助於熱效率，實不容否認。惟其構造上，須用銲接，又適在熱源之中心承受最猛之火力。故維持上不無困難。現代機車，雖間有採用熱脊者，但尙未普遍，或構造改良以後，容有更大之發展也。

(戊)自動喂煤器　機車燃煤率，以每平方英呎爐面每小時計算，通常在五十磅至一百磅之間。若爐面爲五十平方英呎，則每小時所燃之煤爲二千五百磅至五千磅。倘純用人力加煤，自有其相當限度，過此限度，不能不用機器。又加煤時，不能不開爐門。此時冷空氣從爐門吹入，於鍋爐損害甚大，必須設法避免。自動喂煤器，卽依於上項需要而設計。除能應付人力之不足，及避免冷氣由爐門吹入外，其額外之利益，則爲煤屑較人力所加者，較薄且勻，適於燃燒。

現代機車之馬力，有大至四千以上者。用人工加煤，為絕對不可能之事。小型機車，則採用自動喂煤器與否，有相當之自由。其長處因有多端，而增加重量，在所不免，是其短處。故決定之標準，應以爐面面積為轉移。若假定人工加煤，每小時僅能以二噸為限，則五十平方英呎之爐面，即非採用自動喂煤器不可。

(己)乏汽之利用　蒸汽中之熱能，約僅12%在汽缸中變成動力，其餘88%之乏汽，均經吹管向烟囪逃出，僅供鍋爐通風之用。但通風並不需要此大量之熱能。故為利用起見，有兩種方法。其一係將乏汽之一部分引入熱水器，使水在進入鍋爐之前，熱至將近沸點。再用水泵，將熱水泵入鍋爐。此法約可收回10%以上之熱量。其附帶利益，即為鍋爐不至因冷水射入而冷卻，及減少鍋爐內之水銹。又因熱效率增加，可無形增進鍋爐馬力，及煤水車之容量。其第二法，係利用乏汽射水入鍋。蓋射水器所用之蒸汽，僅有2%變為動能，而98%則反成暖水之用。若改用乏汽，則動能既足應用，而暖水之效果，則純屬額外之利用。此法所收同之熱能，雖比暖水器略差，但設備甚簡，重量甚輕。但其短處，則在人事管理方面。因機車下坡時，或停止時，並無乏汽；可資利用，而又不能不上水，故均須附有正汽管。而司機之不負責任者，則往往避免利用乏汽之煩，而僅用正汽。於是此項設備，形同虛設。又關於水銹，亦無避免之利。故鐵路之採用乏汽暖水器者，仍較乏汽射水器為多。近代機車，馬力增加，則乏汽利用之影響於整個熱效率者，所省愈鉅，故此項設備，將來有被普遍採用之希望。

(庚)特殊鋼之應用　特殊鋼者，指各種合質鋼，其強度優於普通鋼者而言。以往電爐未通行時，特殊鋼之價格，往往高不可攀，而機車亦不及現代之大，故特殊鋼，殊鮮應用。近年則特殊鋼價格既已下趨，而機車之設計，亦有非此不可之勢。故特殊鋼之應用，已甚普遍。尤以鍋體及行動部分，採用較廣。鍋體則因其汽壓增高，行動部分，則因必須減少重量，以便平衡。以後此種趨勢，行將益見普遍。摩托汽車較機車為後起，應用特殊鋼，已達數十種之多，則機車在此方面之發展，尚有無限之前途，可以斷言。至於鋁之應用，在客車方面，已漸見端倪，而機車方面，則尚未見採用。將來如何，頗難逆料，然大致亦僅以不重要部分為限。

(辛)流線型　風阻力在慢行列車上，並無重大關係。若列車速度增至七十英里以上，則風阻力頗大，而有流線型設計之必要。然普通辦法，僅在機車外部，加一流線型之罩，雖可減少風阻力，未免增加重量。利害參半，大致屬於廣告性質。若將來此種機車，有大量製造之必要時，恐非根本改變機車之形式不可。現行辦法，譬之傅粉塗脂，不足為訓也。

(壬)鑄鋼底架 (Locomotive Bed)　美國鑄鋼業，冠於世界，近年有鑄鋼底架之發明。舊法係用鑄鋼架梁二條，以多數之橫梁連繫之，並在前端以螺栓密切接合於汽缸，此外附着於架梁之附件構架，亦均以螺栓輟緊其上。新法則將架梁橫梁汽缸及附件之構架等，一舉鑄成。重量達數十噸之鉅。不但將接合工作，如刨平鑽眼配合等工作，一掃而光，且可減輕重量，又可免除架梁上之無數鑽孔，而減弱其力量。故此種底架之發明，甚有價值。現代之新機車，已逐漸採用。惜鑄鋼能力，除美國外各國均甚薄弱。故此項設計，尙未能普遍採用耳。

(癸)跳動汽閥 (Poppet Valve) 鞲鞴在汽缸中之行程，分進汽，閉汽，壓汽，放汽，四階段，所有蒸汽機，莫不皆然。在用滑動汽閥時，此四項現象，彼此互相牽制。若用跳動汽閥，則彼此獨立，易於較正，使四項現象，均能適合需要，而得較佳之熱效率。又滑動汽閥與汽缸之間，必有大量之空隙。此空隙之存在，必減少正汽之溫度，及其澎漲力。而跳動汽閥，則可減少此項空隙，至最低限度。基於上述之利益，故新式之固定汽機，幾全數採用跳動汽閥。但在機車上之採用，則爲近年之事實。蓋不但熱效率之進展，爲自然之趨勢。且機車愈大，則往復機件之重量愈增，而愈難平衡，有不得不採用較輕之跳動汽閥之勢。故此項設計，現雖僅初期試用，而將來則必大有發展也。

以上所述之各項新趨勢及新設計，大抵皆屬於增加熱效率及減輕重量。夫增加熱效率，爲節省用煤，理至易明。若減輕重量，則與機車之增大，似屬相反，茲概略說明之。

機車之行爲，係於兩種因素。第一種因素，爲動輪上之總重量。此項重量，乘軌輪間之澀力係數，即得拉力。故拉力之增加，可能有兩種方法。或增加每輪軸之載重，其所受之限制爲橋梁及軌道之載重能力。或增加動輪之軸數，其所受限制爲往復機件之平衡重量。故不得已時，必須將動輪分成數組，每組以二汽缸運動之。第二因素，爲鍋爐馬力。此項馬力爲行駛時能力之指數。現代機車既大，則重量及馬力，均須超越從前。惟橋梁及軌道之限制，非短期間所能改良。故機車設計，多注重於馬力之增進，而增進馬力時所必須增加之重量，仍須從其他部分節約而來。此減輕各部分重量之原因一也。其次往復機件不易平衡，若在平面滿意，則垂直面必定失望，二者之間無法調和。最妥之法，惟有減輕往復機件之重量。顧馬力增大之結果，往復機件所受之力，較之以往，有過之無不及。故在此兩種矛盾之中，祇能應用特殊方法，藉資解決。如採用特殊鋼及跳動汽閥之類，此減輕各部重量之原因二也。

總之，吾人必須注意，機車爲一完全之動力廠。而動力機器之效率，有兩種指數。其一爲熱效率，其二爲每馬力之重量。前者有節省燃料及增加能力之效果，後者則有增加能力(假使兩機車重量相等則設計效率高者馬力必大)及改善運轉情形之效果。現代機車之改良，驟視之，雖覺千頭萬緒，但大體均係向此二項趨勢的邁進。苟循此途徑以察之，則現代機車之趨勢，固不難一目瞭然也。

機車鍋爐行為(續第三期)

陳廣沅

(3)風壓與蒸發量

風壓為鍋爐內部氣壓與大氣壓力之差；通常以凵式玻璃管半儲水，以管之一端插入鍋爐內部，他端露空氣中，兩臂之水因兩面壓力相差而高度不同，其高度之差即為風壓 Draft，以吋計。風壓大小表示空氣通過爐底燃煤層，焰管及烟箱之難易；燃煤層薄則需風壓小，厚則需風壓大；焰管短則需風壓小，長則需風壓大；飽和機車祇有小焰管則需風壓小，用A式過熱器之過熱機車之焰管，約有1/7為大管，大管中有四棵小管，氣行阻力大，故需風壓較大，用E式過熱器之過熱機車之全數焰管皆為$3\frac{1}{4}$吋；每管中有兩棵過熱管，氣行阻力更大故需風壓更大；烟箱中前管鈑前不用擋鈑者需風壓小，有擋鈑者則需風壓大。

高斯博士在普渡大學所試驗之機車為飽和機車，焰管長11呎6吋，烟箱中有擋鈑；此擋鈑之作用所以使各管氣行平均，不與過熱機車之擋鈑用以開閉大焰管之氣路者同，其結果如第十圖所示，可以下式表示之：——

$$D=0.037\,G \quad \cdots\cdots(11)$$

D= 烟箱擋鈑前之風壓，水管氣壓表兩臂水柱之差，以吋計。

G= 燃燒率，每小時每方呎爐底面積之燃煤量，以磅計。

本雪文尼鐵道公司阿爾同拉 Altoona Plant 試驗室 1924年試驗——2－10－0式機車，此機車裝有E式過熱器共有200棵$3\frac{1}{4}$吋焰管，每管中裝兩棵過熱管，焰管長19呎1吋，其烟箱中有擋鈑，其結果如第十一圖所示，同式機車裝有A式過熱管者共有48棵$5\frac{1}{2}$吋大焰管，每管中裝四棵過熱管，其試驗結果較該圖所示小約25%，足見E式過熱器需風壓甚大，即廢機車之力較多也。以此圖與第十圖較，燃燒率為100磅時，飽和機車祇須3.7吋風壓，在E式過熱機車則需8.8吋，風壓相差甚多也。

伊立諾大學 University of Illinois 於1931年試同式2－8－2機車兩個，一個火箱中有虹吸裝置 Thermic Syphons，一個火箱中不裝，焰管同為20呎$4\frac{7}{8}$吋。其結果如第十二圖所示，圖中虛線示有虹吸裝置者，實線示尋常火箱。擋鈑前之虛線較實線高約10%，擋鈑後之虛線較實線亦高約10%，即火箱中裝有虹吸裝置者所需風壓較不裝者高10%，亦足見火箱中裝有虹吸裝置者氣行遇較大阻力也。

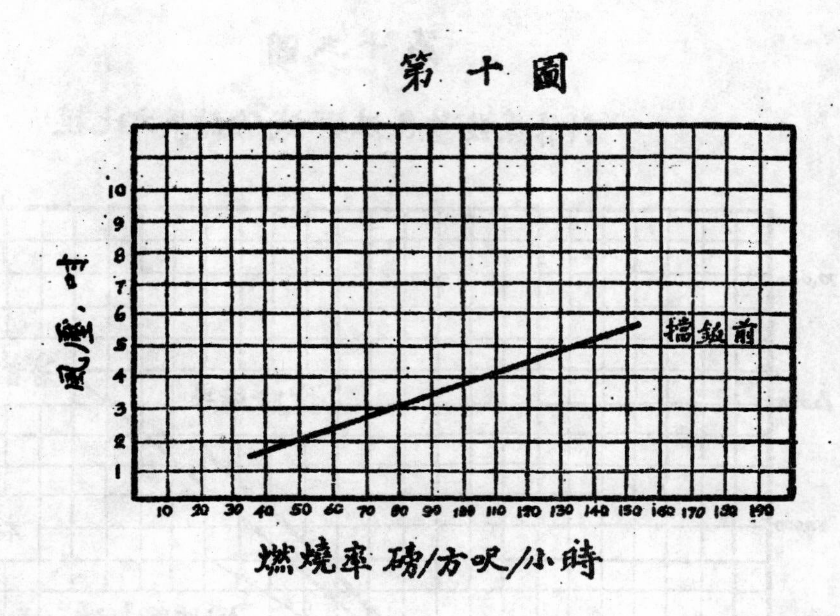
第十圖
風壓，吋
擋鈑前
10 20 30 40 50 60 70 80 90 100 110 120 130 140 150 160 170 180 190
燃燒率 磅/方呎/小時

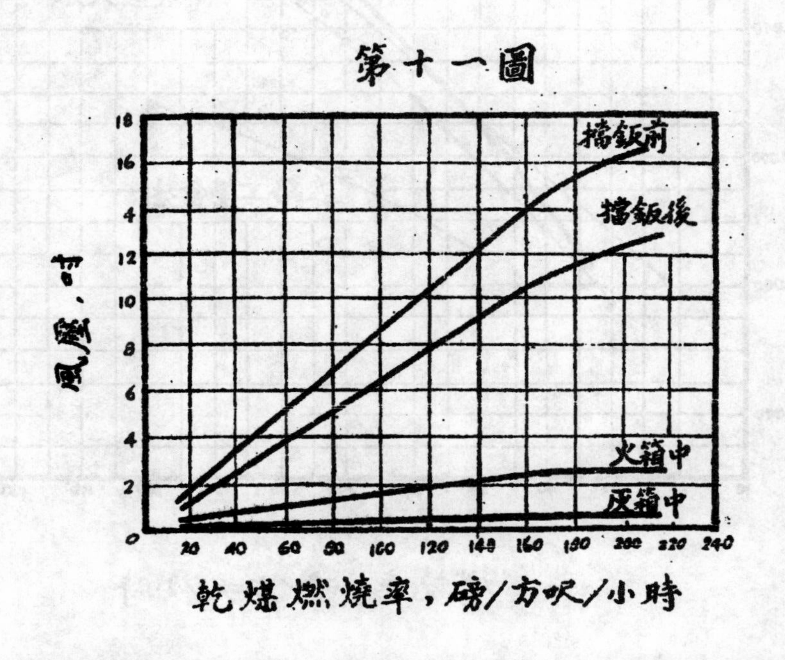
第十一圖
風壓，吋
擋鈑前
擋鈑後
火箱中
灰箱中
20 40 60 80 100 120 140 160 180 200 220 240
乾煤燃燒率，磅/方呎/小時

第十三圖

計算蒸發量各法與試驗結果之比較

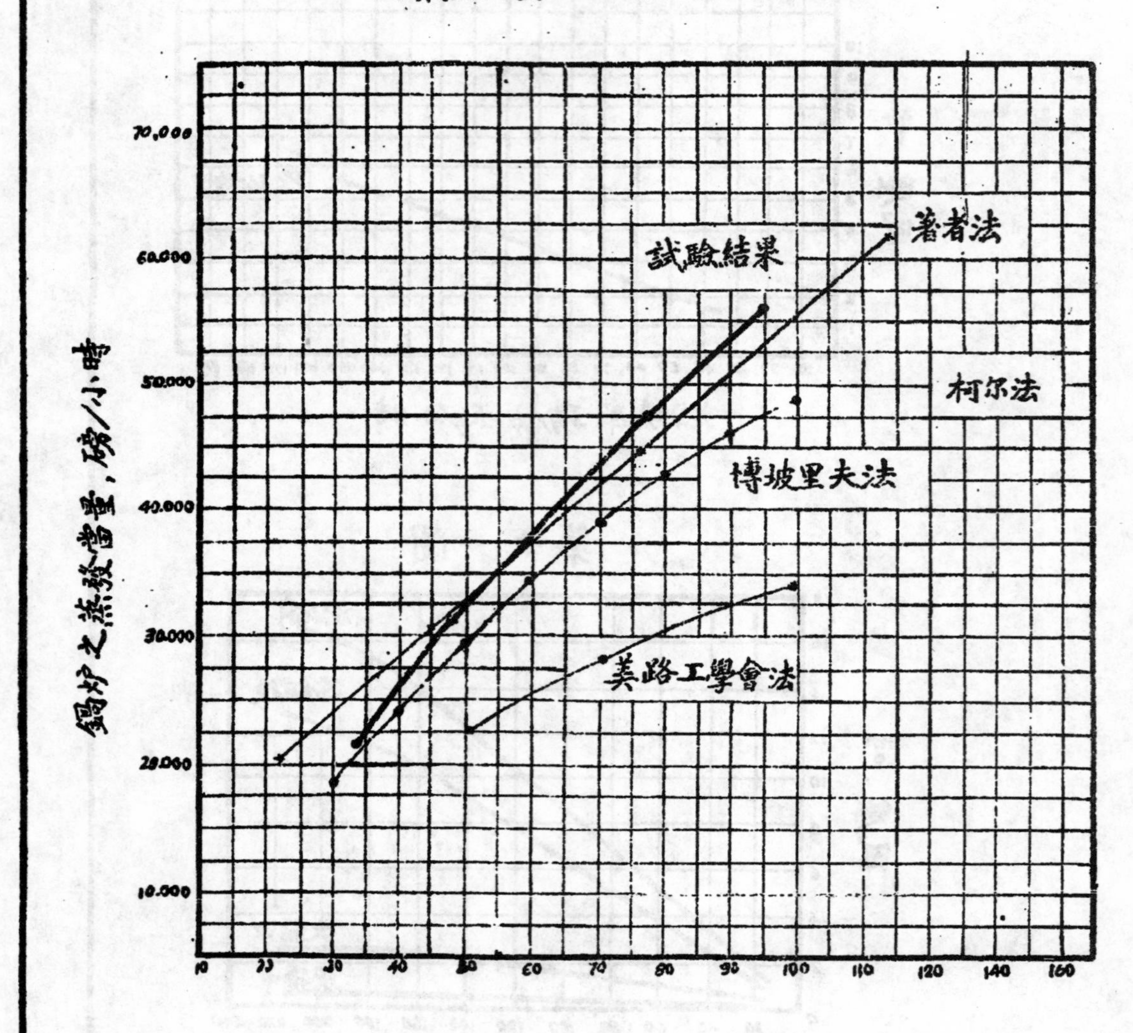

燃燒率，磅/方呎/小時

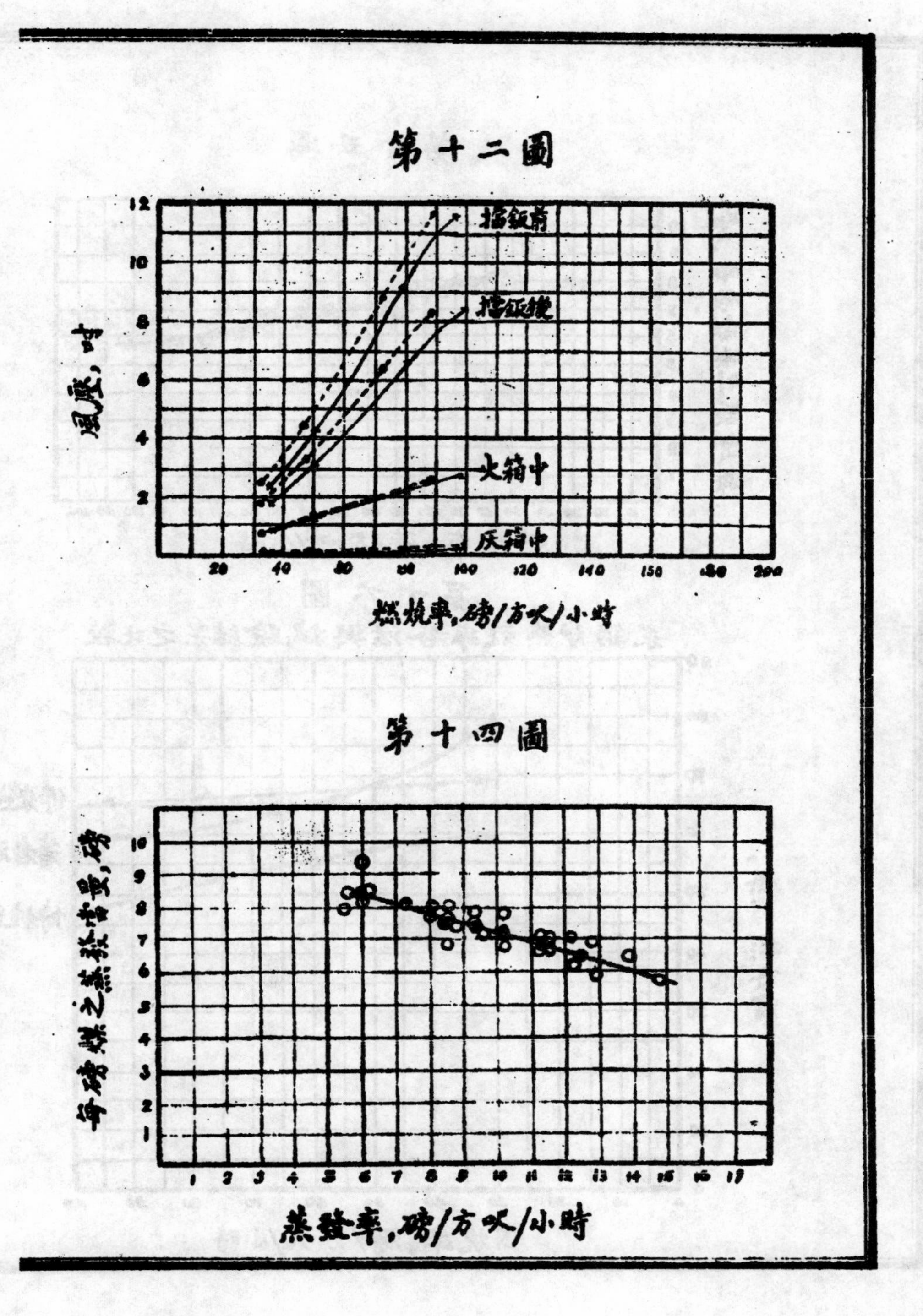
第十二圖
風壓，吋
擋鈑前
擋鈑後
火箱中
灰箱中
燃燒率，磅/方呎/小時
第十四圖
每磅燃之蒸發量，磅
蒸發率，磅/方呎/小時

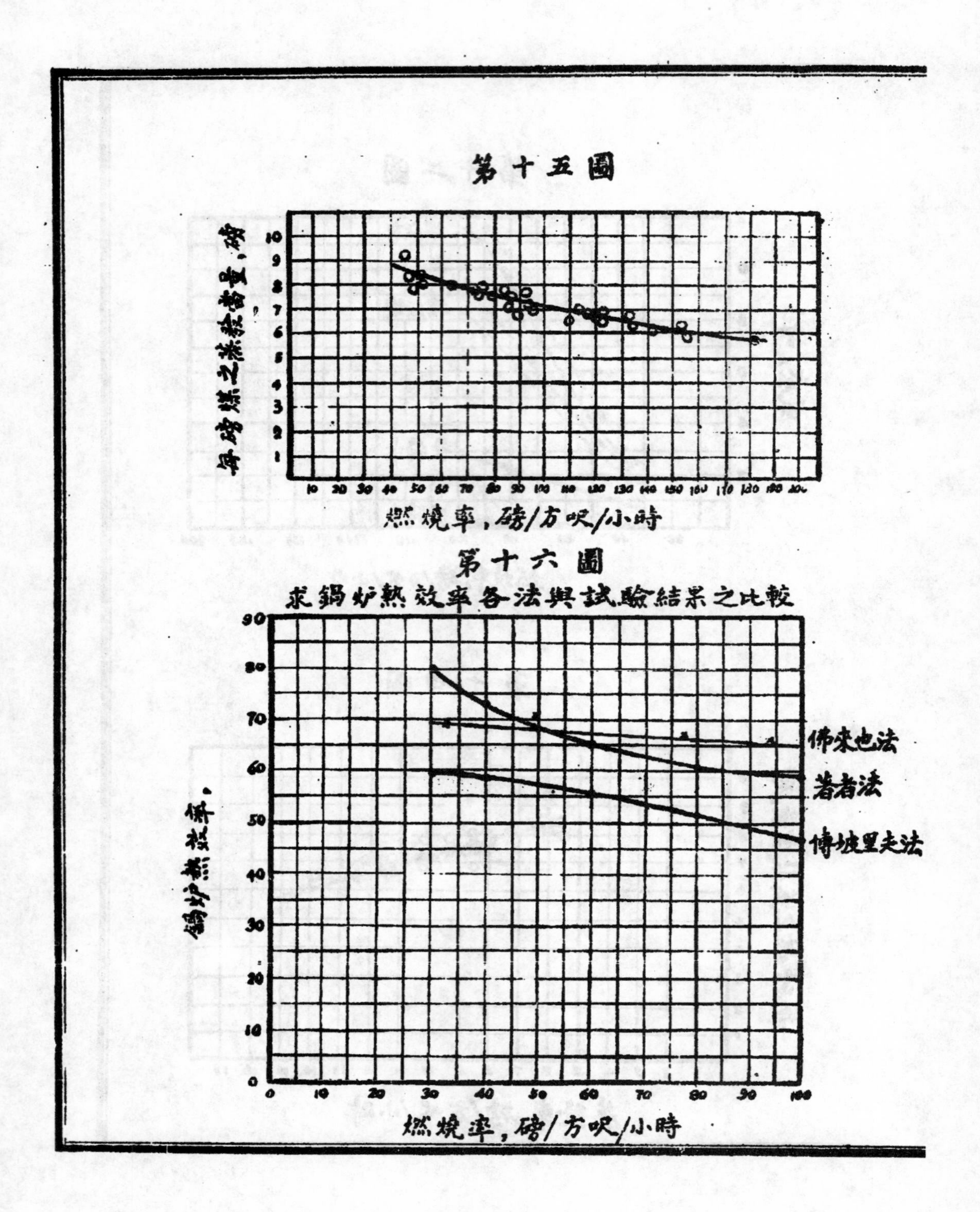

第十五圖
每磅煤之蒸發量，磅
10
9
8
7
6
5
4
3
2
1
10 20 30 40 50 60 70 80 90 100 110 120 130 140 150 160 170 180 190 200
燃燒率，磅/方呎/小時
第十六圖
求鍋炉熱效率各法與試驗結果之比較
90
80
70
60
50
40
30
20
10
0
鍋炉熱效率，
0 10 20 30 40 50 60 70 80 90 100
佛來也法
著者法
傅坡里夫法
燃燒率，磅/方呎/小時

28260

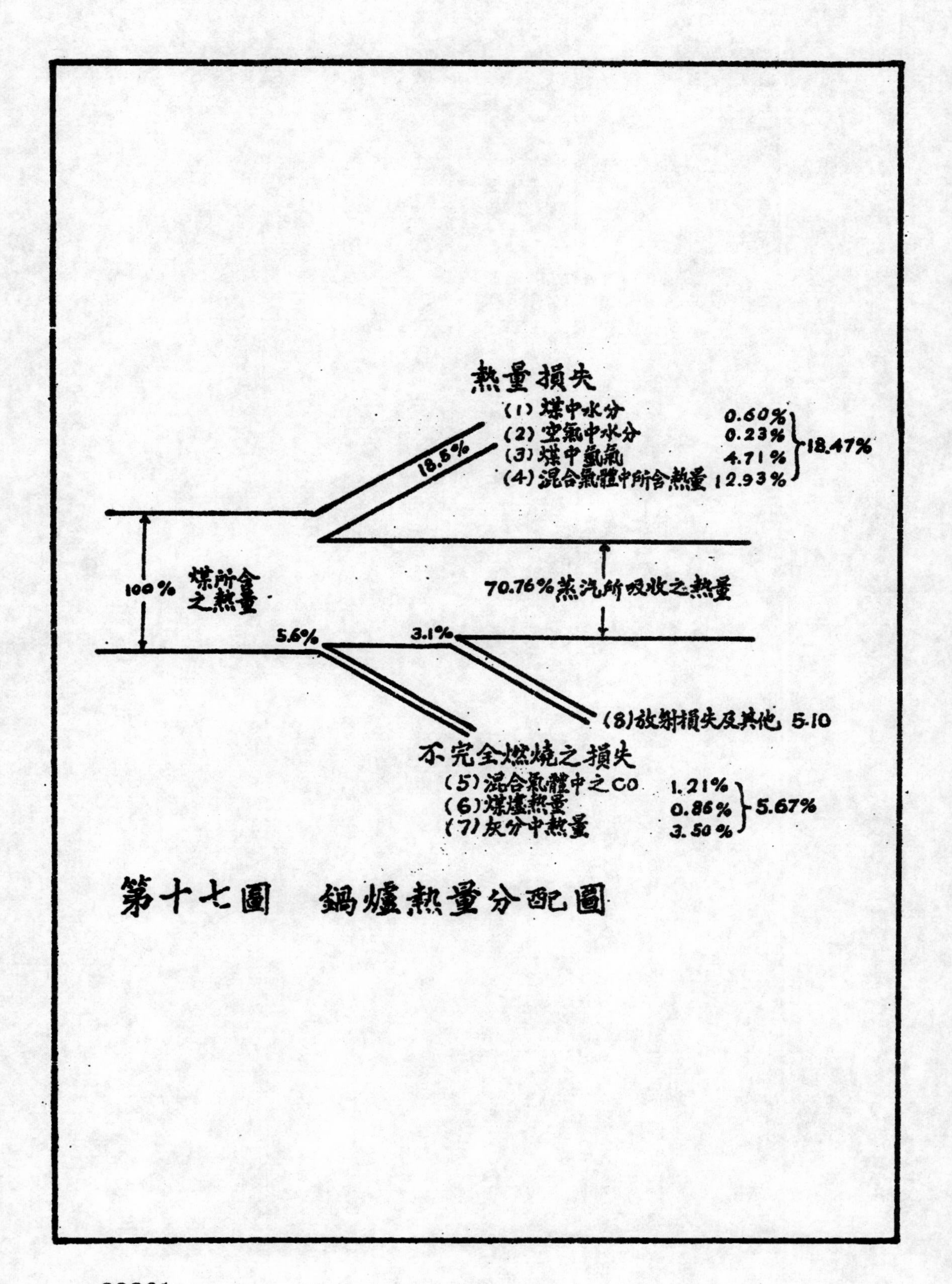

第十七圖　鍋爐熱量分配圖

28261

由以上三圖比較，足見高斯之公式祇可用於所試驗之機車。伊立諾大學所試機車較本雪文尼所試機車，所需風壓甚高，卽前車之焰管較長1呎$3\frac{7}{8}$吋，亦不應高得如許。如燃燒率爲80磅時之擋鈑前風壓，第十一圖爲7吋，第十二圖爲9吋及10吋，故尙不能以公式表示其變化。然祇就燃燒率言，則風壓愈大者燃燒率愈高，卽燃燒率愈高者所需風壓愈大也。燃燒率大者，蒸發率亦大，故風壓愈大者蒸發率愈高，卽蒸發率愈高者所需之風壓愈大也。

但風壓爲汽缸廢汽所引起。廢汽衝出之次數愈多，又每次廢汽衝出之分量愈大，則所引起之風壓愈高。故風壓之變化與機車速率有關，速率高時則廢汽衝出之次數多，又速率高時則廢汽之分量較高也，第九表爲伊立諾大學 2—8—0 機車試驗之結果：——觀此表所載，可知速率愈高者，風壓愈大；然果同一速率則

第九表

速率		引擎用汽量 磅／每小時	風壓(擋鈑前) 吋
每分鐘轉數	每小時哩數		
80.04	14.34	16,511	2.37
120.15	21.52	24,148	4.39
119.88	21.47	35,612	9.08
180.20	32.28	41,940	11.73

廢汽量較多者風壓亦愈大。此種變化最近爲美國機車公司顧問工程師李布之 Lipetz 所應用。

(a)因速率之變化求蒸發量法——李布之方法先用柯爾法求出鍋爐之全蒸發量，然後以下表所列之蒸發量係數β乘之，得相當於各速率之各種蒸發量。此法與燃煤量及煤之發熱量皆不生關係，意者李氏必以爲速率促成風壓，風壓促高燃煤量，燃煤量促生蒸發量，必有所根據而來，惜未發表耳。

第十表

動輪每分鐘旋轉數(n)	蒸發量係數(β)	
	無給水預熱器者	有給水預熱器者
50	0.60	0.65
60	0.65	0.71
70	0.70	0.76
80	0.75	0.81
90	0.80	0.86
100	0.85	0.91
120	0.91	0.98
140	0.96	1.03
160	0.99	1.06
180	1.00	1.07
200	1.00	1.07
225	0.98	1.05
250	0.93	1.00

(4)計算蒸發量各法之比較

蒸發量之計算法已經敍述者有以下各種：

1. 佛來也法——其法根據火箱烟箱之溫度，燃燒所成之氣體重量及烟箱氣體分析而得。

2. 柯爾法——其法由熱面積之蒸發率計算而得，其燃燒率以120磅爲準，

3. 美路工學會法——其法以每磅煤所蒸發之蒸發量爲根據，而得燃煤量及煤之發熱量算入。

4. 博坡里夫法——其法以鍋爐之構造爲準，而得燃煤量及煤之發熱量算入。

5. 著者法——其法與博氏法同，但以每方呎全熱面積每小時之蒸發當量代替燃燒率。

6. 李布之法——即柯爾法而加以校正數者。

諸法中除佛來也法非實驗不足應用外，又因柯爾法及李布之法祇可求出燃燒率爲120磅之蒸發當量，不足知蒸發量之變化；茲將其餘三法應用於伊立諾大學最近試驗之2-8-2機車，以與其試驗結果較。并將柯爾法李布之法所得之結果，以與該機車之最大蒸發量較。此機車之鍋爐尺寸如下表所列：——

第十一表

2-8-2機車1742號鍋爐尺寸表

爐底面積，方呎……………………70.4

火箱體積，立方呎……………………346.0

熱面積，以火邊算，方呎

大小焰管……………………3401.2

火箱，連虹吸裝置……235.0

拱管……31.6

全蒸發面積……3667.8

過熱管……1074.0

全熱面積，連過熱管……4742.2

煤之發熱量＝12,500 B.t.u.（平均數）

柯爾法——此法以火箱內全面積乘55得火箱蒸發量，大小焰管須依水邊面積算不連過熱管在內，查該機車共有282棵外經2"小焰管，及36棵外徑 $3\frac{5}{8}$" 大焰管各，長 20'－$4\frac{7}{8}$"，假設管壁距離爲3/4"，由第十一表得

小焰管之蒸發率＝8.2磅/平方呎

大焰管之蒸發率＝9.88磅/平方呎

但，小焰管之熱面積＝2,920方呎

大焰管之熱面積＝1,032方呎

故，火箱之蒸發量＝55×266.6

＝14,700磅

小焰管之蒸發量＝24,000磅

大焰管之蒸發量＝10,200磅

最大蒸發量＝48,900磅

美路工學會法——此法未規定熱面積依火邊算抑依水邊算，假定其與柯爾法相同，依水邊算，則該鍋爐之全蒸發面積爲(235.0＋31.6＋2,920＋1032＝)4218.6方呎由第六表所得各數計算如下

博坡里夫法——此法所用焰管熱面積仍依水邊計算，又此機車所用煤爲烟煤，故依(8)公式求之，得各值如下：——

每小時燃煤總量	燃煤量/蒸發面積	每磅煤之蒸發量（由表得）	蒸發量	燃燒率
2,500	0.593			35.5
3,000	0.710			42.5
3,500	0.830	6.48	22,700	49.6
4,000	0.950	6.21	24,800	56.8
5,000	1.180	5.72	28,600	71.0
6,000	1.420	5.29	31,800	85.2
7,000	1.660	4.88	34,200	99.4

全蒸發面積……………………………4218.6方呎

爐底面積……………………………70.4方呎

R……………………………………60.0

n之值……………………………… 0.036

$\frac{K}{Rr}=\frac{12,500}{60\times 970.4}$……………………………… 0.2145

b之值……………………………… 0.1785

c之值……………………………… 0.00057

燃燒率	蒸發率	蒸發量
30	4.447	18,750
40	5.817	24,500
50	7.105	29,900
60	8.245	34,700
70	9.310	39,200
80	10.230	43,200
90	11.030	46,500
100	11.740	49,500

著者法——此法所用焰管熱面積仍依水邊計算幷連過熱管在內，又因其煤之發熱量爲12,500 B.t.u. 其校正數應爲 $\left(\frac{9,500}{11,000}=\right)$ 0.865 故所得各值如下：——

全蒸發面積……………………………4218.6

過熱面積……………………………1074.4

全熱面積……………………………5293.0

爐底面積……………………………70.4

R之值……………………………60.0

b之值＝2.29×0.865＝……………………1.98

m之值……………………………6.5

X (假設)	燃燒率	Z 蒸發率	蒸發當量
0.3	22.6	3.93	20,800
0.6	45.0	5.88	31,200
1.0	75.0	8.48	45,000
1.5	113.0	11.73	62,000
2.0	150.0	14.98	79,500

茲將試驗結果及各法所得結果同繪於第十三圖中以資比較，此圖以燃燒率爲橫軸，以蒸發當量爲縱軸，試驗結果以粗曲線表之，其他各線以細曲線表之。由圖可知柯爾法不能表示蒸發量之變化，卽以最高量言亦與試驗結果相差甚遠。美國鐵路工程學會法之結果大低，不能應用。其餘博氏法之曲線形式與試驗結果甚相似，而數字較低。著者法之數字與試驗結果甚相近，而曲線形式則不同。據常識推測，蒸發量依燃燒率之變化，決不能依直線進行而毫無止境。且前已釋明，如火箱中滿塞煤則燃燒停止，而蒸發量等於零。故燃燒率爲零時蒸發量爲零或近於零。燃燒率加大致燃煤塞滿火箱時，蒸發量又爲零或近於零。則兩點之間必有一最高點，而蒸發量之變化必不能爲一直線。故就學理言，博氏公式甚爲合理，惜數字尙須改正。如將現有之機車試驗結果全數收集，從事改正此公式之數字，則所得公式必可代表事實。著者法

祇爲在實用範圍 Working Range 內求蒸發量之簡易方法，而數字結果較爲可靠。現在吾人所最注意者爲鍋爐之最大蒸發量。如應用博氏法之公式(7d)求出最大蒸發量時之燃燒率，以此燃燒率代入公式 (9)中求 Z 之值，卽得該鍋爐之最大蒸發率，如是則必與事實相近，此法可用以預測計劃中之鍋爐之行爲，又無實驗機會時此法亦可用以定鍋爐之蒸發量，如有實驗機會最好用佛來也法之先算鍋爐熱效率然後求蒸發率之變。

(5)鍋爐熱效率

鍋爐熱效率 Thermal Efficiency of Boiler 者，在單位時間內鍋爐中水汽所受熱量佔燃料所放熱量之若干成分也。此單位時間可以分秒計，但通常皆以一小時計，如以公式表之，則得，

$$鍋爐熱效率=\frac{每小時水汽所受熱量}{每小時燃料所放熱量}\times 100\%$$

此處所稱燃料係指任何燃料如煤，煤油，木材等而言。但現在中國鐵路所用燃料咸以煤爲主，故以後卽以煤爲研究之資料。

設，E = 鍋爐熱效率，%；

Z = 蒸發率，每小時每平方呎熱面積之蒸發當量，磅；

H = 鍋爐熱面積，方呎；此數有以全蒸發面積算而不計過熱面積者，有以全熱面積算而連過熱面積在內者；應用時須注意之。

r = 每磅蒸發當量所需之熱量，970.4 B.t.u.

G = 爐底面積，方呎

Y = 燃燒率，每小時每方呎爐底所燃之乾煤量，磅

K = 每磅煤之發熱量，B.t.u.

得 ZHr = 每小時水汽所受之熱量，B.t.u.

GYK = 每小時煤所放之熱量，B.t.u.

$$故，E=\frac{ZHr}{GYK}\times 100\% \quad \cdots\cdots\cdots\cdots (12)$$

式中 H,r,G,K 皆爲常數，故 $\frac{Hr}{GK}$ 可以 K_1 表示之，此 K_1 值視鍋爐熱面積及爐底面積之比，與煤之發熱量而變；故鍋爐之尺寸不同及所燃煤之發熱量不同，K_1 之值亦不同。以 K_1 代入上式，卽得。

$$E=K_1\cdot\frac{Z}{Y}\times 100\% \qquad \therefore E=K_1\cdot\frac{蒸發率}{燃燒率}\times 100\%$$

由此式可知，各燃燒率不變則蒸發率愈高者鍋爐熱效率愈大；又如蒸發率不變則燃燒率愈高者鍋爐熱效率愈小，事實上燃燒率加高者蒸發率亦加高，但加高之率各不相同，故鍋爐熱效率幷非常數。

試以第五圖研究之。圖中直線示燃燒率愈高者則每磅煤所蒸發之蒸發當量愈少。此直線卽比例於鍋爐熱效率之變化。因此直線上各點所表示者爲每磅煤之蒸發當量；以 r(=970.4)乘此蒸發當量卽爲水所受之熱量，而每磅煤所放之熱量卽此煤之發熱量。以發熱量除水所受之熱量卽爲鍋爐此時之熱效率，設

Z/y = 每磅煤之蒸發當量，

$$則\ E=\frac{r}{K}Z/y\times 100 \quad \cdots\cdots\cdots\cdots (12a)$$

故每磅煤所生之蒸發當量愈高者，鍋爐熱效率愈大，第五圖已示燃燒率愈高者則每磅煤所生之蒸發當量愈小，故燃燒率愈高者鍋爐熱效率愈低。是燃燒率愈低愈好矣，然燃燒率低則每磅煤所生之蒸汽雖多，而因燃燒之總煤量少即所生之總汽量亦少，不足機車之用，故又不能不顧及鍋爐之容量 Capacity. 故機車工程師終日周旋於鍋爐容量與鍋爐效率之間。

鍋爐效率循一直線變化爲高斯博士實驗（1900）以來所崇信之學理。高斯試驗結果如第十四，十五兩圖所示，兩圖之縱軸皆爲每磅煤所生之蒸汽量，第十四圖之橫軸爲蒸發率，第十五圖之橫軸爲燃燒率，高斯先在第十四圖中用一直線代表試驗結果之諸點，得一直線公式爲 $Zy=10.08-0.296\ Z$

并謂此係數與煤之發熱量有關，發熱量高者係數大，低者係數小，換言之即 $Zy=m-n\ Z$ ......(13)

式中 m,n 祇與煤之發熱量有關，因當時所試者祇一個機車故未將 m,n 與鍋爐構造有關也。高斯既得此式，乃得 Zy 與燃燒率 Y 之關係，因ZH爲每小時全鍋爐之蒸發當量，YG爲每小時全爐底面積所燃之煤量，故

$$Zy = \frac{ZH}{YG} \quad 即\ Z = \frac{YG}{H}Zy$$

$$即\ Z = \frac{Y}{R}\cdot Zy \quad (\because \frac{H}{G}=R)代入上式$$

$$Zy = m-n\cdot\frac{Y}{R}\cdot Zy \quad 即\ Zy = \frac{m}{1+\frac{n}{R}\cdot Y} \quad \text{......(14)}$$

式中，Y爲燃燒率，燃燒率愈大則 Zy 愈小，但并非直線而爲曲線，高斯即以此線繪入第十五圖，與試驗結果之各點亦甚相合，高斯當時引論，謂如先將Zy與Y之關係以直線表之，亦無不可；但由此引伸所得Zy與Z之關係則變爲曲綫而非直線矣，蓋均係實驗公式 Emperical Formula 無甚大關係也，此後研究鍋爐效率者莫不以此爲宗法，祇略變其係數之值以適合鍋爐構造耳。

（1）佛來也研究結果謂鍋爐效率依燃燒率之變化爲一直線，得一公式如下：—— $E=m-nY$ ......(15)

此式之形狀與高斯式(13式)無異，其中m,n之值視鍋爐構造及燃料發熱量而變，但未經釐定其值，故應用時必須將鍋爐試驗至少得兩次結果始可得 m,n 之值，以適合此鍋爐之行爲，演求之法如次，由(12)式得 $E=\frac{ZHr}{GYK}100$，代入(15)式

$$\frac{100\ ZHr}{GYK}=m-nY \quad \text{......(15a)}$$

ZH爲每小時之全蒸發量，GY爲每小時之全燃煤量。故試驗時如知鍋爐每小時之全蒸發量及其相當之全燃煤量，如是試驗兩次，則可求得m,n之值，以m,n之值代入(15)式即可求知該鍋爐之熱效率變化，如由(15a)求Z之值則得

$$Z=(mY-nY^2)\frac{GK}{Hr\ 100}$$

$$即\ Z=(mY-nY^2)\frac{K}{100\ Rr} \quad \text{......(16)}$$

此式即表示鍋爐蒸發率 Z 與燃燒率之關係，惟其中m,n之值必由

實驗得知故不可用以預測鍋爐之行爲也。

計算鍋爐熱效率變化之公式皆可由蒸發率公式中求得之，茲將博坡里夫及著者公式（即公式7a，及公式9）演求如下。

（2）博坡里夫法，——由公式(12)得　$E=\frac{ZHr}{GYK}\times 100$

將公式7a中Z之値代入，則得

$$E=\frac{Hr}{GYK}\times 100(-a+bY-CY^{2})$$

即　$$E=\frac{100\,Rr}{K}\left(-\frac{a}{Y}+b-cY\right)\cdots\cdots\cdots\cdots(17)$$

式中，a, b, c 之値與公式(8)(8a)(8b)中相同，除Y爲變數外其餘皆爲常數，惟此中H爲蒸發面積并不將過熱面積計算在內。

（3）著者法——公式(9)爲　$Z=mX+b$

$$X=\frac{GY}{H}\text{ 即 }Z=m\frac{Y}{R}+b$$

將Z之値代入公式(12)得

$$E=\frac{Hr}{GYK}\times 100\left(m\frac{Y}{R}+b\right)$$

即　$$E=\frac{100\,r}{K}\left(m+\frac{bR}{Y}\right)\cdots\cdots\cdots\cdots(18)$$

$$m=8-R/40\cdots\cdots\cdots\cdots(9a)$$

$$b=(4.75-0.035G)\frac{K-3000}{11,000}\cdots\cdots\cdots\cdots(9b)$$

（4）公式(15)(17)(18)皆可以伊立諾大學所試之2－8－2機車試驗結果以驗此等公式之準確程度，其試驗結果如下，其爐鍋尺寸見第十一表。

第十二表

燃燒率 磅/方呎	蒸發量 磅/小時	鍋爐熱效率%
33.64	21.608	69.19
48.99	31.723	70.76
76.97	47.572	67.64
94.27	56.461	66.66

（1）佛來也法——先取第十二表中首末兩次燃燒率之結果。代入(15a)以求m及n之値。

$$\frac{100(21,608).r}{GK(33.64)}=m-n\times 33.64$$

即　$70.7=m-33.64\,n$

$$\frac{100(56.461)r}{GK(94.2)}=m-n\times 94.27$$

即　$66.0=m-94.27\,n$

兩式相減得　$4.7=60.63\,n$　即　$n=0.0775$

$\therefore\ m=73.31$

由公式(15)得　$E=73.31-0.0775\,Y$

Y(假設)	0.0775Y	E
30	2.32	70.99
40	3.10	70.21
50	3.87	69.44
60	4.65	68.66
70	5.43	67.88
80	6.20	67.11
90	6.97	66.34
100	7.75	65.56

(2)博坡里夫法——此法中之 a,b,c 前已求出爲 $a=0.4$，$b=0.1785$，$c=0.00057$，又$R=\frac{3667.8}{70.4}=52.1$ 故由(17)式得

$$E=\frac{100\times52.1\times970.4}{12,500}\left(-\frac{0.4}{Y}+0.1785-0.00057Y\right)$$

即 $$E=405\left(-\frac{0.4}{Y}+0.1785-0.00057Y\right)$$

Y(假設)	0.4/Y	0.00057Y	0.4/Y+0.00057Y	(　)	E
30	0.0133	0.0171	0.0304	0.1418	60.0
40	0.0100	0.0228	0.0328	0.1457	59.0
60	0.0067	0.0342	0.0409	0.1376	55.7
80	0.0050	0.0456	0.0506	0.1279	51.9
100	0.0040	0.0570	0.0610	0.1175	47.6

(3)著者法——此法中，$b=1.98$，$m=6.5$ 前已求出，又

$$R=\frac{4742.2}{70.4}=60.0$$ 由(18)式得

$$E=\frac{100\times970.4}{12,500}\left(6.5+\frac{1.98\times60}{Y}\right)$$

即 $$E=7.75\left(6.5+\frac{119}{Y}\right)$$

Y(假設)	$\frac{119}{Y}$	$\frac{119}{Y}+65$	E
30	3.97	10.47	81.0
40	2.98	9.48	73.5
60	1.98	8.48	65.8
80	1.49	7.99	62.0
100	1.19	7.69	59.6

第十六圖爲各計算法與試驗結果之比較，圖中各線爲計算結果，圖中×爲試驗結果，佛來也法與試驗結果最爲切合，此合中之常數係由試驗結果算出，宜其切合，其餘兩法，博氏法離開事實較遠，著者法較近，此兩曲線，一則上曲，一則下曲，著者法係由一直線求出故上曲，博氏法係由一拋物線求出故下曲，事實上，鍋爐熱效率依燃燒率之變化可以一直線表之，故如須求一已有機車之鍋爐熱效率式其蒸發量之變化，最好用佛來也法先將鍋爐試驗兩次得 m,n 之值然後求之較爲確實。如須預測鍋爐熱效率或其蒸發量則以著者法較近事實。

(6)鍋爐之熱量損失及熱量分配

鍋爐所吸收熱量祗爲煤內所放熱量之一部，已於前節詳述；惟此熱量之其他部分究往何處，是不可不知也，此等未經鍋爐吸收之一部分熱量，是爲鍋爐之熱量損失 Heat Losses，研究鍋爐內煤量所放熱量全部之歸於何處，是爲熱量分配 Heat Distribution；將此等熱量列爲一表以明熱量之分配者，此表名爲熱量結算表 Heat balance 或曰熱能結算表 Energy balance.

鍋爐中熱量損失共有以下三類：——

(A)由烟函放出之高溫度氣體挾多量熱放出空氣；此等氣體或因在低溫時隨氣入鍋爐幷不加入燃燒祗將本身溫度提高而放出空氣中如氮氣；又或因水分或氫氣燃燒所成之水分受熱化爲蒸汽而放出空氣中，故此種損失又可分爲四項：

(1)煤中水分；

(2)空氣中水分；

(3)煤中氫氣；

(4)混合氣體所含熱量。

(B)由未經燃燒之煤或未經燃燒之氣挾其所含熱而逃出鍋爐；如未經燃燒之煤塊漏出爐篦而混入爐灰中；又如烟函煤燼 spark 所成炭屑 Cinder 未經燃燒而沉積烟箱或逃出爐網而放於空氣中；又如 CO 未經燒燃而放出空氣；故此類損失全係不完燒燃 Incomplete Combustion 之結果，可分別爲三項：

(5)混合氣體中之 Co，

(6)煤燼中熱量；

(7)灰分中熱量。

(C)放射及其他損失，鍋爐體溫較四周空氣高故有放射損失；除此之外尚有計算不到之損失總稱爲其他損失；此等損失均包含在一項內：

(8)放射損失及其他。

(1)煤中水分——將煤中所含水分先行釐定，然後計算此項水分原來所含熱量及由烟函放出時所含熱量之差，卽可得此項水分挾出熱量若干；以公式表之：

$$Q_m = w_m(h_x - h_f)$$

式中 Q_m = 因煤中水分所損失之熱量，以 B.t.u. 表之；通常按每磅煤計損失，故以 B.t.u./磅表之；

w_m = 每磅煤所含水分，以化學分析所得者爲衡，以磅計；

h_x = 烟函中溫度 t_x 及壓力時每磅蒸汽所含熱量，以 B.t.u. 計；

h_f = 煤進鍋爐時之溫度及壓力下，每磅水所含熱量以 B.t.u.計。

絕對氣壓在2磅/平方吋以下，而溫度 t_x在200°F與 600° F之間者，每磅過熱蒸汽之熱量，可以下列之經驗公式表之：

$$h_x = 1057 + 0.46t_x$$

又在低溫時，水所含之熱量可以下式表之：

$$h_f = t_f - 32$$

將以上hx及hf之值代入原代得：

$$Q_m = w_m(1089+0.46\,t_x - t_f) \qquad \cdots\cdots(19)$$

（2）空氣中水分——鍋爐因空氣中所含水分而損失之熱量甚少，有時熱量結算表中幷不記此數，其計算法以先求空氣溫度及其相對濕度而得之，空氣中所含過熱蒸汽之定壓比熱，在低壓時約為0.46，故其挾走之熱量可以下式求得之：

$$Q_r = 0.46(t_x - t_a)W_v W_a \qquad \cdots\cdots(20)$$

式中，Q_r =每磅煤因空氣中所含水分之熱量損失以B.t.u.計之；

W_v =每磅乾空氣中所含水分重量，以磅計；

W_a =燃燒每磅煤所需之乾空氣，以磅計；

t_a =空氣進鍋爐時之溫度，以°F計

t_x =烟囱中氣體溫度，以°F計。

（3）煤中氫氣——此種氫氣在高溫時，先與煤中所含氧氣化合，再與空氣中所含氧氣化合，煤中氫氧化合所成之水分已在(1)中算過，現在祇須算自由氫氣所挾出之熱能，每磅氫氣需8磅氧氣以化合，故煤中如含 w_o 磅之氧氣，則應與 $\frac{w_o}{8}$ 磅之氫氣化合，故煤中所含 w_H 磅之氫氣祇餘 $W_H-\frac{w_o}{8}$ 磅重之自由氫氣，又每磅氫與氧化合後成9磅水蒸汽，故如用(1)中所用代字 hx,hf，又設 Q_h 為鍋爐所燃每磅煤因煤中氫氣所損失之熱量，則得。

$$Q_h = 9\left(W_H-\frac{w_o}{8}\right)(1089+0.46t_x-t_f) \qquad \cdots\cdots(21)$$

（4）混合氣體所含熱量——此指每磅煤燃燒後可成之混合氣體，其所含之蒸汽幷不計算在內，其計算法如下：——

設 W_{dg} =每磅煤所生乾混合氣體之重量，磅；

$\bar{C}_p$ =定壓比熱平均數，約為0.24，

t_x =烟囱溫度°F，

t_a =空氣溫度°F，

$$Q_{dg} = \bar{C}_p\, w_{dg}(t_x-t_a)$$

式中 w_{dg} 之值可用公式(6e)求得之。

（5）混合氣體中之CO——1磅炭完全燃燒與氧化合為 CO_2 所放之熱量為 14,150 B.t.u.；又1磅炭經不完全燃燒與氧化合為CO時所放之熱量為 3,960 B.t.u. 故1磅炭質祇與氧化合為CO而不化合為 CO_2 時，則鍋爐損失應得之熱量（14,150−3,960=）10,190 B.t.u. 煤之詳細分析 Ultimate Analysis 中所含純炭幷未完全燃燒，設其所燃燒之部分為 C_b；又設CO及 CO_2 為烟氣分析中所得CO及 CO_2 之容量百分數，則得

$$Q_{co} = \left(\frac{CO}{CO_2+CO}\right)C_b \times 10{,}190 \qquad \cdots\cdots(23)$$

式中 Q_{co} 為每磅煤因co所損失之熱量以B.t.u.計之

（6）煤燼中熱量——煤中所含炭質未經燃燒，聚在烟箱底部，成為炭屑；此等炭屑所含熱量每磅約合7,000——10,000B.t.u. 如將炭屑重量及其發熱量釐定，則可得鍋爐所受損失之熱量，

設 w_s =每磅煤所生之煤燼量以磅計；

Q_s =每磅煤燼之發熱量，B.t.u.，

—Q_s =鍋爐燃每磅因磅煤爐所受之熱量損失 B.t.u.

得 $Q_s = W_s q_s$ 磅……………………(24)

(7)灰分中之熱量——灰中成分不盡爲灰，尙有可燃之物件存在其中；最好須將此種可燃物分聚一處幷定其發熱量則可得每磅煤所損失於灰中之熱量。但爲量甚少分析甚繁；通常皆將每磅煤燃燒後實際上所得之灰量減去化學分析中每磅煤之灰量，其差數卽指爲未燃之炭質，亦卽爲漏出爐篦之炭質；以每磅炭質之發熱量乘之，卽得鍋爐因灰分所損失之熱量。

(8)放射及其他損失——放射損失據佛來也研究結果約爲所燃煤之5%

以上八種損失連同蒸汽所吸收之熱量等於煤所發生之熱量。如以百分數表此等熱量而以圖表示之可得如第十七圖，此圖所表者爲1931伊立諾大學所試 2-8-2 機車鍋爐第2701,2704,2707三個試驗結果之平均數，其平均燃煤量爲每小時3655磅，是卽爲該鍋爐在此情形下之熱量分配，熱量分配視燃燒率之增減而有變化。可於以下熱量結算表中見之。

如將上列各項熱量實數或百分數列爲一表則成鍋爐熱量結算表，第十三表(見下頁)爲本雪文尼鐵路公司機車試驗報告中(Bulletin 18)各種不同燃燒率時之熱量結算表，每磅乾煤之發熱量爲14,616B.t.u. 由此表可知燃燒率愈高時鍋爐所吸收之熱量愈少卽效率愈小，又熱量損失中第4項烟囪氣體所失之熱量第5項未燃 CO 所損失之熱量第6項煤爐熱量皆與燃燒率同時增高，而此三項損失在各項中佔甚高量，其餘各項以煤中氫氣之損失較大，但皆不與燃燒率同時增高。

由上可知如欲計算一熱量結算表必先由試驗得以下各項：—

(1)鍋爐每小時所放出之蒸汽重量；

(2)此項蒸汽之汽壓及溫度；

(3)進鍋涼水之汽壓及溫度；

(4)鍋爐每小時所燃之煤量；

(5)代表煤之簡略分析 proximate analysis 及詳細分析，以便求煤中所含 C,H, 灰分，水分，及熱量；

(6)灰分重量及其發熱量；

(7)烟囪氣體代表樣 Sample 之分析；

(8)烟囪中氣體之溫度；

(9)吸進灰盤之空氣的相對溼度，壓力及溫度；

(10)煤之溫度

(11 機車鍋爐上各種附件所用蒸汽之重量，因所定之數量太多，稍有差誤卽牽動全局；設其差誤爲 1%，又所燃煤之發熱量爲14,000 B.t.u. 則所差爲 140 B.t.u. 爲數甚大也，故做此項試驗者須十分小心方不致誤。

第十三表　熱量結算表

燃燒率（乾煤）	鍋爐所吸收熱量 %	熱量損失 %								總計
		1. 煤中水分	2. 空氣中水分	3. 煤中氫氣	4. 烟囱氣體熱量	5. 未燃 co	6. 煤爐熱量	7. 灰分熱量	8. 放射及其他	
2,539	75.13	0.18	1.05	4.05	10.58	0	4.79	0	4.18	99.96
2,596	77.88	0.18	0.74	4.13	12.15	0.56	3.45	0	0.93	100.01
2,995	70.47	0.17	0.63	4.01	13.95	0	8.50	0	2.27	100.00
3,738	68.95	0.17	0.75	4.08	13.42	0	5.19	0	7.53	99.90
3,855	63.99	0.18	1.23	4.06	15.81	0	5.49	0	8.22	100.00
4,300	68.29	0.21	0.74	4.13	16.33	0	8.29	0	1.99	99.98
5,257	59.08	0.18	0.62	4.13	12.55	0.38	11.89	0	11,07	99.90
5,728	62.11	0.17	0.75	4.19	17.55	1.58	11.68	0	1.89	99.90
8,412	47.80	0.18	1.04	4.28	13.90	10.20	21.50	0	1.10	98.80

（未完）

美國枕木之製造及利用（續創刊號）

N. B. Brown 著
康　瀚 譯

枕木之製運

概說　斧斫枕木，有係山主自製者，有由小包商向山主買料製作者；其買料方法，或照森林面積，或按材料計算。美國全國枕木，多在十月一日至四月一日間製成；其故一由於多數鐵路規定枕木須於此時期砍伐，一由於在秋冬之間，其餘工作，比較清閒，且運搬費用，冬季較賤，尤以多雪之地爲然。在多處大規模伐木廠，當鋸板材料移出之後，製枕木者隨即將剩餘頂材小樹，及有缺點，節疤，或彎曲不能鋸板之材料，斫成枕木。在美國東部之田野林，及中部硬木區，多數農民，均以在冬季製成數百根枕木，爲每年經常之工作及收入。

山價　枕木山價，視樹木之種類，品質，伐木及運搬至市場之難易而異。一九二七年在耿達基及西維及尼亞重要產枕區域，白櫟枕木山價，連同運至距離一英里至六英里之運費，每根約值二角至四角，多數在三角以上。南部黃松山價，約值一角至二角，平均爲一角六分；洋松及西落葉松山價，每根約值八分至一角六分；西松約值八分至一角七分；紅櫟及栗木枕木山價，每根值一角二分至二角五分；硬木枕木如青岡櫟，樺木、槭樹，楡木、及紅楓香等山價，每根自八分至二角五分。

斫製枕木樹木之適宜尺寸　最適於斫製枕木之樹木，爲胸高直徑十一英寸至十五英寸；但十英寸至十七英寸之樹木，通常亦被採用。北部落磯山所產之羅松，每個林班，有直徑十英寸至十六英寸之樹木七十五至二百株，既高且直，無過度之尖削，最於斫製枕木。

斧斫枕木，除長度外，其寬度與厚度，多未能適合鐵路所規定。一般枕木驗收員，對於枕木大小，都不甚注意，祗要能合於規範書所規定，即可收；用而枕木製造者，則均願其枕木得列甲等，而不必多費勞力。

宗氏 R. Zon 曾在東德薩斯州根據調查羅松及硬木九百六十根之結果，分別按其直徑之大小，計其所可製成枕木之數量，列表如下：

胸高直徑	測計樹數	可製枕木平均數
一一英寸	七七	二・四根
一二	二三六	三・一
一三	二五七	三・九
一四	二三一	四・八

一五	一四〇	五·二
一六	五三	五·七
一七	二	六·〇

欲知一定面積之產枕數，可將每畝各級直徑之樹木，分別查點後，再將各級樹木數，與各該級直徑可製枕木之平均數及畝數相乘，即得。

在美國西南部適於斫製枕木之西黃松，因生長不高，每株可製枕木平均數為二·七根。

枕木斫工，多不喜斫製直徑過小之樹木，蓋斫去枝幹，費工既多，而所得甲等枕木數量又少也。反之，樹木直徑超過十六英寸以上者，所工亦不歡迎，蓋樹木過大，則斫劈困難，而枕木之處理亦不便也。

茲將斫製各種筒枕所必需之木筒最小直徑，及所製筒枕之體積，列表於下：

鐵路名稱	筒枕寬度 英寸	筒枕厚度 英寸	木筒最小直徑 英寸	枕木體積 (立方尺)
C,B.& Q. (Burlington)	七·五	六·五	一〇·〇	三·三四
Union Pacific	六·五	七	九·六	三·三八
Great Northern	七	七	九·九	三·四八
Northern Pacific	八	七	一〇·六	三·七三
Santa Fe	八	七	一〇·六	三·七三
Chicago, Milwaukee & st. Paul	八	七	一〇·六	三·七三
Oregon Short Line	八·五	七	一一·〇	三·九七
Chicago & Northwestern	六·七	六	九	二·七六

每千板呎枕木數　在習慣上，通常以標準軌八英尺長之筒枕三十根，折合材積一千板呎；故平均每根枕木，當有木材三十三板呎，又三分之一。但按之事實，頗有差別。鋸製枕木通常多按照規範準確鋸製，售賣時以板呎或根數計算，不生問題；故折合率僅適於筒枕之用。究竟每根枕木有若干板呎，視規範及斫工製做時，是否適合規定而異，據高氏 Koch 在西部曼德那所研究之結果，每千板呎，可斫製枕木之平均數，應為四十根，而非三十根。

某大枕木廠鋸製七英寸厚，八英寸寬，八英尺長之枕木，計鋸一四八·三一一筒，量得材積一四·一三五·三一〇板呎，（每十筒得一千板呎）出產枕木四一九·一九九根，又邊材一五·六八九木材單位。Cords 可知由同樣大小之木筒，每千板呎，可得枕木三十根，及邊材一木材單位。

斫製　所謂斫製者，普通係指伐木，去枝，剝皮，斫平，及截斷而言，又稱做枕。其工人謂之斫工。普通為包工性質，按根給資，每人指定一固定區域，單獨工作，其所用工具，為四磅至四磅半雙口斧一把，十二英寸六磅至七磅闊面斧一把，截斷鋸一把，鐵製楔一枚，輕鐵鎚一把，去皮鏟一把，量桿一根，闊鋸用煤油一瓶。普通所有工具，均由工人自備。

樹木伐倒後，須將其平放。彎曲及凸出部分，應與地面垂直，以便施斧，多數鐵路，對於小彎曲雖可通融，但上下斫面，務須互相平行。樹木伐倒後，斫工立卽站在樹幹上，用斧將各面斫好。斧刃與樹木成四十五度之斜角，其下斧處之距離，爲四英寸至八英寸。樹枝在斫面時，用斧斫去。去枝後，兩面用闊面斧照規定尺寸斫平。斫工站在樹上，並順勢逐漸後退，於是用剝皮鏟將樹皮剝去，並用截斷鋸，照枕木長度截斷。若枕木四面均須斫平時，須將樹木翻轉再斫，然後剝皮，截斷。在以前截斷軟木枕木，有用斧照長度砍斷者，此法近已不用矣。

斫製枕木之費用，視下列諸點而異：

一、斫工之能力及工作效率；

二、樹種及濕材或死樹；

三、工作地點之情形及傾斜狀况；

四、木材之情狀，如合用之尺寸，形狀，樹幹之長度，樹枝及缺點之多少，每畝之數量等等；

五、枕木之規範。

若工作地點良好，樹木大小適宜，每名有經驗之工人，每日可斫羅松或鐵杉枕木四十至五十根；洋松、西落葉松、西松、柏木、長葉松、及其他軟木類約三十五至四十根；麻櫟，栗木，及其他硬木二十至三十五根。普通工人，每日可斫軟木枕木二十至三十五根，硬木十五至二十五根。

斫工工資，在工作困難地點，甲等枕木每根自二角至三角；若在工作情況便利地點，每根一角五分卽足。乙等枕木斫費，普通爲一角二分至一角八分，在賓西維尼亞普通工資，栗枕甲等每根二角，乙等一角五分，麻櫟甲等每根二角三分，乙等二角。在西部甲等二角六分，乙等一角六分。斫工均努力製做甲等枕木，蓋以製做乙等枕木，無利可獲也。在西部維及尼亞及耿達基，每根工資一角六分至二角。據新墨西哥北部一製枕廠之調查，樹木一株，可製枕木三根，每日每人可斫二十根。以每日工作十小時計，其時間之支配，爲伐樹一小時零一刻，去枝及修幹三小時半，斫面三小時，截斷一小時，剝皮一小時零一刻。以此爲根據，計算斫工工資之分配如下：

工作類別	每根枕木工資
伐木	二分
去枝	五分五厘
斫面	五分
截斷	二分
剝皮	二分五厘
總計	一角七分

每日每工以斫製枕木二十根計，可獲工資三元四角。不過尋找材料及檢驗所費之時間，及工人自備工具之耗損，均足以減少工人之純收益耳。

據聞某廠之精練工人，每日可獲工資美金四元五角至九元，除去膳食費用約需七角五分至九角，其收入可謂相當優厚矣。

集材　每根枕木集材費用，約自四分至五分。短距離集材可用人工搬運。但通常均用馬拉，每次自二根至六根。有一處搬運枕木三千根，至四分之一英里之處，每人每日可搬一百三十六根，平均每根運費約五分。在長距離集材有用 Go-devil 者，若拉至八分之一英里之處，平均每日一人一馬，可拉枕木一百五十根至二百根。

拉運 由集材地至火車或河邊，通常多用車或撬。在冬季下雪之時，撬運最爲費廉，其費用視下列情形而異：

一、距離；

二、道路情形及傾斜度；

三、工資及馬租；

四、撬運所需要之雪圯情形。

在結冰之撬運路上，通常每撬可運枕木六十至一百根。若用車運，在優良條件之下，貨車一輛，可載枕木四十根至六十根。但普通至多祗能裝三十根至四十根。

茲假定每車裝載枕木四十根每日每載工資費用六元，其各距離所能往還之次數，及每根枕木運費如下：

距離	每日往還次數	每根枕木費用
半英里	十五	〇·一〇分
一英里	八	一·八八
二英里	五	三·〇〇
三英里	三	五·〇〇
四至七英里	二	七·五〇
十至十四英里	一	一五·〇〇

拉運費係包括運至鐵路旁集材場或河邊等指定地點後之堆放費用而言。裝車工作，多由鐵路公司担任。如由包商担任，則按照規定，每根枕木加收裝車費二分。

其他運搬方法 最經濟之運搬方法爲漂流。不過在製做枕木地方，良好水道，頗不易得耳。枕木利用漂流，因其體積短小，較之木筒木料及長柱等，運費比較低廉。在美國宜於漂流時期，僅限於春季，故其成本尙須加入年息六厘至八厘之利息，及因漂流所致之損失。漂流費用，差異頗大，估計連同放河，起出，及堆放枕木等費，每根約需二分。每日工人二名，馬一匹，可以起出及堆放枕木六百根。在西部某次漂流枕木三十萬根至距離九十英里之處，每根費用爲五分半。

西部大枕木廠，有用水槽流運者，尤以流運羅松，洋松，及西黃松爲多。

在可以通航之河流，有將枕木捆紮成伐，或裝於貨船內，划至目的地者。在米西西比河及其支流，每船平均可裝枕木七八千根。枕木自船上或木伐裝車時，用起重機將枕木起出，此項起重機，附有上下可以移動之支架，裝置於河岸及裝車月台間之斜坡；由汽油發動機將枕木自河內起出裝於車內。在裝車之前，鐵路所派之枕木驗收員，就地加以檢驗，加蓋截記，並用有顏色之油漆，以分別其等級。

製做枕木費用總述 茲根據一九二七年麻櫟枕木出產中心地耿達基多數枕木廠，製做麻櫟及其他硬木枕木之成本及售價，列表如下。其枕木規範爲八英寸寬，七英寸厚，八英尺半長。乙等枕木係檢驗結果，不合於甲等之枕木：

費用 ＼ 種數及等級	白櫟及栗木 甲等	白櫟及栗木 乙等	紅櫟 甲等	紅櫟 乙等	青岡櫟 甲等	青岡櫟 乙等
山價	二角	一角二分	一角二分	一角	一角	八分
伐木及斫製	一角五分	一角	一角二分	八分	一角二分	八分
拖至車站（平均十英里）	一角五分	一角	一角五分	一角二分	一角五分	一角二分
裝車	二分	二分	二分	二分	二分	二分
總計	五角二分	三角四分	四角一分	三角二分	三角九分	三角
售價	六角	四角	四角七分	三角七分	四角二分	三角二分
利益	八分	六分	六分	五分	三分	二分

茲將美國林務處根據威孟區內大角國有林內舌河附近，一枕木廠製做枕木一，五五五，〇〇〇根，用水槽流運之費用，列表於下。此項材料，多數爲雜松，少數爲雲杉，枕木之大部分爲斧斫：

	斧斫	鋸製
伐木截斷去枝及斫製（指斧斫枕木）	.一二二元	.〇三一元
集材	.〇五〇	.〇三一
搬運至水槽（臨時道在路內）	.〇四〇	.〇五六
清猾場地及伐倒有缺點之樹木	.〇三〇	.〇二四
水槽流運至鋸廠		.〇一六
鋸工		.〇五五
水槽流運二十七英里至鐵路連同堆放費用	.〇三五	.〇三五
工具設備及改良物之折舊	.〇四七	.〇六五
工具設備及改良物之維持費	.〇一〇	.〇一三
雜費	.〇一七	.〇二二
總計	.三五一	.三四八

在美國西北部某枕木廠，製做洋松，西落葉松，及少數雜松枕木，計二萬二千根，其費用約如下表。其路程大概爲水槽長一百六十桿，（每桿長十六英尺半）使枕木得以安全流過一傾斜地，隨後用車運至四英里半之處，每日來回兩次，每車約載枕木五十根，至六十根。集材地點距離八分之一至四分之一英里。用人工搬運：

	甲等枕木每根成本	乙等枕木每根成本
山價	.〇六元	.〇六元
製造	.一四	.〇九
集材	.〇三	.〇三

堆集枕梁及灌木	.〇三	.〇二
堆放於水槽	.〇一	.〇一
水槽及水槽運費	.〇一	.〇一
運至交貨地點	.〇五	.〇五
總　計	.三二	.二七

鋸製枕木　美國鋸製枕木，數量不多，僅佔全部枕木出產量百分之四十。其產區大部分在太平洋沿岸，係用鋸板剩餘之心材鋸成。蓋心材節疤較多，不合鋸板之用也。普通價格爲洋松每根六角至七角五分，白櫟七角五分至一元二角五分以上，視樹木種類及規範尺寸而定。通常均以每千板呎論價。道岔枕木尺寸較長，均用鋸製，並按每千板呎出售。其堅實節疤，位置不在要害地點，不致減少枕木之強度及壽命者，其價值並不折減。

在東部枕木有用移動鋸機鋸製者，鋸機爲雙套圓鋸，鋸去木筒之二邊或四邊。

在中部硬木區域，鋸製枕木，與斧斫枕木之運費，在同一樹木同一設備，及同一規範之下，前者較後者高出美金五分。鋸製七英寸厚，八英寸寬，八英尺半長枕木之四邊，每根鋸費一角。六英寸厚，八英寸寬，八英尺長者，每根鋸費八分。前項枕木之伐木製材費用，每根約一角二分，後者每根約一角。鋸製枕木較斧斫枕木成本較高之原因，由於前者須將木段及邊材，運至鋸廠，再由鋸廠運出，運費因以增加。若斧斫枕木，則僅就砍伐地工作，而將成料…至起運地點，即可直接運至鐵路也。

茲將沿俄海阿河流域，鋸製七英寸厚八英寸寬八英尺長枕木之成本，舉例如下：

	每千板呎費用	每根費用以每千板呎三十根計
山價	六元至十元	二角至三角三分三厘
伐木	一元二角五分——一元二角五分	四分一厘——四分一厘
製材	一元五角——二元	五分——六分七厘
鋸費及堆放費	四元——五元	一角三分三厘——一角六分七厘
運費	一元——二元五角	三分三厘——八分三厘
總　計	十三元七角五分——二十元七角五分	四角五分七厘——六角九分一厘

在美國西北部，鋸製洋松枕木費用如下，其地主產物爲板材，僅以小筒之木材，及大筒木材之心材，用以鋸製木耳：

	每千板呎之費用	每根費用以每千板呎三十根計
山價	二.〇〇元	.〇六七元
伐木費用	.六〇	.〇二〇
集材	一.二五	.〇四一
運至鋸廠	二.七五	.〇九一
鋸費	二.〇〇	.〇六七
雜支（折舊利息捐稅售賣等費用）	一.二五	.〇四一
總　計	九.八五	.三三七

枕木之乾燥

枕木於舖用或施行防腐之前，必須充分乾燥，其理由如下：

一、乾材較之生材，水分減少，腐敗菌不易侵蝕，故較耐久；

二、乾材增加防腐處理之功效；

三、乾材體重減少百分之三十至四十，故運費較省；

四、乾燥方法良好，可以減少開裂。

木材乾燥之遲速，隨木材之構造，季節，氣候，堆放之方法，及堆放之地點而異；硬木類如麻櫟、楓香槭樹、青岡櫟等，較之軟木類，如松、杉、柏、雲杉等，乾燥較慢。冬季採伐之木材，因蟲菌侵蝕之機會較少，若堆放得宜，則至次年春夏兩季，即可乾透。木筒一經製成枕木後，應立即將樹皮剝光，以促其迅速乾燥。楓香及青岡櫟所製之枕木，若堆放過稀，或日光可以直射時，則開裂甚烈。

茲將鐵杉枕木剝皮後，用七二間架法堆放，周圍有枕木堆環繞時，其乾燥之進度，列表如下。此項枕木係冬季砍伐，但當初過秤時，重量並無顯著減少：

過秤日期	距離初次過秤時之日數	乾秤之水分百分比	每立方呎平均重量(磅)
四月十三	○	一二九	五五·○
五月十三	三○	九五	四六·八
六月十三	六○	八二	四三·七
七月十三	九○	七二	四一·三
八月十三	一二○	六五	三九·六
九月十三	一五○	六○	三八·四
十月十三	一八○	五六	三七·四
十一月十三	二一○	五三	三六·八

大凡其他氣候愈乾熱，空氣流動愈迅速，則水分之蒸發愈易，木材之乾燥亦愈快。故枕木在南方比在北方，在夏季比在冬季，乾燥較速。枕木萬不可堆放於低濕地點，及空氣不流通之處，並須遠離草地。堆放時須用預備剔退之枕木二根，墊於底層，或用其他方法架空，庶使下層空氣，可以充分流通。

堆放枕木之方法頗多，茲舉例如下：

(一)密接堆放法　每層枕木七根至九根，中間不留空隙，故空氣流通之機會很少。此法乾燥太慢，近已不甚採用。

(二)半隙堆放法　每層枕木均為七根，枕木與枕木間，留有四英寸之空隙。此法仍嫌太密，故乾燥依然遲緩。

(三)三角堆放法　此法乾燥最快，但占用地積太大，且堆放費過高，故亦少用。

(四)間架堆放法　每層二根與每層七根，輪流間架，謂之七二間架法。但亦有用九二或七一或八一或八二者。此法最為通用。美國各重要鐵路公司，均規定用此法堆放，普通用石塊或剔退枕木墊底，上面放枕木十層，每堆計枕木四十五根。此法空氣可以自由流通，故乾燥結果至為良好。硬木枕木多用七一間架法。軟木類則用七二間架法。

凡枕木之新鮮或曾經浸水者，若暴露於熱空氣中，或日光直射，強風吹襲之處，則枕木之兩端，因乾燥較為迅速之故，常致收縮或開裂。枕木開裂太過，則檢驗時每被剔退，雖堆放緊密，或擇蔭涼之處堆放，開裂可以減少，但無論如何，究難全免，尤以乾燥困難之樹種為然。故多數鐵路公司，現已仿照歐洲辦法，於發見枕木開始開裂時，於枕端釘入S釘，以免其繼續擴大。其用法如下圖所示：

冬季砍伐之麻櫟枕木，至少須乾燥八個月以上，如能在優良環境下，露放至十二個月則尤善。其他堅重硬木枕木，如青岡櫟，樺木，械樹，法國梧桐，及刺槐之乾燥時期，與麻櫟同。黃松、洋松、落葉松、等枕木之乾燥時期，約為五個月至八個月。鐵杉傑克松、柏木，落羽松、世界爺，及板栗之乾燥時期，為四個月至六個月。若不知枕木究竟是否充分乾燥，則須將枕木堆放，直至其重量不再減少之時為止。

未經防腐枕木之壽命

以前所有各種枕木，均不加防腐即行舖用。故普通枕木材料，僅限於白櫟，板栗，及長葉松等。各方對之，亦尚滿意。未經防腐枕木之壽命，隨多種因素而異，主要者為木材之耐久性；但除天然之耐久性外，尚有下列各因素：

一、枕木之尺寸　小號枕木較之大號枕木，在同一情形之下，比較容易朽腐及壓碎。

二、邊材之多少　邊材較心材容易朽腐，即白櫟亦然。

三、乾燥之程度　充分乾燥之枕木，較之鮮濕枕木，或局部乾燥之枕木，較為耐久。

四、氣候　白櫟在氣候溫暖潮濕之地方，其壽命至多五六年，若在寒冷乾燥地方，可以延長達八年至十二年。

五路基　如十壤之為砂土或黏土，道渣之厚薄大小，及排水狀況之良好與否等，均與木材之耐久性有關。

六、火車載重量之大小，行車次數之多少，軌道之為幹線或支線道岔等。

七、防止磨損之設備　使用墊板、螺旋道釘，含板釘等設備者，枕木耐用年限，可以延長。

由上述各點，足見枕木壽命，無法可以預計，即在同一樹種，其差異亦甚大也。茲將各種未經防腐之重要枕木材料之壽命，約略估計如下：

種類	耐用年限	種類	耐用年限
青岡櫟	二—四	洋松	六—九
樺木	二—四	楓香	三—四
東紅柏	十二—十五	紫樹	二—四
北紅柏	十—十五	東鐵杉	二—三
板栗	五—八	西鐵杉	四—七
落羽松	九—十四	山核桃	二—五
白楡	三—五	落葉松	六—八
洋槐	十二—二十	長葉松	六—九
硬械	二—四	短葉松	三—五

白櫟　七——十一
紅櫟　三——六
羅松　二——四
羅治松　二——五
西黃松　四——七
白松　三——六
世界爺　八——十四

枕木之防腐

據估計一九二五年美國全國曾經用人工方法加以處理，以延長其壽命之木材中，枕木占百分之八十；共計約六二、〇〇〇、〇〇〇根，占該年全年份使用枕木總數百分之四十六。主要之防腐劑爲蒸木油及氯化鋅。前者用於氣候潮濕之區域，後者用於西部半乾燥區域。蓋氯化鋅極易溶化於雨水中而致流失也。然有時蒸木油與氯化鋅兩者之混合劑，亦有被採用者。

枕木之防腐，幾全部採用壓力處理者，卽將枕木裝入長圓筒或曲頸筒中，用熱汽或眞空之力，將木質內水分及空氣抽出，然後將蒸木油加壓力注入直達木質纖維部，且將過剩蒸木油抽出，達於每立方英尺留存蒸木油六磅至十磅爲度。氯化鋅法之原理及方法與蒸木油法相同，不過所用藥劑改蒸木油爲氯鋅化而已。

抵抗磨損用之枕木保護法

據估計未經防腐之枕木，因未加墊板之保護，以致受機械的磨損，達於不能使用，必須從新抽換者，約達百分之十至百分之七十五。其中尤以軟木類枕木，若火車載重過多，及行車次數頻繁時，鋼軌往往深壓入木。至於易朽木材，如羅松，鐵杉，及青岡櫟等，若不經防腐手續，卽行鋪用時，則可不保加以墊板；蓋此類枕木在磨損之前，卽早經朽腐也。反之，其他木質疏鬆而耐久之木材，如世界爺，北白松，西柏木，南檜木等，若不用墊板，則不俟木質朽腐，卽已磨損。

保護枕木以抵抗磨損之方法，爲改良道釘，及採用墊板。在歐洲國有鐵路實際上幾全部採用螺旋道釘及墊板，成績甚著。在美國比較進步之鐵路公司，尤其運輸量重，行車次多之鐵路，於鋪設新軌或抽換舊枕時，均採用此項最新式之設備。

火車經行鐵路之上，其對於枕木之影響，大部份爲震動力，其次爲分散於鋼軌兩側之強烈壓力，以致鋼軌陷入木理，並將道釘拔出，此種顯象尤以在彎道之處爲著。鋼軌對於枕木之斫磨動作，可分道釘與墊板兩者而討論之：

一、道釘　道釘之功用，在固着鋼軌使免分散，普通狗頭道釘釘入枕木時，木質纖維破碎甚多，故火車之震動及兩側壓力常易將道釘拔出。據普渡大學哈德敎授之試驗，用長五英寸半寬十六分之九平方英寸，重每一百六十五枚合一百磅之狗頭道釘，與長五寸半基部直徑八分之五英寸，重每八十五枚合一百磅之螺旋道釘，比較其結果。螺旋道釘較狗頭道釘之抵抗力，在栗木高出三·一五倍，在羅松高出二·一倍，在白櫟高出一·八倍。其他試驗，亦足以證明螺旋道釘較狗頭道釘之抵抗兩側壓力，遠爲優越，普通狗頭道釘鬆動之後，其周圍空隙每充滿水濕，以致加速朽腐，當重釘時，有用曾經防腐之硬木枕木塞以塡充之者。

美國鐵路所以遲不採用螺旋道釘之故，原由於美國枕木材料豐富，價格低廉，但近因枕價高漲，及採用防腐方法以來，枕木耐久問題，頗值注意；故如何增加設備，以防止磨損，與施行防腐，實有同等重要也。查反對採用螺旋道釘者所持理由，不外下列點數：

(一)螺旋道釘比狗頭道釘成本較貴；

(二)用螺旋道釘釘道，需時較長，以致延遲通車時間；

(三)使用螺旋道釘，須有特別設備，始能釘入；故工資及設備費用，同時增加；

(四)枕木或鋼軌之抽換困難。

然平心而論，上述理由，都不甚充分也。

二、墊板　墊板係將鋼板舖墊於鋼軌與枕木之間，使當火車經行其上時，其衝力及重量，可以分散於比較鋼軌基部更為廣大之面積，以減少磨擦及避免鋼軌陷入枕木之弊。鋼軌凸緣既已加寬，故雖採用一百或一百一十磅以上重量之鋼軌，其陷入之可能，亦相當地減少。但各大鐵路因火車載重及行車次數增加之故，其結果仍不免於深陷。

墊板式樣，種類頗多，如木製枕木墊板，曾經試用，但一經火車之碰撞，不久即行分裂或捩曲。欲使墊板之效力顯著，必須墊板載重面之尺寸，較鋼軌底部所安置於枕木上之面積為大。墊板之底面，有做網狀，乂形，及尖形，以便自然底嵌入枕木者。普通均贊成採用平底墊板。但無論如何，上面必須有一部分凸出，使螺旋道釘釘頭之外部，可以穩固。不然，兩側之衝力，常使螺旋釘彎曲脫節。

用螺旋道釘釘道時，鋼軌兩邊，各釘一枚。釘孔之設計，須適合鋼板與道釘之距離。墊板之寬度，須與枕木之寬度相同。若採用曾經防腐之斧斫枕木，須於施行防腐之先，將釘孔鑽好，並將安放墊板處，加以削平，使載重面得以均勻。現時美國曾經防腐之枕木，均已採用螺旋道釘及墊板，以防止機械的磨損，而延長其使用年限。

(完)

「更正」

本刊第二期「炸彈之動力學」第十九頁上半面後六行應更正如后「炸彈之遭遇速度幾盡係由飛機急驟下降之速度得來者，充其量每小時，亦不過六百公里若與飛機在三千五百公尺高度平投炸彈之總動能比較（其遭遇速度約為每秒二百二十七公尺即每小時八百十七公里）約祇，及其有效動能二分之一而已」又第三表「飛機速度」與「飛機高度」地位應行對掉

世界交通要聞(二)

沈昌

(一)美國西泰爾博英飛機廠 Boering. 製造之314式汎美航機，機重82,500磅翼長152呎體長106呎高27½呎。載重除4200加侖汽油外爲 33955 磅。發動機爲 Wright cyclone 式共四座每座1500馬力，速率每小時175哩航程3100哩。日航載客74人服務人員15名。聞有該式六架，將於1941年開始在各航線服務，橫渡大西洋及太平洋云。

(二)鐵路客車車燈之設計，原配有相當燭光，用特製之燈罩，使燈光射於各車車窗水平線之下，俾旅客閱讀書報相當清淅。値茲歐戰，爲防止燈光外露起見，車窗玻璃漆以黑漆一道，另配特製之窗幕，防止燈光之外射。試想；英國共有客車40,000輛，計車廂250,000間，玻璃窗1,500,000扇。油漆窗幕等修裝工程，相當繁瑣可見一斑。

(三)保加里亞與羅馬尼亞兩國間之鐵路輪渡工程現已完成。嗣後Roustshouk 及 Giurgeyo 兩地交通可以暢達無阻。

(四)印度鐵路財務委員會在1939-1940年曾以500,000羅比購置大批機車車輛以資運用。

(五)德國雜誌 Signal 卽 Berliner Illustri te Zeitung 之副刊載有德國與世界交通圖一幅，指明該國雖被英國封鎖，糧食等項，仍能由各路源源接濟。最足使人注意之路線，爲由蘇俄至遠東各線，一線達阿富監納司登（Afghanistan）及印度邊境。另一線達吾國之東北三省而日本而美國而南美洲。圖之標題稱「經濟面積之廣，所以資助德國作戰之資源，約爲 45,000,000 方公尺，爲全球大陸三分之一。」除司更迭納維亞及巴爾幹各國外，蘇俄土爾其中國日本及阿富監納司登均被認爲供給該國作戰資源之國家。

(六)英國大西鐵路公司在1846年，計有頭等客車107輛，二等車103輛，三等車18輛。最近趨勢英法兩國已將頭等客車取銷。

(七)英國 I.N.E.R 鐵路公司 2-6-2式 V2 4816號機車拖貨到721 噸，載在紀錄。最近機車拖貨，往往超過原定數量，有超越至600噸者。

(八)美國中國驗究院，開辦工程及實習班，凡華籍學生之驗究汽車製造，公路管理，運輸管理，及電訊材料之製造，經選送入學者，爲數頗多。經費則在美庚款餘款下撥充。據該院紐約事務所本年五月廿三日之通告稱

「中國學生之習汽車工程計二十八名，公路工程七名，習運輸三名，電訊二十名，電料之製造十九名，攻「煤化油」

(Coal Distillation)二名，橡皮及輪胎之復製一名，鍊鋼二名，汽車製造三名，機械試驗五名，化學工程之機械設計二名，機車製造一名。學課與實習並重。聞學生之選擇係由中國全國公路管理處，福特汽車公司及普通馬托克立四欵公司辦理云。」

(九)據美國 Aviation 雜誌稱，倭國擬以二十萬日金建築航空研究所一處，內佈置大風洞一所，可容飛機之試驗。

(十)郵航機飛行時傳遞郵件，在美國已經郵政局在兩條航空幹線試行，十分滿意。查一九三八年 All American Lane 承郵局之命開始辦理，在七個月內傳遞13,000次，飛機行程300,000哩。傳遞時飛機之速率已由每小時100哩增至110哩云。

「讀者來函」

總編輯先生大鑒展讀　貴刊第一二兩期，內容豐富，取材新穎，對於工程界之貢獻，確非淺鮮，諷誦之餘，敬佩無已。惟覺尚有小節數點，似不無考慮改善之餘地，謹略陳之。鄙意貴刊既以新字為名，似宜處處顯示除舊更新之精神，即宜處處求其簡單化與合理化。度量衡為工程上不可須臾或離之工具，既須精確，尤貴簡捷。我國工程界中，向多沿用英制，實則英制進位複雜，計算麻煩，在各種度量衡制度中，實最不合理。國民政府於民國十八年頒布度量衡法，規定採用『萬國公制』為『標準制』，不但有關政令，國人自當一律奉行，即就制度本身而言，『萬國公制』確有科學的根據，十進簡明，計算容易，在各種度量衡制度中，實最為合理。今　貴刊各篇中，固有採用『萬國公制』者，如第二期中劉光文君之『炸彈之動力學』，然亦有仍用英制者，如創刊號中徐承爔君之『空襲避難室』亦有一篇中兼用此兩種制度者，如創刊號中鄒恩泳君之『房屋建築及城市設計對於防空之趨勢』似未免紛雜甚盼尊處能規定此後一以法定『萬國公制』為準。若認為有註明他種制度之必要時，不妨用括弧附註，以便對照。如投稿不合規定，最好由　尊處加以修改，萬一未能一一修改，則最好於篇末註明換算法方，以符國家法令規定採用『萬國公制』之意。又　貴刊之印行，既以國文為主，則不得已而須兼用外國文時，似應將國文列於主要地位，而將外國文字，用較小字體，排入括弧內附註其下，作為備考，庶合尊重國體之意。今　貴刊中有一部份純用外國文者，如創刊號『關於燒紅土』一文中所附兩表，亦有以外國文列前，而將國文附註於後者，如創刊號『鐵路叢談』一文所附世界各國鐵路軌距及長度表，此點似亦尚有改善餘地。管見所及，略貢芻蕘，倘荷　酌予採擇，曷勝欣幸。專此祗頌

著祺

中國經濟建設協會總幹事黃伯樵

編輯公約

一、本誌純以宣揚工程學術為宗旨。關於任何惡意批評政府或個人之文字，概不登載。如有記載錯誤經人檢舉，立即更正。

二、本誌所選材料，以下列三種為範圍：

甲、國外雜誌重要工程新聞之譯述；

乙、國內工程之記述及計劃；

丙、各種工程學術之研究。

三、本誌稿件，務求精審，寧闕毋濫。乙項材料，力求翔實。丙項材料，力求切實。

四、本誌稿件，雖力求專門之著述；但文字方面則務求通俗，以適應普通曾受高等教育者之閱讀。

五、本誌歡迎投稿。稿件須由投稿人用墨筆謄正，用新式標點點定；能依本誌行格寫者尤佳；如有圖案，須用筆墨繪就，以不必再行縮小為原則；譯件須將原著作人姓名及原雜誌名稱說明；由投稿人署名負責。

六、凡經本誌登載之文稿，一律酌酬稿費。每篇在一千字以上者，酬國幣十元至五十元；內容特別豐富者從優；一千字以下者，隨時酌定。

七、本誌以複雜圖案，昆明市無相當承印之所，有時須寄往外埠刊印。所有稿件，請投稿人自留一份，萬一寄遞遺失，俾有存底可查。

八、本誌係由熱心同人，以私人能力創辦。嗣後如有力之學術團體，願意接辦者，經洽商同意，得移請辦理。

28287

內政部雜誌登記證警字第七一四九號

新工程

第四期

零售　國內每冊國幣五角　香港每冊港幣四角

民國二十九年七月出版

▲外埠另加寄費▼

發行人　沈立孫

總編輯　翁為

發行處　新工程雜誌社

代售處　各大書局

社址　昆明青門巷廿號

代印處　昆明大中印刷廠

新工程定價

時期	冊數	本省	外埠	香港越南	國外
半年	三	二元二角	二元八角	一元三角	港幣或越幣
全年	六	四元四角	五元六角	二元六角	仝上

郵費寄費在內　郵票十足通用

新工程

第五期

中華郵政新聞紙類登記執照第九號

郵政儲金匯業局發行

節約建國儲蓄券

目的：提倡社會節約，獎勵國民儲蓄，吸收遊資，興辦生產事業。

種類：甲種券爲記名式，不得轉讓，可以掛失補發。

乙種券爲不記名式，不得掛失，可以自由轉讓，並可作禮券饋贈。

券額

分國幣五元，十元，五十元，一百元，五百元，一千元六類

甲種券照面額購買，兌取時加給利息及紅利。

乙種券購買時預扣利息，到期照面額兌付。

期限

甲種券存滿六個月後，即可隨時兌取本息一部或全部，如不兌取，利率隨期遞增，

存滿五年及十年，並於利息之外，加給紅利。

乙種券分一年至十年定期十種，可以自由選定。

利息

甲種券週息複利六厘至七厘半，外加紅利。

乙種券週息複利七厘至八厘半。

優點

本金穩固——由郵政負責，政府担保。

利息優厚——有定期之利，活期之便。

存取便利——可隨地購買，隨地兌取。

28295

28297

28299

28300

社論

工程界當前之任務

翁為

工程何由起？人類生存之需要有所不給，智者運其心思，勞其手足，取兩間物質之可以供吾役使者，堅者捶鑄之，柔者編織之，矩以成其方，規以成其圓，炎者攝其熱，流者乘其勢，生種種動，發種種力，以給人類之需求；是之謂工程，是之謂之技術。

工程技術有時代性：古也巢穴，今也宮室；古也弓矢，今也鎗炮。有地域性：近水之民善為舟；大陸之民善為車。有附屬性：傍山之屋多用石；臨林之屋多用木。居宮室者，不得藐巢穴為非工程；操鎗炮者，不得鄙弓矢為非技術；乘車者豈宜廢舟；用木者胡可廢石。使易時易地易環境而居之，則皆然也。

是故，工程界之任務：在隨時，隨地，隨環境，奮其心思，耳目，手足，致力於製作，創造，以給同時，同地，同環境，人類之需求，而不使有缺陷，不使不若人。工程師之任務在此；工程師之可貴亦在此。

而在今日，工程師之任務，尤重於常時；工程師之可貴，尤甚於平日。在各國如此；在我國尤如此。

何以言之？其在平日，歌舞昇平，社會事業，循序而進，製造創作，不妨從容；我有不足，鄰國可資，我有需求，舟車輸之。今則不然，歐亞兩洲，化為戰場，殺人喋血，盈野盈城，各出全力，以相制勝，假非同袍，彼此閉拒；器精者勝，器劣者北；敗亡之速，例以近事，小國十日！大國三旬！凡此諸國，兵非不良，戰非不力，所不如者，工程技術；工程亞人，技術見拙，一旦交鋒，如卵觸石！是故，歐美國家，其猶存者，其猶欲圖久存者，莫不注意於工程技術，致力於製造創作，日夜孜孜，動員全國；其最顯者，歐洲之不列顛，及美洲之合衆國是也。

我國工程界，近年雖急起直追；然與歐美相較，尚難並駕齊驅，不容諱飾。建設抗戰，原料器械，仰給於國外者尚多。平時有無相通，固屬常事；然在今日，歐洲工業國家，如英如德，戰鬥方酣，自顧不暇；美國雖未參加戰爭，然一面大量援英，一面積極擴軍，所餘無幾；然則來源不暢，已可懼矣。加以敵人之封鈍日趨，國際交通，日益艱困；卽有來源，亦難遂到。然而建設抗戰，不能一日已也；原料器械，不能一日無也。將如何而渡此難關？惟一途徑：反求諸己。

反求諸己，則我國工程師之任務重矣，工程師之可貴甚矣。何以言之？建設之實施，非工程師莫能爲也；抗戰之器械，非工程師莫能製也。雖然，此猶非其至也。工程之實施，器械之製造，尙有其基本條件也：鐵也，銅也，鋅也，錫也，金料也，木料也，石料也，泥料也，燃料也，滑料也，皆不可少之原料也。原料具足，工程器械，始有所賴也。然而今日之事，原料非盡有也；工程器械，不能一日無也；建設抗戰，不能一日已也；工程師不能委曰：無辦法也。從無辦法中想辦法，此工程師當前之任務也；此工程師之可貴也。

巧婦難爲無米炊。工程師雖有技術，豈能無中生有者？曰：是有術焉：有無相代。苟無米者，取麥代之；苟無麥者，取豆代之；麥與豆雖米之不若，猶愈於枵腹也。是故，工程界當今之急在覓就地之材，以補所缺之料。例最顯者，厥維汽油。汽油，燃料也；飛機用之，卡車用之。自今日技術之能事言之，飛機似非汽油不可；卡車燃料，則汽油而外，凡可資以生力，而爲汽油引擎所吸受，我國國土所產生者，舉可用以相代；則白煤木炭，其最便者也。汽油如此，他料亦然。是故，苟無鐵者，求之於木，苟無木者，求之於石；木石固鋼鐵之不若，然猶愈於束手待斃也。

工程師之爲此，心中須抱定一信念，曰：不畏難。夫歐美用鐵，我亦用鐵，依樣葫蘆，何等省事。一旦改用木石，則木石之勁，弱鐵幾何；木石之性，差鐵幾何；結構如何合理；形式如何中程；有待精心籌劃，然後不爽毫厘；殆夫作成，未必卽合，又必付之實驗，以觀實效；一次不足，繼之三四，三四不足，繼之十百。創始之難，往往如是。當其事者，苟退縮焉，半途而已，一簣而已。

工程師爲其難矣，社會對之應如何？曰：宜寄以同情心。人情恒於習見，怪所未見，自昔蓋然；馴至至不合理，徒以久習，視爲當然；雖至合理，則以初見，駭爲異事；此在常人，或不足責；知識階級，理智是尙；凡所新創，根柢碻切，合邏輯者，雖未盡美，宜加援助，予以宣揚；庶當事者，志向益堅，勇氣益奮。設以事未前聞，等閒相視，甚或加以誹訕；則人非英雄，能弗氣沮。是猶嘉卉，灌以沸水，萎謝苞萎，可翹足待也。輿情之於社會事業，其相關有如此者。

工程師爲其難矣，政府對之應如何？曰：宜倡導於事先，鼓勵於事後。國家之所需所缺，政府知之最詳，應揭櫫其所應爲所應創；使工程師有所適從，知所用力；又從而予以便利，予以資助，以速其成；此倡導之於事先也。凡關技術，有所創作，無論材料，無論器械，或爲代品，或爲新謀，間接直接，與建設抗戰有關繫者，應盡量採納之，助成之，褒獎頌揚之；使當事者益奮，後起者追隨；此鼓勵於事後也。

更有基本原則，爲全國上下，政府，齊民，工程界，非工程界，所應澈底認識，而拳拳服膺者，其事有二焉：

其一：貨皿器械，用本國材料人力造成者，斯爲國人可用之物，而亦爲國人應用之物。雖其美善，遜於舶來十百，而我物我用，卑得心安；雖其價格，高於舶來倍蓰，而我失我得，並非漏屆。苟不然者，徒羨其美善，而舍己從人，則雖美善，而仍是他人之美善也，於己無與也，且適以形其拙，且乘以見其不自愛也；徒貪其低廉，而舍己從人，則雖低廉，而所出代價，將涓滴入於人囊也，是資人以財也，自貧之道也。是故惟異爲國人可用之物，斯雖粗猶美，雖貴猶廉，服之用之，始覺無愧。

其二：凡基本原料，爲我國所無，或僅有而不足用者，應不惜金錢人力，覓物替代；其從國外輸入者，平時不應濫用，戰時尤宜撙節。試仍以汽油爲例：歐洲中部，不產汽油，而現代戰爭，非此不可；德國知其然也，一面購買存儲，一面人工製造；法國知其然也，一面購買存儲，一面政府下令，公私汽車，改用煤氣。夫人工製油，非易事也；改用煤氣，非其便也；然秉現代國家之精神，應下此決心，不避艱難，不惜工本，以謀自足。凡遇此類，政府人民，允宜親切合作；政府開其源，人民節其流；庶乎實事求是，實效可期。

本刊一二三四期目錄彙編

創刊號目錄

第二期目錄

第三期目錄

第四期目錄

鋁鋼在工程上之發展

袁夢鴻

「鋁鋼」係最近十年來新創造之輕金屬鋁質合金；其重量約爲普通鋼鐵重量三分之一；在飛機飛船車輛構造上其取材於此種「鋁鋼」者，已歷有年矣，成績亦甚卓著。但在工程方面，近年來方稍有採用。蓋「鋁鋼」之長處：量輕而不易生銹，易於傳電傳熱，且便工作；但在普通工程用料上，此種長處，並非十分重要。加以「鋁鋼」價值甚昂，故在工程上之用途有限；祇在特種情形之下，能充分利用其長處，方能採用爲工程上之材料。在橋梁建築方面，「鋁鋼」能發揮其長處，則莫如體量之輕；但「鋁鋼」價值奇昂，在新建固定橋梁中，即在跨度甚長之橋梁，就經濟方面而言，亦難與鋼鐵競爭；然在已成之橋梁，每因交通工具，日漸重大，而須要加固，或須另換新橋方足以應付新興之交通，在此情況之下，吾人可將橋面行車道材料，改用「鋁鋼」，使橋梁死重，得以減輕，足以應付活道之加大，使橋上主梁及橋礅可免加固或改換矣。如必士堡 Pittsburg 之斯密飛橋 (Smithfield)，即本此原理，將其行車道部份改建，茲將有關部份略爲陳述：其橋爲雙孔花梁，每孔長一百一十公尺；橋寬二二·三公尺；(連人行道在內)主梁有三，共分橋寬爲兩邊，一邊行走雙軌電車，另一邊爲汽車道，兩邊主梁之外，爲懸臂式人行道；橫梁相距八·三八公尺；電車道下有主要直梁四，即每一鋼軌下有一主要直梁；汽車道下有主要直梁二，主要直梁之間有小橫樑二，分直樑爲三段，每段長約二·八公尺；小橫樑之上，安放一七八公釐高匚形「鋁鋼」，各相距二〇三公釐；匚形「鋁鋼」之上，由十一公釐厚鋁鈑及十三公釐厚瀝青塊，組成行車路面；至於人行路面，則由六公釐厚鋁鈑及十三公釐厚瀝青塊組織而成；全部鋼料，均採取美國「鋁鋼」27ST；其人行路邊之欄桿，亦係用質地較次之鋁鐵造成；每孔橋樑，行車道約重三三〇噸；但昔日舊橋面，行車道共重六八〇噸；平均每橋長一公尺，可省去重量三·一噸；全橋改造工料共費二七六四三六美金；倘若改換新橋，則所需當在美金一百萬元以上；改造以後通至今，結果甚良好。

「鋁鋼」之用以作兩屋間之連絡橋樑材料，尤爲合式。蓋已成之高樓大廈，因應用上之需要，於己成之後，再添設連絡交通之橋樑，當然以多加之重量，減至最低限度爲宜；故人均樂用「鋁鋼」。近十年來統計，紐約高樓大廈間連絡橋，十分之九均係用「鋁鋼」，不爲無因也。

移動式之橋樑，如軍用橋等；尤適宜於應用「鋁鋼爲之；蓋體輕既易於運輸，又便於安裝也。美國之軍用橋，(圖一)即係用

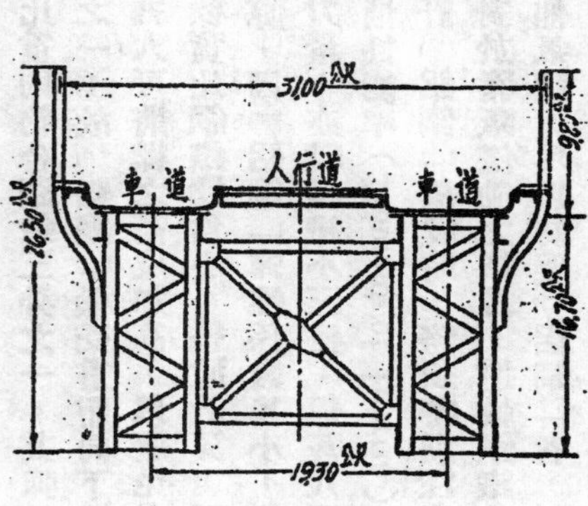

圖一　美國鋁鋼軍用便橋圖

「鋁鋼」造成；每節花樑長六・一公尺，高一八三〇公厘，寬六一〇公厘；主樑相距一九三一公厘，每節用羅絲相連繫，可合五節成一橋，長達三〇・五公尺；橋面舖以鋁鈑，每平方公尺可受重約五百公斤；全橋共重尚不及十四噸，可用五輛三噸重汽車輸送，至爲便利。該橋之設計，可行駛十噸重礮車，其震動力爲百分之廿五，至步兵馬兵能在橋上通過，自不用說；卽使貨車及中型戰車礮車，均可通過無疑極爲便利。

工廠中各移動起重機之製造，亦以「鋁鋼」體輕之故，多採用之。不特承托起重機之鋼柱及地基工程，得以減輕；卽所需電力，亦可減少；而同時起重機移動速度，反可增加，甚爲有利。

美國米勝拿 Messina「鋁鋼」廠，有跨度廿二公尺長能起重九噸之起重機三架：第一架全用鋼鐵構成，重三六・三噸；第二架一部份係採用鋁鋼造成，重二七・二噸；第三架全用「鋁鋼」造成，祇重一九・五噸。起重時用電平均紀錄：第二架較第一架可少用電至百分之三十；而第三架較第一架則可省電至百分之六十；而同時第二架之行走速度，超過第一架達百分之二十；第三架超過第一架則達百分之三十。由此可證明「鋁鋼價值雖昂，但在工程上承托起重機之鋼柱及地基工程，所省已足相抵；加之應用上可省者尤多，故「鋁鋼」之用於起重機上，在經濟方面實足戰勝鋼鐵；故歐美工廠近年新建之起重機多採用之。

在樓房建築方面，體輕之材料，雖不如橋樑及起重機之重要；但高樓頂上數層材料，亦間有用「鋁鋼者。如紐約無線電大樓，Radio City in Newyork 曾用「鋁鋼材料，達一三六二噸；帝國大樓，Empire State Building in New York 用「鋁鋼」材料，亦達三八〇噸；支加哥之新郵局，亦採用「鋁鋼」材料，達壹百噸。至於高大門戶，「鋁鋼」爲建築材料，使收輕而易移動之效者尤多。如紐約飛機庫大門，高七公尺，全寬三六・六公尺由十二隻三公尺寬大門組合而成，亦係採用「鋁鋼造成；不特輕而易舉，且不須油色，而亦不易生銹，甚爲適用。

「鋁鋼」之應用，日漸推廣，不勝枚舉；尤以在美國爲最多，德國次之，英法意各國又次之，茲就德美兩國實地試驗「鋁鋼」及鋼鐵之結果，將其力學計算有關數字，列表以說明之：

號數	名稱		化學成份	最大引力 t/cm^2	直線終點引力 t/cm^2	伸展性 %	彈性係數 t/cm^2	比重 t/m^3
1	德國鋁鋼	Duralumin Bondur	Al-Cu-Mg	3.8—5.5	2.6—5.0	20—10	700	2.8
2	美國鋁鋼	27.ST		4.2	3.5	12	700	2.8
3	普通鋼	ST 37		3.7—4.5	2.4	25—18	2100	7.85
4	高率力鋼	ST 52		5.7—6.7	3.6	25—18	2100	7.85

按上表所列：「鋁鋼」之引力，大約與普通鋼相等，而比高率力鋼略低。其比重則約合鋼鐵三分之一。其彈性係數，祇有鋼鐵彈性係數三分之一；故「鋁鋼」樑受重而向下彎曲之程度亦比鋼樑大三倍；但吾人可將樑之高度加高，以避免之。但在衝擊力方面，「鋁鋼」樑實比鋼鐵樑為小；普通計算，祇須按鋼鐵橋樑之衝擊力六成計算；因「鋁鋼」彈性係數甚小，對於長條受壓力，鋁鋼所能受之力量，亦較鋼鐵小三倍；但吾人可將其橫截面之高度加高，使其慣性能率（Moment of Inertia）增大，亦足以補救之；故在設計「鋁鋼」橋樑時，務須特別注意及之。

「鋁鋼」對於養氣侵蝕之抵抗，遠較鋼鐵為强。但在工廠建築方面，如有他氣體，足以妨礙「鋁鋼」者，則仍須加油色，以保護之。在美國「鋁鋼」工程中，多仍用鋼鐵鉚釘，故油色更不不能免，但其補養所需，仍遠較鋼鐵為省。

「鋁鋼」亦如鋼鐵，可造成各種鋼鈑，各種形式「鋁鋼」，如工字「鋁鋼」，角形匚形「鋁鋼」等。至於「鋁鋼」在製造方面，與鋼鐵略有不同；鋼鐵之製造成各種形式鋼鐵，都係採輾壓法；而「鋁鋼」則多數用平壓法製成。近來美國亦暫採用輾壓法，以製「鋁鋼」。平壓法之長處，係能製造任何形式，而每次變換形式時，工具改換方面，所費甚少；故吾人可利用「鋁鋼」之易於工作性，壓成特種形式之「鋁鋼」，使構造方面，得以簡單化，而在製造結構方面，可較鋼鐵為省，亦足以補償材料較昂的損失。但平壓法製造「鋁鋼」之長度及大小，往往受重量及平壓機之大小所限；在德國方面，就目前各工廠所有設備而言，可以製造之各種形式「鋁鋼」，其橫剖面任何一面，須小於三百公厘，重量不能超過二百公斤，長度須在十五公尺以內；譬如126「鋁鋼」，其邊長二百公厘，邊厚十五公厘，則十二尺長者，可以製成鋁鈑之長度，不能超過九公尺；寬度不能超過一公尺八公寸。

「鋁鋼」之連接方法，均與鋼鐵相同，可以用電銲、羅絲、及鉚釘。但電銲應用於「鋁鋼」，只能施於非重要部分，因「鋁鋼」受熱過高，其受力限度，亦因之減小。「鋁鋼」之主要連接方法，仍以羅絲及鉚釘；其所用羅絲及鉚釘，有用「鋁鋼」製造者，亦有用鋼鐵製造者；鋼鐵製造之羅絲及鉚釘，如將來不再加油色，均須事前用鋅電鍍，以防腐蝕。如採用羅絲，則其墊鈑需要較用之於鋼鐵為大；如用鉚釘，最好能用同一質料之鉚釘。「鋁鋼」鉚釘直徑在十公厘以下者，均係採用冷打法；較大之鉚釘，則多採用熱打法；但鉚釘四圍之「鋁鋼」，因受高熱度，鉚釘之傳熱，亦足以影響「鋁鋼」所受應力，致局部減低；因此近來較大之鉚釘，其直徑至廿二公厘者，亦採用冷打法，但須採用特製有十字形小槽之鉚釘鎚(Kreuzstegdopper)；在美國方面，較大鉚釘，多用鋼鐵鉚釘，而採熱打法；但經驗證明，仍以採用同一材料之鉚釘及冷打法為最妥之連接方法，剪應力與牽應力之比例在「鋁鋼」方面略較鋼鐵為低「鋁鋼之剪應力約合牽引應力百分之六十五至七十，而鋼鐵方面，可至百分之八十。

在工廠製造進行中，「鋁鋼」實較鋼鐵速而易於工作。鋁鈑及各種形式「鋁鋼」之截斷，多採用剪，或高速度之圓鋸或帶鋸；鐵孔亦係採用高速度鑽；在同一厚度之鐵孔「鋁鋼」所需工作時間，比鋼鐵可省一半，而同時因「鋁鋼」輕而易舉，工作更形便利。故就工廠製造成本而論，「鋁鋼」實較鋼鐵為省。

上舉各例，均足證明「鋁鋼在工程技術方面，足以代替鋼鐵，但目前價值奇昂，每公斤約值美金〇・八至〇・九元；因受經濟之限制，「鋁鋼」只能在特種情況之下採用之。故「鋁鋼」之採用：在橋樑方面，只能在固有橋樑需要減輕死重時；及在軍用橋樑方面，為達體輕而便於運輸及安裝之目的起見，即所費較鉅，原非軍事上所顧及。此外則「鋁鋼」採用之範圍，終受經濟之限制；惟經詳細之研究後，新建橋樑，其跨度甚大者，如採用「鋁鋼」在經濟方面，亦頗合算。

其研究係根據一雙軌花樑大橋，兩邊主樑相距為九公尺，鋼軌枕木橋面等重量，為每公尺一・三噸；橋樑載重係採用德國「N」種，列車重量「鋁鋼」之衝擊力，係按鋼鐵衝力六成計算。鋼鐵係採用ST52高牽力鋼，其准許定限應力，為每平方公分二千一百公斤；「鋁鋼」係採用表一之第一種「鋁鋼」，其准許定限應力，係按每平方公分一千七百五十公斤計算。跨度自一百公尺至六百公尺，各種跨度橋樑所需鋼料重量如圖二。如根據鋼鐵價值每噸五百馬克，(包括原料二〇〇馬克製造一二〇馬克安裝一五〇馬克及運費三〇馬克「鋁鋼」價值每噸四千零六十馬克(包括原料三千五百馬克製造二百三十五馬克安裝二百九十五馬克及運費三十馬克)計算，則其比例約合八倍強。故當同一跨度鋼鐵橋樑重量與「鋁鋼」橋樑重量之比，如超過八倍強時，即採用「鋁鋼」，在經濟方面，亦較為合算。如圖二，則跨度在五百公尺以上，似以用「鋁鋼」為合算，但橋基工程，因橋樑重量減輕，而可省之費用，及「鋁鋼」之維持費，亦較鋼鐵爲少，均未計算在內。如將採用「鋁鋼」所省各種費用，一併計算時，則跨度較小之橋樑，亦有「鋁鋼」與鋼鐵相競爭之餘地。但因橋基情況，致爲複雜，橋基可省之相差亦極大，則必須就每種狀況，另爲計算，方能準確。茲就瑞士塞打博士(Dr. Ing Sutter)之研究以說明之：塞氏係按瑞士雙軌鐵路橋詳細計算「鋁鋼」在製造運輸安裝橋基維持各方面所省，一併顧及；所得結果，則以爲在普通情況下跨度二百公尺以上橋樑，即可採用「鋁鋼」。餘如橋基工程困難，而跨度在一百六十公尺以上者，運輸費用較大地段，而跨度在一百四十公尺以上者，運輸費昂地段，而同時橋基工程困難，其跨度又在一百二十公尺以上者，皆可採用「鋁鋼」。塞氏係根據「鋁鋼」每公斤值三·二瑞士佛郎，其准定限應力爲每公厘三十五公斤，而鋼鐵之准許定限應力爲每公厘二十八公斤，爲上項計算之標準。至於能開合之橋樑，如採用「鋁鋼」建築，則除上述可省之各點外，其發動力之機器設備，及所需開合橋樑電力，均可節省甚巨；如跨度六十公尺以上，則以採用「鋁鋼」較爲經濟。

上述研究，已足說明「鋁鋼」將來發展之可能性。但在目前，鋁鋼尚屬開始採用時期；而鋼鐵之歷史，已有拾世紀之久。鋁質之發現，不及百年；在一八五四年，發現鋁礦時，其礦質甚昂，每公斤約達二千三百馬克；而現在鋁礦原料，每公斤只值一個半馬克。據調查所得，地球中鋁礦藏量尚多；在最近將來，鋁礦開採必增，原料價格，必再可下降。且將來採用大量生產，則提煉及製造成本，均可減省。且提煉「鋁鋼」所需者，只有電力；而電力之來源，可從水從風，可謂取之不盡，用之不竭。而鋼鐵之提煉，必須用煤而煤之藏量有限，消耗又大，在五十年或百年後，則煤之價值，必日趨昂貴，而致影響鋼鐵價格。是「鋁鋼」價日賤，鋼鐵價日貴，採用者之誰屬，已不言而喻。

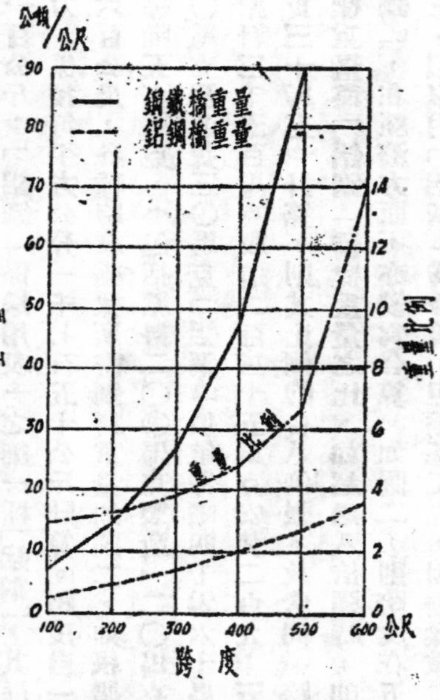

鋁鋼與鋼鐵橋梁重量比較圖

圖二

流線型道格拉斯機

安全迅速舒適

1. 渝昆仰線……重慶——昆明——臘戍——仰光
（每星期六由渝飛仰，星期一由仰飛渝）

2. 渝昆河線……重慶——昆明——河內
（暫停）

3. 渝蓉線……重慶——成都
（每日往返飛行）

4. 渝港線……重慶——桂林——香港
（無定期——每週往返三四次）

5. 渝嘉線……重慶——瀘州——敘府——嘉定
（每星期一四當日往返）

6. 仰港線……仰光——昆明——香港
每星期（由仰飛港）

7. 渝臘線——重慶——昆明——臘戍
每星期二四由渝飛臘，星期三五由臘飛渝

中國航空公司

28309

原刊缺第九至十頁

抗戰後改善後方公路和節省行車消耗費關係的嚴重性

鄭 鴡

各方關心公路交通的人士，當此愈經抗戰，公路愈將躍居重要地位的今日，深深感到這方面支出浩大，所以都認為如果對於公路交通某部門有些改良，它對於國家的好處，一定是很大。目下最受人注意的，是：汽油代用問題，稍次是車輛和機件自製問題，和技術人事等問題。固然，這些問題，都是重要的，可是我們不能不說大家輕視了一個問題，就是：公路改善了，能夠節省驚人的消耗問題。這個問題的嚴重性，絕不在上述的幾個問題之下，為了一般人對它比較地缺少認識，所以就輕視了。最近作者間或聽到談着這個問題，但還不見有較具體的檢討。一部分人，當然對於這個問題有一種原則性的認識，可是對於行車費和公路有些什麼關係問題，究竟能節省多少，和怎樣改善能夠達到怎樣的節省問題等等，也還不常見有人討論它。作者不揣淺陋，願來提供一些意見，希望拋磚引玉，對於抗戰前途，發生些利益，那真是大幸了！

根據作者計算，對於上述問題的答案，是：長期抗戰階段中，改善後方公路，尤其是主要幹綫，以期節省行車費用，是極端地需要的；對它化一塊錢，決不致收不到一塊錢的代價，而且很容易收到七倍八倍的效果；以幾條後方主要的公路而論，每年節省數，可達幾千萬至一二萬萬元。現請把怎樣演成這個答案的過程申論之。

我們討論問題，當然是屬於經濟性，討論對象是抗戰中後方公路和車輛，它們是相當複雜。現分(一)公路交通經濟原則，(二)討論對象之內容和認識，(三)估計的根據，(四)路和行車費的關係，(五)改善方式和一般性的節省數的計算五節，來分別討論。

(一)公路交通經濟原則

一條公路的經濟不經濟，拿什麼方法去測量呢？在同樣場合中，或是負担同一使命的條件下，化十萬元和化十五萬元的工程費，不一定化十五萬元的就算不經濟，十萬的就算經濟。現在姑且把行車費用那部分暫時不計，祇來看路的本身。如果化十萬元的一條路，它的每年的費用要化二千五百元；而十五萬元的那條路，祇化二千元，那末我們就知道，那化十萬元的路是比較的不經濟。每年的費用包括些什麼呢？它應該包括(1)養路費，(2)翻造費或折舊費，和(3)造價的利息三項。換一句話，對於某公路工程的經濟性，就要看每年養路費翻造費和利息三項的總和數的多寡為斷。(當然，也可以拿一月來計算，不過這種耳桊，按年計比較正確些。）然而，這祇就工程部分而講，它還不足以代表對於整個社會的經濟性。如果要以整個社會的立場來看，那一定要把行車費用連帶計算在內。我們再來舉一個例。譬如說，化二十萬元的工程費，它的工程部分每年費用要四千元，每年之中有若干車輛通過，它們每年的行車消耗費爲五萬元，總數是五萬四千元。要是我們多化些工程費，說它是四十萬元，它的工程部分的每年費用變爲七千元，而行車消耗費用，因爲工程改良，減省到每年四萬五千元，總共五萬二千元。那末，我們就知道，多化工程費的那條路，雖然它的工程方面每年費用大些，而最終的費用是少的。（工程部分和行車部分的合併數）就是說，整個社會對於這條路是減少負担的。換一句話，在這種情形之下，這條路對於整個社會是經濟的，有益的。再換一句話說，一條公路的經濟不經濟，要看這條路每年的工程費用（養路，翻修，利息）和行車消耗費兩部分總合數的多寡來測量的。現在可把下式來代表：

$A = M + I + R + O$；　A＝每年整個社會負担費用

M＝養路費，　I＝造路費利息，　R＝公路翻修或折舊費

O＝每年行車消耗費（都按每年每公里計算）

A＝最小數＝最經濟；　A＝最大數＝最不經濟

所以我們站在整個社會的立場來看，我們的目的，就要努力使這每年整個社會負担的費用（即A字）儘可能地減小，而使國家少蒙損失。

（二）討論的對象之內容和認識

（甲）路的方面——作者是拿連接滇、黔、桂、湘、川、陝、甘、新以及伸到緬越邊界的主要幹綫爲對象。西南方面由長沙至貴陽至昆明而至緬甸，這是西南公路的東西大動脈；再由貴陽南至安南邊界，北至重慶；此外加了有川湘和川滇兩條路，總共里程大約在五千六七百公里。不過目下因爲戰局關係，有極少部分暫不通車，而另外新添了若干路綫，所以在西南方面的主要路綫，不下六千公里。西北方面，從新疆省的猩猩峽南下經蘭州，華家嶺，廣元成都而至重慶，共有二千九百餘公里；再加西蘭和西漢兩公路，西北方面又不下四千公里。所以西南西北兩大系統的主要幹綫，剛巧在一萬公里之譜。這些也就是代表了我們最重要的後方公路，也就是作者研究的對象。

對於這些公路的工程方面，自從抗戰後，我們有幾點事實必須認識。就是：

（1）現有路面材料已不能充分地勝任。——以積極和經濟眼光，去看現有的路面，是否勝任抗戰後劇增的車輛數的行駛，已經成爲問題了。現有的路面，除極少部分外，都是一種碎石鋪成的。根據一般經驗與看法，碎石路能勝任的車輛數是很有限的。美國的意見，對於這種路面，認爲祇能担任每天二三百輛以下的車輛。照表面上看，吾們現在交通情狀是差不多，可是有一點是應該特別提請注意，就是，美國的車輛數裏，小車子（即俗稱小包車）的成份極大，我國的情形適得其反，況且我們一般的建築方法，還不及美國的講究，所以我們現在的這種路面，在積極和最高經濟的立場來講，實在有改換的必要的考慮。

(2)養路費不足，致使路面難於保持平滑的狀態。—現在我們後方的幾條公路，自從多數車輛經過以後，除了很少部分還能保持平滑外，都是凹凸不平，並且大多的趨勢，是每況愈下，加速的損壞。爲什麽原因呢？因爲保養力量不足，路壞的速度，超過了修繕的速度，時間愈長，捉襟見肘的窘態愈露。所謂保養力量，並不是高深的技術，完全指的是工人和材料。換一句話說，就是經費的不够，碎石路面的養路費，是和每天經過的車輛數最有密切關係。抗戰以前，平均一公里每年化的養路費，如果超出了二百元，已經可說很大了，可是在那種路上，有多少車輛呢，除京滬杭一帶外，充其量，每天不過一二十輛。而現在車輛的平均數，增了很多倍。養路費雖然也增加了，譬如西南公路管理處的養路費，每年就有一公里乙千五六百元。（根據該處預算，剔除無關的費用）然而戰時工資至少漲二三倍，材料漲四五倍至十幾倍，所以它實際的增加，還够不到車輛數增加的劇度。何況它們兩者之間，還有不止僅僅單純的正比例的問題呢。

(3)很多的路綫，因在建築時限於技術的不足，或時間經費的不足，以致先天地影響行車消耗的無形增加。——我們知道，公路工程的各項標準裏，很多部分是影響行車費的。它是需要相當的工程智識，才能認識清楚。而現有的公路，很多是在技術水準低劣的管理中造成的。至於能認識清楚的工程人員呢？又往往被經費和時間所限制，不能稱意改良。所以我們現在隨處可以發覺不適合或不合理的地方。固然，在車輛少的時候，影響不什麽大，而到了車輛激增的今日；我們就不能不對於已成的路綫，重加一番研究，設法改善。另一方面，主管機關，對於以往規定的標準，有關行車消耗的，也應該有重加檢討的必要。

(乙)車的方面—關於車輛方面，我們討論的對象，是不論公私所有的長距離運輸的客貨汽車。（小包車不在內）它們的數量，很難得到正確的數字。不久以前，作者知道僅僅在重慶到廣西邊界鎮南關之間的商車，就有幾千輛；政府機關的車輛，如西南運輸處，軍政部，後方勤務部，中國運輸公司，和交通部直屬的幾個機關併起來，又不下五六千輛。所以籠統計算，至少在一萬輛以上行駛在後方的幾條主要公路上。這種車輛，可以說都來是美國而用汽油做燃料的。（極少成份用他種燃料）它們的載重，雖然有些差別，而最普通的是二噸。

對於這些車輛，吾們也有一點事實，要提請認識，就是：戰後今日，後方公路上，車輛行車消耗費，（單位每車行一公里）要比戰前東南一帶超過五六倍，西南一帶十二三倍，而每天通過的車輛數，平均的話，要比東南一帶超過四五倍，西南西北一帶二三十倍。

（三）估計的根據

現請先將路和車兩方面的估計說一說，然後再看兩者之間的關係，也就是本文討論的重心所在。

(甲)行車費—照現在實際狀況，就是公路還沒有改善以前，美國製的二噸車，每車每行駛一公里，它需耗：

(1)汽油　一元
(2)機油　一角半
(3)車胎　二角八分
(4)修理費　六角
(5)折舊費　二角八分三厘
（第(1)至(5)項估全數96%）
(6)車價利息　二分四厘
(7)管理費　七分

共計平均每車每公里費用——二元四角〇七厘

(8)在後方主要公路上平均每天每處經過車數——一百輛

上面第(1)至(7)項的估計，既屬普通性，又沒有很可靠的統計數字，當然不能十分正確。可是以一般平均而論，相信不致有重要的差別。它們的根據是：(1)汽油—每介侖平均為十元，每介侖行駛十公里。(2)機油—照一般經驗估計而取保守態度。(3)車胎—平均由內外胎每套七百元，壽命一萬五千公里。(4)修理費—根據中國運輸公司每車每月約乙千八百元的預算，而以一般每車每月行駛三千公里計算。(在戰時，往往不能達此標準，所以這項估計，也是穩健的。)(5)折舊費—根據各方實價，平均每車作乙萬七千元計，壽命為六萬公里。(6)車價利息—以每車乙萬七千元，年年五厘計。(7)管理費—參照各方實例，平均估計。

第(8)的估計，是很重要的，但是關於這方面統計數字，異常缺乏，要在一萬公里的後方主要公路上，求得一年半載裏通過車輛的每天平均數，是相當困難，或不易接近高度正確的。照西南一帶的情形而論，有時一天走過三四百輛，並不算希罕，一百輛以上，司空見慣。西北一帶，作者經驗很少，不過知道那裏運輸情形，不像西南的繁盛，所以平均而論，每天一百輛的數字，不致過於不正確。此外，作者還有一個理由，就是根據以往經驗，每車每月平均能實際行駛三千公里，照第二節的論述，後方公路主要綫恰為乙萬公里，車輛也有萬輛以上，如此推算，也恰巧每天能有乙百輛之數。

(乙)養路費翻造費或折舊費和造價利息—這養路費翻造或折舊費，和造價利息三者，是測量公路工程部分經濟性時所必須知道的。在我國目前實際設施上，祗有養路費的預算，而沒有顧到後兩者。可是以整個社會的立場來研究，那不能不顧到的呀。下面是目前實際情形中，一般性的估計。(每公里每年為單位)

(1)養路費　一四〇〇元
(2)翻造或折舊費　五〇〇元
(3)造價利息　五〇〇元

(1)養路費—是根據交通部西南公路管理處的預算，同時參酌西北的養路標準。西南公路管理處管轄三千二百七十六公里，每月的整個預算是五十萬多一些，它這裏面，還有旁的沒關係的開支和搶修的工程費，剔除以後，約合每年每公里乙千六百元之譜。西北公路，據交通部公路總管理處說，是每年七百多元。那裏車輛是比西南少，同時里程也比西南為少，所以作者平均估計每公里一四〇〇元。(2)翻造費或折舊費—在中國目下實際情況中，是不顧計的，並且在事實上，許多地方把翻造費混列在養路費裏一，又分不清楚。作者所估的五百元，是以碎石路面費每公里平均五千元，十年澈底翻修一次計。(3)造價利息—戰前在西南西北一帶，平均每公里築造費以一萬元計，年息五厘，故得五百元。

(四)路和行車費的關係

(1)同一車輛，走在同一路線上，如果路面舖的材料不同，行車費就不同。大概而論，高級的或昂貴的路面，比低級的或便宜的路面，需要較小的行車費。

(2)同一車輛，走在同一路線的同一種路面上，如果它的平滑程度不同，行車費就不同。當然，最平滑的最省費，最不平滑的最不省費。

(3)同一車輛，走在同一路面同一平滑程度的路上，如果甲線的斜坡陡些，乙線的斜坡較平，那末甲線上的行車費就要比乙線上的為大。

(4)如果兩地之間，有甲乙兩條路，它們一切的標準相同，但不過甲線較乙線長一公里，那末甲線上的車輛，就要多化一公里的費用，這是顯見的事實。

(5)如果兩地之間，有甲乙兩條路，它們的一切標準和距離都相等，祇不過甲線的起伏比乙線多，那末甲線上的行車費，比乙線上也要多一些。

總之，路的本身影響行車費的條件多着呢，連到多幾個急灣，和少幾個急灣，都有關係，我們現在把它們主要的幾樁事列在下面：

(1)路面材料的關係
(2)路面平滑的關係
(3)斜坡傾斜程度的關係
(4)路離的關係(即路線長短)
(5)路線起伏的關係

以上五種關係，第五種的影響比較輕些，其餘四種都是很重要的。這裏第四種距離的關係，往往發生在改線的時候，或是測量後選線的時候，它們如果僅僅祇有距離遠近不同的話，那末很簡單，短的當然省費，省的費也很容易計算，至於路面材料，路面平滑，和斜坡程度的三種關係，不能如此簡單，它們都得要借重實驗的結果，或數學的計算。

路面材料種類很多，中國以往對於各種路面和行車費的比較研究，還沒有做過。現在先把美國一般根據實驗而公認的研究結果參考一下。

路面種類	行車費之比例(以碎石路一、〇〇為基數)
(1)普通柏油路或水泥路	〇、九〇
(2)最好水泥路	〇、八三
(3)碎石路(保養很完善的)	一、〇〇

(此外別種路面在中國不常見的不列舉)

行車費用項目中，受路面材料的好壞而變動的，是：(1)汽油(2)機油(3)車胎(4)修理費和(5)折舊五項。在本文第三節裏，我們知道中國目前這五項的費用，佔到全部的百分之九十六，而美國的這同樣的五項，僅佔到百分之五十至七十，平均為六十。所以使上面引用的美國行車費比例，變爲中國的比例起見，應該是：

路面種類	行車費比例(以碎石路1.00爲基數)
(1)普通柏油路或水泥路	〇、八四
(2)最好水泥路	〇、七三
(3)碎石路(保養很完善的)	一：〇〇

照上表看來，碎石路改爲普通水泥路或柏油路，行車費要打八四折，如果改爲很好的水泥路，要打七三折。這還是從一種保養很完美的碎石路比較。要是就中國目前這種保養並不完善的碎石路立論，如果改爲普通水泥路或柏油路，至少可打八折，改爲最好水泥路，至少要打七折。(照美國卵石路與各種路面比較，還算不到八折七折，而我國的碎石實和他們卵石路相彷，也是鬆動凹凸，就以採定八折七折，毫無疑問。)

路面平滑的程度和行車費的關係，在各國都還沒有一種精確的計算方法。當然，常識告訴我們，愈平的愈能節省，行車消耗，這是不爭的事實。可是怎樣的平滑可以節省怎樣多的費用呢？這就要實地討論了。現在美國測量一種路面的平滑，是用一種震蕩器，(英名 Violog 紐約州公路部的 Harley Dunbar 君所發明)它可以告訴各種不同程度的平滑的度數，好像寒著表水表之類，表示一件事的高下或多少。路面最不平，震蕩器上的度數也最大。反之，最平滑的，它的度數也最小。那末，我們就知道不論對於同一種路面，或不同的路面，都可以用這種震蕩器來比較了。根據美國紐約州著名的公路工程司 (W.E. Harger & E. A. Bonney) 兩君說：用這種震蕩器所量得的各種路面的度數和行車費的關係，大約如下：

(1)五六十度—是新造優良平滑的厚水泥路，磚路，和厚柏油路度數。

(2)二百平度—在這種度數以下，人們還不致感覺怎樣不舒服的震蕩，同時這度數也認爲是保養路面的應有標準。

(3)二百五十度至一千度左右—是代表非新築的碎石路或薄柏油路的度數，年代久而保養不完善的，可達一千度以上。

(4)一百度左右—是新造平滑優良的碎石路的度數。

(5)在五十度以上，五百度以下的範圍內，汽油和車胎兩項的消耗每增一百度的不平數，它們就要增多百分之八的費用。

我國目下這種公路的不平度數怎樣呢？國內還沒有這種工作的試驗報告，所以無法得出一個實際的數字。依作者參照本節上述的幾點說明，和根據作者在國內和美國親身經歷各約乙萬餘公里的結果，同時退一步地籠統估計起來，決不在五百度之下。至於路的不平，它不但影響汽油車胎兩項消耗的增加，同時折舊費修理費和機油的消耗，也要增加，尤其折舊和修理費兩項的增加劇度，是很大的。吾們在本文第三節內，已估計過了，這五項的費用，佔我國目下全部行車費百分之九十六。那末，參照本節引證的意見，吾們現有的這種碎石路，每增加一百度的不平數，要對於全部行車費增加百分之七以上的支出。換一句話說，如果能把現在這種很不平的路改善了，它將每減一百度的不平數，行車費就可省下百分之七。如果從作者所估的現有不平數卽五百度，改善到一般認爲適當的標準卽二百五十度，總共對於行車費的節省，可達百分之十七以上。現再退一步，以極端穩健的態度去估計，至少不會在百分之十以下。這是一個含有多麼重要性的數学呀！

至於路綫的斜坡和行車費發生怎樣關係呢？吾們須先瞭解爬一山坡，從坡脚爬到坡頂，坡脚當然低，坡頂當然高，它們兩者之間，對高度而言，必定相差若干距離。（坡的本身的長度不論）換一句話說，一輛車或一個人從坡脚爬到坡頂，他是昇高了若干尺。如果走在平地，不論走多遠，並不有一些昇高的。依照現在一般載重車的力量而論，它爬坡的時候，每昇高一公尺，就等於額外地多跑了百分之二至三公里的路程。吾們想一想，每天有多少車經過，每車每公里的行車費多大，而同時一個坡的高差常常很大的，幾十公尺算不了一回事，那末，吾們就會瞭解，山坡對於行車消耗的關係是怎樣了。

（五）改善方式和一般性節省的計算

按照本文第一節的公式，目下在沒有談到改善以前，每一公里每一年對於整個社會的支出，是九萬〇二百五十五元。卽：

Δ＝1400（養路費）＋500（造價利息）＋500（折舊或翻造費）

＋87855（行車費）＝90,255元

（行車費是按照本文第三節每車每公里二元四角〇七厘和每天經過一百輛兩個基本數而按年計算的）

改善的方式，不外（1）改換舖路面的材料，（2）改良路綫，尤其削減坡度和改選短綫是主要，（3）就原有的路面充實養路力量，增加路的平滑程度。

（1）改換舖路的材料——應該採取何種材料，當然是一個很重要的問題，可是本文的目的，是祇想提出改善的重要性，對於採選何種材料的問題，不擬多所論列。况且近世公路的路面，大概不外柏油路面或水泥路面，以中國實際情形而論，水泥還能自製，柏油仰給舶來。所以這種就拿水泥路面作爲討論的根據。不過水泥路面也有各式各樣的建築方式，現求簡單起見，假定兩種，一種是正式水泥路，價格當然是高的，一種是把水泥摻入碎石中，稱爲「水泥結碎石路」，價格較低。正式水泥路當然是好，它能更多地節省行車費，壽命長，保養費小，但是它的造價利息則高。現把這兩種路面依照一般情形，比較並估計如下：

（甲）正式水泥路面

壽命或適用期——十五年

造價——每公里約五萬元（僅路面部份）

對於現在行車消耗的節省——七五折（參照本文前節）

養路費——每年二百八十元（等於碎石路的五分之一）

（乙）水泥結碎石路

壽命或適用期——十年

造價——每公里約三萬（僅路面部份）

對於現在行車消耗的節省——八五折（參照本文前節）

養路費——每年七百元(等於碎石路的二分之一)

現在來看它的節省數吧。

(甲)改換正式水泥路面

A＝每年每公里費用＝280(養路費)＋3000(造價利息連老路在內)＋3333(折舊)＋65891(行車費爲碎石路75%)＝72,504元

90255(未改善前)－72,504(改善後)＝17,751＝每年每公里節省數

(乙)改換水泥結碎石路面

A＝每年每公里費用＝700(養路費)＋2000(造價利息連老路在內)＋3000(折舊)＋74676(行車費爲碎石路85%)＝80,376元

90,255(未改善前)－80,376(改善後)＝9,889元＝每年每公里節省數

改換正式水泥路面，每年每公里可節省一萬七千餘元，改換水泥結碎石路，每年每公里可節省約乙萬元。現在我們主要的公路，恰約乙萬公里，全部計算，前者每年可節省一萬七千餘萬元，後者約乙萬萬元。前者的改善費需要約五萬萬元，(平均改善費每公里五萬元)後者要三萬萬元。這種改善費以經濟的原理來說，是等於整個社會的一次投資，如果它們的利息和折舊費都有着落，它們是有永久存在性的。吾們在上面計算裏，已經把這改善費的利息和折舊都打算在內了，所以應該明白，這每年一萬萬元或乙萬七千餘萬元的金錢，是對於整個社會國家純利性的節省。(以上述兩種改善費而論，收獲的效果各達七倍以上。)何況所省的百分之九十以上都是外匯呀！有人一定要問，我們現有這麽多的錢和物資嗎？當然，一時是沒有的。然而作者要問，抗戰是長期的，目前汽車滓輪費要年耗八萬萬元之鉅，它耗蝕我國全部的抗戰總力量，是這樣的嚴重，若果改善它的價值是這樣的鉅大，對於國家又是這樣的有利，我們應該不應該爲了難以一蹴而就，而忍心就把它忽視，不去努力使在最大可能範圍之內，達到最高的成就嗎？

(2)改良路綫——我們已知道，每一輛車爬坡的時候，每升高一公尺，就等於多走百分之二至三公里的路程，(平均爲百分之二五)一年之中，每天走過一百輛車，就無形中多消耗二千餘元。反之，如果把山坡削減一公尺，就能節省二千餘元，削減十公尺，就要節省二萬餘元。我們改善的時候，當然是要化錢的。不過照經濟的眼光來看，要是化的數目，不超過所省數目的一二十倍，也是值得的，因爲改善等於投資，是一次的節省，是整個社會每年受到的利益，何況照目下的工料情形而論，除了翻山的路綫部份外，改善這種工程費用，是決不很大的。

同樣的理由，如果爲了縮短距離而改綫，每縮短一公里，每年可省八萬餘元的行車費。照經濟的理由說，改綫費用每公里即使要化八十餘萬，也是值得的。現在我們知道造一公里新路，平均不過幾萬元。所以主管和辦理公路工程的人，對於改綫的事情，應該極端注意，因爲在目下情況中，改綫對於行車費的節省，毫無疑義地是經濟的。

（3）充實養路力量增加路面的平滑——車輛劇增以後，壞路的速度，遠過於補路的速度，這種事實凡在公路上和養路發生關係的人，都能深切地感到。作者在本文第二節也已提過了，照作者估計，要把現有的路面保養到一般認爲適合的標準，非得要把現在的養路工人和石料的兩項費用，增加五倍以上不可。（現在西南公路管理處的預算平均每公里祇有兩個人多些，料費每月祇有卅元）把西南西北兩地籠統計算，連總管理費在內，每年每公里的養路費，必須有四五千元，纔能有充分的養路力量。

保養路面達到一般認爲滿意標準以後，行車費至少可省百分之十。（參閱前節）

現以每公里四千五百元的養路費爲標準，計算每年的節省數如下：

上＝4500（養路費）＋500（造價利息）＋500（折舊費）＋79070（行車費爲碎石路90%）＝84570元

90255（改善前）－84570（改善後）＝5685元＝每年每公里節省數

照這裏估計，每年每公里可省五千六百餘元，一萬公里，即可省五千六百餘萬元。這是總結果的節省數。分析它的內容呢，那末每年多化三千餘萬元的養路費，可以節省八千餘萬元的行車費。照它本身的看來，當然也是經濟的，可是同前面的改換路面的方法比較，則改換路面方法的經濟價值，要高多了。蓋增加養路費，是每年要化錢，改換路面是一次的投資，前者是比較易舉而利薄，後者是不易速成而利多。兩者之間，當然不無還可有斟酌損益的考慮。

結論

一、公路交通，自抗戰踏入車多費貴的激變局面後，改善公路工程，不但是無疑地可以節省和外匯有關的行車消耗費，還富有經濟性的價值。

二、西南西北一萬公里的後方主要公路綫，如果改善它，對於我們整個國家純利性的節省，少則年達五六千萬元，多則可省乙萬七千餘萬元；若是拿外匯有關的行車消耗而論，每年可省外匯約八千萬元至二萬萬元之鉅（法幣）

三、改善的方式，應先以改換路面爲原則，它是最富有經濟價值的。同時在這鉅額的改善費，一時不易籌足之前，應該充分地增加養路經費，那也是一個並行不悖的要策。還有儘可能地改良老路綫，使它縮短距離，和削減坡度，也得要極端注意而着手的。

四、改善費是鉅大的。改換路面，每公里要三萬或五萬元；即使把原有路面保養到適當的標準，（即對暫時不能改換路面的部份而言）也要每公里每年再添上幾千元。然而，世界上沒有眞便宜的事，我們要達到某種程度的效果，必得要先付某種程度的代價。我們如非不想把這驚人的外匯省下，否則我必定要把一向錯誤的觀念——即公路是便宜的，可以隨隨便便對付的觀念，——完全拋棄，而大刀寬斧地改善它！

建築物之抗火效能

胡樹楫

本篇原文為德國 K. Gaede 教授對漢諾佛工科大學防空研究班之演講稿，載於"Bautenschtz"一九三九年九月號("Beton u. Eisen"之附刊)，以其不特與「建築防空」有關，且足供一般建築界之參考，爰為介紹於國人。

——譯者識

德國多數建築物具有抗火效能，而消防警察又有適當之組織能力，與準備，故火患與其防禦之兩方面已形成均勢狀態。雖大火之突發有時仍不能免，然吾人大都可予以控制，不使蔓延成災，則可斷言。

上述之均勢狀態，在戰時可因敵方故意縱火（其主要手段為空襲）而破壞。最可畏者為多處同時起火，致釀巨變。欲事預防，惟有動員民衆加入防空工作，及採用其他消防辦法。

此外尚有可研究者，即吾人之建築物是否可用何種方法使其抗火效能加强，而藉以減輕空襲之危險性。而按建築物之抗火效能係與多種因素及化學物理性質有關。因此吾人擬就下列重要問題加以解答：

一、起火後熱度之發展情形及其與時間上之關係如何？

二、建築物各部分之受熱可達何種深度，及熱度高至若干？

三、主要建築材料受熱後起何變化？

四、如何保護建築物各部分，使不受高熱損害？

五、何種新辦法為建築之保護上所宜採用，或必須採用？

一、起火後熱度之發展情形及其與時間上之關係

吾人之四週，無論在憩息之家庭，抑在工作之場所，可燃燒之物甚多，或置於商店待售，或為工廠內之製造品，或儲在地窖倉庫之中。舉凡吾人日常所需之物品，如衣服，紙張，傢具，地毯，窗簾，食物，薪炭等，幾盡可焚燒。建築材料之一部分，尤如製成門窗地板等之木料，亦屬可燃燒者。可燃物料一經着火，即發熱焚燒。每一公斤物料焚燒時所發之熱量，以「千熱單位」(Kcal)計，為該物料之「供熱值」(Heizwert)。與吾人最接近之布料，紙張、木料、纖維素，穀類、糖等，其供熱值約在三千至五千之間，平均約四千左右。較此為高者為真正燃料之供熱值，在煤與焦煤為七千至八千，石油、汽油、柏油(煤脂)等為九千至一萬一千。

通常住宅商店等之起火焚燒，可按燃燒物（傢具貨物等）每

公斤發熱四千「千熱單位」平均計算。設每平方公尺地面（或樓面）載重七十五公斤，則火災時每平方公尺地面所發之熱量為4000×75＝300000「千熱單位」。

次一問題為燃燒熱度與時間之關係。按燃燒熱度之高低繫乎燃燒物料之種類及其在空間之分佈情形（例如紙張鬆堆或緊包）以及空氣與燃燒氣體之流動狀態。基於熱量計算與火場經驗及實地試驗，吾人可作成一種「熱度時間曲線」，以表現大火時熱度隨焚燒時間增進最劇時之情形，並利用此種曲線以衡量建築材料與建築部分之抗火效能。

德國工業標準"Din4102"有「標準熱度曲線」（圖一）之規定。據圖示，物料着火後熱度增加甚速，計於十五分後升至七五〇度（攝氏表），三十分鐘後升至八八〇度，然後徐徐提高，於一小時後達一〇〇〇度，於三小時後達一一〇〇度，如實地試驗時有3%至5%之差，在規定上認為無礙。上項規定對於各種建築材料之抗火效能定有下列各項解說：

（一）「難燃」材料——雖能着火，但於火苗離去後自行熄滅。試驗時間：十五分鐘。

（二）「滯火」材料及「滯火」建築部分——在「標準火」下，最初半小時內，不燃燒，組織不散亂，不容火通過，如為載重部分，並不因而減損載重能力。一面受火之建築部分（牆壁門扇等），其背面之熱度不得高於一三〇度，俾易燃物料（如假象牙等）不致着火。

（三）「耐火」材料及「耐火」建築部分——在「標準火勢」下須能支持一小時半。

（四）「高度耐火」材料及「高度耐火」建築部分——在「標準火勢」下須能支持三小時。

又第三第四兩種材料及建築部分須兼具「滯火」之性質，如（二）項所述，此項性質並須不因冒水（消防時噴射之水）而受影響。「耐火包裝」（即用耐火材料包裹）之建築部分須於受火試驗時無二百五十度以上之熱度。

由於上列各項解說之確定，吾人可於建築規章中以簡單術語替代多數文字。

物料焚燒時之熱度變化，大致有一定規律，如上所述。此外建築物受火之影響惟有焚燒時間長短問題。按焚燒時間之長短，除外來原因（消防功效）外，繫於焚燒物料之多寡。平均每平方公尺地面上每一百公斤燃燒物料可以焚燒一小時半至二小時計算。貨棧內物料繁多，故每須為高度耐火建築，有時且受較此更嚴之限制。

二、火中物體之熱度及受熱之深度

物體受熱侵入之深淺，除與其形狀及比重(γ)有關外，繫乎兩種特性，即傳熱率(λ)與比熱(c)（即每公斤物質熱度增高一度時所需之熱量）。傳熱率愈小比熱愈大，則在一定外界溫度之下，熱之侵入物體內愈延緩。防火上最居重要地位之磚，石，混凝土等材料，對熱為不良導體，適與金屬相反。例如混凝土之傳熱率僅占鋼之五十分一，銅與銀之三百分一。混凝土之比熱為〇

・二一，約爲鋼之二倍(〇・一一五)。假助於此項「物質常數」及Fourier 氏所立關係熱運動之微分方程式(Differentialgleichungler Wärmebewegung)，在已知物體表面熱度變化情形之下，可隨時計算物體內任何部分之熱度。圖(一)示某厚牆於一面照美國「標準熱度曲線」(與 Din4102 所規定者大致相同)加熱時各部分之熱度。圖中橫位標代表各部分對加熱牆面之距離X，其比例尺由傳熱率，比熱，比重(γ)三者定之。(按圖中橫位標代表X之倍數 $\frac{X}{2a}$ 而 $a=\sqrt{\frac{\lambda}{\gamma \cdot c}}$)圖中各曲線之縱位標指示經過一定焚燒時間後發生之熱度。牆面熱度實際上較室內空氣爲低(由於空氣傳熱於牆面時不免有若干阻力)，故本圖尙應予以相當修正。例如橫位標軸上「1」字處約與混凝土牆內距受熱面六一〇公分之地位相當。由圖可知：上項深度於受熱一小時後熱度僅爲一二〇度，二小時後亦僅達二八〇度，須閱四小時以上始超過混凝土之「危險熱度」(Kritische Temperatur 亦稱「臨界熱度」)，卽五〇〇度(見後文)。

類似之曲線亦可就受火包圍之柱及其他情形計算繪製，藉以推知各種建築部分內任何地位經過一定焚燒時間後之熱度。故火對建築物之作用至何種程度，可以估量，如吾人更瞭解各種建築材料在一定熱度下之性能，則火加於各建築部分之損害程度，亦可確定。

三、高熱對於各種建築材料之作用

建築材料受熱後發生之變化有多種，玆僅擇要加以論列。

(甲)長度變化：物體大都隨熱度之增高而伸脹。大多數建築材料之「線脹率」約爲十萬分之一左右，卽每加熱一百度，每公尺約伸長一公釐。詳密言之，則各種材料間頗有歧異。例如矽酸岩類如花崗石，砂石等每百度每公尺伸張一・二公釐，石灰石僅〇・六八公釐，「水泥石」(凝固之水泥)則達一・五至一・七公釐，較花崗石尤甚。

「水泥石」熱至一百度以上時因放出水份，反趨收縮。熱至五〇〇度時較原來(未加熱時)每公尺計縮短五公釐。」石英受熱後亦顯奇特情形。熱至五七五度時，卽由「甲種石英」(α—Quarz)變爲「乙種石英」(β—Quarz)而體積亦激增(2.4%)。故含石英之石類(花崗石，砂石，多數河礫)受火後每形體膨脹，組織鬆散，且多孔隙。火後含石英之牆石如現脆碎狀，卽爲焚燒熱度超過五〇〇度之證。

(乙)礦石料對火之性質：含石英之石類不利於抗火，已見前文。有與一般意見相反者，卽石灰石對火頗有良好功用。緣石灰石雖如一般人所稱，在高熱下放二氧化碳氣，致呈多孔狀而喪失載重能力，且燒成石灰，遇水卽溶化分解，殊不知熱度須在九〇〇度以上，始有多量二氧化碳氣之排出，而此項現象之發生又需熱量每公斤四三〇千熱單位之多。因有消耗熱量之作用，故可阻止高熱內使，且燒成石灰之表部爲多孔物體，傳熱不良，亦有保護內部之效。人工燒製與融凝之「石類」（磚，煉鐵爐滓）可抵抗之熱度達一二〇〇度。煉磚（Klinker）與類似之天然石如玄武岩，浮石等，在九〇〇度左右尚屬無礙。

(丙)混凝土對火之性質：混凝土由砂石料與水泥（加水後成「水泥石」）合成，故其抗火之功能，亦視兩者之性質而定。如上文所述，水泥石受熱逾一〇〇度時，即逐漸放出所含水份，因此强度漸減，至一〇〇〇度左右而完全崩潰。故混凝土强度隨熱度增高而不斷下降，有如圖(三)中之斜直線所示。砂石料之含有石英者約在四〇〇度與五〇〇度間失其強度，已如前述，因此混凝土亦隨而破壞。關係此點，圖(三)中於五〇〇度處畫垂直界線表示之。此項界線在石灰岩砂石料約位於七五〇度處。

(丁)鋼料對火之性質：鋼料於九〇〇度左右變爲麪條狀而可鎚煉之狀態。其强性則在較此遠低之熱度下早已銳減。鋼料之載重力端視「激展界」（Streckgrenze）之高低而定。載重逾激展界時，在受壓力之建築部分則向旁撓屈，在受拉力之建築部分亦因變形過劇而失其效用。圖(四)示鋼料 St37（譯者按：指鋼之强度每平方公分不下三七〇〇公斤者）之激展界與熱度之關係。此項激展界，至二〇〇度左右止，爲每公分二四〇〇公斤，無變動；隨後即激遽下降，至四五〇度左右已落至每平方公分一〇〇〇公斤以下，至九〇〇度竟近乎零。其他鋼類之情形仿此。

鋼料 St37 在房屋建築上可有之應力爲每平方公分一四〇〇——一六〇〇公斤。加熱至三〇〇——四〇〇度時，此種鋼料之激展界已降至與上述應力相等，故鋼料載重部分在上述熱度之下勢必「走動」，甚或傾塌。計算上之最大應力在實際上雖未必有，然由於受熱變形而發生之額外應力每足以彌補上項差額而有餘。鋼料建築物（無防火包裝者）在火中（尤其在大火災時）傾塌者，就吾人所知，有上世紀來著名玻璃大廈三所，即門興（慕尼克）之「玻璃宮」，倫敦之「水晶宮」與維也納之"Rotunde"皆在不久以前毀於火。

(戊)木料對火之性質：木料可焚燒，故用作建築材料，遇火即成燃料，而助長火勢。雖然，木料之拙於抗火，實不如吾人想像之甚。

木料之燃燒，由於熱後發出氣體。此種氣體初不自燃，須借助火燄。木料發出可燃氣體所需之熱度，即「着火點」，約爲二五〇度。

木料發出之氣體在高熱空氣中亦可自燃，毋需近火。此項熱度，即「自燃點」，在多數木材類約爲四〇〇——五〇〇度。此點對於接近高熱物體（火爐，烟囱）與火焚房屋之木質部分殊關重要。

受熱之木料經過「乾餾」作用，表面「炭化」而多孔，對熱爲「不良導體」，故能阻滯熱之內侵。因此粗大木料可在火中持久不毀。木料之橫剖面愈小，炭化保護層之功用亦愈微，即透熱與破壞愈速。近時通行薄層疊成之屋頂架及其他載重部，自防火之觀點上而言，殊不適宜，至少必須另籌保護之法。

四、建築部分對於高熱內侵之防禦

(甲)砌築物及混凝土　由前所述，砌築物與混凝土雖經過數小時之大火，僅於向火一面之表層熱度升高至危害載重能力之程度。故欲達一定之安全程度，祇須其餘部分，照(二)章所述，熱度在一定界限(例如五〇〇度)以下者，足以承受外力。另一計算牆垣厚度之法爲背面熱度不超過一定界限(照 Din 4102 之規定爲一三〇度)。除此以外，並不需要其他保護設施。

(乙)鋼筋混凝土　鋼筋混凝土內之鋼鐵料最易受火之危害，而依前文所述於四〇〇度左右喪失載重能力。此在正中載重之柱尚無大礙，因必要時可由混凝土部分担負較大之壓力。如掩護鋼筋之混凝土有充分厚度，則鋼筋之傳受危險熱度亦須在數小時之焚燒以後。圖(五)示美國方面就四十三公分徑圓柱作焚燒試驗所得熱度變化情形。柱中鋼筋擁有五公分厚之混凝土掩護層，在焚燒四小時以後始傳受危險熱度，即四〇〇度。至以石灰岩爲砂石料之混凝土則雖焚燒八小時亦僅二——三公分厚之表層遭受破壞。圖(六)爲就同樣鋼筋混凝土柱，用玄武岩爲砂石料者，試驗所得之結果。因玄武岩質傳熱較良又無發出二氧化碳氣以消耗熱力

之作用(如石灰岩所有者)，故熱之內侵遠較上述之柱爲劇。柱中鋼筋於焚燒二小時半後即達四〇〇度之熱度，但本柱在十足載重之下仍能支持八小時之「標準火」而不毀。

與上述情形迥異者爲受彎力之鋼筋混凝土建築部分。混凝土於此不能爲「軟化」之鋼筋分担應力，鋼筋熱至危險熱度時，即整個喪失載重能力。不久以前，與此相反之樂觀見解尚甚普遍。此種見解之發生，係因不載重之鋼筋混凝土樓面在焚燒試驗中經過良好。直至一九三五——一九三六年間德國鋼筋混凝土學會就十足載重之建築部分作試驗，眞相始明。試驗之重要結果玆轉載該會發表照片及圖表數幀顯示之。圖(七)示試驗之小屋，上蓋鋼筋混凝土板；該板經過與 Din 4102 規定相當之火焚燒三刻鐘後即告塌陷。圖(八)爲該板以下仰視之形狀；板面已發生寬闊裂縫，熱力可直達鋼筋。圖(九)示焚燒約一小時半後摧折之鋼筋混凝土丁字梁，其跨度爲四公尺。(譯者按：圖(七)至(九)均係照片，因不便製板，从略。)圖(十)爲試驗結果一覽表。觀表可知：鋼筋混凝土板之鋼筋掩護層厚度(a)僅一或二公分者，採用普通混凝土(Wb28=133公斤/平方公分)時，僅勉堪支持三刻鐘許，採用「高抗」混凝土(Wb28=256)時，亦祇較勝一籌。(譯者註：Wb28代表混凝土經過二十八日後之强度，以每平方公分公斤數計。)丁字梁大致均符合「耐火」之條件(經過火燒一小時半)，惟一部分成績頗差。圖(十一)指示：鋼料種類(ST37或ST52)之選擇與鋼筋混凝土板之抗火效能無甚關係；惟藉「冷治」提高「激展界」之鋼料(Isteg鋼)成績稍劣。

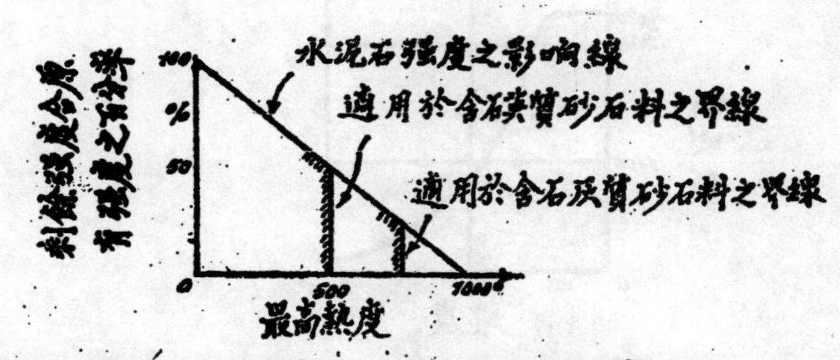

圖(三) 混凝土强度隨熱度增高而減低之情形

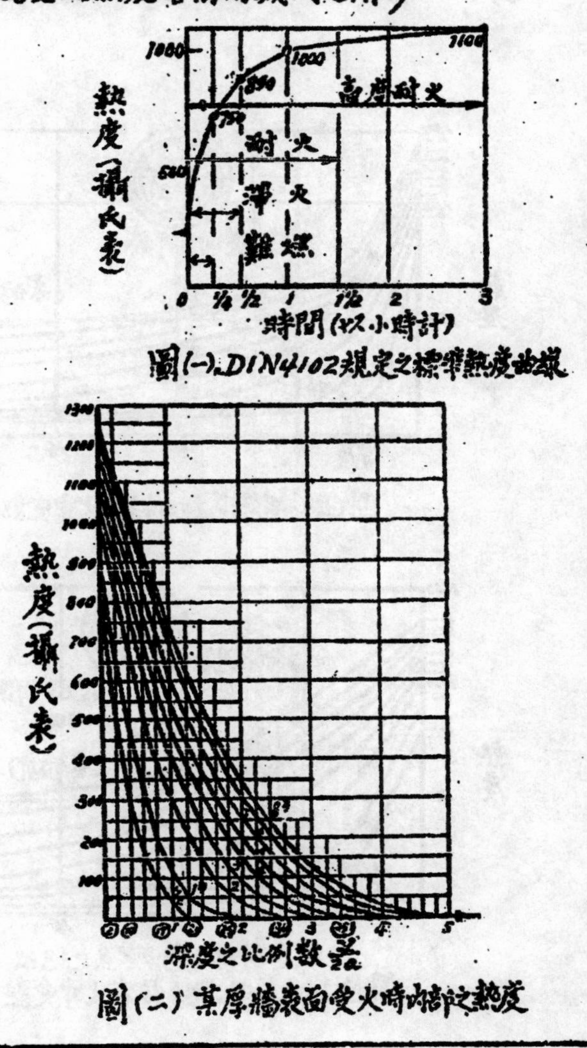

圖(一) DIN4102規定之標準熱度曲線

圖(二) 某厚牆表面受火時內部之熱度

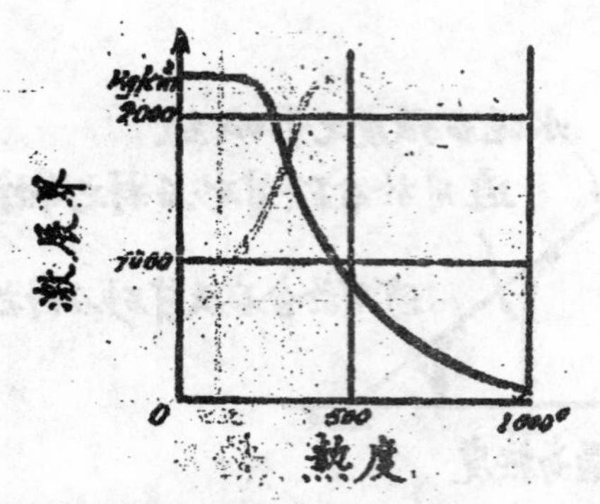

圖(四) 熱度與St.37鋼所有激屈界之關係

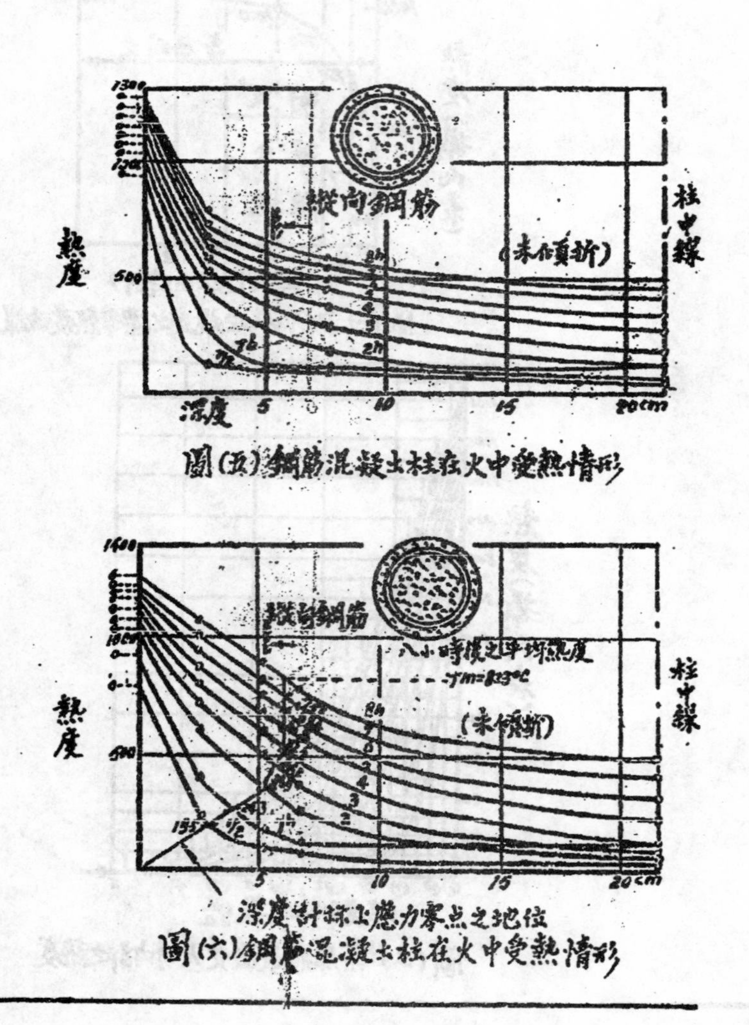

圖(五) 鋼筋混凝土柱在火中受熱情形

圖(六) 鋼筋混凝土柱在火中受熱情形

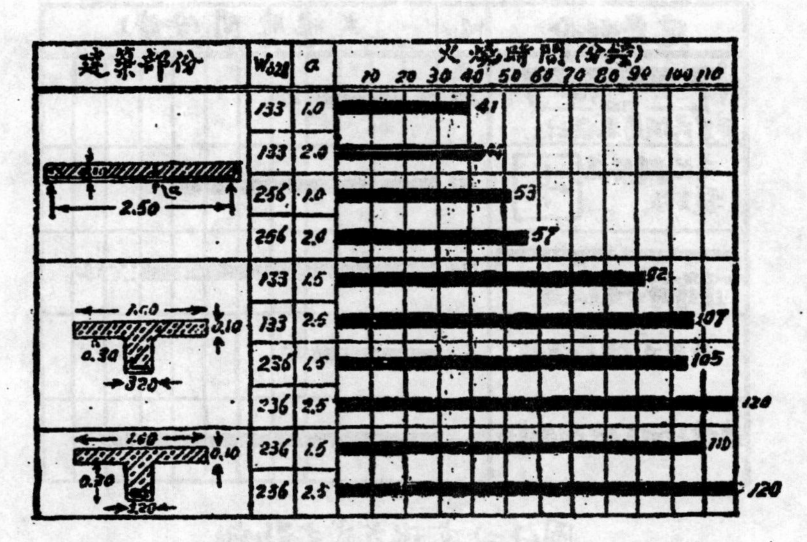

圖(十)鋼筋混凝土樓板及丁字梁支持火燒之時間

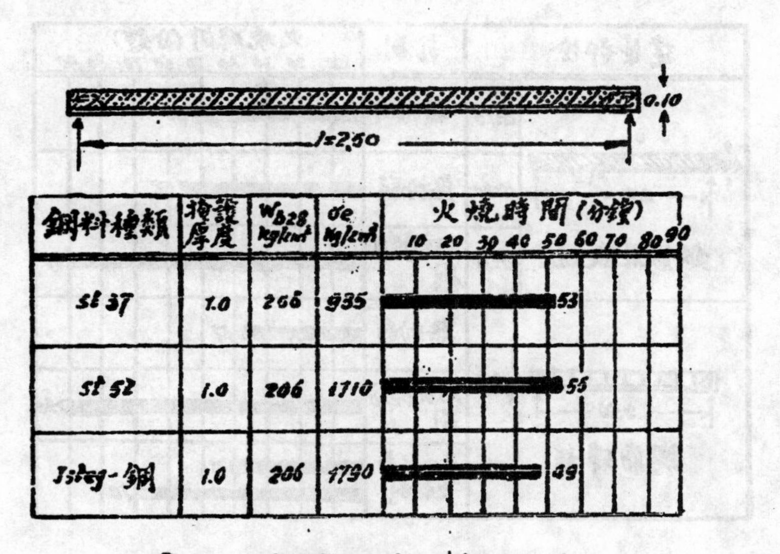

圖(十一)各種鋼筋之抗火效能

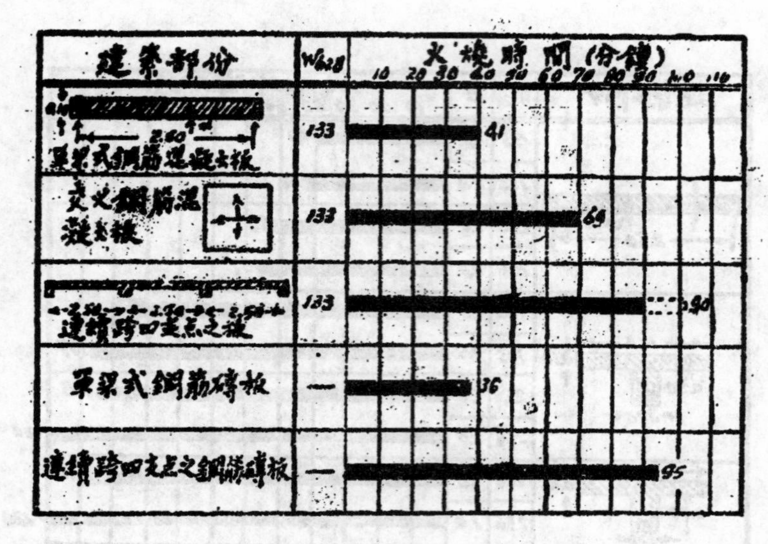

圖(十二) 支承方式之影响

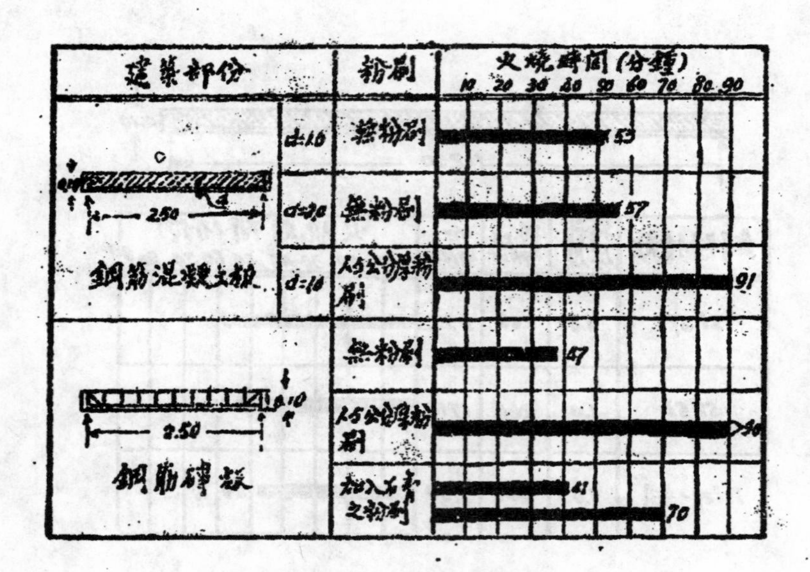

圖(十三) 粉刷之影响

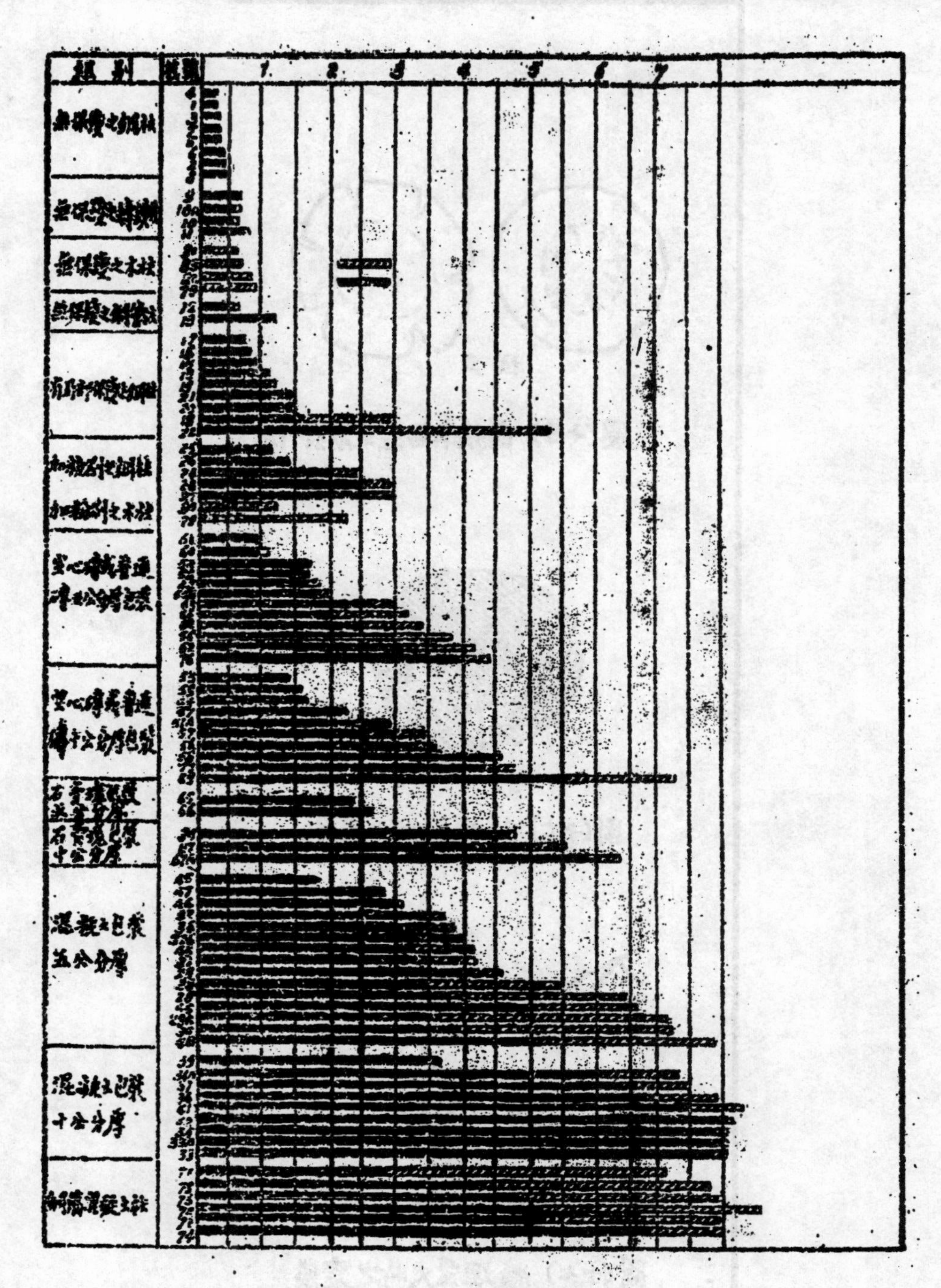

圖(十四) 美國方面試各種柱施行焚燒試驗之結果

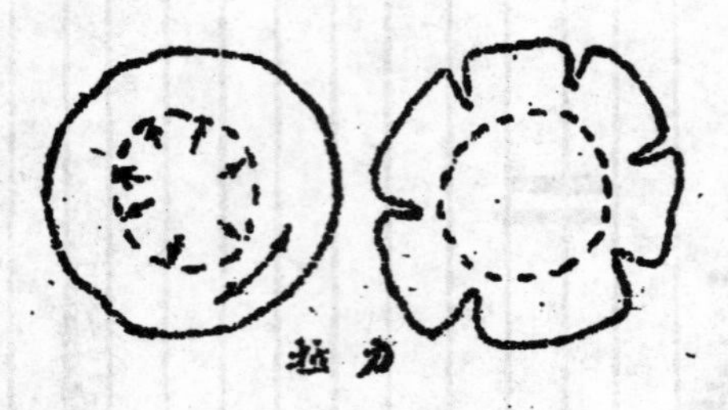

圖(十五) 高膨脹率物體之崩裂作用

圖(十六) 柱受熱時之崩裂

圖(十七) 牆垣受火時之變態

鋼筋受熱之多寡既爲鋼筋混凝土載重能力所依繫，故如建築部分之鋼筋可免受或少受火之影響，例如「懸臂式板梁」之鋼筋接近上面，連續梁之鋼筋在中間支柱上亦接近上面，且中部（在支柱間之部分）應力過大時，可由邊部（支柱附近之部分）爲之分担調劑，則此種建築部分對於抗火應最有效。此項推想可由圖（十二）得一證明：連續之鋼筋混凝土板與鋼筋「磚板」支持火燒時間約爲單梁式樓板之二倍半，並符合「耐火」之條件。交叉鋼筋板亦較單向鋼筋板成績稍佳，顯因發生之扭轉力矩(Drillungs-momente）有調劑應力之作用。

表面粉刷層，因具緩和熱力之作用，足以增進抗火效能，亦爲吾人意想所及者。圖（十三）示一公分半厚之石灰粉刷使鋼筋混凝土板與鋼筋磚板支持火燒之時間由三刻鐘左右增至一小時半以上而符合「耐火」條件。

因此，吾人可毋需將鋼筋混凝土建築物大加變動，而使其足以「耐火」。惟如欲得「高度耐火」結果，則須另行設法，而以加厚鋼筋之混凝土掩護層爲尤要。

（丙）鋼鐵建築　鋼鐵載重部分必須以本身耐火之材料加以保護，使在假定火勢之下不致有許可範圍以上之熱度。鋼鐵部分受熱至三〇〇——四〇〇度時，即有折毀之虞，故 Din 4102 要求：有耐火包裝之建築部分至多熱至二五〇度。關於鋼鐵之保護，除於其下設置懸掛之保護層外，以「耐火包裝」爲主要。耐火包裝之功效可由圖（十四）所示美國方面多數試驗結果知之。最良之保護方法爲用混凝土包裝。鋼柱之有五公分厚混凝土包裝者幾皆能支持美國「標準火」三小時之久，其中若干竟支持六——八小時，其有十公分厚包裝者則均能支持三小時以上除其[illegible]之一以外，且越過七小時。圖末所列舉之鋼筋混凝土柱亦皆能抗火至七小時以上。用混凝土塡包之鋼柱雖有與鋼筋混凝土柱相仿之特殊情形，即鋼料之應力可由混凝土[illegible]担一部分，然由上述試驗結果觀之，保護鋼柱之法亦可施於其他鋼鐵載重部分，使其符合「耐火」甚或「高度耐火」之條件，要可斷言，惟重量方面不免大增耳。包裝層須防剝落，例如加入鐵絲網等。

（丁）木料　木料必須加以保護，使其受熱不達着火點，即二五〇度左右。欲使其「耐火」，即支持一小時半以上之焚燒，可採用上述保護鋼鐵建築之方法，惟因經濟關係，勢所不許。故普通對於木料之防火以達「滯火」程度（即支持焚燒半小時）爲限，其最要之方法如次：

（1）護以舖於鐵絲網上之「石灰水泥」或水泥粉刷　據美國方面試驗結果，此種粉刷可使粗大木料支持「標準火」一——二小時。

（2）油漆與灌入化學物料　此法功效較差，惟費用較省，亦可達到「滯火」程度。油漆與灌入料之滯火作用爲：（一）受熱後發生不燃氣體將木質之可燃氣體掺稀，使不能着火（例如 I.G. 顏料中之 Tetranion）；（二）油漆受熱脹起，成泡沫狀之阻熱皮層（例如 Lorron）。

（戊）紙料及織物　此項應用於房屋裝飾而着火特易之物料，可用灌入料（例如 Lorron）使不能燃燒，或符合「難燃」之條件。

五、建築防火方面應有或必需之特別設施

，欲求建築物不毁於火，前述防止危險熱度（卽足以減殺或消減材料强度之熱度）內侵之方法尚不足以應需要。建築物所受之熱度，有時雖遠在前述之限制以下，亦可因額外應力甚大而感受危害或竟坍毁，初不必待材料本身受有重大損害也。隨熱度變化而發生之體積脹縮，僅在特殊情形下不影響建築物之應力，卽建築物須爲「力學上可定」者，建築物各部之熱度與脹率須爲固定或至少依直線律變化。因建築物受火時，大都不能符合上述條件，故「熱度應力」之發生在所不免。此項熱度應力大致可由下列三種主要原因而產生。

（甲）建築物熱度均勻，但各部分脹率不等。——其結果爲膨脹較甚之部分對該建築物發生炸裂力（例如花崗石中之石英粒），如圖（十五）所示。建築物之組織因此鬆散。

（甲）建築物熱度不均——物體受火時熱度分佈之情形，如圖（二）（五）（六）所示：爲近火之邊部熱度高騰，而離火之內部溫度初無甚變動，致熱度之差額達七〇〇度之多。祼露於火中之柱因此有過高之應力，其外殼勢欲脹大，而於外殼與核心間發生對徑方向之「應拉力」，同時外殼內亦發生切線方向之「應壓力」。應拉力達抗拉强度時，外殼卽破裂分離，如圖（十六）。同時，沿柱之縱向，外殼亦發生壓力而核心發生拉力，可大至相當程度，使核心於多處橫斷而鬆散。

孤立之牆垣於一面受熱時，卽背火而彎撓，結果可致牆身坍塌，樓桁（擱柵）或屋頂架下墮，如圖（十七）所示。牆身彎撓時，內部應力雖可因此消除一部分，但向火一面之剩餘應壓力仍屬甚大，可致牆身之破壞與崩裂。

（丙）結構關係——嚴格而論，房屋建築幾盡屬「力學上不定」之載重體。此種載重體在均勻與不均勻熱度變化之下均發生額外剪力與應力。吾人計算建築物之慣例，對於熱度變化，係以升高或降低一五——二〇度爲準，如一年中四季氣候變化所要求。在火焚時，熱度增高動逾數百度之多，卽如 Din 4102 對「耐火包裝」鋼料認可之二五〇度，亦在尋常假定者之十五倍以上。受影響特鉅者爲低扁拱圈，矮闊框架之剖面高者，而以骨架式建築習用之連續框架爲尤甚。設如通常情形，伸縮縫之距離爲四〇公尺左右，則某一樓面受高熱時，最外兩行柱雖不近火，彎撓之劇亦足變爲無用。磚石砌築之柱或牆將被推向外傾塌。

欲消除上述火焚之副作用或至少使其減小至無危險之程度，爲極困難之事，有時且不可能。玆僅就若干可行之方法簡單論列：

關於（甲）項——對於各部分採用線脹率相同或至少相近之材料。

關於（乙）項——加裹之保護物，須能自由伸縮，不牽動建築物本身，或至少不使建築物承受大力，例如用一種粉刷料，其中含適當沙料，如矽藻土（Kieselgur），浮石沙（Bimssand），泡沫煤渣（? Schaumschlacke）等，使其强度小而脹性大者。此種粉刷於受火與着水時須不破壞脫落，自不待言。

關於（丙）項者——由結構關係而發生之熱度應力可藉「力學上可定」之佈置方式避免之。德國國會（Reichstag）議場之 Zimmermann 式圓屋頂（係「力學上可定」之結構）不毀於火。維也納之 Rotunde 適得其反，據 Brenner 氏之研究，係因熱度應力關係而遭犧牲。如為便於施工或欲得空間上較大之強固性（Steifigkeit）而採用「力學上不定」之結構，則宜於其間故設弱材俾於熱度應力過大時不發生作用，或折斷，藉免牽動整個建築物陷入危境。此種預防設備正如吾人在機械工程方面所習知之剪斷螺栓，安全卷，保險設備等等。

伸縮縫與樞紐點須容許建築物需要之移動。此點在設計上亦每感困難。例如四〇公尺長之對稱建築部分，熱至四〇〇度時，兩端伸張之尺寸約為 $\frac{4000 \times 400}{2 \times 100000} = 8$ 公分，而通常伸縮縫所容許之伸張尺寸僅約為〇．五公分，至多不過二公分，遠不足以應防火上之需要。故兩相鄰房屋或房屋部分之主要載重部分間至少應留約一〇—二〇公分之空隙，則祇須使樓面板可移動一〇公分左右已足。有時亦須以局部之破壞換取相鄰建築物損害之減少。

以上所述，著者認為已包括關於盡量提高建築物抗火效能之重要概點。與此相輔而行者，有防止火患發生與蔓延之種種設備，如封火牆，封火捲板（Feuerschürzen）耐火樓面，噴水設備（Sprinkler 設備），以與本文題無關，故不備論。

結論

防空方面要求建築物防火效能之增進。火焚時間與熱度變化可於事先約略計算。與火接觸之建築部分受熱程度亦可計算。建築材料在熱度下喪失載重能力之一部分，須予以必要之保護。保護方法見前文。因受熱而發生之長度變化誘致額外應力，可使建築物陷入危險地步，毋待材料本身先受損害。補救方法亦見前文。

彈性光測法對於應力分析及結構設計之應用

Benjamin F. Ruffner JR. 原著載 Aero-Digest 1939 April 號

張學曾譯

引言

應力分析所用之彈性光測法，係用實驗方法，來決定受有平面應力之結構及機器構件之應力分佈情形。所用之模型，係用賽璐珞，玻璃或膠木製成，其中以膠木製成者爲佳。其原理，方法及技術等，均在 Coker 及 Filon 二氏所著之 Photo-elasticity 一書中闡述詳盡，可以參閱。茲篇僅介紹此法對於結構之分析及設計之重要，使航空工程師三致意焉。

彈性光測法對於研究角，內圓角，齒輪及鍵槽等處之應力集中，爲用至廣。此等問題，機器設計者對之最爲關切。此法對於解靜不定結構時，頗感便利。各附件受有彎曲負荷，或同時受彎曲負荷及軸向負荷者，此法尤覺簡便。後者之應用，從事航空工業之應力分析者，對之必感興趣，此處即舉此例。因硬殼機身圓環分析，不易用數學方法解決，如圓環之剖面不勻，或用橫桁支撐者，尤覺困難。

圖4內所示之圓環，即有九種之不定性，彈性光測法用作分析此種型式之結構，可省許多時間及猜測。

設備

彈性光測法中所常用之設備：爲彈性光測旋光計，及切截與磨光模型時所用之全套機器工具，攝製條紋花樣之照相機；如欲製造較複雜之模型時，須有適合之磨平及擦光設備；此外尚需一自動調節溫度之火爐一具，使長時間內保持不變溫度，作膠木退火之用。

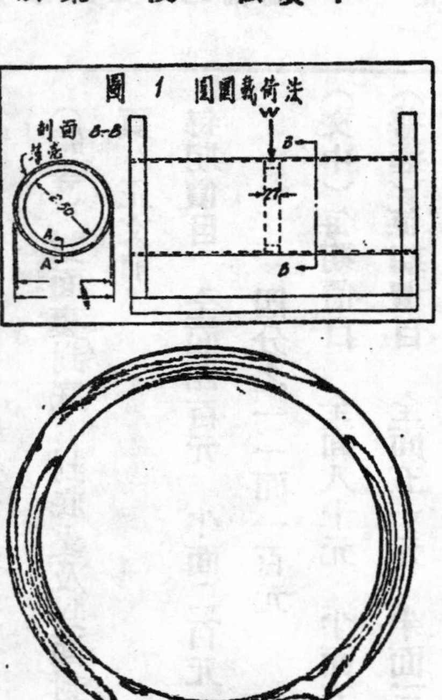

圓圈之載荷法及所得之條紋花樣

條紋樣片之分析

如已知主應力之方向及大小，則在某點之各應力，可以完全闡明；從彈性光測法之等傾面積，可以求出模型內，各點應力之方向，等切應力線，即條紋花樣，可直接示等主應力差各點軌跡系，茲以下列方程式表之：

$$\sigma_1-\sigma_2=kn$$

內σ_1及σ_2＝諸主應力

k＝常數，視所用之材料，光之波長，及模型之厚度而定

n＝一整數，謂之條紋級

沿任何一條紋，n僅有一值。普通決定此值時，模型上所加之負荷宜緩，再觀察經過某已知點之條紋數目。

求模型內所有各點單獨主應力之方法頗多，惟均極麻煩；且在多數情形下，僅最大應力，邊緣應力，及某賸餘構件之一斷面上之應力爲所求；所有各點之應力，自非必需。

最大力矩之解法

如欲研究受有彎力矩之結構構件時，普通均注意於最大力矩之剖面。設構件之諸外界邊緣，均與中心軸平行，而各邊界又不受外切負荷，則在最大力矩剖面處之切力及垂直於中心軸之各應力均爲零。如在最大力矩剖面處，彎曲構件之邊界，受有已知垂直應力時，則外面纖維處之各應力，可從彈性光測條紋花樣中立即求出。因條紋花樣可示邊界處$\sigma_1-\sigma_2$諸值；如σ_2已知，則σ_1頗易求出。如最大力矩處諸邊界不受負荷，則問題更爲簡單，因在此剖面處，垂直於中心軸之平面上切應力爲零，主應力將與中心軸垂直及平行。σ_2既爲零，故σ_1可從最大力矩剖面上各點求之。設將σ_1對樑之深度製圖，即可求出軸向力及彎曲力矩。

圖1示由箍圓柱形壳作用，保持平衡圓圈上之載荷及其條紋花樣，此係圓壳機身，載有徑向集中負荷之模型，由機身壳內之分佈切應力保持平衡。圖2A示A－A剖面處之纖維應力對圓圈深度製成之曲線，平均切應力乘橫斷剖面面積，則得作用於此剖面上之軸向負荷。設y係距此剖面中心軸之距離，將$\sigma_1 y$對樑之

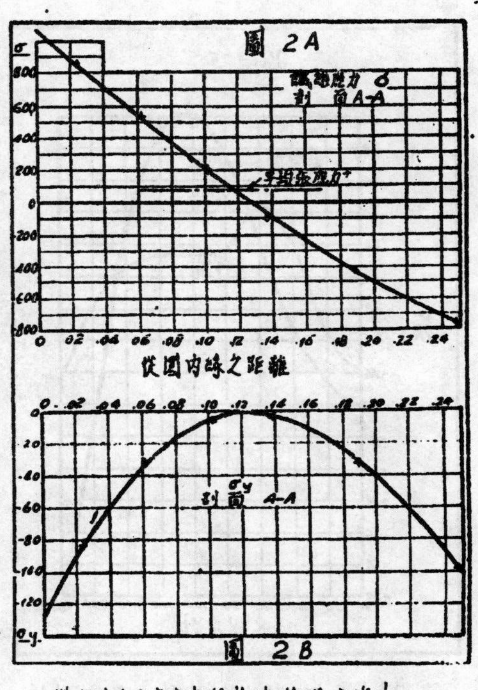

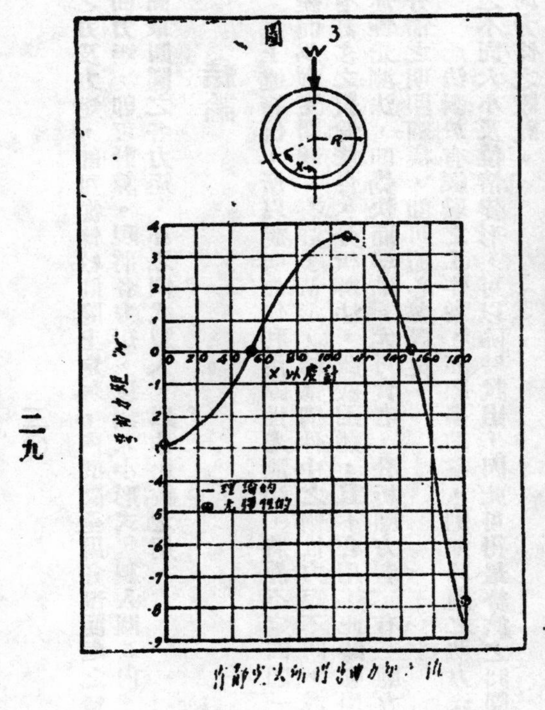

深度製圖，如圖2B。曲線下之面積，乘以模型之厚度，即得彎曲力矩，作用於此圖之任何剖面上之諸力及力矩，如已求出，即可用靜定法解決之。

圖3內所示諸值，即係用上法求出剖面AA'處之軸向負荷及彎曲力矩。再按靜定法得之，根據最小工作法，用純粹分析能得之結果，亦一併製在圖內。如將此曲線與圖1相較，最大彎曲力矩剖面與反曲點，將如何在條紋花樣表示，至為明顯。舉此例之意義，即以說明用彈性光測法以分析靜不定結構之準確與便利。

圖4示與圖1載荷情形相同，支撐圓圈之大小與條紋花樣，此處之負荷w，幾為攝製簡單圓圈條紋影片時之兩倍，增加之助力條，約增加圓圈31%之重量，設作用於任何三剖面處——如

如圖1內載荷之支撐圓之條紋花樣及大小

B—B'，C—C'，及D—D'等——之力及力矩已知，則在任何剖面處，力矩及軸向力，可用靜平衡方程式立刻求出，此等剖面處之力及力矩，即可從條紋圓圈上定奪，內圓圈全周各剖面處之彎曲力矩，即可計算。現將各力矩，以無大小形式，製入圖5內，簡單圓圈之各力矩，亦以同式製入，以作比較之用。

結論

上述諸例，所以說明如何利用彈性光測法，將靜不定問題一變而為靜定問題。有許多情形，結構構件中之惰性力矩不同，或有許多之贅餘條件，分析解法，既感困難，且不合用，此時應用彈性光測法，即覺快而準確。尤可貴者，分析應力者，有一應力分佈之明顯圖樣，即可隨心處置矣。

此法對於有經驗之工作者，亦頗多助益，例如圓圈之助力條之不同大小及位情變形，可以隨時試出，因此可得最經濟之圓圈助力條之設計。

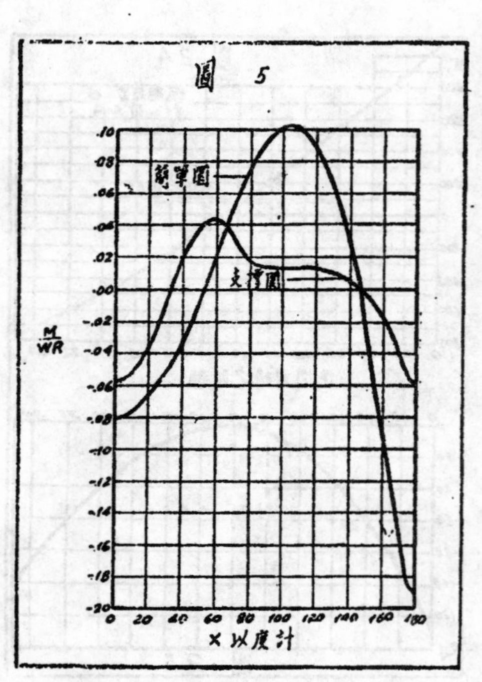

以美人所製之簡單圓及支撐圓之力矩

參觀安南工廠雜記

程文熙

余因公赴越，道經西貢。河內等地，見土產豐富；綜其原因，皆爲農工業發達之故。調查農工業之心，勃然興焉。余在路界多年，生平主張：一國用品，皆應本國自造；但製造頗非易事，往往因一極小問題，而全盤受阻。余因乘此機會，將心中所欲研究者，向安南工程界質疑，以爲他山攻錯之助。茲將調查所得者。分述如后：

一、硬煤及木炭汽車　五、西貢之飲水　九、煉錫
二、酒精　六、米　十、橡膠
三、鴻基煤礦　七、安南國有鐵路
四、水泥　八、蓖麻子油

硬煤及木炭汽車

廿九年二月二日

現今交通日見發達，交通工具，亦隨之俱進。然原動力之燃料，仍推煤及汽油爲大宗。而其中尤以汽油爲最要。蓋戰爭之時，飛機，坦克皆用汽油；產油之國，固無須憂慮；不產油之國，往往出高價而不易得，勝敗以之，其重要性可知矣。古人有言：求人不如求己。法國有鑒於此，先令廠家於製造汽車時，注重於減省油量之消耗；復於一九三四年，頒佈法令，減低煤氣汽車之捐稅，鼓勵人民多用煤氣汽車；爲節省汽油計，又在油中攙和酒精，自20%，30%至50%；酒精成份，不宜超過50%。過多之弊有三：（一）酒精之沸點較低，能使摩托發生不良之結果；（二）酒精容易發生酸素作用，易使汽缸損壞；（三）酒精之吸水性甚大，常使酒精之密度減低。爲此種種，攙雜酒精，實非諡策之法。故晚近趨勢，漸以硬煤木炭，代替汽油。安南政府，於一九三八年七月十六日，及一九三九年六月廿一日先後下令，民用汽車之25%，必須於一九四〇年七月一日以前，改用安南所產之燃料，亦爲節省汽油計也。今安南市上通行之木炭及硬煤汽車，已各有二百餘輛。硬煤及木炭汽車之成績，雖較汽油車小20%，然使使用得法，維持謹愼，合配燃料適宜，略改摩托汽缸，其成績可與汽油車差等，故頗有研究之價値。茲將硬煤及木炭汽車之大略，分述如左：

一、硬煤汽車

此項汽車以硬煤爲燃料，煤須擊成小塊，其尺寸約在5至15公厘之間。煤之揮發物，應在6%至8%之間。灰份應在8%以下。且以不易熔化爲流質者爲佳。煤中應不含硫磺，因硫磺對於製氣爐，及濾灰器等，皆有害也。

製氣之法凡六步：(1)將煤塊放入製氣爐內，(Gazogène，燃燒至攝氏表1300°—1400°即變成煤氣(卽炭養氣)。在此熱度時，炭養二氣不能存在；(2)將氣通入澄灰箱，Boite à Poussière 使氣中夾帶之灰渣，沈澱箱底，是時氣之溫度，已爲攝氏表300°—500°；(3)再經過冷管 Refroidisseur，使其溫度，降至攝氏50°—70°，藉以增加其密度；(5)引入濾灰器 Filtre，將一切灰塵雜渣濾淸，變爲潔淨之煤氣；(6)進空氣煤氣混合室，Mélangeur d'air et du gas 使兩氣配合適當成份，而於燃燒時，發生最大熱能；(7)開駛時先用汽油推動摩托，(硬煤汽車亦需用 Carburateur)數分鐘後，卽可改用煤氣。

每架製氣設備，約價越幣一千餘元，重約200公斤。今設有 Chevrolet 式汽車一輛，載重二噸，馬力十八匹，其行駛於平地時，速度爲每小時60公里，行駛於坡道之平均速度，爲每小時20公里；則每100公里約用硬煤20公斤；其所發生之功能，約與20公升之汽油相等。製氣爐之內，每次可存放120公斤之煤塊；故在400公里以內，無須添加燃料。

二、木炭汽車

木炭汽車之原理，與硬煤汽車相同；惟機械之結構稍異。製汽之法，可略分三步言之：(1)將炭放入製氣爐內燃燒之，略加水後，遂成水瓦斯 Gas à eau；(2)經澄灰箱，及甲乙兩種濾灰器，而得純粹之氣體；(3)再往冷管，減低其溫度，然後送至摩托內應用。駕駛時亦與硬煤相同。惟木炭中所含水份，不能過6%。炭塊之大小，應在20至25公厘，之間。炭質不可太脆，故製木炭時，其熱度應在攝氏400—450度間爲最宜。炭不應含油質，故燒成木炭之時間，亦應注意，多燒則變灰，少燒則有一部尚未成炭，而含油質。炭中不應含泥土及石子，炭之灰份，不能過2.5%，每一立方公尺木炭之重量，應在200公斤以上。

製氣設備之價值，每架約越幣一千餘元，與硬煤製汽設備之價相彷彿。重量約170公斤，設有十二匹至廿四匹馬力之運貨汽車一輛，能載重三噸，其行駛於平地時，平均速度每小時60公里，在坡道上每小時行20公里者；用1,3公斤之木炭所生功能，與用一公升之汽油相等。

三、汽油汽車與煤炭汽車之比較

汽油因燃燒而發生之熱能，約11000燒。(Calorie)木炭之熱能，爲8000燒。設有二輛同式之汽車，載重相同，馬力相同，一用煤氣，一用汽油，在600公里之內比賽；則用汽油之車，比煤氣車早到三小時。煤氣車之成績，似屬稍遜；但燃料之價値，相差遠甚；蓋汽油每公斤價三元三角，而木炭價每公斤爲三角六分；兩相比較，則木炭汽車，較汽油車經濟多矣。(按此時昆明市價，汽油每加倫十四元五角，木炭每五十公斤十八元)。

硬煤及木炭汽車之目的，原爲就地取材，少用汽油，免受他人控制。此項汽車之成績，雖不及汽油車，然較諸停車待油，孰爲得計？故某處有好硬煤，應以用硬煤車爲主，某處有好木炭，應以用木炭車爲是。卽如安南北方產硬煤，南方產木炭；故硬煤車多在北方，木炭車皆在南方，卽一證也。苟硬煤，木炭，兩存者，自不妨同時并用之。

酒精

中華民國廿九年一月廿三日

安南各酒精廠，皆受政府統制；每年消耗量，約三十萬公石。政府提倡酒精業之目的有三：(1)抵制外來之酒；(2)以酒精和入汽油內，以減少汽油之進口數量；(3)安南出米極豐，米價不免低落；故用以製酒。抬高米價。

安南酒精業，以安南酒精公司 Sté des Distilleries de l'Indochine 爲最大。該公司有四大廠：一在河內 Hanoi、每月製酒三千公石；一在南定Nam-Dinh 每月製酒五千公石；一在海同 Hai-Duong 每月製酒六千公石；一在西貢堤岸 Saigon-Cholon，每月製酒五千公石。該公司全年之製酒總數量，約抵全國消耗量三分之二。此外尚有小酒精廠十餘所，分佈於東京 Tonkin 安南 Annam 交趾支那 Cochinchine 東浦寨 Cambodge 各省。老撾 Laos 之酒，均出民間自製，無大規模之廠，故不受政府統制。

西貢堤岸之酒精廠，其製酒之原料有二：(1)用礦米廠之四五兩號碎米，每百公斤約可得酒精四十公升；(2)用紅米之碎粒，每百公斤可得酒精三十五公升。（按用中國老法做酒，每百公斤碎米。只可製酒二十公斤。）該廠之製法，先以碎米和水及鹽酸攪勻，加熱煮成漿糊，使冷至攝氏表36度加酒酵 Mucor，使小粉質變成糖質，復加酒藥Levure，遂成酒精。即 Alcool éthylique，但尚未純，須以機器蒸之，去其雜質，即成純酒精矣。

酒精之銷路，係用作飲料．醫藥品，及香水之類。其每公升之成本，約越幣一元餘。廠之售價約二元八角。外加酒稅，故市價約越[illegible]。其每年攙入汽油作燃料用者，約八千公石。至提出之[illegible]爲Alcool éthylique Alcool Amylique, Aldehydes, Acide[illegible]之一部份之 Alcool éthylique 等，均作爲點燈用之火酒。

鴻基煤礦(Les Mines de Hongay)

廿八年十二月廿七日

安南之產煤量不大；但經法人努力開採，礦業上之發達，亦頗可觀。安南之煤區，其最大者有四：

1. Quang-Yen區：在海防車站 Haiphong 之東北，多產硬煤。
2. Mong-Son 區：在會安車站 Tourane 之西南，亦產硬煤。
3. Phan-Mé區：在安沛車站 Yen-Bay 之東南，產烟煤。
4. Phu-Nho-Quan區：在南定車站 Nam-Dinh 之西南，係產半烟煤。

煤礦公司之最大者，首推 Société Française des Charbonnages de Tonkin，即海防附近之鴻基煤礦公司也。該礦於1865年前，即有我國人用土法開採，至1886年，安南割讓法國後，法人設法開採，產量遂逐漸增加，範圍日漸擴大。最初資本，僅越幣40萬元；今已增至越幣600萬元。煤區約 490 方公里，包括 Hongay, Monkhé, Kébao,三處。煤層之厚者，自五公尺至八十公尺。該礦僱用歐人100名，安南人 20.000 名；藉礦場爲生計者，約70,000人。其開採之方法，大約可分為兩種：

1. 露天開採。

2. 地底開採。

煤之原有成分，係含有：揮發物 6——11%

灰 3——10%

固定炭質 80——90%

硫磺 0.5%

其能供給之熱能7350——8200燒(Calorie)

該礦歷年產煤數量如下：

1900年	194,400	噸
1916年	575,600	噸
1926年	860,000	噸
1931年	1,147,000	噸
1932年	1,116,000	噸
1933年	1,000,000	噸
1934年	1,040,000	噸
1935年	1,244,000	噸
1936年	1,400,000	噸

其分銷量之分配，可於1935年中見其大概情形：

安南	294,000	噸
日本	473,000	噸
中國及香港	280,000	噸
法國	124,000	噸
其他各國	73,000	噸
總數	1,244,000	噸

該礦出煤之種類，有下列數種：

(1)塊煤：尺寸在50公厘以上者}
(2)塊煤：尺寸在30公厘以上者}可為家庭及燒鍋爐之用。

(3)塊煤：尺寸在15公厘以上者}
(4)塊煤：尺寸在10公厘以上者}可用於海船。煤氣爐，燒鍋
(5)塊煤：尺寸在 6公厘以上者}爐。

(6)粉煤：約在0.3公厘以上者}可為電燈廠，水泥廠，煉錫廠
(7)粉煤：約在0.1公厘以上者}等用之。

(8)本礦原煤：用50%之1號塊煤，及50%六號粉煤和成之。

(9)攙雜原煤：用⅔鴻基原煤及⅓烟煤和成之，最適於海輪鍋爐之用。

(10)煤磚：該礦粉煤之數量甚多，運送不便，故將其製成煤磚煤球，以資運送。製煤磚之法，用鴻基煤粉70%，日本烟煤屑16%，日本煤膏 Peat 8%。用機器 Broyeur Kerr, Malaxeur à argile 兩座將其次第磨碎調和；更通以蒸汽，而入壓磚機 Presse Bietrix。壓成煤磚；每塊重約六公斤。該廠有製煤磚機五套，每日可出煤磚 800噸。安南國有鐵路，及滇越鐵路，航海輪船，均樂用之。煤磚之成份，可分為二種：

(1)軍艦所用者，含有揮發物 11—17%

灰 6—7%

固定炭質 74—77%

硫磺 0.75%

28342

熱能　8100燒(Calorie)

(2)商船及機車所用者，含有揮發物　16—18%

灰　7—8%

固定炭質　74—77%

硫礦　1%以下

熱能7700—7800燒(Calorie)

(11)煤球：使用煤磚時，每須將磚擊成碎塊。始能使用，故略有少許煤屑浪費，而煤球則可直接加入，且其空氣之接觸面積較大，更易燃燒。製煤球之成份，可分爲二種：

(1)用於燒鍋爐者含有：

日本煤　20%

煤膏(Peat)　8%

鴻基煤屑　72%

(2)用於家庭普通燃料者含有：

鴻基煤屑　92%

煤膏(Peat)　8%

今安南市上所售之普通煤球，其價較廉，因以石灰水或煤溝中之泥土代替煤膏之故。

該廠有製煤球機兩座，每日能出煤球160噸，煤磚煤球兩廠共有工人800名。

(12)焦煤：該廠備有 Evens 式製焦煤爐九座，其原料用：

日本煤　40%

鴻基煤屑　60%

每日能出焦煤30噸。凡安南各工廠所需之焦煤，皆取給之。其焦煤之成份爲：　揮發物　1.2—2.5%

水份　1—1.5%

灰　10—13%

熱能7150—7200%燒

原動力方面：該廠有蒸氣鍋輪發電機五座，其中一座爲4000瓩，餘四座各爲1000瓩。其所需之蒸氣由七座拔柏葛鍋爐供給之；汽爐之總熱面爲二百三十方公尺；過熱氣管(Surchauffeur)及自動上煤機等俱全。

運輸方面：該礦有鐵道36公里，備有蒸氣機車十一輛，煤車440輛，電力機車五輛，特種煤車175輛。其所用鋼軌，每公尺重二十公斤，軌距一公尺。最小灣道120公尺。坡度爲0.9%。此外由海輪裝運者，每日約4000—8000噸。

今中國通成公司每月由海防 Kibao 煤礦運滬出售之煤約二千噸。日本派船來運去之煤則數倍之。

水泥

中華民國廿八年十二月廿九日

海防水泥廠 Société de Ciments Portland Artificiels de l'Indochine。占地50.000.000方公尺，位於 Cua-Cam 甘河之沿岸，內容略如下述：

(1)製造水泥之原料有四：(一)甘河 Cua-Cam 之泥土；(二)Bay d'Along 之石灰石；(三)向各國訂購之石膏；(四)鴻基之煤屑。

（2）設備及產量：設備有迴旋爐（Système Smidth）四座；其中兩座直徑二公尺五，長一百公尺，造價每座約越幣一百廿萬元，每爐每日可出水泥二百噸；餘兩座直徑爲三公尺，長一百廿公尺，每爐每日可出水泥三百噸；另有兩座正在建造中，預計每日可產水泥一千四百噸。

（3）製造法：先以石灰石磨成細粉，和以泥土及水，放入爐內加熱；然後再與石膏粉相攪合成水泥。（每日需用一千五百噸石灰石，每月需用四千噸石膏）。

（4）水泥之裝箱：水泥均分裝於木桶，鐵桶，紙袋，或蔴袋中，以便運送。木桶，鐵桶，皆該廠自製；每日約製木桶四千只，鐵桶二千只。紙袋及蔴袋，均向商家訂製。裝置成績，以鐵桶及紙袋爲最佳。

（5）水泥之價格：雲南所用水泥，多購自該廠，每噸越幣28元，加海防至昆明運價，約越幣48.75元，共計越幣76.75元。

（6）水泥之銷路：該廠水泥通銷安南、香港、新嘉坡、中國、日本、菲列賓、等地；遠東市場，幾爲獨斷。但日本水泥業，經十數年之努力經營，已一躍而爲安南之勁敵。菲列賓近亦已建一大規模之水泥廠，並增高水泥之進口稅。故此兩市場，已不復在該廠之掌握矣。

茲將歷年出口噸數及其銷路列表如下：

綜觀右表，可見各國均感水泥業之重要，各謀發展；因此該廠之供給數量，日感減低；惟我國銷路，則繼長增高，蓋因西南建設繁興，而自製水泥，尚未有出品之故也。

購者	1913	1923	1924	1925	1926	1931	1932
中國及香港	9,900	35 000	24,900	33 800	38 900	47,200	85,000
菲列賓	12 200	6,000	2,500	1,100	2,200	——	——
暹羅	12,500	2,000	2,700	10,100	1,800	900	200
新加坡	——	8,200	8,900	16,300	16,200	5,000	3 400
其他	900	100	500	600			1,800
總數量	35,500	51,300	39,500	61,900	59,100	53,100	90,400

（7）動力設備：該廠原動力，有蒸汽鍋輪發電機三座；其中兩座

爲 Zoelly 式，每座5000瓩；餘一座爲 Brown Boveri 式，2500瓩。拔柏葛蒸汽鍋爐五座，總熱面500平方公尺。

、廿九年正月廿四日

西貢之飲水

安南地處熱帶，氣候酷熱，病菌叢生，1907年之傷寒症，1910年之霍亂症，1927年之痢疾，其最著名者也。法人有鑒於此，遂設立巴斯脫微菌研究所，考查微菌之種類，及病疫之來源。復因水爲人生日常之飲料，最易傳染病菌，故在河內 Hanoi，海防 Haiphong，順化 Hué，百濺奔 Phnompenh 等二十餘大城，設立大規模之自來水廠，使人民得有清潔消毒之飲料，而病菌之傳染，因以減少。但水之來源，非出於井，卽出河。設或水質不良，水量不足，則種種困難，隨之而生。目下已經解決者：如河內城用八口井，每日能供給飲水三萬立方公尺；維田 Vientiane 亦用井水；南定 Nan-Dinh，順化 Hue，海防 Haiphong，會安 Tourane，百濺奔 Phnompenh 均用河水。惟西貢取水最難，其氣候終年炎熱，每年自十月至次年四月爲旱季，雨水全無，河水爲海潮沖混，其味變鹹，惟有仰賴於井；然屢次開鑿，均未能得相當之水量。而人口之數量，因當地營業之發達而激增。由是水量更見缺乏。經多年之研究，並採用美人來納鑿煤油井之法，始得成績，其鑿井法有足述者：

(1)來納鑿井法 Procédés Layne：與普通鑿井法之不同。來納鑿井取水，宛如開煤油井。井較深；井管之下端一段，四圍皆小縫，水能入，而沙泥不能入。縫之外面，皆爲小石子，大者如豆，小者如米，包圍水管之下端，成一大包形。進水之面積，因以加大，水之來源亦大。惟在來納井中，汲水機之汲量，必須小於井之進水量，使水流之速率較小，不至攜帶沙泥，堵塞進水孔。如是則水之來源，永不變更。普通之井，進水之面積較小，汲水機之力量大，水流速，水中往往攜帶沙泥，久而久之，水孔被堵塞，水源亦漸減少。

(2)鑿井法：將大鐵管分段豎立於地面，上端以機器，施以二百噸重之壓力，使之深入泥土，達到相當水量之地層爲止。同時用水壓將管中泥土完全衝出，井眼遂鑿成。於是將一直徑較細之鐵管，深入井中，管之尾端，有許多小縫，縫之尺寸，外小而內大，狀如百葉窗，其作用在使水進管時，去其夾帶之沙泥，宛如在煤油井中取油時，去其雜質然，此端應立在水層之內，周圍應圍以碎石。圍石之法。以極大吸力，將井中有縫管之四周沙泥，由管中吸出，周圍成一空隙，石子卽下降而填入空隙之內，經多次抽吸，多次填入，管之下端，遂完全爲石子所包圍。而抽出之水，卽完全清潔。祇須化驗水質，察看水量，選配汲水機；而井遂告成矣。西貢城內共有井三十口，最深者入地有200公尺。(此種井可入地300公尺深)。每井每日能出水150至200立方公尺。普通時期，全城每日用水約七萬二千噸。如有海船到時，則需八萬二千噸。井之總能力，每日最多能出水十萬五千噸，至十一萬噸。每噸水之成本，爲越幣一分半。市價每噸爲越幣七分。水廠所得之利，卽爲在鄉村開井之費用。水管裝至屋內者，要付水費。如平民在路上所取之自來水，則一概免費。(未完)

道格拉斯飛機創造經過

施學詩譯

Tale of Douglas Airerft by J. D. Bowersock 原文載 KANSAS CITY STAR 經索勒氏評論報一九四〇年二月十日版轉載

引言

凡經過遠東各航綫之旅客，對於道格拉斯各式飛機，如 D2，D3，D4等，均有相當之認識。蓋遠東各綫，大都採用道格拉斯飛機也。

現在世界各國競修武備；道氏飛機遂占世界大戰中重要之一頁。蓋該廠就氏航式改爲軍用，式樣翻新，英法定製數量激增，試用經過，頗稱滿意；在道義禁令之下，德日兩國已無美機之供給。而德人素以 Messerschmidt 式誇耀於當世，最近紐約路透社disp稱：美國最新出品將駕乎德機之上，試拭目以觀之。

當飛機事業發軔之初，洛山磯 Los Angeles 某理髮舖之一角，道格拉斯端納先生振筆疾書，紙章着筆聲，與理髮軋軋聲相應和，時道氏方作飛機第一廠之設計。爲時不及二十年，該理髮舖之事業，一躍而爲世界規模最大之飛機製造廠。凡美國國內外之航空綫，莫不知有道格拉斯之名者。

而今廠崖莊嚴，辦公之室寬大嚮亮，道氏正忙於價值五百萬美金民航機以及軍用機之監製。彼於航機前途囑望有加，年四十七，不喜談一己生世：倘有客訪，欣然就談，對於今日營業之發展，處之療然；意謂在脫離海軍部，將其財力而作製造飛機之準備時，已預料及之云。

當道氏在 Annapolis 海軍學校時，常伏案作畫，並手製飛機模型。蓋彼之思想在空間，不在海洋，而認飛機爲軍用之利器也。某日模型機試飛時，駕御失措，投擲觀光之某將軍；某將軍微言責備，致道氏啼笑皆非，遂脫離海校而去。

斯時也，有立脫 Wright 兄弟，用膠，葛，竹片，鋼，綫以及勇氣，製爲飛機，高翔天際，頗爲道氏所羨慕。故自離海校，即赴 Ft Myer 實地觀察立氏兄弟能否戰勝困難。嗣後該項飛機爲美國軍部所採納，時爲一九〇九年，亦即美國訂購軍用機之第一次。

道氏之父爲紐約銀行界間人，原擬培植其愛子成爲海軍軍官。奈當時飛機之試驗，與道氏以莫大之印像，俯仰寢息，莫不以飛機製造爲念；每於夢寐之間，作貨物空運之圖案；且預料民航之發展，將一日千里，因改習飛機；人各有志，迺父只能聽之而已。

自 Ft Myer 歸來，仍入海校，與同學研究巻力，並計劃在海軍擴充程序中，添設飛機製造一門，而卒爲當局者所阻擾。因懸於本人之提創，不易爲議會所了解，而且海軍部之官氣十足，陳見過深，遂於1912年憤然辭去職務，俾專心於飛機之製造。脫離海軍部後，進 Massachusetts 航空學校，研究航空學。後進 Connectient 飛機公司，襄理製造事宜，美海軍汽球第一號之製造，道氏與有力也。

時有 Kansas 青年馬丁 Glemnl, Matin，垂髫時常在其母親廚房之地板上，作種種飛機圖畫，設廠於洛山磯，承造各式飛機，營業發展，一日千里，聘道氏任總工程司，服務年餘，改進陸軍測候隊任航空總工程師。

期年再進馬丁創辦之 Cleveland 製造廠，嗣後此二十五歲之青年航空專家，邁步青雲，蒸蒸日上。凡一般青年任協理後，必躊躇滿志，而當一九二〇年道氏年二十八歲，貿然辭去協理之職，從事事業之創造。其時飛機之能否成功，每爲時人所懷疑。而道氏專心一致，並不氣餒。當時軍事航空界組織航空團，作飛行之試驗，俾一般航空家於飲食之餘，藉聽當世之批評，加以改善。道氏對之心焉向往。嗣後挾其藍圖與理想，迴返沿海西岸。彼爲有爲之青年，奈環境不佳，凡所識而有資產者，嗜財如命，不肯資助，致氏鞋襪不全，飲食失常。富有者目道氏之計劃無實現之可能，常語之曰：如製造飛機可稱爲事業者，不如拋棄該項事業之爲愈。

幸有台維司 David R. Davis 者，好萊塢富有之運動家也；囑道氏造飛機一架，作環遊美洲之舉。於是道格拉斯公司在理髮舖中之一角開幕矣。顧店中語聲嘈雜，道氏精神每爲所擾，「雲天」號之設計，時受防礙。

一九二一年「雲天」號製造成功。台維司乘坐該機，由施百鑑幹駕駛，沿東海岸線出發，迄飛抵 El Paso 引擎發生障礙，停航待修。同時有軍官二人，方完成紐約孫的谷間之飛行。於是台氏之計劃失敗，「雲天」號不得不上拍賣之場。後由台氏資助，得赴華盛頓海軍部兜售「雲天」式之飛機。海部允出資十二萬美金，訂購一批，以備裝載魚雷之用。

該筆款項，在當時之道氏視之，較諸視今日全廠之生財猶爲興奮。當時道氏須款一萬五千美金爲承造基金，此戔戔者，在洛山磯富有者視之，實滄海之一粟，不難籌措也。有時報主筆彌特辯 Hary Chandler，理髮舖中一顧客也，允出資一千五百元，但以有其他商人九名願爲同樣之資借爲條件。賴氏努力，裝金湊足，所訂飛機，次第完成，而道格拉斯氏遂被公認爲製造飛機專家矣。

道格拉斯公司，正式成立，資本籌足十萬美金。就 Santa Monica 某電影攝影場爲廠址，造出 DWC 式軍用機，即美國軍部於一九二四年用以作環球飛行者。該公司有口號「飛行全球第一聲，」盛傳一時。

此三十二歲之經理，眼見公司之發達，工人人數，於一九二四年由十數人增至五百名，重建廠屋，添置機器。嗣後無日不在擴充之中。現在已有工人九千名，每月開資，在百萬美金以上，爲 California 全洲最大之工廠。上年營業盈餘，計爲美金式，一

四七、三九二元，回憶當年之勸告，「如飛機製造可稱爲事業者，不如拋棄該項事業之爲愈，」可以自豪矣。

最近十七年內，該廠計出飛機二三三六架，値一萬萬美金。而以所出之DC3式，航行於全球各綫者，爲道氏得意之作。道氏公事室內，模型照片，琳瑯滿目，奬章錦標，羅列滿室。經十數年之努力，賺得全球美譽，要非易事。

道氏嘗告人曰：「DC3式民航機在目前確已適合需要，然明日之飛機，則爲另一問題。營業逐漸發展，飛機容量須逐漸增加。現在趕造中之DC4載客在五十人以上，或能適合該項需要。在最近之將來，將建造重量十五萬磅，翼長二五〇呎，載客一百名之飛機云。」

凡參觀者一進廠門，即見極長之廊屋，廊屋兩側，均係製造配件之處。查飛機製造工作，相當瑣屑，相當遲慢，配件多係鋼或鋁鋼所製，多至三萬至五萬種。每一配件須一再詳細試驗，如製造時計然。

道格拉斯廠有二處，Santa Monica 總廠，面積一百四十萬方呎。El Segundo 分廠在洛山磯市府飛行場附近。總廠廠門，可容翼長二百五十呎飛機之進出。

現在該廠，方從事五十架民航機之製造。每架値十萬美金，同時製造雙引擎之DC5式民航機。至承造軍用機之數量，則尚未發表，大概在美金五千萬元左右。其中法國轟炸機，値一千二百萬美金，已在分廠裝配中。美國軍部訂購之Douslas B-18 B-23轟炸機，及最新式轟炸機，約占百分之四六。海軍部訂購者占百分之六、三。國外訂購之民航機爲百分之五、五。軍用機爲百分之三十。此外尚有四引擎五十三座位之DC4民航機六架，一架已製成聞已售與日本，價値爲七十五萬美金。其他五架，每架値五十萬美金，約於一九四一年春完成，則售與國內航空公司云。

道格拉斯製造飛機之程序，十分繁雜。而出品優良，技術新穎。凡數萬配件之製造，試驗，裝配，均按既定之規範，預定之次序，及一定地位而進行，無絲毫錯亂，有足驚人者。假定取鋁鋼一小塊，參與其他質料，用以製造翼子之一邊。其製造秩序，係繪圖，製石膏模型，再製模型從而做模子，該模子經過五千噸水力錘之打壓，始行就範。查原料之重量數倍於製成品。而製成品之重量則與規定者絲毫不爽。技術之精，由此可知矣。庫房之中，藏有鋁鋼値美金二百萬元。該料質地既輕且甚堅固，配件之用該料製者，至少有三千種。凡翼子，機身以及堅固之關節，均須用是項材料製造。

該廠購料，就去年計算，每月平均爲一百二十萬美金。承辦行家多至七百五十家。材料多至三萬種，百分之八十，購自本國東部。即電綫一項，約値七萬美金。

吾人述其創造既竟，慨然有感。道氏工作之餘，得失回想往年理髮舖中之情形歟！當必欣然自得，謂有志者之事竟成也。

世界交通要聞（三）

沈　昌

（一）蘇聯阿克摩林斯克（Akmolinsk）至卡爾塔來（Kartaly）間鐵路，經八個月之興築，業於本年正月底開始業務，運煤運貨，倍極忙碌。據蘇聯交通界稱此線之重要性，在於便利沿線礦產之運輸。聞該路將向東方展長至西伯利亞鐵路之益爾克制（Irkutsk）站。該線現長約八百零六公里。

（二）英國南方鐵路雖在供應大量軍運之下，而滑脫路城地下廉價鐵路之革新仍有迅速之進行與完成。新制度之推行，已於去年夏季開始，旅客有新時代最舒適之車輛乘坐，且因軌道係用銲接，故車輛行駛時，闢聲較少，較為安靜，此路之總站與地面聯絡裝有三部合成之自動梯以利旅客出入。

（三）美國屺英航空學校（Boering School），係由屺英飛機所創辦。校址在舊金山市府飛機場附近，已開辦十一年，訓練成就之航空員已達數千名。凡進屺英學校之學生，開始受訓為各種航空儀器之認識，雙路無線電，無線電方向器以及其他儀器之能促進飛行安全者，均在研究之例。以前習飛行者，由視聽意會而駕駛。經航空界之經驗及研究，凡遇事變如側重視覺聽覺以及地面目標，就五官以應變；不如重用儀器以應急變，較為妥善，因人生五官不若儀器之精準確也。

該校地面訓練為二十四個月，功課包刮數學，微積分，天文學，氣象學，空氣動力學，電氣學，材料學，經濟學，航空要旨，飛機構造，飛行儀器等。升空時間為二百八十五小時。

該校有教師三十名，教練機十餘架。

（四）美國各洲，對於公路車變之人口死亡向有統計，去年綠特洲（The State of Rhodo Island）全洲公路，因車變而死亡之人數，每一〇〇、〇〇〇、〇〇〇車哩只有四名。較之全國平均率少三分之一弱，故全國安全協會之獎狀，為該洲所得，查美國一九三九年因汽車事變而死亡者，每百萬車哩為六十六人，一九三八年該項死亡率每百萬車哩為七十四人。

（五）美國納伐達洲公路（Nevada State Highway），現已築到Lo-volock工程在積極進行之中，所用移動沙礫機，專為整理大小合度之沙礫，以應鋪設路面之需。該機每小時由運輸皮帶之一端可出合用沙礫三百五十至四百噸。實際出量，則視卡車應供數輛而增減。查沙礫大小不一，其中二成須軋成碎粒，該機能將不合度之沙礫軋成大小合用之碎塊，該機係由 Pioneer Engineering Works, Minneapolis 廠所製造。裝於三對10.5×20吋之橡皮輪上；每輛均有氣軔設備。最後兩軸並設有平衡桿，在行動時平衡後兩軸之載重。

該機有三十吋運輸器兩具，專為供運沙礫之用。另備橡皮輪車盤裝載之。該機之原動力為一百六十匹馬力之內燃發動機。

（六）美國密雪西比河上游建有巨壩二十六處以管理之，每隔二十六英哩設一壩，備有各式閘門。第一至第二十四壩，已於本年三月中完成。開經費為美金一七○○○○、○○○元。該河管理係由壩中水閘之開關導引水流，促進航運。1935年之貨運為一、五四四、○○○噸，一九三八年為二、五九九、○○○噸。1939年尚無紀錄，惟可斷定其數量有增無減。

（七）酒精汽車，在非列賓已有行駛，頗著成效。據紀錄所載，有雪佛蘭 $158\frac{1}{2}$ 吋車盤卡車一輛，作長途運輸兩次，一次燃汽油，一次該車經改裝後，燃酒精，試驗結果，油量消耗之比較如次：

汽油燃量每12,43哩為一美加侖(合20,01公里每美加侖)。

酒精燃量每11,18哩為一美加侖(合17,99公里每美加侖)。

上列燃料消耗量之比較，酒精燃量較多百分之十，假定因酒精成份不一，燃量須較上述紀錄多用百分之二十，如以酒精價格每加侖約合國幣四元，汽油每加侖約合國幣十二元計算以資比較，則用酒精甚屬較廉，車輛之改造由用汽油改用酒精，工料統計約須美金一百二十五元。不用酒精時，仍可就原車改為汽油車云。

新工程第六期目錄預告

編輯公約

一、本誌純以宣揚工程學術為宗旨。關於任何惡意批評政府或個人之文字，概不登載。如有記載錯誤經人檢舉，立即更正。

二、本誌所選材料，以下列三類為範圍：

甲、國外雜誌重要工程新聞之譯述；

乙、國內工程之記述及計劃；

丙、各種工程學術之研究。

三、本誌稿件，務求精審，寧闕毋濫。乙項材料，力求翔實。丙項材料，力求切實。

四、本誌稿件，雖力求專門之著述；但文字方面則務求通俗，以適應普通曾受高等教育者之閱讀。

五、本誌歡迎投稿。稿件須由投稿人用墨筆謄正，用新式標點點定；能依本誌行格寫者尤佳；如有圖案，須用筆墨繪就，以不必再行縮小為原則；譯件須將原著作人姓名及原雜誌名稱說明；由投稿人署名負責。

六、凡經本誌登載之文稿，一律酌酬稿費。每篇在一千字以上者，酬國幣十元至五十元；內容特別豐富者從優；一千字以下者，隨時酌定。

七、本誌以複雜圖案，昆明市無相當承印之所，有時須寄往外埠刊印。所有稿件，請投稿人自留一份，萬一寄遞遺失，俾有存底可查。

八、本誌係由熱心同人，以私人能力創辦。嗣後如有力之學術團體，願意接辦者，經洽商同意，得移給辦理。

內政部雜誌登記證警字第七一四九號

新工程

第伍期

零售：國內每冊國幣五角；香港每冊港幣四角

外埠另加寄費

民國二十九年九月出版

發行人　沈立孫

總編輯　翁為

發行處　新工程雜誌社

代售處　各大書局

社址　昆明青門巷廿號

代印處　昆明大中印刷廠

新工程定價

時期	冊數	本省	外埠	香港越南
半年	三	二元二角	二元八角	一元三角港幣或越幣
全年	六	四元四角	五元六角	二元六角仝上

郵費寄費在內　郵票十足通用

陸根記營造廠

總事務所　分事務所

上海西摩路卅弄十六號 · 昆明護國路一〇二號

電報掛號均用六八六八

本廠專門承造鋼骨水泥堆棧橋樑涵洞及各種房屋道路等建築工程如蒙賜顧竭誠歡迎

中華服務社

代客運輸　代客買賣　接受委託

總分社及辦事處所在地

上海　香港　海防老街

昆明　重慶　臘戌　仰光

明良煤礦股份有限公司

煙煤焦炭

營業處

昆明興仁街四十二號

滇越鐵路可保村

川滇鐵路楊林站

中國通運股份有限公司

業務範圍

水陸貨運

報關裝卸

倉庫碼頭

代理保險

進出貿易

地址

總公司　昆明

分公司　昆明　重慶　海防

辦事處　瀘縣　碧色寨　西貢　仰光　畹町

虎標萬金油

藥力萬能
能治萬病

前方將士需要它
戰區難民需要它

虎標永安堂出品
雲南分行金碧路二七一號

新綏公司

接運
上海
香港
仰光
貨物

總公司　重慶
分公司　昆明
辦事處：
上海　香港　海防　寶雞
河內　同登　仰光　蘭州
貴陽　成都　西安　沅陵

昆明市南華街十五號
電報掛號四八四〇

六河溝製鐵股份有限公司

香港製造廠

自備電爐　精製澆鋼
各種配件　機件橋樑
大小鋼料　均能代製
出品從精　取價從廉

地址　香港九龍碼頭圍道庇利街

新工程

第六期

中華民國新聞紙類登記執照第九號

昆明中國銀行（地址）護國路三一四五號

發售「節約建國儲蓄券」 鼓勵儲蓄 養成儉德

一、種類：儲蓄券分為甲乙兩種
　甲種記名券 如有遺失可申明掛失請求補發惟不得轉讓或贈與半年之後即得提取本息如不提取利率逐年遞增無換單等之手續
　乙種不記名券 不得掛失可自由轉讓或贈與

二、券額：甲乙種儲蓄券均分為五元、十元、五十元、一百元、五百元、一千元、一萬元、七種

三、利率：甲種券存滿半年增加紅利合利率八厘存滿五年者增加紅利合一分一厘存滿十年者增加紅利合一分二厘均每半年複利一次
　乙種券存滿一年以上者另加紅利合利率一分三年至四年一分〇五毫五年至七年一分一厘八年至九年一分一厘五毫十年一分二厘均每半年複利一次

四、購買、甲種券按券面價值購買須塡具領購申請書並應留存圖章或簽字式樣以備領欵時核對
　乙種券依照訂定購額表繳欵購買（例如繳欵三千九百五十元六角九分購買萬元券一張十年以後領取金額一萬元）並無其他手續

五、兌付、甲種券存滿六個月後可向原售券行立卽兌付並可向本行各地分支行處申請代兌領欵時須在券上簽蓋原留印鑑並可申請先兌一部份惟兌付數額須為五元之倍數先後付五次為限
　乙種券須依照購券時所定年期到期後照兌亦可申請本行各地分支行處代兌

本行雲南省內分支機關

下關　保山　楚雄　祥雲　開遠　曲靖　宣威　平彝　畾允
箇舊　祿豐　芒市　畹町　昭通　以上均已開業
騰衝　正在籌設中

本行自建倉庫供堆存貨并代理中國保險公司承保水火人壽運輸各險海外僑胞請用通信辦法購券

中國農民銀行

經國民政府特許為供給農民資金復興農村經濟促進農業生產及提倡農村合作之銀行

資本總額　收足壹千萬元

業務　本銀行除經營農民銀行條例規定之各項業務外並呈准設立兼辦儲蓄業務

總行　重慶

分支行處

雲南省　昆明　曲靖　蒙自　澂江　海口
江蘇省　上海
浙江省　寧波　紹興　金華　江山　溪口
安徽省　屯溪
江西省　上饒　吉安　贛縣　萍鄉　樟樹　寧都　南城
湖北省　宜昌　老河口
湖南省　衡陽　沅陵　零陵　常德／邵陽
　新化　芷江　湘潭
四州省　重慶　成都　廣元　樂山　萬縣
　瀘縣　宜賓　內江　資中　南充
　宣漢　渠縣　永川　自流井　大渡口
福建省　漳州　泉州　永安　建甌　延平　寧德　浦城
廣東省　韶關
廣西省　桂林　南寧　柳州
貴州省　貴陽　安順　遵義　銅仁　畢節
陝西省　西安　潼關　南鄭　安康
甘肅省　蘭州　天水　平涼
西康省　西昌　雅安
青海省　西寧
寧夏省　寧夏

本行淪陷區域各行處現均撤至安全地帶辦理清理

昆明分行地址　鼎新街五七號

郵政儲金匯業局發行

節約建國儲蓄券

目的：提倡社會節約，獎勵國民儲蓄，吸收遊資，興辦生產事業。

種類：甲種券爲記名式，不得轉讓，可以掛失補發。
乙種券爲不記名式，不得掛失，可以自由轉讓，並可作禮券餽贈。

券額

分國幣五元，十元，五十元，一百元，五百元，一千元六類

甲種券照面額購買，兌取時加給利息及紅利。

乙種券購買時預扣利息，到期照面額兌付。

期限

甲種券存滿六個月後，即可隨時兌取本息一部或全部，如不兌取，利率隨期遞增，

存滿五年及十年，並於利息之外，加給紅利。

乙種券分一年至十年定期十種，可以自由選定。

利息

甲種券週息複利六厘至七厘半，外加紅利。

乙種券週息複利七厘至八厘半。

優點

本金穩固——由郵政負責，政府担保。

利息優厚——有定期之利，活期之便。

存取便利——可隨地購買，隨地兌取。

暢通：重慶 成都 香港

漢中 桂州 蘭州

涼州 肅州 昆明 各地

歐亞航空公司

總公司 昆明尚義街三號　昆明辦事處：正義路癸三三號

乘民生公司輪船

清潔 舒適 迅速 安全

總公司 重慶陝西街 電話七二一 電報掛號零六七四

分公司 萬縣 瀘縣 敘府 電報掛號均零六七四

MING SUNG STEAMERS

SAILING FOR WANHSIEN SUIFU KIATING AND HUCHOW

GUARANTEED CLEAN COMFORTABLE PROMPT AND SAFE

MING SUNG INDUSTRIAL CO LTD　SUAN SI STREET CHUNGKING PHONE 721 CABLE ADDRESS 0674

法商加波公司

資金壹萬萬佛郎

總公司
法國里昂

越南分公司
西貢　河內　海防
PHOM-PENH TOURANE QUINHON

雲南分公司
昆明　蒙自

分公司設遍
全球大商埠

專辦各種

五金鐵器　建築材料
鐵筋水泥　工業原料
化學原料　農工用具
起重工具　炸藥鎗彈
衛生器具　各國紙張
應有盡有　歡迎賜顧

合中企業股份有限公司

UNITED CHINA SYNDICATE

LIMITED

Importers Exporters & Engineers.

經理廠商一覽

GRAF & CO.	鋼絲針布
J. J. RLETER & CO.	紡織機器
JACKSON & BROTHERS, LTD.	印染機器
J. & H. SCHOFIELD LIMITED	織布機器
SOCIETE ALSACIENNE DE CONSTRUCTION	毛紡機器
HYMAN MICHAELS CO.	鐵路鋼軌
RAMAPO AJAX CORPORATION	鐵路道岔
BOSIG LOKOMOTIV-WERKE	新式機車
FEDERATED METALS CORPORATION	銅錫合金
YORK SAFE & LOCK CO.	銀箱銀庫
SARGENT & GREENLEAF, INC.	保險鎖鑰
ALLGEMEINE ELEKTRICITAETS GESELLSCHAFT	電氣機械
FULLERTON HODGART, & BARCLAY	各種機械
SYNTRON CO.	電氣工具
JOHN ALLAN & SONS, LTD.	愛倫柏根
FLEMING BIRKBY & GOODALL	優等皮帶
RUDOLF KNOTE	撚治審定機

總公司：上海圓明園路九十七號　　電話一三一四一號

分公司：香港雪廠街經紀行五十四號　　電話三二五八一號

昆明青年會三百零二號

電報掛號各地皆係“UCHIS“

中國企業公司

運輸部 承運渝昆滇緬各綫公商貨物

貿易部 經辦卡車輛車輪胎配件油料棉紗及其他各項進出口貨品

鹽務部 抄運滇鹽濟銷黔岸

總公司
地址 昆明環城東路三二一號
電話 二三七〇
電報掛號 九一九一

辦事處 重慶 貴陽 仰光 臘戌 畹町

及車站 元永井 安南縣 平彝 一平浪

Armco Culverts

THE WORLD'S

STANDARD

Lowest Transportation Costs

Simplest to Assemble

Quickest and Cheapest to Install

Greatest Strength

Longest Service Records

Widest Acceptance (more than 100 countries)

CALCO CHINA AGENCY

Hongkong Office:

14, *Queen's Road, Central*

Shanghai Office:

40, *NingPo Road*

28365

28366

汽車鋼板之改進及研究

王樹芳
覃修諛

抗戰以來，交通工具，首賴汽車。後方公路，倉卒完成，路基未堅，起伏不一，加以山路崎嶇，險溝陡坡，比比皆是。所以汽車鋼板之壽命，鮮有超出二千公里，損壞數目，足以驚人，影響外滙，尤匪淺鮮。前西南公路局機械廠成立之初，即着重於彈簧鋼板之製造與改良，蓋新車原來設計，適合彼邦標準道路，一入吾國內地，實用成績，大相懸殊。至於因鋼板折斷而致拋錨，救濟業事耗油之間接損失，誠不可勝計焉。

該廠成立以後，經造鋼板約十餘噸，使用成績，較舶來品爲佳，壽命延長，成本亦低。惜因環境困難，不及詳作研究之紀錄。旋又限於原料，來源斷絕，不能按照預定計劃之大量供給，深爲憾事。茲將研究所得，畧書於後，以備各方之參考，並希指正。關於鋼板之改進大致分爲四端：

1，鋼板加强，使其抵抗外力之能力增大，減少各片之內應力，以求鋼板壽命之延長：即增加片數與增加厚度。

2，減少反應力量：在第一片上加用保險鋼板。

3，鋼板鍛製方面之改進。

4，鋼板烨火（熱處理）方面之改進。

1，鋼板加强之研究　鋼板所承受之壓力，與鋼板每片之內應力之關係，可用下面之方程式表示之：

$$P=\frac{n b h^2 s}{b(1+\tan x)}$$

P＝壓力（就鋼版之一端而言）s＝內應力，n＝片數，b＝鋼板寬度，h＝每片厚度，l＝長度（一端與U形螺絲間之水平距離）p＝中間之灣曲高度，X＝吊耳（Shackle）局斜角度。

加强鋼板，因車身構造之種種限制，對於寬窄長短，不能有所變動。又p與X因加强鋼板而起之變化甚微，亦可視爲不變，則上述之方程式，可化簡如下：

$$P=knh^2s\cdots\cdots\cdots(1)$$

換言之，鋼板所能受之壓力，與其片數，及其各片之厚度之平方成正比例。

又鋼板之變形，（Deflection）與其所受之壓力之關係如下

$$D=\frac{6.l^3}{nbh^3}\times\frac{P(1+\tan x)}{E}$$

此公式亦可化簡爲：

$$D=C\frac{P}{nh^3}\cdots\cdots\cdots(2)$$

由此可知鋼板之變形，與其片數及各片厚度之立方成反比。故加强鋼板，若增加各片之厚度，較之增加片數，所得之效果爲大。（設總厚相等）但各片之厚度，不宜增加過多。蓋彈簧之主要目的，在減少車身之震動力，自方程式（2），可知厚度稍有增加，則變形（D）減少甚巨，吸收震動能力減少，於是影響車身機器部份，尤其水箱之壽命甚大，是不能不加以考慮者也。

西南路局之車輛，大部爲道奇(Dodge)雪佛蘭(Chevrolet)福特(Ford)三種廠牌。其中鋼板折斷消耗，以道奇雪佛蘭前鋼板爲最甚，茲據貴陽修理廠統計鋼板損耗數如下：

雪佛蘭 42—36.5% 道奇 42—38% 福特 10—9.3%

上列數目，其中百分之九十以上爲前鋼板。因此之故，乃決定加强道奇雪佛蘭前鋼板二種。此二種原來鋼板之片數及各片厚度，與自經加强改造後之鋼板比較如下：

A.道奇前鋼板

片數	第一片	二	三	四	五	六	七	八	九	十	十一
原來各片厚度	$\frac{3}{8}$"	$\frac{3}{8}$"	$\frac{3}{8}$"	$\frac{5}{16}$"	$\frac{5}{16}$"	$\frac{5}{16}$"	$\frac{5}{16}$"	$\frac{5}{16}$"			
加强各片厚度	$\frac{3}{8}$"	$\frac{3}{8}$"	$\frac{3}{8}$"	$\frac{5}{16}$"	$\frac{5}{16}$"	$\frac{5}{16}$"	$\frac{5}{16}$"	$\frac{5}{16}$"	$\frac{5}{16}$"	$\frac{5}{16}$"	$\frac{5}{16}$"

總厚增加 $\frac{15}{16}$"

B.雪佛蘭前鋼板

片數	第一片	二	三	四	五	六	七	八	九	十
原來各片厚度	$\frac{3}{8}$"	$\frac{5}{16}$"	$\frac{5}{16}$"	$\frac{5}{16}$"	$\frac{5}{16}$"	$\frac{1}{4}$"	$\frac{1}{4}$"	$\frac{1}{4}$"	$\frac{1}{4}$"	
加强各片厚度	$\frac{3}{8}$"	$\frac{3}{8}$"	$\frac{3}{8}$"	$\frac{5}{16}$"	$\frac{5}{16}$"	$\frac{5}{16}$"	$\frac{5}{16}$"	$\frac{5}{16}$"	$\frac{5}{16}$"	$\frac{5}{16}$"

總厚增加 $\frac{11}{16}$"。

應用公式(1)可以計算其加强之百分數：

道奇前鋼板加强之百分數 $=\frac{P_1-P}{P}\times100$

$$=\frac{Kn_1h_1^2S-Knh^2s}{Knh^2s}\times100=\frac{n_1h^2-nh^2}{nh^2}\times100$$

$$=\frac{\left[3\left(\frac{3}{8}\right)^2+8\left(\frac{5}{16}\right)^2\right]-\left[3\left(\frac{3}{8}\right)^2+5\left(\frac{5}{16}\right)^2\right]}{3\left(\frac{3}{8}\right)^2+5\left(\frac{5}{16}\right)^2}\times100$$

$$=\frac{(3\times3^2+8\times2.5^2)-(3\times3^2+5\times2.5^2)}{3\times3^2+5\times2.5^2}\times100$$

$=32\%$

雪佛蘭前鋼板加强百分數 $=\frac{P_1-P}{P}\times100$

$$=\frac{N_1h_1^2-Nh^2}{Nh^2}\times100$$

$$=\frac{\left[3\left(\frac{3}{8}\right)^2+7\left(\frac{5}{16}\right)^2\right]-\left[\left(\frac{3}{8}\right)^2+4\left(\frac{5}{16}\right)^2+4\left(\frac{1}{4}\right)^2\right]}{\left(\frac{3}{8}\right)^2+4\left(\frac{5}{16}\right)^2+4\left(\frac{1}{4}\right)^2}100$$

$$=\frac{2\left(\frac{3}{8}\right)^2+3\left(\frac{5}{16}\right)^2-4\left(\frac{1}{4}\right)^2}{\left(\frac{3}{8}\right)^2+4\left(\frac{5}{16}\right)^2+4\left(\frac{1}{4}\right)^2}\times100$$

$$=\frac{2\times32+3\times2.5^2-4\times2}{3^2+4\times2.5^2+4\times2^2}\times100=\frac{20.75}{50}\times100=40\%$$

根據以上之計算結果，道奇鋼板巳加强 32% 雪佛蘭前鋼板亦增加 40%。

鋼板既加强，則變形即因之減少，（假定壓力相同）可應用分式（2）計算之：

道奇前鋼板變形減低之百分數，$=\frac{D-D_1}{D}\times100$

$$=\frac{C\frac{P}{NH^3}-C\frac{P}{N_1h_1^3}}{C\frac{P}{NH^3}}\times100=\frac{\frac{1}{Nh}-\frac{1}{N_1h_1^3}}{\frac{1}{Nh}}\times100$$

$$=\left[1-\frac{Nh^3}{N_1h_1^3}\right]\times100=\left[1-\frac{3\left(\frac{3}{8}\right)^3+5\left(\frac{5}{16}\right)^3}{3\left(\frac{3}{8}\right)^3+8\left(\frac{5}{16}\right)^3}\right]\times100$$

$$=\left[1-\frac{5\times(2.5)^3+3(3)^3}{8\times(2.5)^3+3(3)^3}\right]\times100$$

$$=\frac{46.0}{206}\times100=22.3\%$$

雪佛蘭前鋼板變形減低之百分數 $\left[1-\frac{NH^3}{N_1H_1^3}\right]\times100$

$$=\left[1-\frac{\left(\frac{3}{8}\right)^3+4\left(\frac{5}{16}\right)^3+4\left(\frac{1}{4}\right)^3}{3\left(\frac{3}{8}\right)^3+7\left(\frac{5}{16}\right)^3}\right]\times100$$

$$=\left[1-\frac{3^3+4(2.5)^3+4(2)^3}{3(3)^3+7(2.5)^3}\right]\times100=50\%.$$

道奇前鋼板變形減少 22.3%，而雪佛蘭變形減少 50% 此蓋因道奇僅增加片數，而各片之厚度未變，雪佛蘭則總厚雖增加不多，而各片之厚度有所增加故也。

2，減少反應力量　汽車行駛高低不平之路面，最易發生連續之震動。反應力量，第一片所受最大，故損壞率亦最高。一片之斷，影響及於全付，關係殊大。故除將第一片改用較厚之鋼板外，對於裝配方面，亦設法予以改進。

鋼板第一片折斷之原因，固不僅在乎車身之重力，及上下之震動。以其直接連繫於車身之上，舉凡車輪與車身間之一切震動如剎車過猛，或遇突然之障碍物等而發生之前後動力，皆須由鋼板第一片承受之。茲將其損壞情形，分述於下：（見第一圖）

A、表示一正常鋼板。當停止時，鋼板上受有車身之重力P，及向外漲力p。當車行駛於崎嶇道路上時，情況頗形複雜：因震動關係，P值之變動甚大，有時車身高擂，或向一方偏斜，則P成負值，方向向上，致將第一片之兩端挑起如B圖。其時鋼板下面各片，皆無能爲力，僅第一片承當之。因此兩端鋼板夾處，常見折斷。

有時車輛遭遇極大之阻碍，或剎車過急，車輪即有一向前之F力量，完全集中於後端。設F超過P太多，則將第一片跳起如C圖。此亦第一片易在兩端鋼板夾處折損之故。如鋼板甚平，因F之力量，使鋼板受突然之壓擠力，致在第中段處折損者亦有之，如D圖。爲補救上述種種損壞之原因，曾在第一片之上，再加一反壓之鋼片，以保護第一片，如第二圖A所示。

如此可以增加第一片對於上述各外力之抵抗力。惟此種辦法，無形中多耗費一片鋼板。爲節省計，僅在兩端鋼板夾處多加一形壓板兩塊，如第二圖B所示。

此壓板如弓形，中間凹處有夾子螺絲，壓於其上，不致滑脫，而兩端緊壓於第一片鋼板之上，使其不致在夾子螺絲處折損。

3,鋼板鍛製之改進 鍛製鋼板，乃技術上之問題，言之似甚簡易，實則鍛製精良之鋼板，其壽命與一草率造成之鋼板，往往相差數倍，鍛製鋼板之溫度，按規定應在紅熱以上。蓋在冷時鍛製，易使鋼板之內部組織，不能均勻，而發生損傷，往往在焠火之後，始能發現，結果損失甚大，此亦不可不注意者也。鍛製鋼板手續，最要者爲彎曲鋼板。鋼板彎曲之弧度，首須均勻，當各片裝成一束之後，每片應互相貼合，其接合皆爲面與面之接觸。否則若爲點與點之接觸，則接觸點之磨擦力甚大，致鋼板磨蝕極易，雖有滑潤劑，亦無多大效力也。

鋼板各片之彎度，應各不相同，第一片彎度最小，（弧度半徑最大）第二片較大，至最下一片最大，如第三圖所示。

當用中心螺絲裝緊之後，各片互相壓緊，因彎度之不同，而有不同之內應力（Initial Stress）最下面內應力最大，其上逐漸減少，而至負值，最上一片負值之內，應力最大。當裝於車上時，受力下壓，上面各片，因有原來相反之內應力相抵，實際負担力量較小，使用壽命可延長，而下面各片，適得其反。吾人寧可使下面各片，負担較大而易斷，以其短而易配，且卽令折斷，亦不致發生重大危險也。嚴格論之，每種鋼板每片之彎度，皆有一定之大小，蓋其中有一片之彎度變更，即能影響整付鋼板之彎彈力。當初係依照外國製造之全付鋼板作爲標準，惟日久頗或走型，大量製造，應有固定之樣板。

鋼板因U形螺絲（俗稱騎馬螺絲）鬆脫而損壞者極多。（凡由中心螺絲處折斷者，皆由於此種原因。）U形螺絲鬆脫。固有其本身之原因，而鋼板之弧度關係，不能穩固，致使鬆脫者，亦頗不少，其情形如第四圖所示。

A圖表示兩U形螺絲之間，一段爲弧形，僅中間之一點，落於車輛橫樑之上。一有前後之力量加於鋼板之上，即有搖動之虞，在此情形之下，U形螺絲極難緊牢。

B圖表示改善之彎度，鋼板兩段圓弧，而中段裝U形螺絲處，則較平直，當裝置於車輛橫樑之上時，中間一段，互相緊貼，無搖動之弊。U形螺絲，自亦吃力較小。雖不能完全免除U形螺絲之鬆脫，多少能減少相當之損耗數量也。

C鋼板新裝之時，各片中間之隙縫，往往不能緊湊，或因油滑，或因變形，致有極細之隙縫。假定每片間有千分之一寸比，則十片之鋼板，便有百分之一寸。車行若干里，螺絲自鬆，其彈性及負荷力均受影響，所以各修理所必須注意，常緊中心螺絲也。

4,鋼板之焠火 通常配製鋼板，多未經焠火，即令焠火，工作亦甚草率。本人有見及此，最初卽注重焠火。先裝臨時爐。因火磚來源不易，數月後方造成正式壁爐。裝有熱度表。然鋼板原料，不能內運，又未能儘量應用，誠抗戰時所不可避免之困難也。

夫焠火工作，乃變更鋼質內部組織之方法。其目的在使鋼板有相當之硬度，而同時有相當之韌性。換言之，即使鋼板有彈性，而毋因過重致生脆斷之弊。

鋼質內部組織，依溫度之高低而變化。普通之炭素鋼，（設爲 0.7% — 0.8%C）當加熱至 800° — 900°C 時，其內部之組織，全爲Fe_3C（Cementite）與純鐵（Ferrite）之固體溶解物（Solid Solution）之結晶，是爲（Austenite）若在此溫度，突然浸於水內，急速冷却，則鋼內仍然保持（Austenite）結晶組織。此種結晶性質極硬。如若冷却稍緩，或浸入油內，則A.ustenite分解爲（Martensite）之結晶，其性較軟。此即淬火工作。

若將此鋼燒至 800° — 900°C，使之徐徐冷却，則此固體溶解物中之純鐵，漸漸分解而出：當溫度降至 700°C 左右時，大部純鐵，皆已析出，一部分純鐵，則與 Fe_3C 混合成緻密之結晶體。溫度再下降，其中之組織，則已穩定無大變化。此種組織之鋼，性質甚軟，是之謂退火。

若將含Martensite之鋼，再行加熱至300°—400°C，停留少許時刻，則一部Martensite結晶，分解成爲純鐵及Fe_3C。如是鋼質少許變軟，同時亦失掉大部分之脆性，是之謂調節。（Tempering）

以上所述，乃普通之炭素鋼。設爲合金鋼或高炭低炭鋼，則上述之溫度變化，卽有相當出入，一班汽車上所用之彈簧鋼，大多爲矽錳鋼，其化學成分如下：

1. C 0.45%. Mn 0.5% Si 1.9% S 0.025% P. 0.025%.

2. C 0.47%. Mn 0.5% Si 1.63%. S 0.01%. P 0.01%.

其淬火之方法，（1）將鋼板加熱至 800°C — 820°C 浸入油內，（2）燒至 500°C（在極暗處現深棕色溫度較普通炭鋼爲高）經20分鐘取出，置於空氣中冷却。

淬火之溫度不宜過高，因鋼質在變化點（Critical）以上（約900°C 左右）時，易結成粗大之結晶。此種粗織之鋼質，缺乏韌性。吾人所希望者，乃緻密之組織，可加熱至變化點附近得之。至於變化點溫度之高低，則視鋼之化學成分而定。

今用 3/8"×1.3/4" 長約一呎之彈簧鋼板六塊，其中兩塊，（1）燒至桔黃色，（900°C以上）兩塊（2）燒至紅色，（800°C左右）兩塊（3）燒暗紅色，（700°C左右）皆淬入油中。再一同燒至 500°C，約二十餘分鐘，取出冷却，作以下之試驗。

A 平放於壓機上，兩端支點距離5.1/8"，在中間加壓力，一律壓下半吋鬆開，量其永久變形：（Permenent Set）

1.	兩塊	$\frac{5"}{16}$	$\frac{5"}{16}$
2.	兩塊	$\frac{5"}{16}$	$\frac{1"}{4}$
3.	兩塊	$\frac{3"}{8}$	—

B 繼續壓下兩吋，翻轉壓平，再連續壓下兩吋，如此反復彎曲，俟其折斷，結果如下：

1.	兩塊	經 $1\frac{1}{2}$	次	折斷（斷面粗）
2.	兩塊	經 2	次	折斷（斷面細）
3.	兩塊	經 $2\frac{1}{2}$	次	折斷（斷面最細）

以上試驗，雖不見如何精確，但由是可以看出，淬火溫度過高，對於鋼板之彈性，並無顯著之增加，而韌性則減少多矣。調節（Tempering）溫度之高低，與時間之長短，對於鋼之彈性，關係頗大。

今用上面同樣尺寸之鋼板六塊，一律燒至紅熱，在油中焠火，然後兩塊（1）燒至暗棕色，（約550°C）一刻鐘取出，兩塊（2）燒至將近500°C，一刻鐘取出，最後兩塊，燒至藍火，（磨光面發藍色光彩約200°C—350°C 爲普通炭素鋼調節之溫度）約一刻鐘取出，作以下之試驗：

A 同前平放壓機之上，兩端支點，距離 12 吋，在中間加壓力，一律壓下 518" 鬆開，量其永久變形：

1. 兩塊 $\frac{1''}{16}$ $\frac{3''}{32}$
2. 兩塊 (0 $\frac{1''}{16}$
3. 兩塊 0." 0."

B 繼續壓下1.5/8"吋，鬆開，再量其永久變形：

1. 兩塊 $\frac{15''}{16}$ 1"
2. 兩塊 $\frac{7''}{8}$ $1\frac{1''}{16}$
3. 兩塊 斷. 斷.

由以上兩種試驗之比較，可知調節之溫度過高，則彈力消失，過低則太脆，關係至爲重大也。

鋼板焠火所用之油料，對於鋼之軟硬，亦有極大關係。如油太稀薄，揮發性較大者，則鋼板冷却較速，內部之純鐵 Ferrite 析出較少，鋼質較硬。反之則黏性較大，焠出之鋼質，勢必較軟。最初曾用柴油，嗣以其揮發性大，且易着火，已改用魚油。

鋼板加熱之火爐，在外間皆用普通鍛鐵爐灶，惟鋼板焠火，首在溫度均勻，在鍛爐之上，短鋼板尚勉强能用，若長達三四呎之鋼板，則困難之至。故首先依照鍛爐之方式，砌一長約六呎之火爐，寬 1.1/2 呎上，覆磚拱，高約14吋，用風箱送風，上燒焦炭，（焦炭無煙易於着火且少硫質）鋼板則放置在焦炭之上加熱。如此，溫度可較均勻。但此爐仍有不少缺點。

1. 鋼板直接放置於焦炭上，下面不平，燒紅之鋼板，易於走樣。
2. 火力不均，凡焦炭鋼之空隙處，有强力之火焰噴起，使該處鋼板，首先燒至高溫。如是鋼內之組織，亦不均勻，甚至鋼片一段之兩邊，組織有粗細不同者。
3. 溫度節制困難，尤其調節之時，必須在一定溫度下，保持相當之時間，而難以做到，此步實爲最大缺點。

嗣卽復建造一永久性之反焰爐，專爲焠火之用，其構造大致如第五圖。

A,B,表示加熱室（Heating Chamber），長六呎，寬二呎，其右爲爐條，燃燒焦煤，或煙煤均可。火焰經火橋至加熱室，單獨工作，或同時工作均可。若將A室爐條下之室關閉，開放火門 e，則B室之火焰，經F門而至A室，再經 e 門入煙道，如是A室僅借B室之餘熱及爐條上剩餘煤炭熱力，維持其溫度在 500°C-600°C 之間，可以專作調節鋼板之用，B室仍作焠火之用。此爐之溫度，固不能完全調節自如，然較原先之火爐可靠多矣。

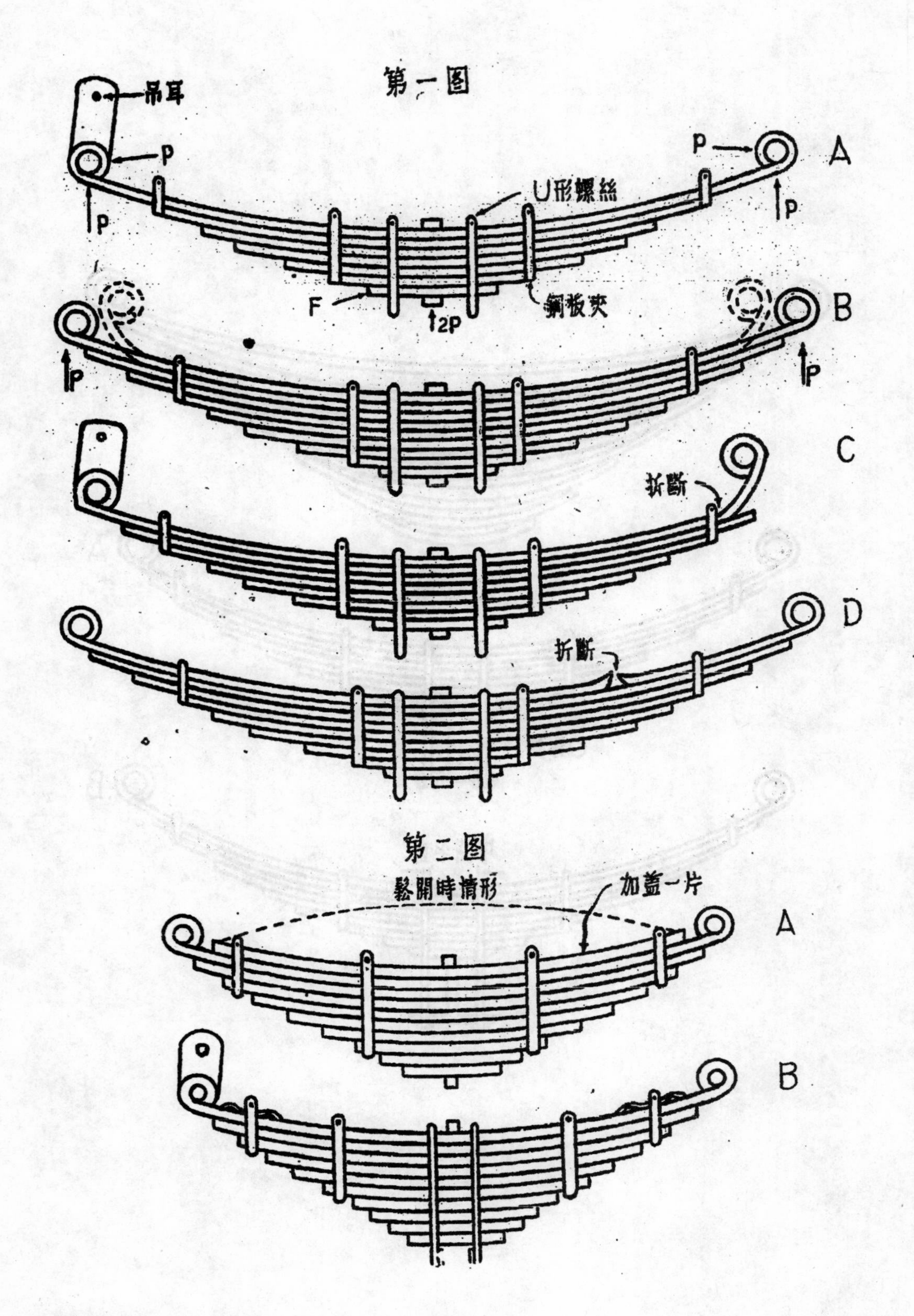

第一图

第二图

28373

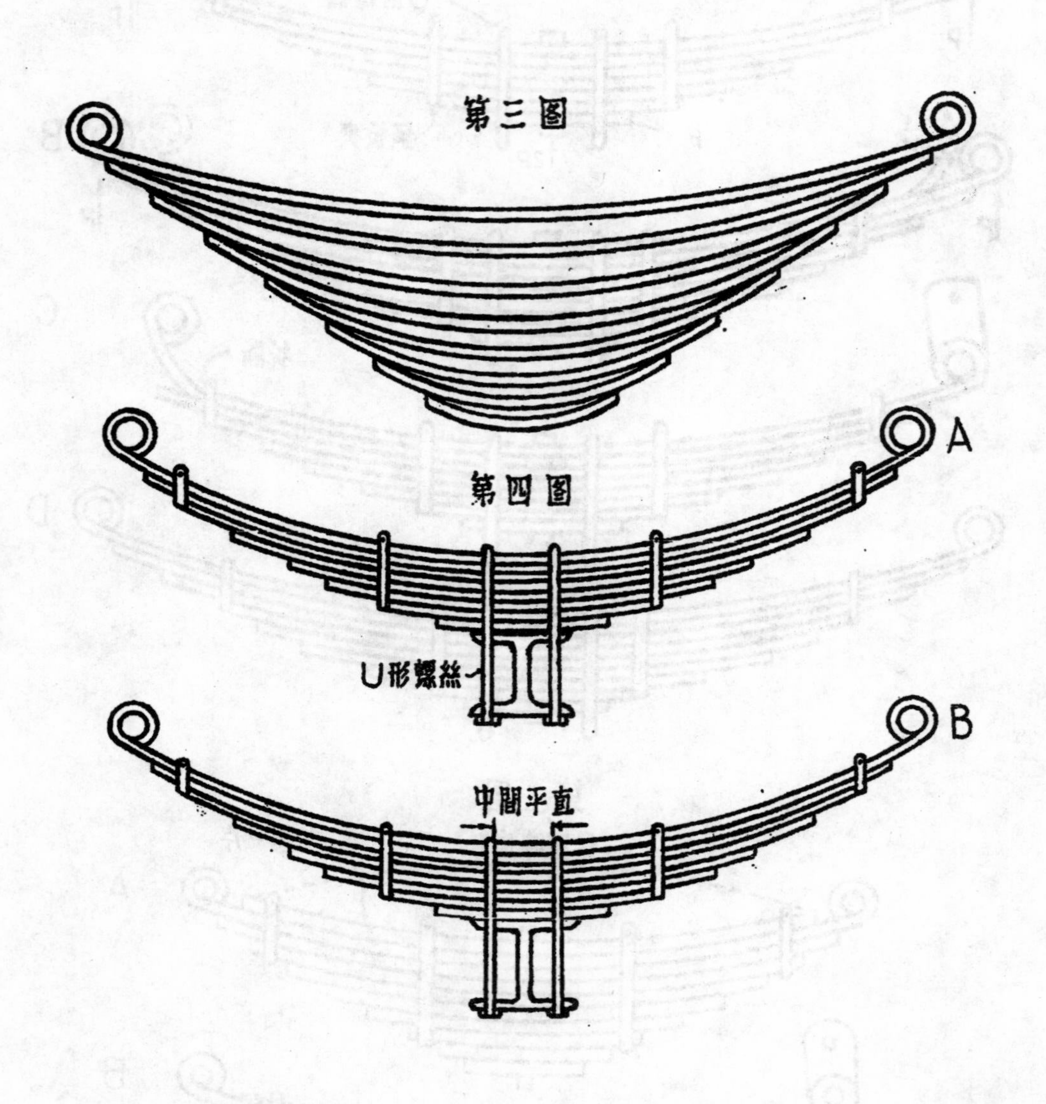
第三图
A
第四图
U形螺丝
B
中間平直

第五图

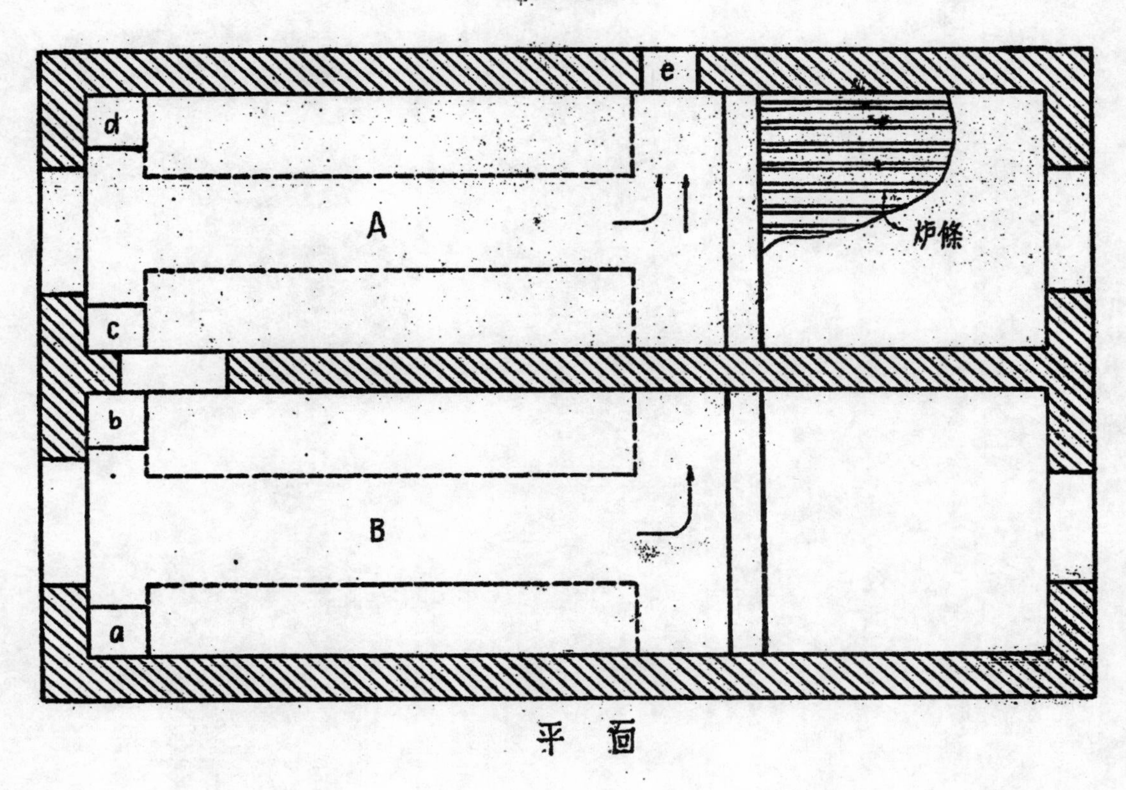

平面

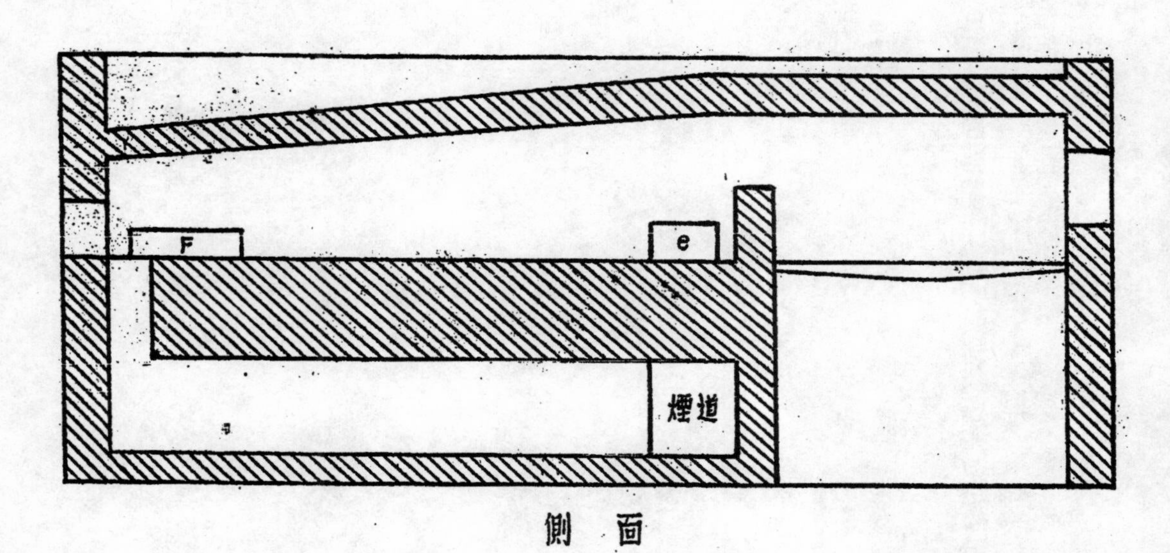

側面

28375

混凝土內鋼筋之預張

胡樹楫譯

本篇譯自"Beton-Stein-Zeitung" 5. Jahrgang (1939), Heft 1 原文為Bornemann氏撰述篇中標題係譯者所加藉資醒目。

一 預張鋼筋之效用及條件

混凝土之為物，具有多種良好特性，故能在工程上取得重要地位，但亦賦有若干劣點，使前進之設計家束手。其劣點維何？即：抗拉强度遠較抗壓强度為低，且初硬結時發熱而伸張，過若干時又乾化而凝縮，並屈歛於載重之下，往往須經過多年始趨靜止狀態。凡此諸劣點均由其中之粘結料——水泥——挾以俱來。

因此，在水泥消費者之間，時有改良品質之呼聲，希望廠家創造一種寶貴水泥，可使混凝土在一切材料中獨居優勝。然明達之工程師輩則早知水泥之劣點係由自然界賦予，祇可加以補救，而無法完全免除。

自有鋼筋混凝土而後，水泥之劣點稍得以補救。即混凝土不勝拉力時，以鋼筋代任其勞，並與對抗壓力之部分共同完成負重之使命。此種成法，世所通曉，無待贅論。

以鋼筋應付拉力之法有時而窮。因此有人尋求新法，以推廣混凝土之應用範圍。本篇所論即為新法中之與所謂「預張」(Vorspannung) 有關者。由下文可知，此名詞所涉之對象頗有差別，然其所懸之目標在防止混凝土發生裂紋，則屬一致。而新法之應用，並可藉以求用料之經濟，尤其鋼料之節省。

混凝土受拉力時，在斷裂以前，每公尺長度至多約可伸張〇.二公釐。但鋼筋受每平方公分一二〇〇公斤之拉力，其伸張率即達混凝土數之三倍。故如欲鋼筋混凝土抗拉部分不發生裂縫，而無特別技巧上之措施，殆屬不可能事。特殊技巧上之措施維何，即預將鋼筋施以拉力而延張之，（即所謂「預張」），然後築入混凝土內。

試對混凝土桿施以壓力，則該桿於受力之一瞬間作彈性之收縮。如任載重擱置不動，而繼續觀察之，則經長時間後可知該桿仍在不斷縮短之中。此項現象有時持續至多年之久，惟進行之速度與時俱減耳。試於經過長時間後將載重移去，則混凝土桿復行伸長，惟其回伸量僅與初受力之一剎那間之彈性收縮額相等。其後此所發生之收縮額則保持不變。混凝土受力而不斷徐徐收縮之現象謂之「爬伏」(Kriechen)。爬伏量普通為「凝縮量」(Schwindmass)之多倍，與受力大小有關，且隨混凝土初受力時之强性而減小（按强性愈大，即彈性收縮額愈小則爬伏量愈小）。混凝土之「爬伏」，不僅發生於受壓力時，即受拉力時亦然。

鋼筋之「預張」在四十年以前已為奧人 mand 氏所主張。其後他方面有作實地試驗者。鋼筋混凝土學理上之名宿 Koenen 氏亦曾於一九一〇年間令Stuttgart材料試驗所從事於此類之試驗。

由圖(一)(1)至(6)，可說明預張鋼筋之功效如下：

鋼桿(1)受拉力伸張(2)後，築入混凝土內(3)。待混凝土硬結後，將拉張鋼桿之器具除去。此時鋼筋勢欲縮回原長，但為混凝土所挾持阻碍。惟混凝土因鋼桿之彈力受壓而縮短，故鋼桿亦得縮短少許，其內部應力隨而稍減(1)（減小額為 $\Delta\sigma = n \cdot \sigma_b$）。於是此聯合物體表面上雖不受力，然實不斷與強烈之內部應力相掙扎(4)。嗣混凝土復因內部應力之作用而「爬伏」，及隨時間之遞遷而「凝縮」。混凝土繼續縮短之結果，聯合物體之內部應力又趨減低(5)。由於混凝土之彈性壓縮，爬伏及凝縮，鋼桿每平方公分之「預張力」約降落一五〇〇－二〇〇〇公斤，故加於鋼筋之預張力須甚大，庶混凝土收縮後仍有充分餘額以資利用。

預張之鋼筋混凝土物體受外界拉力，而該項外力較存在於鋼筋內之預張力為小時，鋼筋對混凝土之壓迫趨於緩和，混凝土因之復由彈性作用而伸張（圖一(6)），然仍保持受壓狀態。外力與存在於鋼筋內之預張力相等時，混凝土即不復受壓。故如欲混凝土不受拉力，必須外力不超過混凝土收縮後存在於鋼筋內之預張力（而非鋼筋築入混凝土以前所受之拉力）。

前人不知混凝土有「爬伏」作用，以為預張鋼筋時，祇須施以小量拉力，便成故預張鋼筋混凝土實地應用之試驗輒歸失敗。

預張鋼筋時使用之拉力又必以與鋼料之「比例界」(Proportionalitaetsgrenze）相當為限，即鋼筋須在該項拉力下仍完全保有彈性，因預張鋼筋之效用全特其彈性伸縮之本能也。

二　鋼絃混凝土（Stahlsaitenbeton）

根據上述原理，Hoyer 氏以預張之細鋼絲如製成鋼琴絃者，築入混凝土內，謂之「鋼絃混凝土」。所用鋼絲之「比例界」甚高故初時之預張力達每平方公分一五〇〇〇公斤，永久保有之預張力亦達每平方公分一二〇〇〇公斤，與二倍之安全率相當，因此鋼料可節省不少。此外採用此種鋼絲又可免除鎮緊於混凝土內特別設施。蓋鋼絲被拉時，不特縱向伸長，亦於橫向縮細，預張之拉力解除後，鋼絲伸出混凝土外之兩端復恢復原來之粗細，而於混凝土表面附近形成楔狀，(圖二)具有絕大之鎮緊功效。況各根鋼絲因剖面甚小，所受之力實際上並不甚大，按每平方公分一二〇〇〇公斤計算，並取三倍之安全率，粘着上所需長度為對徑之百倍，則在 Hoyer 氏所選用之鋼絲不過一〇－二〇公分而已。

Hoyer 氏之鋼絃混凝土梁製造場，長一〇〇公尺，兩端置緊張鋼絲之器械，中間每隔一定距離（相當於梁之長度）各置分隔板，以固定各鋼絲之位置。分隔板輒成對，相距不遠豎立，其間於填築混凝土時留空，待混凝土硬結後於此將鋼絲截斷。故在該工場上可同時製造梁條多根，梁之長度亦可隨意定奪。圖(三)至(五)因製板不便，從畧），圖(六)示該項梁條之剖面與鋼筋佈置。圖(七)（從畧）示鋼絃混凝土梁在重載下之情形，跨度約四公尺，靜垂量為八公分。嗣再將載重增加，至計算上鋼筋應有之應力為每平方公分二六〇〇〇公斤，即較永久預張力之二倍尤高（混凝土因之受拉力支配而顯示多數裂紋。然該梁條於載重去後，仍完全回復原來形狀，裂紋亦泯沒不見。至該梁所含鋼料不過〇、七五公斤而已！圖(八)示鋼絃混凝土梁與板組成之樓面剖視形狀，如一般所主張用以代替住宅內之木質樓板樓柵者。

因鋼筋之預張力若大，混凝土所受之壓力亦巨，故包裹鋼絃之混凝土，強度必高。又因鋼絃間距離甚小，混凝土中之沙石料亦須為細粒者。故混凝土配合須含水泥成份較多調製必精。此項混凝土於填入模殼後用「外面震盪器」震實之。」

三、預張鋼筋混凝土管（Spannbetonrohre）

首先証明「預張力必須強大」之 Freysinnet氏並主張橫向鋼筋（例如梁內之箍鐵）亦宜預張，而其所創改善混凝土辦法尤關

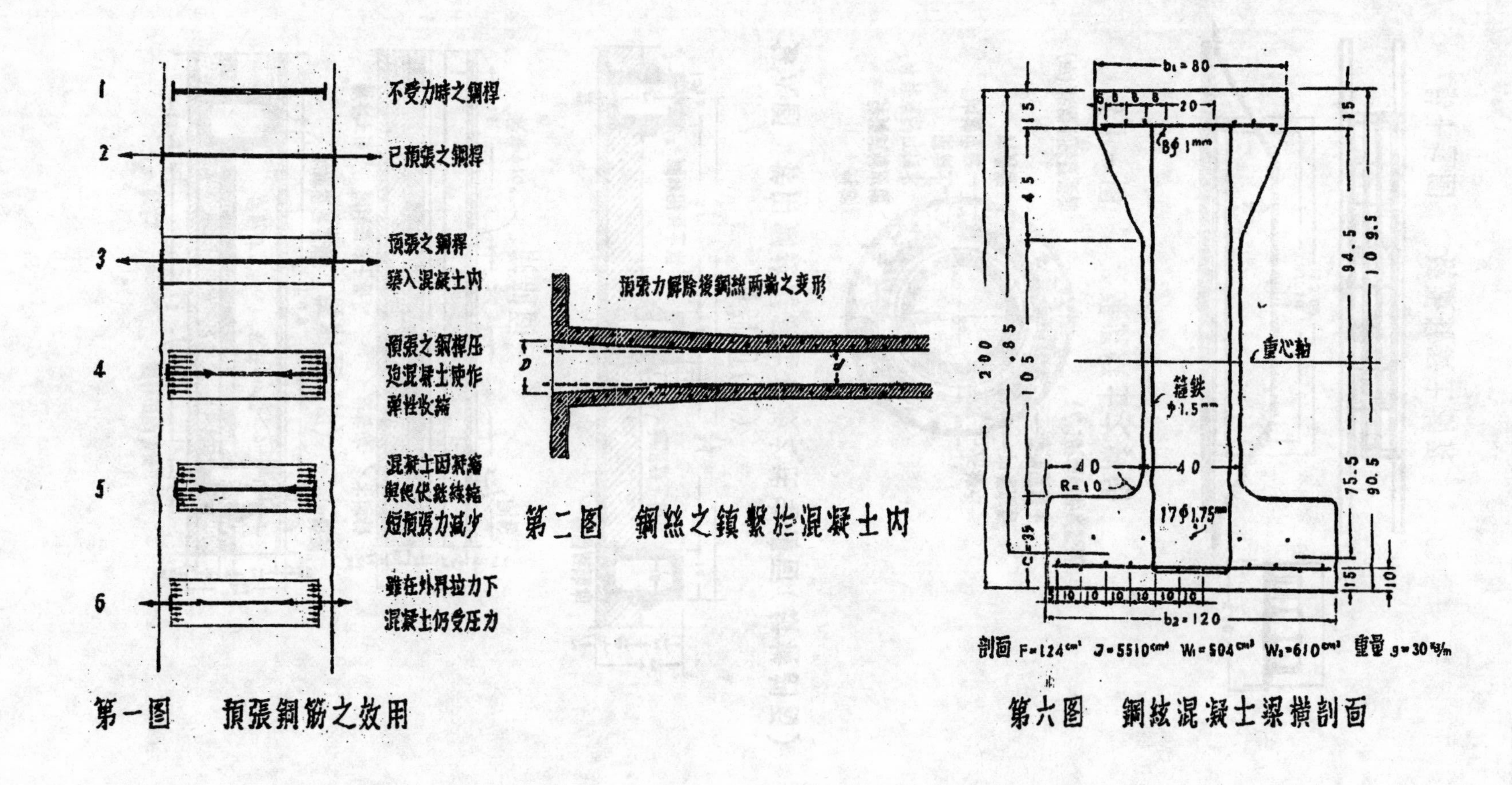

第一图　預張鋼筋之效用

第二图　鋼絲之鎮繫於混凝土内

第六图　鋼絃混凝土梁横剖面

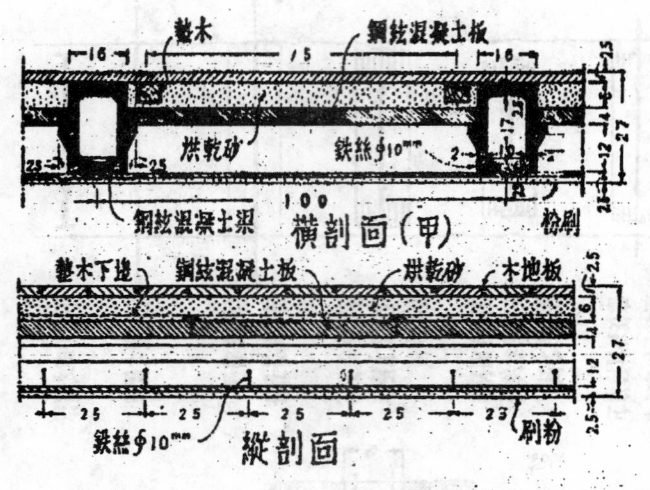

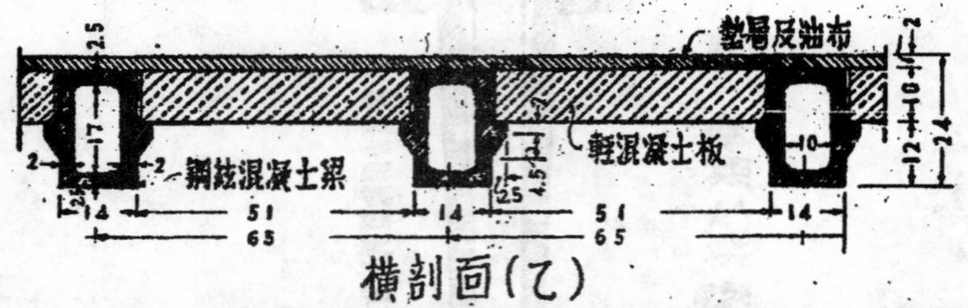

第八图 採用鋼絃混凝土梁板之住宅樓面(縱横剖面)

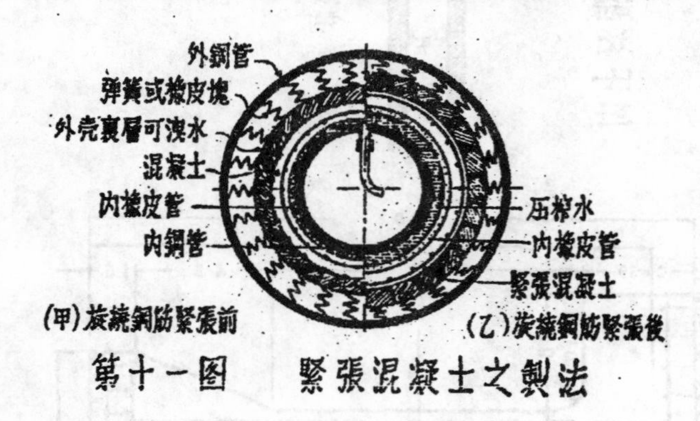

第十一图 緊張混凝土之製法

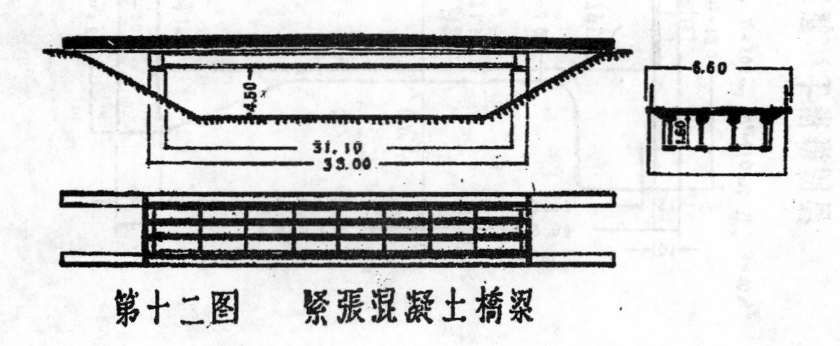

第十二图 緊張混凝土橋梁

重要。此項辦法為「緊張混凝土」（Spannbeton）構成之要素。

該氏首藉沙石料之適當配合，水泥成份之加多，及調成品之震搖，以求混凝土內微孔之盡量減少，次由震實之混凝土內將硬結上不需要之水份盡量擠出，然後將混凝土烘熱。經過此種手續後，所得效果如下：

（1）混凝土於數小時後即可承受預張鋼筋所加之壓力；緊拉鋼筋之器械可從早移去。

（2）混凝土凝縮及爬伏之量甚微；預張力因而減退甚少。

（3）混凝土實際上可稱完全不透水，對於化學作用之抵抗力亦大。

為實施上項特別手續及預張鋼筋，有種種特別器械之產生，於下文論述「緊張混凝土管」時可略窺一二。緊張混凝土管（圖（九）、略）內有預張之環繞鋼筋及預張之縱鋼筋，因此可勝任內部高壓，例如每平方公分三〇公斤以上。如於管內施以不斷增高之水壓力，則管壁終於發生縱向裂縫而漏水，然若復將水壓減小，則由於旋繞鋼筋之彈性作用，上項裂縫復密合如初。

圖（十）（略）示緊張混凝土管之鋼筋佈置。縱鋼筋已受預張，旋繞鋼筋則「鬆懈」置入。

圖（十一）示緊張混凝土管之模殼佈置及製造原理。內外模殼均分為固定與活動之兩部分。混凝土填注後，藉內模殼之急速移動搖盪之，并於搖盪將告終時使內外模殼之活動部分相對移動，及由縱向對混凝土施佈壓力以壓實之。此時清水由外模殼內層之空縫流出。繼而開始烘烤工作，待混凝土稍硬，即將內模殼之活動部分擴張。因此管壁亦隨而外展，原來鬆懈置入之旋繞鋼筋乃進入緊張之狀態。約經三小時後，即可解除模殼。

另有一種緊張混凝土管，其旋繞鋼筋係「預張」於已成之鋼筋混凝土管上，然後加鋪混凝土外層以防銹。

四　緊張混凝土梁（Spannbetontrager）

緊張混凝土法亦可應用於梁桁，於此Wayssu. Freytag公司有特別施工法之推行。

建築此種梁桁時，先將受拉力部分之鋼筋舖置於工場上而緊張之，然後分段包裝模殼，填築混凝土，其震密，擠水，烘熱等手續，原則上一如製造水管。繼鐵亦於分段模殼內「預張」之。由於分段填築，模殼（有特殊裝置者）得以週轉靈活，至各分段間。有不連貫施工之處則無關重要，因梁之全剖面常受壓力也。

緊張混凝土梁現已初次出現於橋梁建築（圖（十二））。該橋梁之跨度為三二公尺，高一、六公尺，約與鋼梁之高度相當，而所用鋼料則僅及鋼梁（用ST 52鋼製造者）之半。鋼筋初時之預張力為每平方公分五五〇〇公斤，故永久有效之預張力當為每平方公分四〇〇〇公斤左右。混凝土之震實係應用「置入震盪器」。該漸成橋梁之旁視形，（圖（十三），略）顯示緊張混凝土梁之「瘦削美」。

五　結論

上述對於鋼筋混凝土中之鋼筋預張法及其應用，已有簡明敘述。此種方法之目的，係使免除混凝土受拉力而致發生裂縫之不良現狀；同時對於所需鋼筋數量，亦可節省。惟實際應用方面，因「預張」設備關係，一時尚不能廣泛普遍應用。然亦足以說明近代工程界對於鋼筋混凝土努力改進之途徑也。

敘昆鐵路用開山機開石羊山石方工程之紀錄

張鍾崧

查本路開山工程，無論隧道及石方，大部份均在宣威以北；宣威以南，石方成嶺稍大者，寥寥無幾，其中以自五十三公里五十五公尺至五十三公里七百五十公尺，共長二百公尺，共有石方約七千〇〇公方之石羊山石方工程，稍費時日，故本年五月間所到向英國以英庚款訂購開山機兩套，由現工務機具修理所之員工，以之自辦開石羊山石方工程，於六月二號正式開工，局意一則為利用本局所僱隧道技術工人，二則為明瞭用開山機開石方所需各項材料之消耗及開石方之成本，三則為乘機訓練開山人才，將來免受包工之限制，此項工程，已於本年十月底完全竣工，茲將其所需之設備及材料，工程進行之情形，材料消耗之數量及價值，並成本之統計，分別記載於次，以資關心本路開山工程者之參閱！

（一）設備

石羊山開山工場之設備，可分為八項：1.壓風機 2.削鑽機 3.鑽石機 4.風管及其零件 5.安裝及修理機件之工具 6.搬運機器所需之起重工具 7.搬運石方所需之工具 8.開夜工所需之燈光，茲將各項設備畧為分別說明於後：

1.壓風機二套

壓風機係購自英國 H.B.Ltd.CO. 之帶橡皮輪輕便壓風機，在每平方吋一百磅壓力時，在靠近海平線之處，每分鐘可發風一百七十四立方英尺，需馬力二十八匹，惟所配英國 Dorman 之柴油發動機，有四十四馬力之多、若壓風機在海面上二千公尺高度之處（如雲南）因受空氣密度影響，每分鐘僅可發風一百三十三立方英尺，而其所需馬力，亦減至二十四匹；但在此等高度之處，所用發動機本身之馬力，僅減至三十四，故此壓風機所配之馬力尚富足有餘也，此機僅重二噸半，卡車運轉，甚為便利，其缺點即在產風量太少，故本局後在英國訂購之二十套及在美國訂購之二十套壓風機，均將其產量，約加大一倍，且可分為三件運轉，而每件最大之重量，與現用之壓風機之全重相彷，現用之壓風機每架在海面線之處，同時僅能帶動 JA—15 之鑽石機二架；而在雲南，僅能帶動一架有餘，其風壓維持在每平方吋一百磅左右，現在此實際應用時，此機每架若不用風削鑽，可用其帶動 JA—15 之鑽石機三架，若用風削鑽，則僅能帶動二架，（風壓則減至每平方吋六十磅，而此時鑽石機鑽進石之速度，較風壓每平方吋一百磅時，由八吋半減為三吋半，故將所到壓風機兩套併在一處使用，擬俟向英美所訂購之大號壓風機到時，即將此二套壓風機，留作風鉚釘設備之用。

2.削鑽機二套

每套削鑽機分削鑽機，油火爐，磨鑽機及淬火器四種，此機亦係購自英國 H.B.Ltd.CO. 甚為輕便，每套削鑽機僅重六百餘磅，比 IR 之 32 號削鑽機一噸重者，僅有其四分之一之重量。其削鑽量每點鐘可削新鑽頭十五至三十個，或舊鑽頭三十至六十個，可打鑽柄二十至三十個。惟工作之多少，亦視削鑽匠之技術如何而有不同。油火爐用柴油作燃料。因柴油價值昂貴，故除打新鑽時用油火爐外，其餘均用自造之焦炭火爐以代之。磨鑽機專司磨鑽柄之用。淬火器因購價昂貴，故亦自造應用，削鑽機兩套係分附於兩套開山機，現因兩套開山機併在一處應用，除削新鑽起工應用兩套外，通常工作僅用一套即可。

3. 鑽石機六架

鑽石機係英國 IR 公司所製之 JA—45 式鑽石機，重四十五磅。在石羊山試用之結果，每架用每平方吋九十磅壓力之風，每分鐘可鑽進八吋半深，需用風一百一十立方英尺；在八十五磅壓力之風時，每分鐘可鑽進七吋半；在七十磅壓力之風時，可鑽進六吋半；在六十磅壓力時，可鑽進三吋半；而所需之風量，亦因之分別減低，故鑽進石之速度，實與所用風之壓力及風量，成正比例。在風壓機二套合併應用時，同時可用鑽石機四架至五架，同時尚可開削鑽機一架。惟鑽石之速度，每分鐘僅可進至三吋半左右之深，故開石羊山時，通常以鑽石機四架同時使用，每端各開兩架為限。每架配鋼鑽三套，每套鑽分二呎，四呎，六呎，八呎四根。每套開山機附鑽鋼二噸，以資打鋼鑽之用，鑽鋼係一吋徑六角空心鋼，專為鑽石之用。

4. 風管及其配件

每套開山機，配有二吋風管二十五根，一吋風管二十五根，五分風管七根，每根長十八呎。附帶二吋管子配件八套，一吋管子配件十套。每套開山機所配之風管，除機房接至工地接一百五十公尺計算外，即在普通工地情形之下，可敷開石方一百五十公尺路線之用。若兩端工作，每端可接鑽石機兩架。此外每套開山機，尚備有八根五十呎長之六分橡皮管，以資連接風管至鑽石機之用。至五分汽管，係備作吹鑽眼內石碴之用。

5. 安裝及修理機件之工具

安裝及修理開山機所需之工具，大半由機器本身自帶，所需添增者，不過為十二吋及二十四吋管鉗子各兩把，老虎鉗一把，二吋管卡子一把，割管刀一把，四分至二吋套管子螺絲口用牙，及二分至一吋套螺絲及螺絲帽用牙板各一套，又十二吋粗細銼各兩把，及大小油壺等，又打鐵工具一套，計鋼砧大小郎頭各一把，及十二吋長鋼鋸一把及鋼鋸條一打，銲鐵匠所需之工具如銅烙鐵等一套。若需精細之修理，須將機件送至昆明，委託他人代為修理之。

6. 搬運機器所需之起重工具

查開山機應用時均在山地工作，故應用時之安裝及用完時之移動，均需用起重工具。按此兩噸半重之壓風機所需之起重工具如下：五噸手搖絞車一具，八吋雙輪鐵滑車二只，八吋三輪鐵滑車二只，八吋單輪鐵滑車三只，四吋單輪鐵滑車二只，七百二十呎長六分徑鋼絲繩一盤，七百二十呎長四分徑鋼絲繩一盤，七百二十呎長一吋徑棕繩一盤，二百五十呎長六分徑棕繩一盤，其餘所需拉機器之三吋滾鐵管，五吋圓砂木，各長六呎，以及橇棍斧子鋸子之類，茲不贅叙。

7. 搬運土石方所需工具

搬運石方所需之工具，除十二磅小鋼軌半公里，岔道兩付及土斗車平車各四具外，其餘尚有洋鎬五十把，鐵鍬五十把，橇棍二十根及自造之三角板鋤五十把，土箕五百個，並有本地工人自備之平頭板鋤等。

8. 開夜工所需之燈光

因爲趕工起見，日夜分三班工作，夜間工作所需之燈光，自須設備，以資工作。故機房及山之兩端打鑽工作地及兩端出石翻土斗車之處，各備四百燭光之煤油汽燈。又値班員司監工及放炮匠機匠看守夫來往工地所需之馬燈十個，手電筒五個。

（二）材料

用開山機開山所需大宗材料，可分爲四項：第一項炸藥，分黃炸藥，洋引線，雷管及黑炸藥，本地引線。第二項油類，分柴油機所需之柴油，柴油機用滑機油，壓風機用滑機油，削鑽機用滑機油，鑽石機用滑機油，燃燈用之煤油及土斗車用之車軸油，黃牛油等。第三項一吋徑六角空心鑽鋼。第四項雜項材料，如棉紗，洋鎬，板鋤，及鐵鍬等所用之木柄，小木枕，道釘，打鐵所需之焦炭，木炭，及各種鐵料，備作小修理之用，以及汽燈馬燈所需之配件等，均按時預爲計劃全工程所需要之數量，向材料廠領用。

（三）工程進行之情形

上項所列開山需用之設備及材料，截至本年五月底，除黃炸藥，小鋼軌用道岔二副及其他零星材料工具，未經運到外，其餘各項均按時到齊。於六月二日將第一架壓風機安裝妥就，正式開始工作矣。至其後工程進行之快慢，全系於搬運石方之小工，及打鑽之技術工人等之努力與否，及天時之允許與否。茲按其經過之情形，分別敘之於次：

1. 搬運石方小工僱用之困難及農忙與雨期之阻礙　查石羊山開工之時，正値農民栽秧之期，又加以該處之村民靠近楊林海之肥田，十有九家，衣食豐足，均不仰給於出外工作爲糊口。農忙時，男工固無一人前來工作，卽女工亦須到各村鳴鑼詢找，其遲到情形，固未敢過問也，在農閒時，招僱小工稍易，惟其每日遲到之情形如故，上午八九點鐘始到工地。本規定上午六時至下午六時，每日工作十二小時，但因遲到，實做八小時而不足。

且小工之人數招來，並不踴躍，而其工資之多寡，則反隨米價上升。小工工資，本年五月份時，每日五角，至十月份時，已漲至一元二角。而米價則由每升十二市斤國幣一元八角之價，漲至四元。小工工資如此高，而其搬運石方之能力，平均每人每日僅搬五分之三公方，效力如此低，實爲本路趕進工程之一大困難。六月底栽秧之期始過，而雨期又至，本年雨量特多，直至九月底，尙有大雨，楊林海水漲至公路面，打破數年來之記錄。故石羊山開石方之工程，自開工以至完工，每日均在與小工及雨水掙扎中！工程進行，因此異常遲緩。故在工作旬報中，報告所開之石方，平均每日開石，不過五十公方左右。

2. 農忙及雨期過後，獎勵小工及打鑽技工，加緊工作，九月一月之工作，幾等於六七八三個月之工作　查石羊山所開之石方，連水滿共約七千公方，截至八月底，尙餘三千餘公方。自九月一日起，施行包件制，小工搬運土石，按每平車發給二角，每斗車發給工資三角。風鑽匠每人每日至少須打二十五公尺之炮眼，逾限每公尺增資八分，不足每公尺，扣資八分。並日夜按三八制分三班工作，詳見所附工地員工每班人數分配表。

工地員工每班人數分配表

職務	人數	附註
工務員或實習生	一	每日夜分三班自上午七時至下午三時，下午三時至十一時，下午十一時至上午七時每週輪值一次，次列各工匠同。
監工	一	
司機	二	
削鑽匠	二	
放炮兼風鑽匠目	一	
風鑽匠	五	
小工頭	四	小工頭及撬石匠，日夜分二班，每班十二小時，亦以每週輪值一次。
撬石匠	二	
共計	十八	

因此三十天工作，竟將所餘之石方打平，最後二十天，即自十月十日至十月三十一日，完全爲修邊及打砌水溝之工作。

（四）材料消耗之數量及其價值

查預算一種工程之成本，除工費外，須知所需各項材料消耗之數量及其價值，茲將石羊山開山工程所消耗材料之數量及其價值分別列表於後：

材料名稱	柴油機每套每 150 點鐘用加侖數量	壓風機每套每 300 點鐘用加侖數量	鑽石機每架每 150 點鐘用加侖數量	單價	數量	總價	備註
柴油	225			1.67	6177	10315.59	又削鑽爐尺之油火燒每用一點鐘須燃柴油二加侖
柴油機用滑機油	15			6.42	165	1059.30	
壓風機用滑機油				16.86	50	843.00	
鑽石機用滑機油		5	1.5	5.22	35	182.70	
總計						12399.89	

材料名稱	單位	開每公方石應需數量	單價	數量	總價	備註
黃炸藥	公斤	0.14	9.4731	583	5522.82	因開山機兩套帶有鑽鋼四噸，而此次製成鋼鑽者，竟有三噸之多，除存有鑽鋼一噸除外，尚存有鋼鑽二噸，故鑽鋼之消耗較多。
洋引線	公尺	2.00	0.9024	11000	992.64	
雷管	個	2	0.09118	4300	392.07	
黑炸藥	公斤	0.7	1.75	2730	4777.50	
土引線	公尺	6.0	0.0105	8000	84.00	
鑽鋼	磅	0.3	0.75	2261	1695.75	
雜項材料					4140.96	
總計					17545.74	

以上兩項材料之總價，12399.89＋17545.74＝29945.63，係開石羊山石方工程 7.000 公方所需材料之總值，修邊及砌水溝所需之材料亦包括在內，故開每公方石方所需之材料費合國幣 $\frac{29945.63}{7,000}=4.28$ 圓

（五）成本統計表

茲將石羊山開石方工程實用各費表列於次：

類別	材料費	小工工資	技工工資	運費	雜支	[illegible]費	總計
費用	29,945.63	8,376.00	10,980.86	102.00	653.36	188.50	[illegible]0,746.75

按7,000公方，每公方平均成本合國幣7.25元。

結論

以上關於石羊山開石方工程之設備，所需之材料，工程進行之情形，材料消耗之數量及價值，及開石每公方之成本，均已載明，茲擇其在工程進行中，可注意之各點，錄之於後：

1.凡自辦石方工程，除技工須用常工外，其搬運石方之小工，必須用相當之數目用為常工，作為自辦石方工程之基本小工，免受農忙之限制。

2.自辦工程，須用稗工，固所不免。為使其工作努力起見，施用包件制（Piece Work）最為適宜。

3.用開山機所開石方，成本昂貴，完全係外幣高漲，物價上升，及米價高漲，工資增加所致。若按戰爭以前之物價及工資計算，開石每公方不過國幣兩元左右而已。

4.按開石方所需之炸藥及引線，本以黑炸藥及土引線即可，因石羊山之石質裂縫甚多，且適值雨期，若用黑藥及土引線，常有引線着火而不爆炸之虞。故必須預備黃炸藥及洋引線，以用於黑炸藥及土引線不能為力之時，即放抬炮小炮破石方及落雨之時。

5.開石方所需之技工，每日直接影響於出石方之成本者，除打鑽匠所打眼之地位及深淺，放炮匠裝藥之多少及指導是否得法外，尚有削鑽匠之技術，極關緊要，因其削鑽之技術及淬火之方法是否合乎規定，影響於鑽頭之壽命甚大。本局前購之鑽鋼，係在滙水稍低時，每噸合國幣一千七百餘元，現滙水上升，每噸竟漲至國幣五千餘元。故削鑽匠之技術不可不加注意，並須時按削鑽機製造廠方所給削鑽及淬火之方法，以指導之。方能延長鋼鑽之壽命而減少損失，則所開石方之成本，亦可以減少矣。

6.石羊山開山工程，自開工以來，即日夜分班積極趕進，所有員工，均極努力工作。惟雲南夜間氣候，不適宜於外省人工作，或外省人不慣在此種氣候下工作，致員司因此而得惡性瘧疾者三人，其得普通瘧疾者四人，計九人中竟有七人陸續得病。工人因夜工而得惡性瘧疾者一人，得普通瘧疾者三十餘人，計五十人中竟有三十人陸續得病。故此五個月內，員工因病而不能工作，復因局內之醫師，距此太遠，來往醫治，甚屬不便，個人所費住院醫藥費，統計約在二千元以上。而局方之工程，因此而受損失者，亦在不少。故一開山工場，每日日夜趕工，員工在百人上下，實需一醫師常川駐場，則員工不致因小病而至纏綿，個人因可免受無謂之損失，而工程亦不致受影響，實一舉而兩得者也！

7.查開山工場所需之技工，均係常工，現在人數不少，而居住勢必分散於附近村落中，對於管理工人，實感困難。故須按當地工作情形，在開工以前，頒佈臨時各項獎罰規章，以資遵守，而免混亂。此實管理此項臨時工程之常識，不可不注意者也！

8.凡籌備一開山工程所需之設備，材料，及各項必須之工具配件等，須在開山以前，一一按照所需要者準備齊全。否則一俟開工，往往有缺少某工料或配件，在此村野無處可借，因而有誤於工程進行，實屬不經濟之至，故特註明於此，以備開山者鑑！

汽輪機進展之趨勢

王守融

W.E.Blowney 原作

錄自"Power 1939年·正月號

未來汽輪機之式樣如何？爲高壓重疊式(Top or Superposed)抑或凝冷式(Condensing)。其速度及蒸汽壓力溫度又如何？其發電機是否氫氣冷却式(Hydrogen Cooling)？下文乃綜述過去十年中10,000瓩以上之汽輪發電機進展之趨勢以推測其未來。

玆將1926-29年及1935-38年中美國通用電氣公司(General Electrical Co.)製造汽輪發電機之概況分別以圖表示之。各式汽輪機除船舶用外俱錄入，其容量均在10,000瓩以上。

如第一圖，1926-29年中，每分鐘1800轉之大型汽輪機採用者頗多。但此期中汽輪機之平均容量則尙較1935-38年少20,000瓩。每分鐘3600轉之汽輪機採用者日廣，其容量亦增。如圖，1926-29年時，最大之汽輪機僅及1935-38年時之半也。

汽輪機之平均大小

1926-29年中，除船舶用外，10,000瓩以上之汽輪機，其平均容量爲35,300瓩。而1935-38年中則爲35,200瓩，此前後十餘年中，汽輪機之平均容量，實無重大變動也。

第二圖所示者乃自1926-29年後，因合金鋼方面迭有發明，使汽輪機所用蒸汽之溫度逐漸提高。

第三圖有二處甚堪注意。即1935-38數年中，1200-1250磅蒸汽壓力之汽輪機應用突增。而800-850磅蒸汽壓力之汽輪機則爲此數年中首創用者。第四圖乃將此二種蒸汽壓力之汽輪機比較其容量之大小。高汽壓之汽輪機，其平均容量較大，而蒸汽之過度亦較高。

第五，六兩圖比較不同轉速汽輪機之應用範圍。容量方面，在1935-38年中，每分鐘1800及3600轉速之汽輪機大約相等。但數量方面，則3600轉者較1800轉者多。如第一圖中3600轉之汽輪機，其平均容量低於1800轉者甚多。此二轉速汽輪機採用之廣，實緣於一般皆認60週率之電流爲標準之故也。

第七圖中，有一點須憶及者，重疊式汽輪機中，高壓汽輪機所生之廢汽輸入低壓汽輪機後，足可產生二三倍之動力。圖中除重疊汽輪機外，一般串聯或並列式之高壓汽輪機則俱未錄入也。

第八圖所示者乃近數年中重疊式汽輪機佔全部之百分數。1935年時，以十數年之經驗，對于採用重疊式汽輪機以改善舊式低汽壓汽輪機認爲唯一經濟有效之辦法。彼時美國正屆經濟蕭條，諸端從儉，故曾製造不少重疊式汽輪機施諸實用。1936年後，重疊式汽輪機逐見減少，漸入正常狀態而此式汽輪機對于動力廠效率之改進，仍爲一般人士所公認也。

第九圖乃氫冷式發電機佔全部容量之百分數，此中並未採錄美國 stateline 之 150,000 瓩發電機，此機在最近十二個月中始改作氫冷式者。事實上第一部氫冷式發電機爲 Dayton 公司所造，此機完成於 1937 年十月十二日，但此後一年中，已有

400,000瓩之發電機爲氫冷式者。

最近數年中，氫冷式發電機推行甚速，如第十圖所示，1938年中已有60%以上之發電機爲氫冷式者，雖則是年因市面關係，全部原動機之總容量反較前三年爲少。

如第十一圖，1936年時氫冷式發電機之總容量最高，此後二年中逐漸減低。

第十二圖乃汽輪發電機各種用途佔全部之百分率，由圖可知近十年來無甚變動。

汽輪機之凝冷汽壓自1926年至今無顯殊之變更，茲不比較。

1920年時，復熱法（Reheating）盛行一時，乃將低壓之蒸汽復熱，可除其中水份，提高汽輪機之效率。此外，若將進汽之溫度，自750°F.升高至900－950°F.亦可減少蒸汽中之水份。

近數年來，蒸汽壓力在1200磅以下之汽輪機用復熱法者甚少。但若汽壓在1200磅以上，汽溫不能超過最大限度950°F.時，仍須採用復熱法。如Twin Branh公司新裝之汽輪機，其汽壓爲2400磅汽溫爲940°F.在高壓及低壓機之間，將蒸汽復熱至900°F.

關於將一部份蒸汽半途取出作加熱給水之用以改進動力廠之熱平衡(Heat Balance)之記載不多，一般趨勢以多用加熱器爲上。

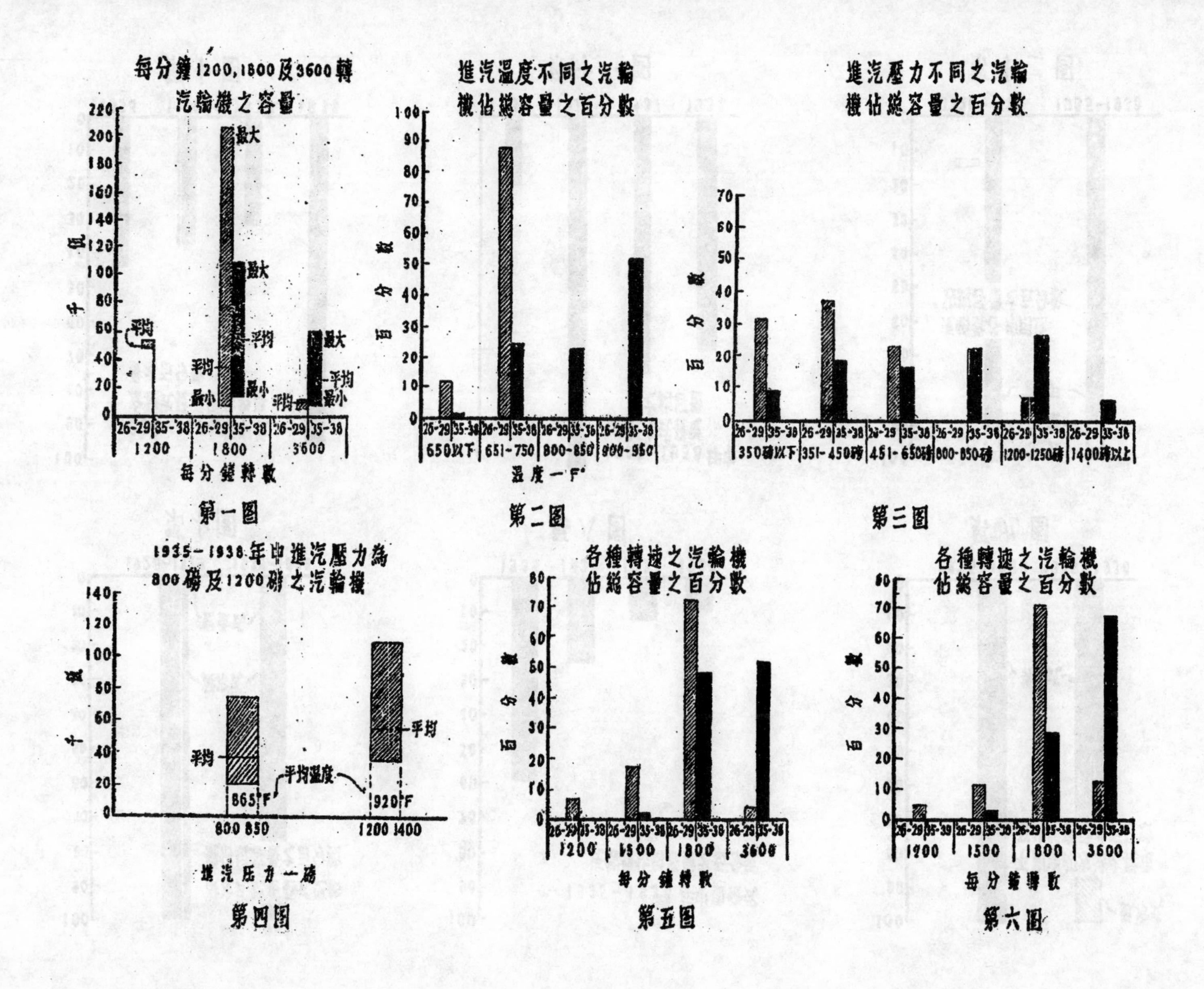

第一图
第二图
第三图
第四图
第五图
第六图

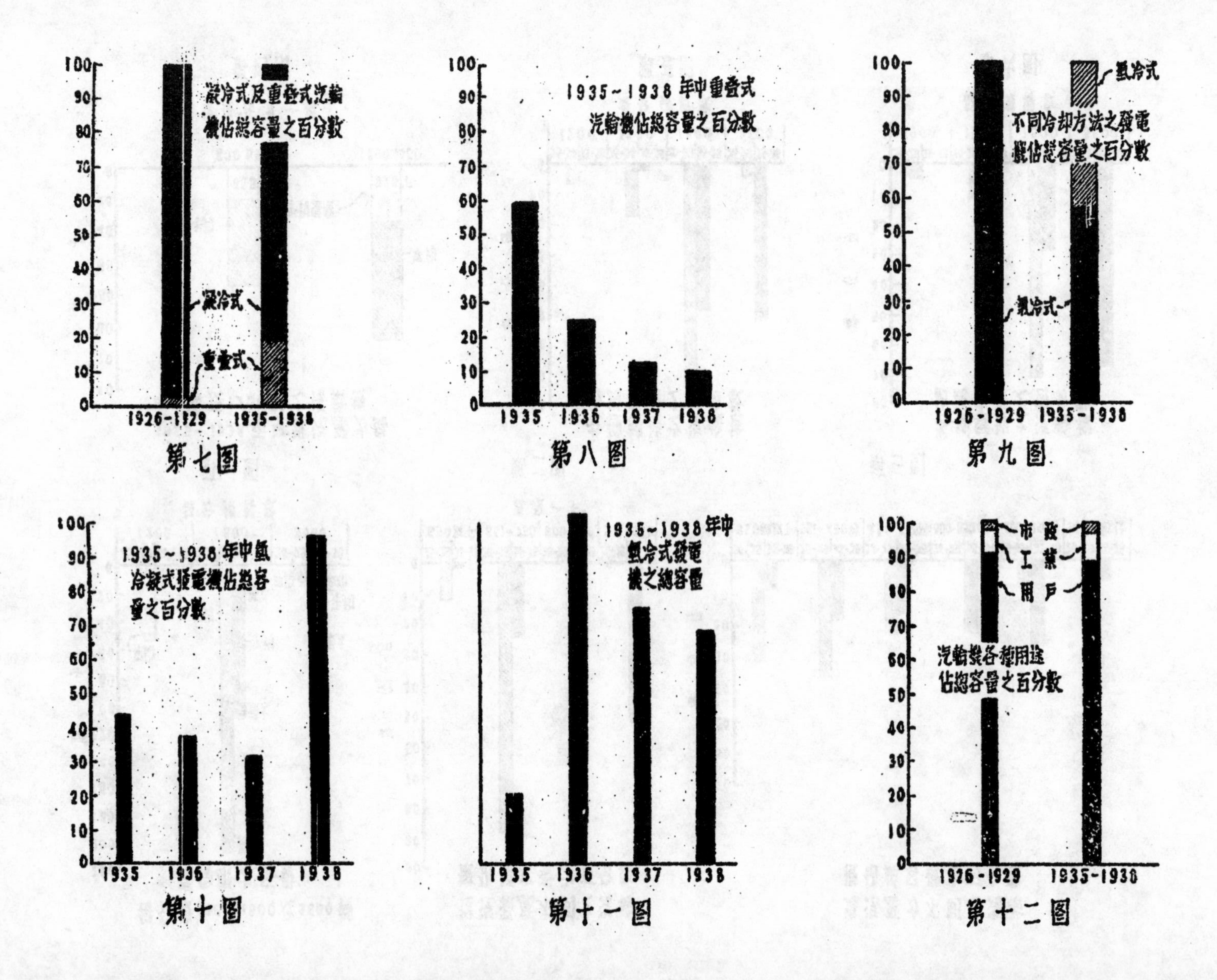

第七圖　第八圖　第九圖

第十圖　第十一圖　第十二圖

丹麥巨川橋之墩座工程

譚議譯

節譯自The Storstrom Bridge by Mannsell and Pain from Journal of the Institution of civil engineers,

引言

丹麥政府於一九三七年十月在波羅的海內完成偉大之巨川橋(Starstrom Bridge)工程，不僅使西蘭(Zealandlsland)與法爾斯特(Falster Island)兩島間之公路與鐵路直接聯貫，即瑞典與挪威兩國與中歐各邦之交通亦藉此得一途徑，是該橋所負經濟政治以及軍事上之使命，蓋可想見矣。該橋連聯絡綫計共長約六公里。其中聯絡綫部份約長三公里半，接連居中之媽斯萊多(Masned)小島。(圖一)橋上之設計，包括北端六孔低空橋一座。每孔長約三十公尺。內有上開旋橋一孔(Bascule opening-span)。聯絡綫長堤南端，有五十孔高空橋一座。每孔長約六十公尺。其中有航行道三孔，居橋址中央。當中一孔長約四百呎。高出海面約八十五呎。橋面係鐵路與公路並行。寬約三十八呎。另有懸臂式人行道一條。寬約九呎。正橋及聯絡綫之全部工程，總價為英金1,855,000鎊。係由英國Messrs. Dorman, Long & co.承造。

橋墩及基礎之設計

波羅的海平時澄清無浪。水質鹹淡適中。間因風向關係，激起潮流。在巨川橋海峽之內水流速度常在每小時三海里之間。橋址海底，尚不過深。但冬日結冰有受度冰塊撞擊之危險。海底深度約四十六呎。地質情形，表層冲積黏土(clay)，約十三呎至三十三呎不等。以下為白堊層(chalk)黏土，質軟。有時上部反較下層堅實而不透水，偶因含沙關係，在靜水壓力之下有「泡起」(Boil up or Blow)之虞。故基礎工程，除大部份可抽乾水分施工外，亦有因抽水不易，所有開挖及澆注混凝土底板工作，在水中執行者。

低空橋有小型橋墩四座。大型橋墩一座。大型橋墩用以安置旋橋機件橋座兩座，接聯兩端。聯絡綫之路隄建築時，施用鋼板樁作為圍堰，開挖及澆注混凝土工作，均甚順利。橋座中之一座則利用木樁為基礎。樁木即採用本地檜木。連樹皮打入海底，蓋此木在該處海水內不易腐爛而價值又甚廉故也。

高空橋之墩分為兩種：一為承托航道橋孔者，甚為高大，共有四座。一為承托其餘較短橋孔者，其橋孔大小不一，共有四十五座。其式樣畧如下圖。

圖二　航道橋孔橋墩詳圖

圖三　引橋橋孔橋墩詳圖

其中最大之橋墩，高度約為一百一十八呎。重約八千噸。橋墩之設計，大概在水面以上，則為空心鋼筋混凝土。水面以下，則為實體。水面下在二公尺半以上，用花崗石料石砌面，下部則托於稜形實體之混凝土基盤上，然從底部逐漸放大，而最下層之底板，則為橢圓形實體之混凝土。因基礎所受之承載力，係按每平方呎以不超過三·二噸之設計為原則。

橋座之設計，亦採用鋼筋混凝土空心式，取其輕便經濟堅實而穩固也。

基礎之施工

低空橋在橋座橋墩及高空橋之少數橋墩，其基礎之施工，胥用普通鋼板樁圍堰法(Steel Sheet-pile Cofferdam)開挖。其建築工作，皆在圍堰內進行，無甚足述。惟航道橋孔中有大型橋墩一座，亦照此法施工。其經過情形頗有記述之價值。

該項橋墩於施工之初，用浮艇設備，就墩址處打入木樁多根，以備放置木質平台。(Timper Platform)平台之四周，裝立橫撐(waling)均露出水面之外。平台之上裝置打樁設備，同時使樁架能在平台四周推動，然後將鋼板梁之橫撐(Steel Girder waling)就台上裝妥，懸於平台四緣，使其向下墜入水中，以深達十八呎為度。此項橫撐係橢圓形，與基礎之形式適相吻合。待上列兩項橫撐安置妥當後，則就平台外圍施打鋼板樁。待該項樁打妥後，將圈內水抽乾，再放入鋼筋混凝土橫撐一道。此時鋼板樁所受之壓力，計水三十五呎，土十尺。因有橫撐三道亦足以支持矣。地基開挖，半用人力，半用泥斗。挖下十呎左右，即行澆注混凝土底板。下層混凝土橫撐，亦利用作為底板之一部。待橋墩本身建築高出水面後，即由潛水夫潛入水底，將鋼板樁突出部份用輕養燒管齊海底綫截斷。應用此項鋼板樁圍堰建築之橋墩基礎，計有低空橋橋墩五座高，空橋橋墩八座。其餘高空橋橋墩四十一座，則應用鋼質浮塢(Floating Steel-Coffetbam)建築。施工情形，畧述如下：

浮塢之形式，分甲乙兩種：甲種係用於基礎之土質堅實且易於抽水施工之處。所有鋼板樁，係就浮塢外圍施打。至於乙種係用於不易抽水之處。所有鋼板樁則就浮塢內圈施打。甲乙二種浮塢，各備兩具。用甲種浮塢施工之橋墩計二十七座。用乙種者計十四座。浮塢之構造為橢圓形。內外各有鋼板一座，中為空氣室。在未浮起至橋墩位置以前，先就墩址處，打成樁木一圈，將樁頂齊海底截平，嗣浮塢浮運至適當地點時，然後使之下沉，使浮塢底板適受樁頂之承托。鋼板樁有先連成一圈預懸於浮塢四周者，亦有俟浮塢安置妥當後再行擺佈者。樁錘之運用，係採用壓縮空氣。在水中施工打下之深度，正與浮塢第二層底綫齊平為止。關於安置浮塢之情形，詳見第三圖。甲種浮塢之下端，其外圈有鋼質橫撐一道，另用硬質木塊就鋼板樁樁端瓦楞空隙處裝置，使板樁打入後，木塊可以與鋼撐全部接觸。其所餘之瓦楞空隙，則由潛水夫用麻繩飽和脂肪塞入，待至抽水時，麻繩受吸力影響，更能緊貼，不致滲漏矣。乙種浮塢之下端，與鋼板樁接觸處，有V形空隙，可用混凝土在水下施填。關於甲種浮塢內開挖抽水及澆注混凝土底板之情形，詳見第五第六及第七等圖。

圖四：—　浮塢安置之情形

圖五：—　浮塢內抽水之情形

圖六：—　浮塢內開挖地基之情形

圖七：—　浮塢內澆注混凝土之情形

至于乙種浮塢乃用於不易抽水之處，故所有開挖及澆注混凝土等手續，均於水中進行之。

橋墩下部之建築

橋墩下部之建築，即利用浮塢下端內部之斜坡壁作為澆注混凝土之模板，待澆注混凝土至距水面二公尺半時，即行停止，然

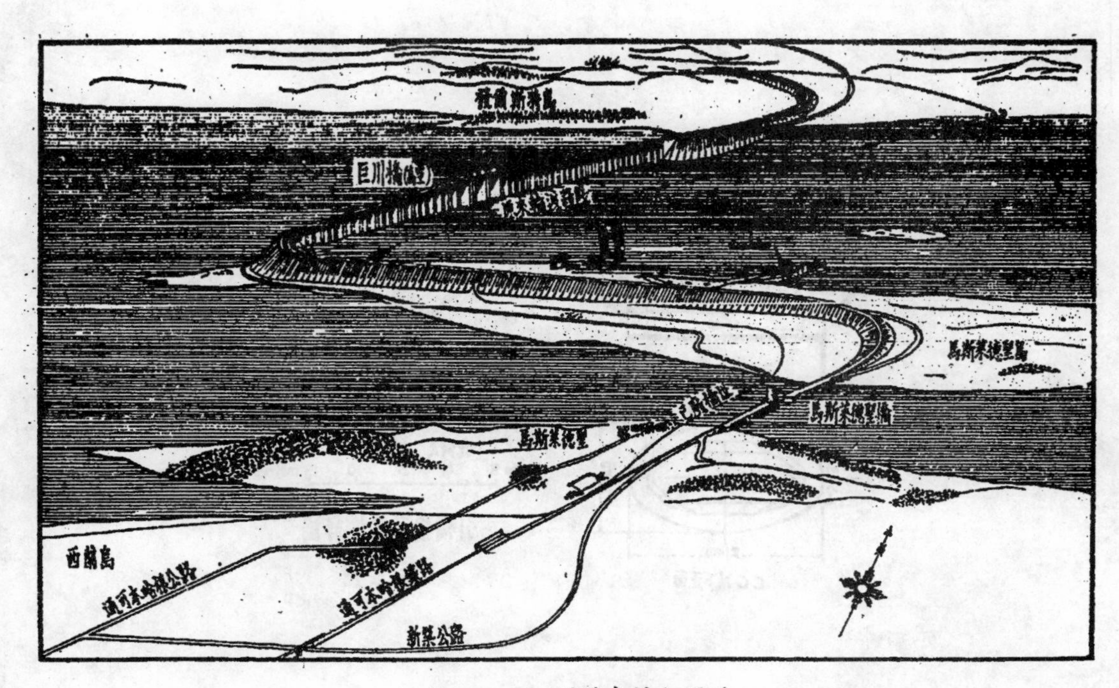

第一圖　巨川大橋鳥瞰圖

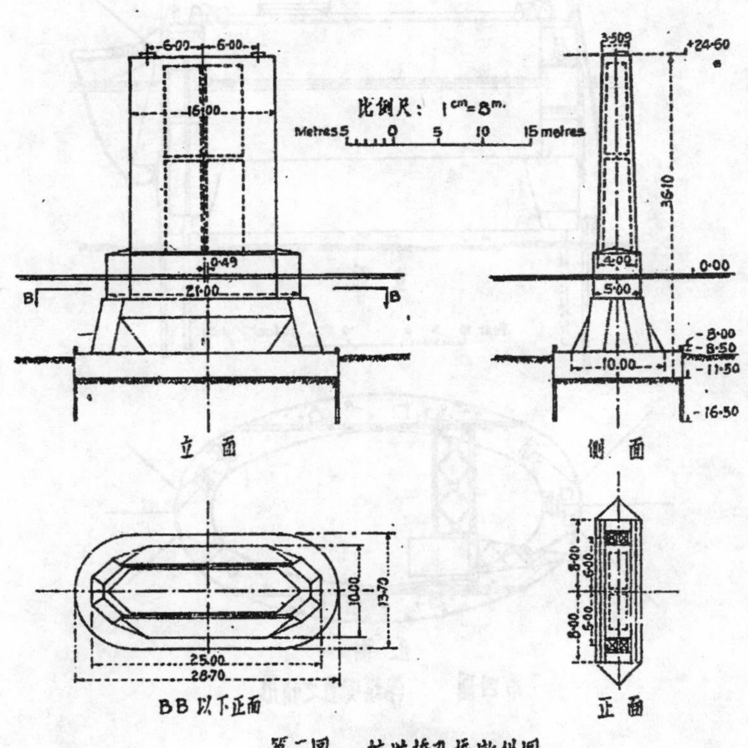

第二圖　航道橋孔橋墩詳圖

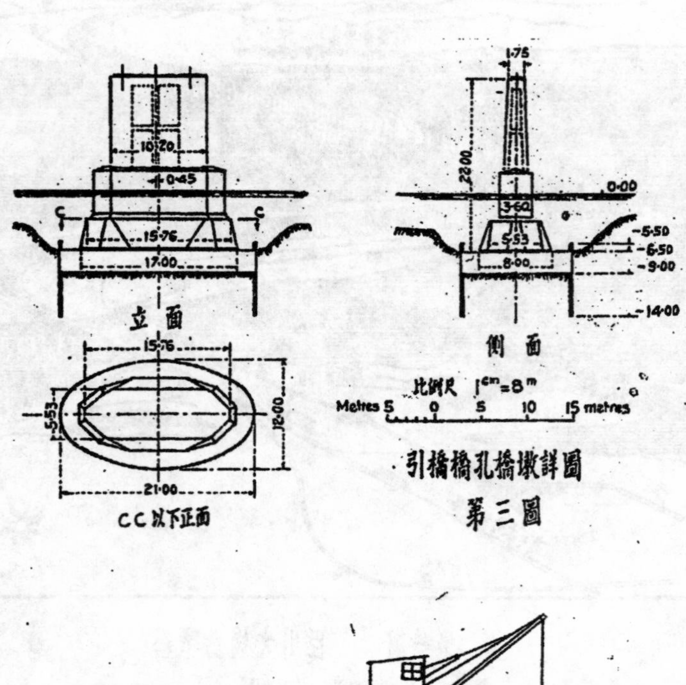

引橋橋孔橋墩詳圖

第三圖

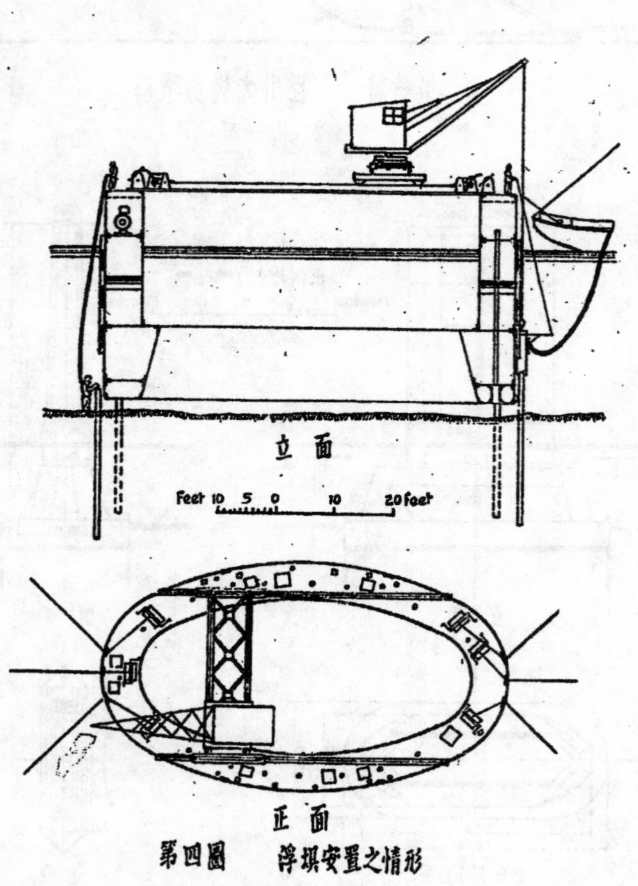

正面

第四圖　浮塢安置之情形

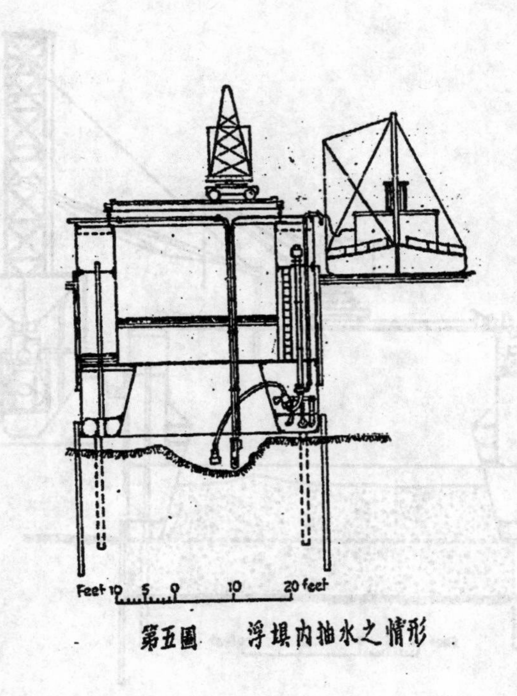

第五圖　浮堤内抽水之情形

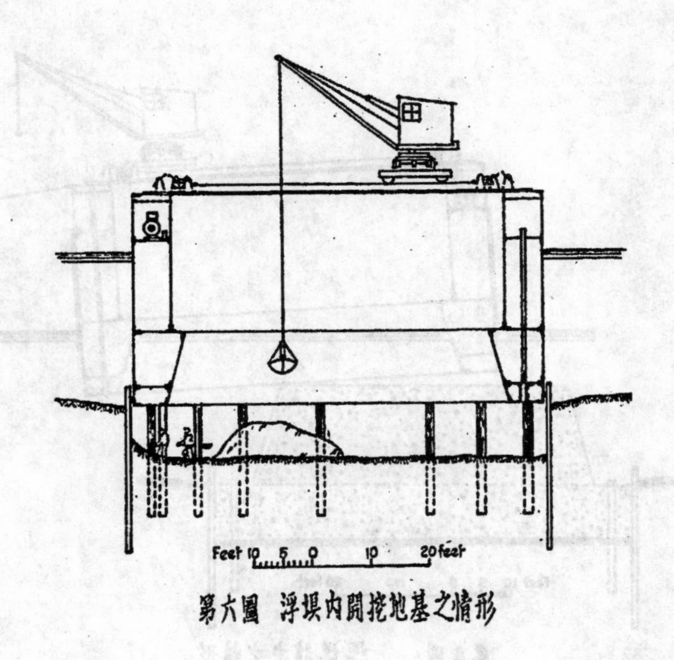

第六圖　浮堤内開挖地基之情形

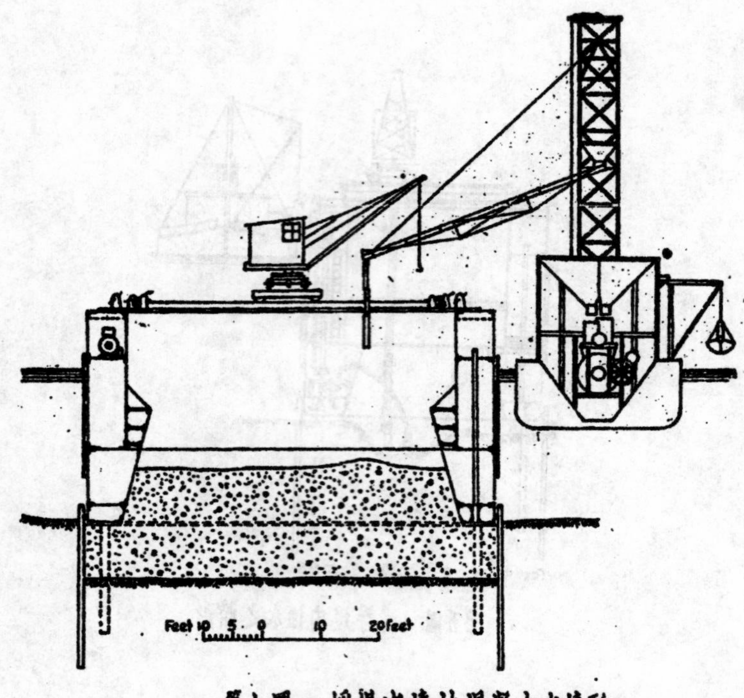

第七圖　浮塢內流注混凝土之情形

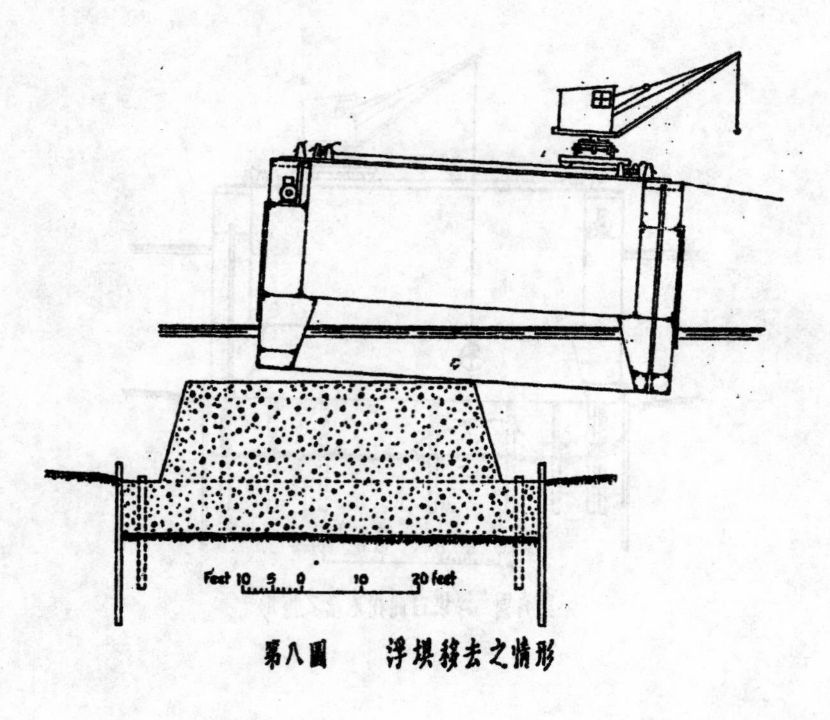

第八圖　浮塢移去之情形

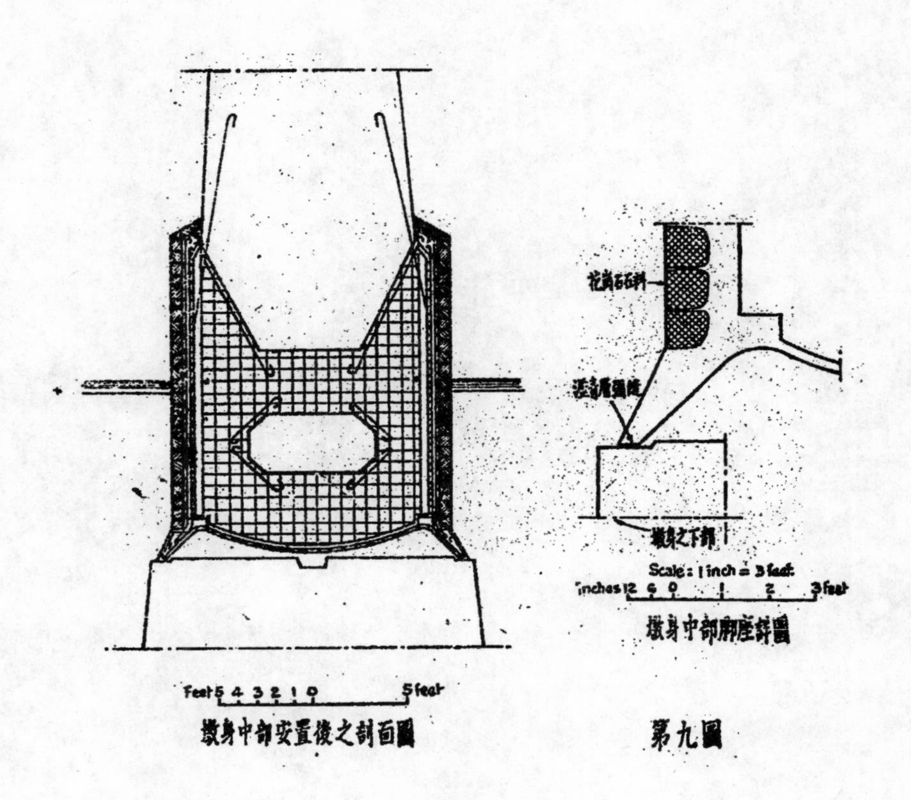

墩身中部安置後之剖面圖

墩身中部脚座詳圖

第九圖

後將浮塢移開，如第八圖所示。

圖八：— 浮塢移去之情形

浮塢下端樹立直管若干將木椿套入管中使直達底板之混凝土層，然後利用起重機以克服混凝土與浮塢斜壁間之凝結力，而使浮塢可以上升也。水中澆注混凝土施工辦法，係用十吋導管，將和成濃厚之混凝土繼續灌入直達底層，務使避免與水分接觸。底板之澆注，預分為十格。格板之安置，係由潛水夫為之。每格約佔面積四十方碼。澆注混凝土約深十呎。每格於施工之時，先將導管置於每格中央，則所注入混凝土經過管內向下傾洩時，不致超出十呎之範圍以外，而最後所注入之混凝土由中心向外擴展所成之斜坡，祇十分之一，如此進行，成績甚為滿意。混凝土之成分為$1:2\frac{1}{2}:2\frac{1}{2}$。澆注混凝土之機具，係同樣備兩份，以防中途有一發生障碍時，仍得以其餘一份繼續工作也。

底板做成後，則墩身下部，即可繼續建築。浮塢下端之內壁可利用之為模型，惟須預以油塗飾內部，以免注入之混凝土發生膠結難脫之弊。塢內水分抽乾後，混凝土由機具駁船中和成注入，待頂部澆平後，沿四周另行加設瀝青(asphalt)沙漿層，約$1\frac{1}{2}$吋寬，$1\frac{1}{2}$吋厚，以備建築墩身中部時作防水接縫(Water tight joint)之用。

橋墩中部及上部之建築

墩身之中部，係在岸上架設滑道(Slipway)，預為修造。為輕便起見，故內空而外用鋼筋混凝土牆，另有加花崗石料石砌面。因在岸上施工之故，工作之效率既可提高，而費用亦可較省。普通每具修造費時約兩週。迨修成後，即由滑道推入特別裝置之一對駁船中。俟駁船移近墩址，再行放落，使墩身中部下端之支脚，適落於上文所指之瀝青層上，使成為一不透水之接縫。墩身支脚下端裝有大釘兩枚，以便插入墩底頂部預設之圓孔中，俾墩身之安置得以準確無誤。待墩身中部安置妥當後，即將內部水分抽乾，再將墩底鋼筋彎起，然後澆注混凝土以填塞當中之空隙，於是墩身之中部與下部遂合為一體矣。詳情見第九圖。

圖九：墩身中部安置後之剖面圖及墩身中部座脚詳圖。

橋墩上部之建築，則用活動之鋼鐵模型板，每五呎移動一次，利用機械及絞盤，設備進行甚為便利。

綜計全部墩座工程，共需浮塢四具。澆注混凝土設備兩具。修造墩身中部滑板一具。打樁浮船設備及鋼鐵模形板等工具。故此項繁重工程之進行，得以順利無阻者，固多恃優良之工具，而尤賴有通盤之計劃與適宜之調度耳。

筑威測量隊勘測總報告節略

聶肇靈

一、路綫沿革　本綫係由貴陽經安順以達滇省，與敘昆鐵路相接。自安順聯接敘昆之綫，計有三途可循：一為接通曲靖之南綫，一為接通宣威之中綫，一為接通威寧之北綫。南綫迂繞過甚，里程較長，北線聯接威寧，但敘昆路宣威威寧間工程艱鉅，完成費時，為適應本綫急修速成意義起見，似以中綫為宜。故本隊所勘測者，為聯接宣威之中線。

二、路線工程情形　本線路線情形，可分下列三段：

甲、宣威至長牛：　由宣威沿盤龍河至下平川附近之龍場河口，溯河而上，經崔家坡，五里坪，寶山，麗卜，法土凹，都格，歸集黃河至長牛附近之阿志河口。本段共長一七四、三公里，路線經過，多係土質，除寶山至都格中間一段，坡度須用至百分之三、六外，其餘均在百分之三以下。曲線最小半徑為一〇〇公尺。大小橋計共三十七座，共長三六〇公尺，涵管三六四座。隧道一處，長五百公尺。車站十二處。

乙、長牛至安順　由長牛附近阿志河口經阿志坪溯河而上經天生橋，撈河，木易，補衣，落雁，丁家寨，鳳凰關，果寨，鎮寧以達安順。本段共長一二五、九公里，除天生橋附近坡度達百分之三、六外，其餘均在百分之三以下，曲線最小半徑為一〇〇公尺，大小橋計共五十七座，共長六九八公尺，涵管二五三座，隧道二處，共長一三〇〇公尺，車站八處。

丙、安順至貴陽　由安順經湯官屯，上九溪，平垻，清鎮，狗場，蔡家關以達貴陽。本段共長一一五、六公里，路線順適，工程平易，坡度最大為百分之二，曲線最小半徑為二〇〇公尺，大小橋計共二十座，共長三八〇、五公尺，涵管一九八座，車站九處。

本線全長四一五、八八公里，按照勘測結果，路線情形，對於輕便軌距標準，均能適合，即使須按一公尺軌距建築，亦僅須將數處較大坡度，設法繞避改善，即可適用，至工程難易情形，計平易工程，佔全部百分之五四、〇，中常工程佔百分之三〇、八，艱鉅工程佔百分之一五、二，易多難少，似頗有採用之價值。又本隊此次勘察比較線甚多，其中頗有足資研究比較之價值者，擬於實施測量時詳加勘較，以資決擇。

1. 附路線工程一覽表
2. 路線平面略圖

三、沿綫經濟狀況

甲、農產品　宣威至寶山，木易至貴陽，水田頗多，其餘大部份係山嶺地帶，僅地勢較平之處，間有水田旱田，農產品以稻為主，此外尚有麥，玉蜀黍等，沿綫山地森林甚夥，其可供建築用材，不下數十萬株。

筑威輕便鉄路路綫工程一覽表

項目 \ 段別		宜長段	長安段	安筑段	全段	附註
里程	公里	174十325	125十982	115十573	415十880	
最大坡度	百分率	3.60	3.60	2.00	3.60	
	處數	1	2	——	3	
	總長(公里)	12.00	5.54	6.825	17.54	
最銳曲線	半徑(公尺)	100	100	200	100	
	處數	65	45	9	110	
土石方	土方(每公里)	42.000	42.000	27.400	37.000	
	石方(,,)	10.000	16.500	1.500	9.500	
	土石成份	石約40%	石約70%	石約30%	45%	
隧道	處數	1	2	——	3	
	總長(公尺)	500	1,300	——	1800	
	最長者(,,)	500	800	——	800	
大橋	座數	3	9	3	15	
	總長(公尺)	100	307	210	677	
	最長者(,,)	60	50	150	150	
谷架橋	座數	2	3	——	5	
	總長(公尺)	80	144	——	224	
	最長者(,,)	50	80	——	80	
小橋	座數	32	44	——	76	
	總長(公尺)	180	247	110.5	537.5	
涵管	座數	364	253	198	815	
車站	站數	11	8	9	28	宜威車站在外

乙、礦產：沿線礦藏甚豐，計有銀、銅、鐵、鉛、錫、煤、汞、雄黃、石棉、陶土、玻璃砂等，尤以宣威，水城，郎岱，關嶺，鎮寧，安順之煤，暨水城關嶺鎮寧之鐵爲大宗，水城之鐵礦，區域甚廣，礦苗綿延達百餘里，含純鐵量達百分之五十，足與大冶鐵礦相埒，惟現因交通不便，蘊而未發，將來如本線完成，大量開發，產量必有可觀。

丙、其他：沿線人民，除農事外，以畜牧及種植桐菓爲副業，輸出以宣威火腿，水城桐油爲大宗，其餘牛皮，猪毛，茶，漆，藥材，五倍子等運銷西南各省，總值約四百餘萬元。輸入以棉紗，鹽，烟草，油脂，雜貨爲大宗，總值約一千萬元。

又水城縣屬之歸集扒瓦滴水岩瀑布，水力約一萬四馬力，鎮寧黃菓樹瀑布，約一萬二千四馬力，均可經營，以供發電之用。

四、建築費：本線建築費，係按照輕便鐵路標準估算，各項工程單價，大部份均係參照叙昆及滇緬兩路最近概算估列，除鋼軌及車輛外，均以儘量節省國外材料充分利用當地產料爲原則，庶可一面減少漏卮，一面減少運輸困難。綜計全線總概算爲三六、七六四、五一〇元，其中國內用欵二四、九三六，二五〇元，國外材料一一、八二八、二六〇元，每公里約合八萬八千元。所有國外用欵所需外滙，均按法定兌換率計算。

五、結論：本隊勘測路線，經宣威，盤縣，水城，郎岱，普安，安南，關嶺，鎮寧，安順，平垻，清鎮而達貴筑。計經過縣境十二。除宣威爲滇省轄境外，其餘均在黔省。路線所經，雖多屬山巒地帶，但除少數地域工程較鉅外，大部尚無甚困難。又沿線經濟資源，貯藏甚豐，據貴州經濟所載，該省礦產，以本線所經各縣爲富，如能興工建築，不特便利西南交通，其裨益西南開發，亦非淺鮮也。

又關於本隊勘測路線沿革，前經述及。本線在宣威與叙昆路接軌，因昆明至宣威段廿九年內卽可通車，如本線卽時興修，料具運輸，自較便利，工程進行，可期迅捷。且湘，桂，黔各省經昆明與海外聯絡，較之威寧接線，可減短一百七十公里，並可避免穿過橫斷山脈，減少隧道工程，似爲滇黔交通之捷徑也。

筑威輕便鐵路

全線總長 415

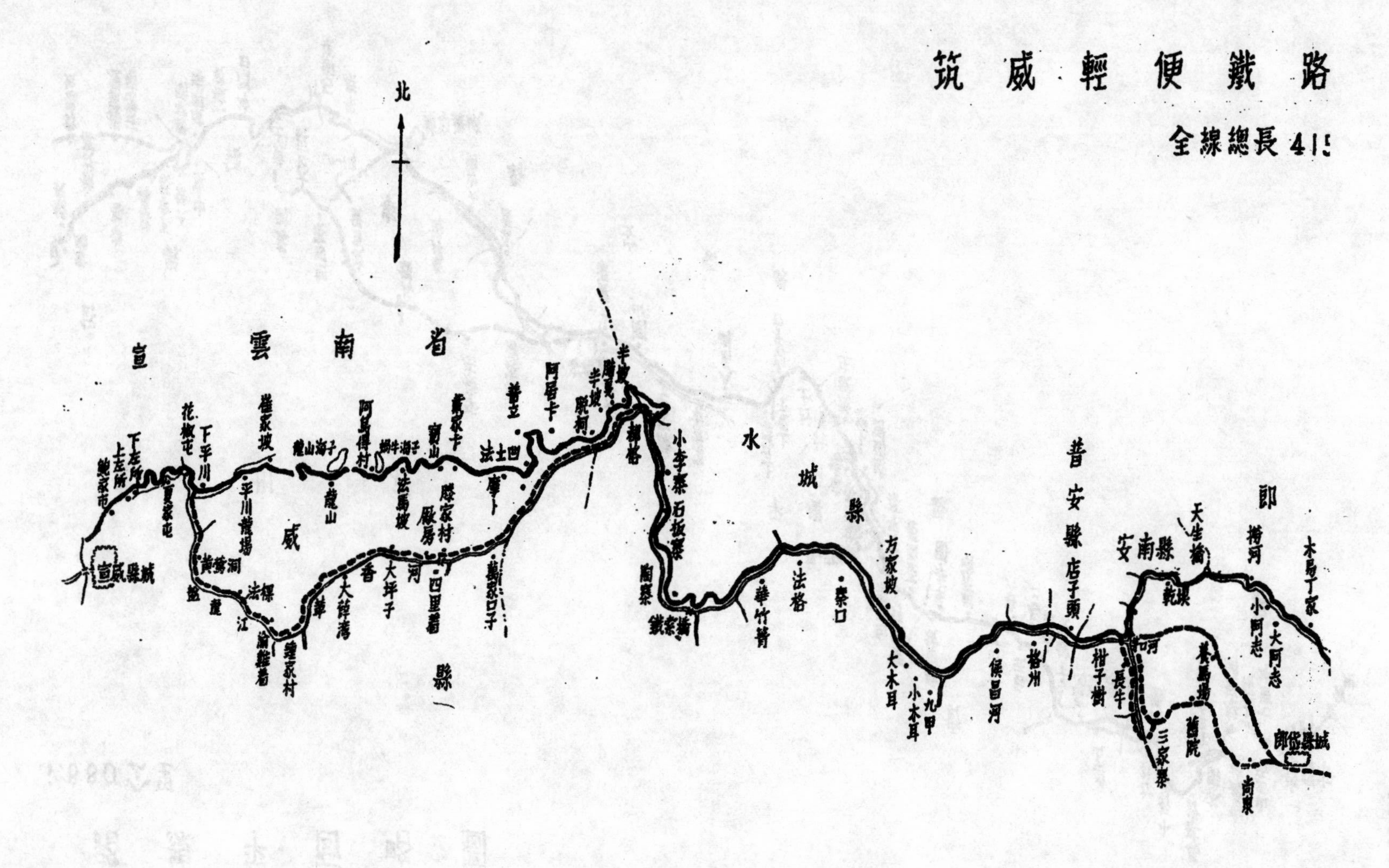

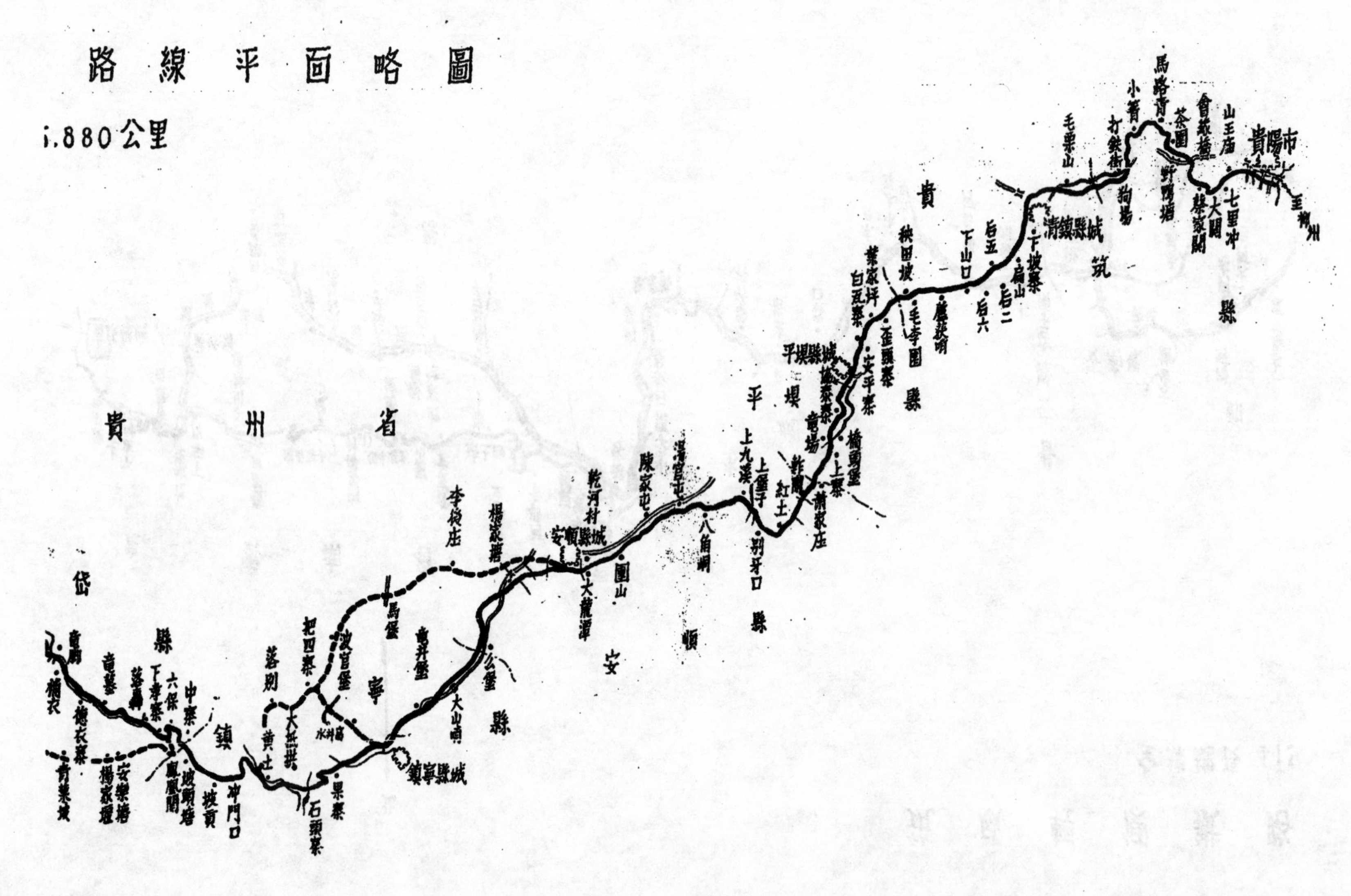
路線平面略圖
.880公里
貴州省
貴筑縣
平壩縣
安順縣
鎮寧縣
貴陽市
山王廟
會館橋
茶園
馬路青
小箐
打鉄街
毛栗山
狗場
野鴨塘
七里冲
大關
清鎮縣城
下坡寨
扁山
下山口
秧田坡
葉家坪
白瓦寨
毛寺園
安平寨
平壩縣城
上寨
紅土
上九溪
別牙口
八角岫
陳家屯
乾河村
安順縣城
園山
大龍潭
楊家塘
馬堡
把四寨
落別
黃土
石頭寨
果寨
鎮寧縣城
大山哨
冲門口
坡貢
中寨
六保
下寺寨
安樂塘

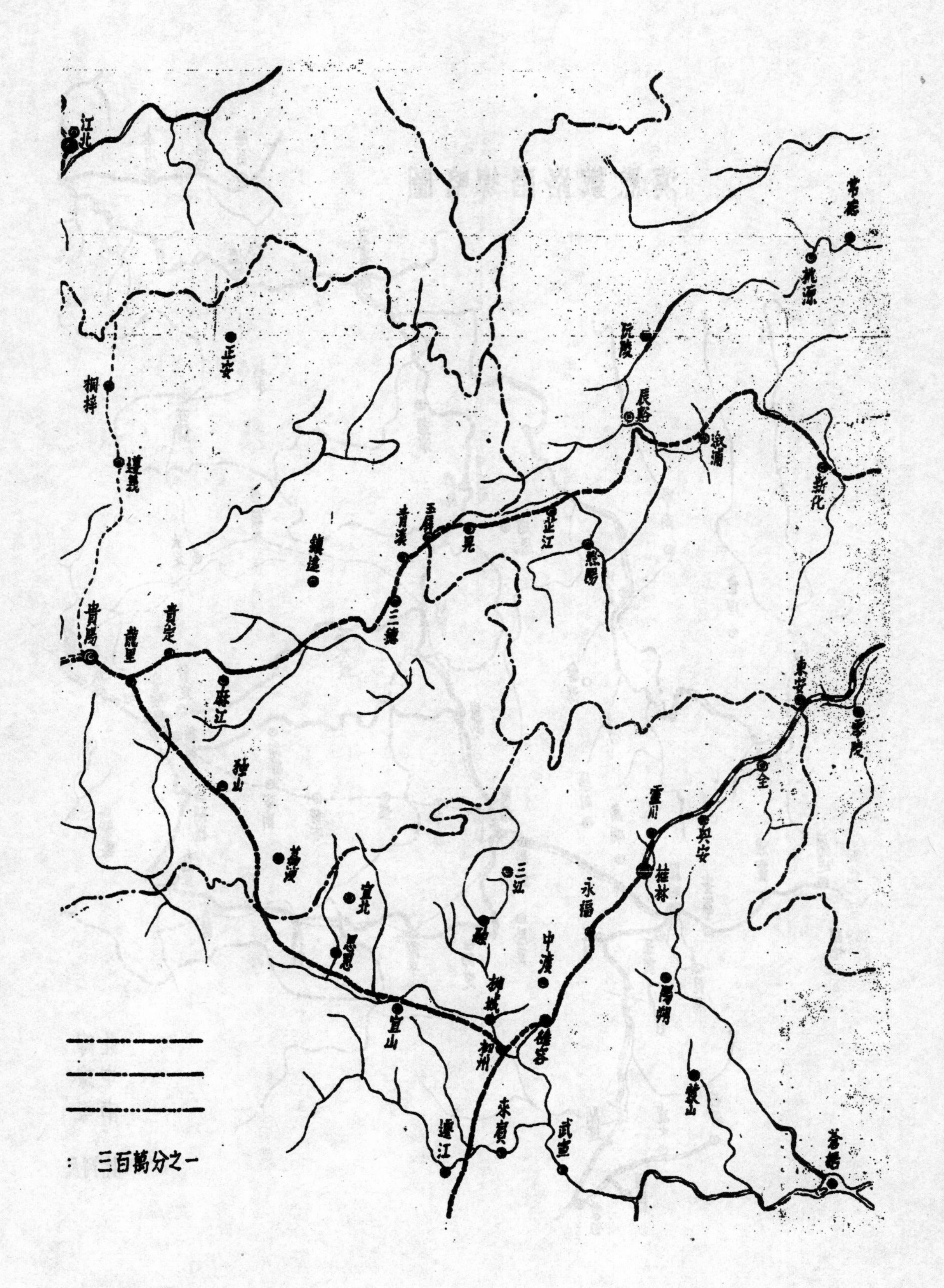
江北
常德
桃源
沅陵
正安
桐梓
遵義
辰谿
漵浦
新化
鎮遠
青溪
三穗
芷江
黔陽
貴陽
龍里
貴定
三穗
麻江
東安
零陵
獨山
全
靈川
興安
荔波
三江
桂林
宜北
永福
融
中渡
思恩
陽朔
柳城
宜山
柳州
雒容
蒙山
來賓
遷江
武宣
蒼梧
三百萬分之一

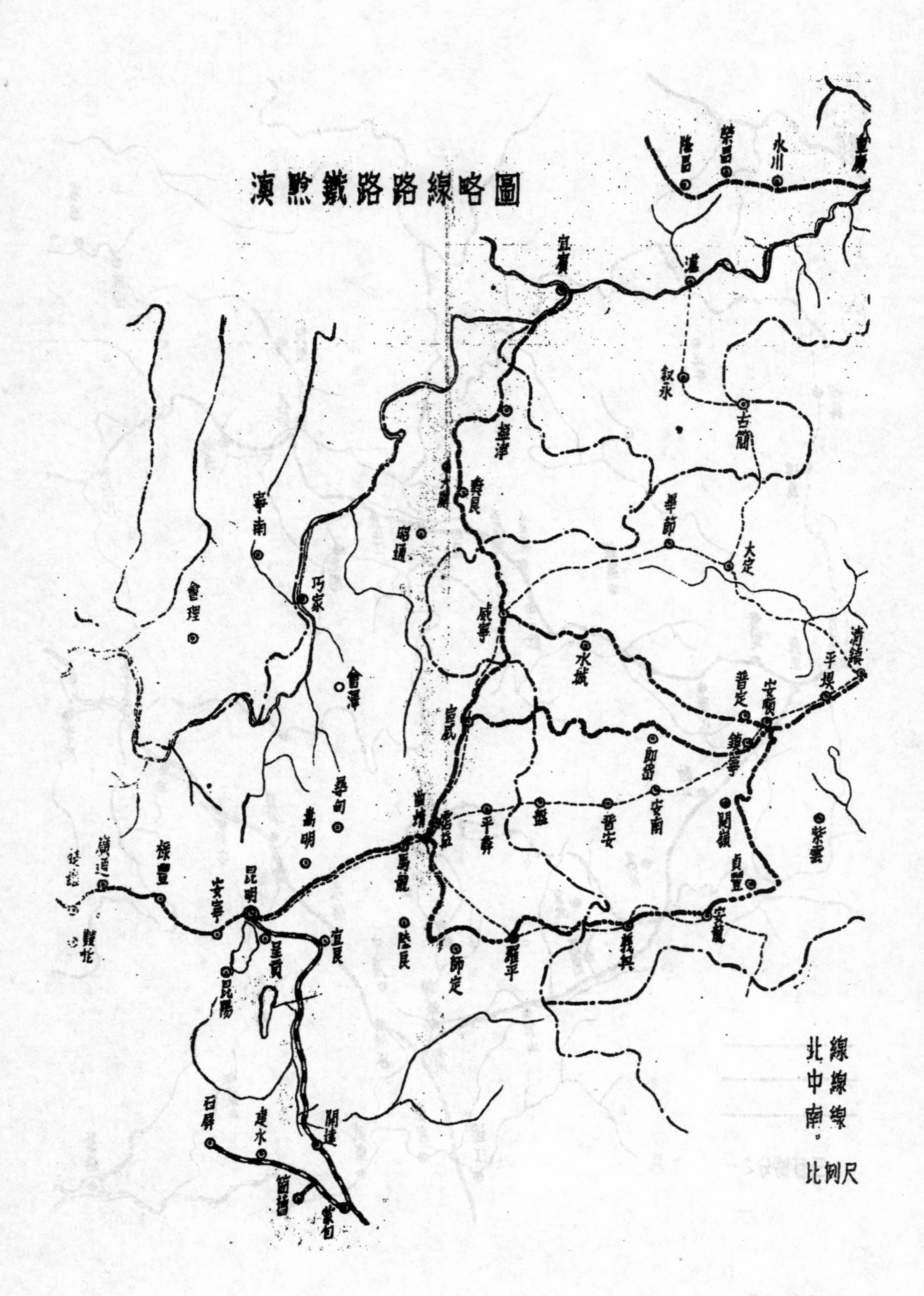
滇黔鐵路路線略圖
北線
中線
南線
比例尺
昆明
宜賓
瀘縣
隆昌
榮昌
永川
重慶
叙永
古藺
畢節
大定
威寧
水城
普定
安順
鎮寧
郎岱
安南
晉安
盤縣
平彝
霑益
曲靖
宣威
昭通
彝良
鹽津
大關
巧家
寧南
會理
會澤
尋甸
嵩明
馬龍
陸良
師定
羅平
興義
安龍
貞豐
關嶺
紫雲
平垻
清鎮
安寧
祿豐
廣通
楚雄
鎮南
呈貢
昆陽
宜良
開遠
建水
石屏
箇舊
蒙自

28407

機車損壞應急修理方法

胡麟臺

鐵路行車，貴乎安全迅速，欲達到此目的，必須澈底免除行車的事故。事實上機車以高速度運行，各部磨耗，其行車途中，機件的損壞，事故的發生，不可絕對避免。所以行車人員，對於機車損壞的簡易修理方法，均應切實明瞭，迅速執行，以作應急的[illegible]理。即可減少事故，減輕災害。茲將一般的應急修理機車方法，用問答式說明於後，藉作參考。

（甲）電機（Turbo-Generator）

1. 當開放機車電機的汽閥時，渦輪（Turbine）並不轉動，怎樣修理？

先檢查電機的汽閥，是否充分的開放。再用手錘輕擊速度調整器（Governor）上面的螺絲母，假若其節制閥固着於關閉地位，則可因此震動，使節制閥鬆動開放，如仍不能將渦輪轉動，則可用管鉗子（Pipe wrench）搬動渦輪的軸，使軸與軸承活動，並檢查是否軸承發熱或缺油。

2. 當電機按照正常的速度轉動時，但是機車上的電燈，不能發光，怎樣辦理？

第一步先檢查電機的線頭（陰陽電極）是否鬆脫，然後再檢查炭刷與整流器（Commutator）是否嚴密的接觸，接觸面是否有灰塵或油泥附着。

假如上述檢查結果，各處均甚良好，可用金屬以溝通電機的二個陰陽線頭，如有火花，則可証明電機良好。既已証明電機並無故障，則故障或在線路中，線路的故障，多係電線脫斷，或係保險絲（Fuse）燒斷，或係燈頭燈泡損壞等。

3. 炭刷附有油泥，或整流器黑污，怎樣掃除？

可用零號細砂布或潔細的布條，將炭刷或整流器揩拭清潔。

4. 保險絲燒壞或缺少時，可用銅板（Copper）代替否？

無論何時，不可如此，以置電機於險地。

5. 開動電機時，電燈特別明亮，或燒壞燈泡，表示電機轉動太快，應怎樣辦理？

應當稍關電機的汽門，以減低電機的速度，及至到達終點站的車房，再報告請求校正電機的速度調整器。

6. 司機棚內電燈明亮，但是頭燈不能發光，這是什麼緣故？

此因頭燈的電線脫斷，或燈口（Socket）損壞，或頭燈泡損壞。

7. 如果頭燈明亮，但是司機棚內的燈，不能發光，是何處發生故障？

此或係燒壞保險絲的緣故，但在另換新保險絲以前，最好用一個燈泡，插在保險絲中間，如果此燈特別明亮，就是表示線路中有漏電（Leakage）或短路（Short circuit）的地方。即使換上保險絲，亦必燒斷。此時應檢查司機棚內所有的電燈，是否有線路脫斷的地方，卸下燈泡，檢查電線的絕緣，是否完全。如將損壞的地方發現，即加修理。然後再將燈泡裝於保險絲的中間，如燈光晴淡，不特別明亮，這就表示修好。再換上新保險絲，不致燒斷。

8. 如果發現兩根電線因絕緣不良而接觸時，怎樣修理？

可用布包裹，將兩根電線分開。或在兩根電線中間，夾以紙片，以為臨時絕緣的用途。

9. 頭燈不能發光時，怎樣修理？

如係電線脫斷，應予連接。如係燈泡不良，可另換燈泡，以試其能否發光。如係燈口不良或頭燈內的線路脫斷，可將反光器（Reflector）及頭燈拆卸，裝在機車號數燈（Number light）的燈口裡邊。

10 燈泡和反光器的距離，可以自由調整，有什麼作用？

使燈泡恰在反光器的焦點（Focus），因此燈光集聚，不致散亂，可以保持明亮照遠的光線。

11 欲使反光器反射的光線，恰在軌道的中心，怎樣辦理？

先調整燈泡與反光器的距離，使反射的光線集中，并且能夠照視很遠的距離。至於調整光線，使在軌道的中心，應該轉動頭燈框（Headlight Case），以調整之，不可移動燈泡和反光器的位置。

12. 司機在途中可以自己校正速度調整器嗎？

不可，校正速度調整器，必須用測速器（Speed indicator）和電壓表，以期精確。如用臆斷方法校正牠，往往調整失當，燒壞電機。

（乙）行動部分：

1. 如果機車一邊的偏心曲拐（Eccentric Crank）或偏心桿或滑

環臂（Link foot）損壞，應該怎樣拆卸這邊的閥動機關（Valve gear）？

將損壞的部分拆卸，并卸開半徑桿（Radius rod）與滑環提桿（Link lifter）的連接銷子，將滑環塊（Link block）固定在滑環的中央。如此即可用那邊的單汽缸，維持行車。

2. 十字頭銷，或搖桿或搖桿銅瓦破壞，怎樣處理？

拆下搖桿，將十字頭固定在導鈑上，卸開半徑桿前端與合併桿（Combination lever）的連絡。將半徑桿繫在走台板上，再將汽閥固定在中央位置。

3. 合併桿或連合桿（Union link）或十字頭臂（Cross head arm）拆斷，怎樣處理？

拆開半徑桿前端與合併桿的連絡，將半徑桿綁緊在走台板上。拆去折斷的部分。即合併桿不斷，亦應將合併桿拆去。將汽閥固定在中央。鬆開汽缸蓋，以注油於汽缸。即可不拆這邊的搖桿，專用那邊的汽缸，給汽運轉。

4. 半徑桿前端（在滑環以前）折斷，怎樣辦理？

由合併桿上拆去折斷的一截半徑桿，然後拆去偏心桿，將汽閥固定在閥座的中央卽妥。

5. 半徑桿在滑環（Link）的後邊的地方折斷，怎樣辦理？

將滑環塊固定在適當的地位，仍用兩邊的汽缸給汽以行車。

6. 華氏閥動機關（Walschaert valve Gear）閥桿折斷怎樣辦理？

拆開半徑桿的前端，將半徑桿繫在走台板上，將汽閥固定在中央位置設法在這邊汽缸裏面加油單用那邊汽缸維持行車。

7. 連達桿折斷，怎樣辦理？

拆去折斷的連達桿(Reach rod)，并拆開滑環提桿與半徑桿的連絡，然後在滑環塊下面將滑環塊固定於適當地位以行車。

8. 曲拐銷（Crank Pin）發熱，怎樣辦理？

注意使銅瓦鬆緊合度，但不可使銅瓦失之太鬆，反而引起發熱。務使在行車中，曲拐銷的磨擦面上。陸續的給油。

9. 大軸發熱，怎樣處理？

減低行車的速度，或調整斜鐵，使其鬆緊適宜。或將回動手把（Reverse Gear）移近於滿位(Full gear)，使推動力平均緩和。或取出棉紗，另注新油。或填硬牛油。或填用肥皂，或加木片在車架和彈簧的中間，以減輕車軸的荷重。上述各種措置，均能有効。

10 怎樣調整機車大軸的斜鐵？

先將機車移動，使曲拐銷在使斜鐵鬆弛的上部。若是動輪前後均有閘瓦，可將阻止動輪使斜鐵鬆弛的閘瓦卸下，再緊風閘，阻止動輪的移動。稍開汽門，使動輪軸箱，均靠在使斜鐵鬆弛的一邊。此時可將各個軸箱斜鐵，逐一擠緊。但斜鐵太緊，行車容易發熱。所以在斜鐵擠緊以後，再鬆下1/16，以免太緊而發熱。

11 怎樣調整三連桿的銅瓦？

兩塊銅瓦的接觸面，必須完全接觸。兩塊銅瓦所合成的銅瓦圓孔直徑，比較曲拐銷的直徑稍小。每個銅瓦的中心位置，須與連桿的中心線相同。連桿的長度，要校正適當。但此種工作，必在機車停止時，曲拐銷恰在動輪中心的水平線上，由主動輪起，逐一校正。要注意使銅瓦轉動靈活，銅瓦左右的遊量也要適當。

12 怎樣調整搖桿的銅瓦？

搖桿銅瓦的接縫，要十分吻合，銅瓦孔的直徑，要較曲拐銷的直徑稍大。裝妥後銷與銅瓦要完全接觸。按裝銅瓦，應在機車停於上部前進位置八分之一的時候舉行。注意銅瓦的左右遊隙（Clearance）不可太大。

13 大軸斜鐵太緊，有什麽現象？如果斜鐵固着，不能移動，怎樣辦理？

大軸斜鐵太緊，軸箱即固着不能活動，行車感覺不靈活，軸容易發熱。應將斜鐵鬆開而調整之。如果已鬆斜鐵螺絲，而斜鐵固着，不能移動，可在該軸前面或後面的動輪的前方，墊一塊硬木板，或斜坡形的鐵飯。開動機車，使斜鐵固着的軸箱，用牠自己的重量，向下移動，以帶動斜鐵。

14 大軸斜鐵或連桿搖桿的銅瓦鬆曠，怎樣試驗，怎樣修理？

要想試驗機車左邊的斜鐵或銅瓦，是否太鬆，使左邊的曲拐銷在上方或下方（十字頭在汽缸的中央）的時候，停止機車，擠緊機車的風閘或手閘，將回動手把移到前進的地位，再稍開汽門。再將回動手把移到後退的地位，注意左邊大軸軸箱的移動（這就是斜鐵的曠量），各銅瓦與銷的曠量，和十字頭的移動。這樣就能試知各部鬆曠的程度，將大軸斜鐵、或連桿搖桿的銅瓦，適當的加以調整。如果在途中不能修理，應報告到達車房，請求修理。

15 十字頭和十字頭桿鬆動，怎樣你才曉得？

如果十字頭和十字頭桿鬆動，當十字頭的行程，到達汽缸的兩端時，有尖銳的金屬聲音發出。

16 鞲鞴的行程太長（Over travel），你能知道嗎？

鞲鞴行至汽缸的最前端時，如果行程太長，往往發生沉濁的衝擊聲音。當利用惰力行車的時候，這種聲音，更爲清晰。係鞲鞴螺絲帽碰擊汽缸蓋的聲音。

17 連桿銅瓦和斜鐵，到什麼時候，就該更換？

如果連桿的銅瓦孔徑，比較銷子的直徑，鬆大頗多，發生打擊的聲音時，就應該縮小銅瓦的孔徑。銅瓦的斜鐵，緊到極端，如果仍不能擠緊銅瓦，就應該修理這個斜鐵。斜鐵螺絲孔的絲紋磨耗不合用，也應該修換。

18 途中大軸發熱，怎樣加填牛油（Grease）？

卸下油盒擋鈑，將托油鈑（Follower Plate）拉下，再在托油鈑和濾油鈑（Perforated plate）中間，加填牛油。將給油具整理妥當，然後一一裝妥。減低行車速度，注意該軸的狀況。

19 機車一邊的滑閥（Slide Valve）或圓汽閥（piston Valve）的閥桿折斷，怎樣處理？

設法將汽閥移至閥座的中央，完全遮蔽前後汽路即妥。或拆開汽室的前蓋，或拆除滑閥汽室的上蓋，或拆下汽室前部的通氣閥（Relief Valve），使汽閥回至中央位置。固定汽閥，不使移動。汽室外部折斷的閥桿，亦須拆去。這時候如果鬆開汽缸蓋，能注油到汽缸裏邊，就不可不卸下這邊的搖桿，單用那邊的汽缸，維持行車。

如果這邊的汽閥的汽路，不能完全遮蔽，可拆卸這邊的搖桿，將十字頭固定在導鈑上，使鞲鞴在汽缸的最前端或最後端，固定不動，即可利用單汽缸行車。

20 如果機車一邊的滑閥或圓汽閥的閥桿折斷，有什麼現象？

此時滑閥或圓汽閥，常在汽室的前端。如係外進汽閥，則後端的進汽路，常常開放。如開放汽門，則機車停止於動輪迴輪八分之一的地位。如將回動手把移到機車後退的地位，則此機車亦將因該損壞的汽閥的制動力，而停止在動輪的另一個迴轉的八分之一的地位。

如果開放這邊的汽缸洩水塞門，則後邊的洩水塞門，常常噴出蒸汽。

如果這損壞的汽閥向汽室前部移動的很多開放前端的洩汽路（外進汽閥），則蒸汽由洩汽路放洩於空中，機車不能行動。如果損壞的汽閥係內進汽閥，其前端的進汽路常常開放。此時若開放汽缸洩水塞門，則蒸汽常常從前面洩水塞門噴出。

21 機車一邊的滑閥破碎，應該怎樣處理，用單汽缸行車？

卸開汽室上蓋，用適宜的木板，將進汽路堵塞。再裝好汽室上蓋，拆開閥桿，如果能在這邊的汽缸裏面加油，就不必卸開搖桿。單用那邊的汽缸行車。

22 什麼地方損壞，必須拆卸搖桿？

曲拐銷或搖桿折斷。鞲鞴桿在中部折斷，導鈑或十字頭破損。汽閥或閥座破損以後，能從外面注油於汽缸。以上情形，均應拆開搖桿。

23 什麼地方損壞，必須拆卸連桿？

當曲拐銷或連桿銷或連桿折損的時候，就要拆卸連桿。

24 如果回動手把在早切斷（Early Cut-off）地位，不能移動，怎樣處理？

拆卸連達桿（Reach rod）前端的銷子，就可以移動回動軸，調節汽閥切斷的遲早。將汽閥的切斷，調整適當。將滑環塊上下墊妥，不使牠移動，就可照常行車。

25 機車一邊的汽缸鞲鞴破碎或灣曲，不能使用，怎樣處理？

如果鞲鞴破碎，須將破片取出。將閥桿和其他閥動機關卸開，并將汽閥固定在中央位置卸開搖桿，或設法加油於汽缸，即可用那面的單汽缸行車。

26 機車一邊的十字頭，或搖桿，或曲拐銷，或鞲鞴桿折灣不能使用的時候，怎樣辦理？

當十字頭，搖桿，曲拐銷，鞲鞴桿等折斷或不能使用時，應該拆開搖桿。將十字頭固定在導鈑上，將汽閥固定在閥座的中央，拆去閥桿和閥動機關的連絡，就可使用單汽缸行車。

如果鞲鞴桿在十字頭附近折斷，可將鞲鞴推入汽缸中，折斷的一截鞲鞴桿，可從十字頭上打下，即可不拆搖桿，對於處理閥動機關，概與上述相同。

27 機車一邊的一個連桿折斷，怎樣處理？

將折斷的連桿卸下，但與此連桿在相對位置的那面的一個連桿，亦須卸下。使機車左右動輪，行動一致，不致發生扭傷。即可照常行車。

28 既無千斤頂又要使機車的某一動輪升高，有什麼辦法？

使此動輪行於軌上，軌上墊一塊硬木板或斜坡的鐵鈑或復軌器即可。

木質橋樑

（自Civil Engineering and publ. works Review, 1940 節譯） 胡樹楫

內容概略：木橋之防水——木橋設計應注意之點——木質鐵路橋與公路橋——木質人行橋——木質便橋

數百年來木橋建築之經驗，給予吾人以寶貴參致資料，惟因新時代之交通工具加於橋梁之重力迥異於往昔，故採用舊法不可不慎，舊時代之木質橋梁有「有蓋」（Covered type）與「露空」（Open Type）兩種式樣。露空式橋梁對於天氣變化無所防護，除硬木及富於樹脂（Resin）之若干種木料外，朽壞甚速。

保護木橋最簡單之形式，為於其上加頂蓋，或於三面包裝，以禦雨雪潮濕。此時橋身宛如房屋，木料均受蔭蔽。然有蓋木橋未必盡能耐久，蓋橋木之朽壞大都先自橋堍或橋墩始，而橋堍附近雨水與地下水之排除每遭忽視。故橋堍乾爽之保持，木料四週空氣之流通無阻，亦為必要。

木料不可直接置於石砌或混凝土築成之橋堍上，須於其間舖隔水材料一層，如柏油紙，鐵板，硬木鞍枕等。同理，橋邊地面須稍上斜，以防雨水侵入橋堍。橋身頂蓋應充分高出橋堍之上。

欲絕對避免雨水侵及橋身，幾不可能。橋面板如非木質，受雨水尚無大碍，如為木質，須於各板塊間留充分空縫（一—二公分寬），或於接近橋堍之處用防腐物料塗抹或浸灌。無論如何，自橋中央至兩堍須有斜坡，使侵至橋面之水不致停留。此外尚有其他關於木料防禦潮濕之方法，如表面彎作弧形，兩頭用金屬或木料掩護等。

橋頂之舖蓋材料有多種，如瓦，木板，石板，金屬薄片因瓦之重要較大，金屬薄片較為一般所樂用。

若干舊木橋，其初本備載重二—三公噸，在今日竟能勝任一〇—一五公噸之多。於此可見木橋之適於實用。增加縱橫梁與橋面擱柵係屬可能，惟橋上淨寬淨高不足較難補救。有時可於橋旁另架懸臂式人行道（Cantilever footway），挑出橋外，供行人使用，俾原有橋面得專應行車需要。

新建木橋，對於車輛重量方面須有較高之估計，以應將來之需要。橋身淨高（Overhead clearance）應為四公尺（一三呎）；此為幹道上之最低標準。如欲求經濟，寧以就寬度方面較量為宜，因寬度過大，徒滋設計上之困難，橫梁所需之剖面，每不易滿足。

不供幹道車輛交通用之木橋，其長度又不大者，有時可採用單線寬度（One-way road width）。若然，則橋身宜為露空式，俾橋上無高出之建築物，而免妨碍行車視線，又橋旁挑出人行道之設置，亦以橋梁上承橋面為便。

歐洲大陸於建造鐵路之初，曾有長跨度木質鐵路橋之建築，大多數採用 Howe 式或 Town式 構架梁，並為「有蓋」式。此種木橋其初雖屬合用，但隨車輛活載與速度之增加而難勝其任，尤以雙線鐵路橋為甚。

關於短跨度木質鐵路橋之情形又當別論。此種橋在美國與坎拿大頗盛行，均為「露空」式，大都承載單線鐵路，並建於木質支架（Trestles）之上。因橋上無頂蓋，澆注防腐劑之耐久木料

在所必用。在美國鐵路橋上常以 20cm×41cm（八吋×一六吋）之縱梁三根置於每一路軌之下。此種木梁爲非「連續」（continuous）者，並另有木梁舖於軌條旁，旣以保護上項承梁，免易受潮腐朽，復供防阻車輪出軌之用。又枕木排置甚密，其間僅留一四公分（五吋半）空縫。一切承受雨水之木料均用柏油（tar）包護。橋下支架有高至四〇公尺（一三〇呎）者，支於木枕（timber footings）或木樁（於泥土鬆弱時用之）。若干木架橋因「壽年」屆滿已代以土堤。

就大概而言，露空式木橋比有蓋式用料較多。此因在露空式，橋材料之最大應力不能全部利用，須預爲受潮腐朽着想而留餘地。在有蓋式橋則異是，祇須所有儎重量與應力計算無誤，便可盡量利用材料之强度。臨時性質之建築自當別論。

近年木質建築上之新法，使本橋設計獲得一種新基礎。多種新式結合材料，如鋼環（Rings），裂環（Split rings）鋼板（Plates）等，容許主梁之造成構架（truss），（譯者按：前此以螺栓爲木桿結合材料，因抗彎力弱，殊不適宜。近年始有鋼環等之發明，將其嵌入木桿之間，抗彎能力較大，而所佔地位小，故可如鋼鐵料易於結成構架，至於螺栓僅用以供桿與桿間之扣緊。）主梁亦可構成滿面式或孔格式拱梁 （Arches in solid-Webor attic-work）或全部置於橋面下，或局部聳出橋面上。跨度方面，理論上並無尺寸之限制。寬度方面，則因橫梁承受重輪（尤其汽轆），所需剖面往往甚大，每致設計上之困難。此種橫梁固可由二根以上方木藉釘栓結合而成，但因安全率較整梁減低，其載重能力（按總剖面計算者）須折扣計算（例如瑞士標準規範指定：兩木合成者以八成計，三木合成者以六成計）。膠結之梁所需剖面較小，惟用於水上建築須愼，防結合處强度減少，並須採用耐水膠料（Water-proof glues）。重儎橫梁自亦可以鋼鐵材料充任，惟宜於不能採用木料時爲之。

人行橋採用木料最廣，其構造亦較公路橋與鐵路橋爲易，因儎重較小而通常爲勻佈性質者。於此，木料應力得以盡量利用，不似鋼鐵料之須防銹損，且有一定之最小剖面爲之限制也。故木質人行橋較鋼鐵造者爲經濟。如以木油（Creosote）氯化鋅等防腐劑塗浸，壽命可望加長。選用耐久木料（硬木），亦可得同樣效果，惟費用較昂。用防腐劑處理合法之軟木，雖在暴露情形下，亦可耐用二〇—三〇年。此在人行橋已可認爲滿意，不似一般對公路橋要求之奢。有蓋人行橋較爲鮮見，但其壽命自較露空式爲長，應用於建築物間（例如在工廠內）之往來交通尤爲適宜。

木質人行橋較公路橋尙有一優勝之點，即公路橋通行車輛時常呈震盪，致結合點漸趨鬆懈，而影響橋之壽命，故須時加視察整理（如扭緊螺栓等）人行橋則絕少此弊。

工場上臨時應用之便橋（Service bridges）不必具有耐久性，因最大工程亦鮮有經過三五年以上者，惟如加以防腐處理，則將來拆御後，木料更適於移作他用。此種便橋有時須承受重儎，如活動起重機等，計算時須加顧慮，而預留地步。

救護列車

施學詩譯

Ambulance Trains, The Locomotive Nov,1939

救護列車多列專為本國及國外應用，已在英國 Derby, Wolverton, Swindon, Doncaster, York, East-leigh, Lancing 等地方製成。

每列車配有各項車輛，專為醫生，看護及皇軍醫院侍者之用，並有病室配藥室及消毒等室。

此項車輛改造計劃，與1914—1918年之計劃不同。上項各鐵路公司對於各式車輛均有改造。此次則每一公司專門改造車輛之一種，然後送至某地集中，組合成列。如此則每一公司對於材料之選擇與儲藏可以節省。並可以節省時間也。用以改造之車輛均由L.M.S.鐵路公司供給之。

改造時除原有配件外均須添置，且須添造各種傢具。同時從事原車之拆卸裝修如裝添門窗，裝設廁房，及修飾內部等工作。行駛本國之列車，係九輛七種式樣不同之車輛所組合。行駛國外之列車則係十六輛九種式樣不同之車所組合。

每車長57呎，雙軸車盤，兩端有雙緩衝器，螺絲連鈎，各車多有走廊。國外列車之車輭連鈎及暖汽接頭採法國式，俾能與法國機車啣接。各車有暖汽設備可以各別管理。醫生車裝有暖爐，並有臥室餐間浴室等。

每列有管理車一節，（國外列車則以配藥車為管理車）內分診察室醫生室及藥料室。國內列車則另有軍官病室及器械室。

病室車之佈置，則靠車之一旁，架起雙層鋼絲鋪，中為甬道，為置放抬架及看護人員工作之處，車之兩端有洗滌及廁所各一間。

餐車設備完善，飲料及食品儲藏充足。國外列車有餐車兩輛，備有座位預備負病軍官坐息之用。

尚有起坐車一輛，沿窗佈置座位鋪有舒適襯墊，可資洗滌，專供病人坐起之用。同車之內另闢一室為精神病室。

電燈之設計，數盞聯在一起，可以同時減縮光線，同時熄滅。電扇除病室車僅有桌上風扇外，各車多有吊扇之裝置。

車內修刷正潔，除管理，起坐，餐車及守車外，其他各車內部一律白磁漆，車皮深黃式，車頂及車脇均有紅十字之標誌。

救護列車佈置完善，飛輪上之醫院也。各車構造精緻，足臻英人造車技能之高尚。且自戰事發生後三星期內，即有六列車計八十二輛之完成，交與軍事當局應用。工作效率可為甚高。聞該項車輛尚在繼續改造中。

空襲救護車，四大鐵路公司均有數列完成。民衆因空襲受傷，經過初次醫治即由該項火車載往內地醫院。凡重要車站均有停留。每列計十二輛組成。內有糧食藥材之儲藏及廚房等設備。九輛專為停留抬架之用，每輛可容抬架三十架。各車多有暖汽設備，則因英倫島國天氣除春季一、二個月外較為寒冷也。

該項車輛外部一仍舊觀，內部則均經修刷一新，查上述列車各鐵路公司自一九三九年八月三十日奉到政府命令後兩日之內改造完竣，拖到指定地點，效能之高可見一斑。

安南工廠視察記

（續第五期）

程文熙

米

安南糧食，以米爲大宗，擁有良田5,940,000公頃。一九三六年出米之數量達7,205,000噸，佔世界產米量之第三位，與緬甸（第一位）暹羅（第二位）並稱爲世界三大米國。其土地之肥沃，氣候之適於耕種，實得天獨厚。以是人民皆以耕種爲生，每年收穫有達三次之多者。故樂歲豐衣足食，凶年則往往挺而走險，實政府之一大隱憂。一八八六年，法國既統有安南之後，先後派稼穡專家考察其災害之由來，研究其改良之方法，並設立米穀研究所，該所每年經費約在五十萬越幣以上。米之產量增高，而出口數量亦因以激增。今將最近五年出口統計表於下：

1905	850,000 噸
1933	1,282,895 噸
1934	1,528,5[illegible]5 噸
1935	1,750,000 噸
1938	3,002,000 噸

其改良之方法，不外五種：

（1）改良工作方法：耕田之法，常用牛馬，或用汽車。現更有新式機械耕種器。民用雖未普遍，然樂於採用者，頗不乏人。

（2）施以適常肥料：肥料可分爲兩種：（一）天然肥料，稻灰，各種獸骨灰，糞，及豆渣，蠶蛾等，而安南人所採用者，以糞及稻灰爲多。（二）化學肥料，肥料之中，以燐氮鉀Phosphore Nitrogène Potassium三種原素爲主要，而尤以燐氮爲最。試驗結果，安南之土地，以施用銨化物料 Sulfate d'ammonium 功效最著。其業經施肥之田，較未施肥者，收獲多二倍半。爲獎勵生產計，安南政府，曾設法廉價出售肥料與農民。

（3）排除水旱災：低窪之地，易發水災，今政府已建造底寬二十一公尺，頂寬九公尺，高五公尺至八公尺之堤。其總長共有二百四十公里，以防水患。又開鑿寬四十公尺，深二公尺，總長六百五十公里之大運河。及二千五百公里長之小運河。以利灌溉，並禦旱災。

（4）選造土地及種子：地勢高者，宜種咖啡，茶，橡膠樹，畧高者，可種荳，蔬，玉蜀黍，地勢低者，宜種稻。惟於鹽水之區，水塘之地，不宜種植。蓋稻在鹹水中，生殖不良，而塘中腐草，易使稻根腐爛也。安南因氣候之適宜，一年中十一個月，皆可種稻，而十月份之收成尤佳，五月之收成較遜。每年種植之次數，一二三次不等，皆依其環境，地勢，及需要而規定。選擇種子，甚爲複雜，要以穗實多而質地堅實者爲佳。

（5）治穀病除害虫：在不良環境之下，微菌之傷稻莖，田鼠之嚙稻根，以致穀米不實，病態叢生，影響收成非淺。凡民間有收成不良，或發現害虫等病，即可告知鄉長，電請米穀研究所設法救濟。該所接電後，即攜帶藥品，馳往救濟，如救火車之馳往撲滅失火然。經多年研究之成績，收成已增加30%。

鄉人售穀與穀商，穀商又售與米廠，每担約越幣四元六角。米廠碾就而售之於市。穀百担出米六十六担。其碾米之法，可分五層手續：

(1)先去穀皮上之柴草泥土；

(2)磨去其外皮；（即礱糠）

(3)用祖家篩，分開其米粒，礱糠，及米糠；

(4)用磨米機，磨三次，使成白米。所以分數次磨者，欲使米粒白潔，而整齊也；

(5)用二層篩，分出大號整粒米，及小號粒米。大號粒米，每担約價越幣八元七角半；

(6)再用三層篩，分出五種碎米：

(一)頭二號碎米，以之加入粒米，其加入之成份，普通爲25%。（日本米含有40%碎米，爪哇米內含有50%），該項碎米，每担約價越幣五元四角。

(二)三四號碎米，可做米粉，每担約價越幣三元七角。

(三)五號碎米，可以釀酒。

米之副產物：爲稻草，爲礱糠，爲米糠。米糠分兩種：在祖家篩出來者，爲烏糠；在碎米中出來者，爲白糠。

(1)稻草：用作肥料。

(2)礱糠：即米之皮，可爲鍋爐之燃料。每担約價越幣五分至一角。

(3)烏糠：常作飼鷄之用。每担約價越幣一元五角。

(4)白糠：用以喂猪。

西貢爲世界三大米市之一，米廠林立，共有七十四所之多。百分之九十，爲華人所有。大廠每日可出米四百噸，中廠每日可出米一百至二百噸，小廠每日亦可出米三十至八十噸。附西貢碾米廠一覽表，以資參考：

西貢碾米廠一覽表

民國二十六年

廠名	經理人	國籍	地址	發動機	原有爐數	現有爐數	每日出量	馬力	通訊處	自動電話	備註
萬益源	劉增	中國	堤岸左觀街320號	蒸汽機	五	二	八十噸	150匹			
廣怡豐	關慶	同	堤岸三寧街29號	同	一	一	六十噸	100匹			

光東	駱弼華	同	堤岸新涌海傍街	同	二	一	六十噸	120匹			
恒泰	劉彪	同	堤岸平東	同	三	二	八十噸	100匹			
源豐成	曹延湘	同	堤岸洋船街277號	同	四	四	二百噸	200匹			
三興	趙祐馨	同	堤岸美荻街252號	同	二	二	六十噸	[illegible]0匹			
同泰	劉瑞麒	同	同右338號	同	八	四	三百噸	700匹			
廣隆	劉爲	同	堤岸平東	同	二	一	一百噸	[illegible]0匹			
同吉	劉瑞應	同	堤岸美荻街274號	同	一	一	五十噸	60匹			
大有年	湯滿	同	同右307號	瑒煙電力	一	一	八十噸	100匹			
穗和	徐德	同	同右279號	蒸汽機	一	一	四十噸	45匹			
同興	劉瑞麒	同	堤岸平東	同	二	二	九十噸	150匹			
常茂	張振帆	同	堤岸正興村	同	四	三	二百噸	200匹			
張正記	同右	同	堤岸平東新開港邊	同	二	一	一百噸	2[illegible]0匹			
偉興	林奕	同	堤岸羅貢街595號	同	三	三	一百五十噸	2[illegible]0匹			
同茂	陳丁如	同	堤岸平東	同	三	二	一百六十噸	2[illegible]0匹			
年泰	梁球	同	堤岸美荻街285號	同	一	一	七十噸	[illegible]0匹			
錦順	周綢	同	同右262號	同	一	一	六十噸	[illegible]0匹			
民信	鄧逸沺	同	同右146號	同	一	一	五十噸	60匹			

永昌源	王通	同	嘉定歸邑	同	一	一	三十六噸	70匹			
成興	陳妹	同	堤岸左觀街五號	同	一	一	五十噸	60匹			
舉康	馮鵬	同	堤岸洋船街75號	焗煙機	一	一	六十噸	100匹			
萬合發	洪磐	同	堤岸迪吉	蒸汽機	一	一	五十噸	80匹			
福厚	林重溪	同	堤岸美荻街	火油濟	一	一	四十噸	70匹			
成興泰	張成	同	堤岸迪吉	蒸汽機	一	一	六十噸	100匹			
華興	梁傑	同	堤岸新浦	同	三	二	二百噸	[illegible]匹			
合生	周道	同	堤岸迪吉	同	一	一	六十噸	60匹			
年丰	黃翰	同	堤岸美荻街156號	焗煙電力	一	一	七十噸	50匹			
廣正興	張徐豪	同	堤岸陶器街	蒸汽機	三	二	二百噸			300匹	
阜丰和	盧應	同	堤岸美荻街	焗煙電力		一	五十噸			100匹	
集通	孔煥	同	堤岸左觀街九號	同	一	一	六十噸	100匹			
西都糖較公司	林貝英	同	西寧省新田村	蒸汽機	四	四	一百五十噸				
竟興	林榮	同	堤岸迪吉海傍街	同	一	一	五十噸	100匹			
厚德	胡松康	同	堤岸美荻街289號	焗煙機	一	一	六十噸	120匹			
光興泰	馬永	同	堤岸洋船街161號	電力機			三十五噸	100匹			
廣丰	梁南	同	同右	焗煙電力			六十噸	110匹			

大德	徐志	同	堤岸美荻街274號	蒸汽機	一	一	五十噸	60匹
仁和	李和	同	堤岸富丁村	同	二	二	九十噸	150匹
湄江	陳志	同	堤岸迪吉	同	一	一	五十五噸	75匹
大東	黃沂	同	堤岸羅貢街595號	同	三	三	一百五十噸	200匹
協昌	丘六	同	堤岸洋船街289號	同	七	三		
振興			堤岸新浦	同			五十噸	
泰來			堤岸迪吉	同			五百噸	
張合記			堤岸陶器街	同			一百二十噸	
南丰成			堤岸洋船街	同			四百五十噸	
建發成			同右	同			三百噸	
提成		中國	堤岸洋船街	電力機			三十噸	
興茂		同	同右	同			五十噸	
偉丰		同	堤岸美荻街	油渣機			四十噸	
和利		同	堤岸洋船街	電力機			一十五噸	
萬成		同	堤岸新浦	同			四十五噸	
周海穗		同	堤岸塔梅街	同			二十噸	
周海成		同	同右	同			二十噸	

榮丰		同	堤岸鵝貢街	同			三十五噸			
新生活		同	堤岸多年街	同			二十五噸			
酒絞		法國	堤岸美荻街	蒸汽機			四百噸			
平東		同	堤岸洋船街	同			三百五十噸			
明著		越南	堤岸美荻街	電力機			四十五噸			
明興記		同	堤岸陶器街	焗煙機			四十噸			
潘文發		同	堤岸左關街	電力機			三十噸			
潘文華		同	同右	同			四十噸			
阮丰弟		同	堤岸羅庵	同			二十五噸			
黎氏梅		同	嘉定舊邑婆廟街	同			二十五噸			
潘文卜		同	嘉定舊邑街172號	同			二十五噸			
青龍		同	堤岸船廠街	同			二十五噸			
德協		同	堤岸福建街	同			二十五噸			
惟盛		同	堤岸嗹呼街35號	同			三十噸、			
萬春		同	西貢德河	焗煙機			二十噸			
阮文榮		同	堤岸德和				三十噸			
武福熙		同	堤岸新實				三十噸			

阮成康	越南	西貢永會			三十噸			
黃　源	同	堤岸左觀街	電力機		四十噸			
九號電仔絞	同	堤岸三舉街	同		一十五噸			

米廠之交易方法，大致可分為兩種：

（1）代售式：代售之經紀人，本地稱之為九八商，蓋商如售出米，則彼可從中取利2%，以資酬勞。但每包米之重量，及其優劣，概由廠中負責。

（2）包賣式：先由經紀人向米廠購米，而經紀人再行售出。則交易之價值，重量，貨物之優劣，廠中概不過問。

（3）米廠或經紀人，將米售與米店，或售與法國米商，因法國有辦理出口米之專利也。

余於西貢曾參觀兩米廠，今將大概錄之於左：

（1）慶怡豐米廠：廠中有工人一百人，原動力150匹馬力，每日出米約八十噸，每月經費約需越幣八千元。

（2）光東米廠：廠中有工人一百人，原動力200匹馬力，每日可出米約一百噸，每月經費約需越幣一萬元。

今錄一九三五年安南推銷各國之米量，以示其出口之途徑：

1935年出口量

中國香港——800,000噸
法　　國——600,000噸
南洋各地——100,000噸
新　加　坡——70,000噸
英　　國——70,000噸
菲　列　濱——30,000噸
印　　度——80,000噸
美　　國——30,000噸
比　　國——20,000噸
其他各國——50,000噸

總　　量　1750,000噸

安南全國，計有人口二千一百萬。——每年產米約七百萬餘噸。以每人每年食米二百十九公斤計算，全年需米四百餘萬噸。尚有三百餘萬噸之米可以出口。安南人口，每年增加最少1,3%。然數十年內，未嘗缺米，且有餘裕。此種現象，未始非改良種穀所得之結果也。

安南國有鐵路

安南鐵路分兩種：

（1）國有鐵路，爲那岑Nacham至河內Hanoi 179公里，河內至西貢Saigon 1728公里，西貢至米萩Mytho 70公里，陸克寧Loc-Ninh至帝度麻Thu-Dau-Moto 101公里，百囊奔Phnompenh

至孟哥倍 Mongkol-Borey 339 公里，聯同支線，共計 2524公里。均歸安南鐵路局管轄，直轄於公共工程部。

（2）商辦鐵路，如滇越鐵路之東京段，聯同支綫，約 400 公里。西貢至帝度廠約30公里。在此段內，電車及火車皆可通行，因該線乃法國電車公司所建築者也。Ste Francaise de Tramway Indochinoise Chinoise 以上路線，雖為商辦，但仍受政府統制。他如下表所列各礦區自辦之鐵路，則不受政府之統制：

礦場名稱	路長	軌距
Les Mines de Hongay	20 km	1.000m
Les Mines de Campha Port	17 km	1.000m
Ste des Charbonnages de Dong Trieu	19 km	0.600m
Ste des Charbonnages de Kebao	9.500 km	0.600m
Ste des Charbonnages de Panuier	4.500 km	0.600m
Ste des Charbonnages et des Mines Motallurgiques	15 km	0.600m
Ste de Lignite	3 km	1.000m

本篇所述只及國有鐵路：

（一）設備：安南全境國有鐵路，有車站416處，機車約200輛，客車約204輛，貨車約3288輛，員工10877人。內中歐人197名，越人10680名，每日規定工作八小時。機廠三所，一在義安 Vinh，一在西貢 Saigon，一在百靈奔 Phnompenh。大車房八所，在河內，義安，會安，Tourane 瑤池，Dieutri 芽莊，Nhatrang西貢，陸克寧，百靈奔，大站皆有揚旗，小站則無之。西貢，米翁孟 Nuongnan 之間，及義安安會之間，均用樹木為機車之燃料。六個立方公尺之木、重一噸，價越幣16元。鴻基煤磚，到西貢，每噸價約三十餘元。木料價雖較廉，但用之亦有相當麻煩。因此客車之機車，仍用煤為燃料者為多。西貢至河內之客車，行駛約四十三小時。若以營業速率計之，每小時約行四十公里。貨車無直達者，皆分段行駛。由西貢至河內，約需六天。余往西貢，曾往機廠及車房參觀。茲將該廠房之大概情形，畧述如此次左：

西貢機廠：離西貢城約二十二公里，而離第安車站約三公里。一片平地，頗為寬暢。氣候溫和，實工作之佳地。往來有鐵路，有汽車道。每月電動力之消耗量，約4000KWH 合越幣1400元。工人500名。每月能大修客車三輛，貨車十二輛。修理機車有三股道，每月約修機車兩輛。一輛在廠停留四十五天，其他一輛，規定最多停留一百天。每輛機車之大修費用，約越幣二萬元。汽錘一座，力量350公斤。洗煙管，用旋轉筒。銲煙管頭，用電力。客車車箱，皆為木製，因在安南木價廉而鐵價貴故也、列車所用為真空閘。閘筒內之「墊料」為牛皮，或為青銅，但以牛皮之成績為佳。

有藝徒學校一所，專收工人子弟，養成其為優良之工人或工頭。

西貢車房：工人350名，能容機車三十五輛。每月耗費電力4000KWH，合越幣400元。機車每行五萬至七萬公里，大修一次。每行一千至一千五百公里，洗鍋爐一次。機車火箱，多係銅製，遇有裂縫，即用 Acetylene gas 銲之。油匣式樣有三：機車小輪用 Isothermos 式，水櫃車輪用 Athermos 式，客車車輪用

Rouleaux 式○貨車用 Isothermos 式，及普通者兩種○普通油匣，亦非於指定時間，不能開啓○機車之過熱氣管，均 Schmidty ype A 式○該處有1-4-0式機車若干輛○據車房主任言，該機車於前次歐戰時，由日本川崎廠所製造，機件式樣均仿美國，成績平平云○在機車上燃燒木料，必須將木料切成半公尺至一公尺之長條，且須用升火工二名，方能將此木料納入爐內○當機車停留車站之時，可將木料納入爐中，中途不宜添加，因頗費力亦費時間也○

（二）經濟狀況：：安南國有鐵路，至1938年十二月三十日止，共耗費越幣110,134,442元○計每公里之資本，爲越幣43,634元○1938年收入爲越幣9,335,153元○每公里之收入，合越幣3,698元○1938年支出爲越幣8,468,815元○每公里之支出，合越幣3,355元○計淨餘越幣866,338元○計每公里獲利越幣343元○若以營業百分率計算，爲90%○西貢車站，1938 年收入越幣950,964元，爲全路第一○河內車站，收入爲越幣761,628元，爲第二○順化車站，收入爲越幣283,931元，爲第三○義安車站，收入爲越幣213,811元，爲第四○若與滇越鐵路比，則1938年海防江邊車站，收入爲越幣3,193,734元，昆明車站，收入爲越幣2,834,172元，碧色寨車站，收入爲越幣1,001,076元，其營業狀況，皆比安南國有鐵路爲優○所以滇越路營業百分率爲60%○（民國二十二年滬杭甬路營業百分率爲75%）○貨物由北往南運者，比由南往北運者較多○無論南下北上，冬季之貨車最多○北上者以米及玉蜀黍甘蔗爲大宗○南下者以雜貨爲大宗○河內西貢間，直接往來之貨極少○爲鐵路營業計，整車貨，由此端直達彼端，則沿途無裝卸時間之損失，獲利最厚○故欲在河內或西貢車站，要求車輛，直達輪送貨物，路局不勝歡迎○每日要三、四百噸車皮，不難也○

沿途之出產，以植物類爲最多，如米，玉蜀黍，甘蔗，黃豆，花椒，咖啡，等等○每日收入約有越幣624,244元○次之爲飲食品，共收入有越幣142,022元○最次爲洋廣雜貨，共收入爲越幣215,818元○該路營業進欵，雖較遜於滇越，但列年之收入，均向上進○茲附表於左，藉作參考：

	收入	支出
1934	越幣3,940,384元	越幣4,249,556元
1935	越幣4,164,500元	越幣4,688,645元
1936	越幣5,163,494元	越幣4,899,233元
1937	越幣6,728,155元	越幣5,779,493元
1938	越幣9,335,153元	越幣8,468,815元

（三）管理制度：：該路線計分爲四總段：：第一總段自那岑至 Tanap 長約360公里：第二總段自 Tanap 至 Tanquan，計長 599公里：第三總段自 Tanquan 至 Muongman，計長 550 公里：第四總段自 Muongman 至 Mytho，並有 Loc-Vinh 至 Thu-Dau-Mot 及 Phnompenh 至 Mongkolborey 兩線，共計長約 610 公里○每段設有正工程司一人，總管該段之車工機會等一切事務○各正工程司均直接隸屬於局長，如銀行分行之隸屬於總行然○在河內西貢途中，隨車員工分五段更換，其站名如左：

Saigon - Tourcham 321 公里

Tourcham - Dieutri 301 公里

Dieutri-Tourane 304公里
Tourane-Vinh 471公里
Vinh-Hanoi 321公里

機車及司機升火，亦分五段更換，其站名如左：

Saigon-Nhatrang 413公里
Nhatrang-Dieutri 219公里
Dieutri-Tourane 304公里
Tourane-Vinh 471公里
Vinh-Hanoi 321公里

其所以更換之原因：（1）因安南法律，每人每日工作爲八小時；（2）各人可在段內居住，不致遠離家庭。

蓖蔴子油

安南產蓖蔴子，每年約在二千噸以上，除一部運銷於我國外，餘均爲蓖蔴子油。此油經特別提煉後，最宜爲飛機之機油。其特點有三：（1）油潤力大，減少一切機件之磨擦阻力；（2）含酸質甚少，最多不到1%；（3）價格低廉，較之他種植物油及礦物油提煉而成之飛機機油，相差每百公斤八十越幣之多。故每年在越境用作飛機機油者，其消耗量已達40公噸以上。此種油與藥房所售者，完全不同。作醫藥用者，要酸質多；而爲飛機用者，應無酸質。余曾參觀安南富良莊利興機油廠，其主人爲李組才先生，廠長爲陳趾祥先生，工程師爲 Paul Beyer ，法國煉油專家。其製法以普通蓖蔴子油，加蒸氣及化學品化合後，再去其雜質，即成爲純蓖蔴子油。其雜質可作爲燃料。若再將純蓖蔴油中之易於蒸發物抽出，再和以礦物油，即爲雜油，可爲普通馬達之機油。其所抽出之蒸發物之一部份，可利用其作製造肥皂之原料。而另一部份，可以代瀝青油之用。該廠每日能出純蓖蔴油兩噸，雜油兩噸；並有一種乾油 Graisse，可爲鐵路機車之油潤。爲明瞭其質地起見，茲將該廠所製成飛機機油之化驗成績，開列於左：

Viscosite Engler a 50 —— 18,71
Viscosite Engler a 1000 —— 2,1
Indice de Saponification 181
Indice d'Iode ———— 83,4
Cendre 0,005%
Acidite 0,39 %

查法國所用之飛機機油，其Acidite爲2%；比國者爲1%；足見該廠之出品甚優。

煉錫

一九三四年，世界各國所產之錫，爲十二萬三千八百噸。而同年各國所用之錫，其總數竟達十三萬噸。足証錫之用處甚大。茲將一九三七年錫之產地及數量，開列如左：

亞洲	馬來半島	78.786噸
	荷屬各島	37.018噸
	暹羅	16.310噸
	中國	11.324噸
	其他	8.800噸
斐洲	尼日利亞	10.960噸
	南斐聯邦	546噸
	比屬剛哥	9.400噸
	其他	1.200噸
美洲	彼利維亞	25.426噸
	其他	1.800噸
澳洲	……………	3.500噸
歐洲	英國、葡國、西班牙國	3.100噸
總計		208.170噸

英國對於錫市，最有勢力。蓋其本國及屬地均產錫，且均有煉廠。而馬來半島之煉錫廠尤大。本地之錫，及亞洲各處之含錫鑛石，大多數送該廠提煉。我國產錫之地爲雲南省之個舊，及廣西省之賀縣富川等地。其一部份之粗錫，向來流入安南，由法人在河內設廠提煉。此種粗錫，本含淨錫85%至86%，現時之價每公斤約中國法幣十元。若用 Four Reverbere 煉之，成爲99%至99.8%之淨錫，其價可至每公斤越幣四元有餘。剩餘之渣滓，尚含錫若干，再用Cubilot 及 Four de Reduction 煉出。其未經提盡之錫，即可作爲煉廠之餘利。至欲除去中之砒及鐵二質，錫即可在熔錫鍋中爲之。該廠共有：

Four Reverbere　一座

Cubilot　一座

Four de Reduction　二座

熔錫鍋　四只

每日可煉淨錫二十噸。因錫之價值甚高，故利息獨厚。安南產錫之區，爲東京省之 Pia Ouac，及東埔寨省之Nam patene。1934 年曾出錫 1025 噸，及含錫礦石2050噸。一部份運送新加波煉廠，一部份運送法國出售。每年因該錫之出口，使地方收入，約增越幣三百萬元。

橡　膠

橡膠樹或曰膠樹，Caoutchouc 多產於熱帶地域。安南境內，自西貢至陸克寧鐵路沿線，交趾支那，及安南省之南部，柬埔寨之西部，皆植之。其所占面積，約十二萬六千公頃，每樹種六、七年後，方能採取膠汁。取膠之法，在深夜四時，於樹皮上割裂一長縫，膠汁漸自縫中流出。每樹約可出碗許，狀如牛奶，納之木桶中，以杖攪和之，約一小時後，即成老豆腐狀。切之成塊，加以壓力，即成長50公分，寬30公分，厚0.5公分之薄片。再將其用烟薰乾，是爲市場所售之生橡膠、余最近在西貢參觀Lebbe Caoutchouc Manufacture 廠，見其用生橡膠，雜以硫磺及化學品多種。(化學品各以類別：或用 $PbCo_3$，或用 ZnO，或用 Fe_2O_3，或用黑炭粉等) 裝入機中攪和之，或再加顏料少許，遂成熟橡膠焉。據云：生橡膠之成本，每公斤約價越幣四角，加以橡膠稅越幣一角七分，共計每公斤約合越幣五角七分。市場生膠之售價，約需越幣一元八角。熟橡膠每公斤須售越幣三元。而其手工之繁者，則須酌量另加。其製成品可分兩種：(一)係完全橡膠製成者。(二)係以布和於橡膠中製成者。如車輪胎，機械皮帶，橡膠鞋，橡膠管，橡膠棍，橡膠接頭，橡膠瓶塞，地氈，熱水袋等，均爲該廠之出品。今更能每日製造機車及客車上所用之膠質風管十根，及其他膠質物品。足証該廠工作日有進步。按安南之種橡膠樹，始於1900年。至1922年方盛行。但至1930年，橡樹之價狂跌，竟使橡膠業無法維持。當時安南政府，鑒於橡膠業之重要，即放欵救濟，以期設法維持橡膠業之發展。一方面則奬勵橡膠之出口。安南之橡膠業，既得政府之贊助，復經苦心之經營，數年來基業遂能鞏固。最近又與新嘉波爪哇等之橡膠業，取得連絡，營業遂更發達。1935年全世界橡膠之總產量爲一百萬噸，而安南出產者只有二萬五千噸。及至1939年，安南生橡膠之產量，竟達六萬噸。而熟膠亦有五千噸。此橡膠除供給安南所用者外，餘均運送國外。茲將列年出口，數量及運送地點開列如左：

運送地點	1936	1937	1938
法	12.100噸	10.400噸	17.100噸
英	100噸	400噸	2.600噸
德	2.000噸	4.800噸	1.800噸
比	400噸	1.600噸	2.800噸
新嘉坡	2.900噸	4.800噸	10.400噸
中國、日本、香港	6.500噸	5.800噸	1.600噸
美	16.800噸	16.100噸	20.900噸
總數	41.300噸	45.100噸	57.900噸

安南之橡膠業係由歐人所提倡，故其資本，多爲歐人所有。華人之資本不到百分之一。

世界各橡膠業，於一九三〇年大失敗之後，爲避免橡膠跌價，及設法維持其業務起見，曾於一九三四年五月七日，成立一橡膠同業公會。會員國爲荷屬東印度，馬來半島，婆羅州島，錫蘭，印度，緬甸，暹羅，安南等。會員公議結果：各業主之存貨，不得太多，以三、四個月爲限：膠之售價，不能由各業主自定，其價須先由會中通過、以使買主不吃虧，而售者有利可得爲目的。除本國自用者外，橡膠出口之數量，亦須由會中分配，其分配之方法：以各業主原有膠樹之數目，及其價值爲比例。故一切皆須公開，添種新膠樹，或鏟除老樹，在原地改種新樹，皆須報告公會，經會議通過後，方可實行。世界各膠樹田，原有3.290.000公頃。所產之膠，足够應付市面之需要：故添種新樹，早在被禁之列。兩年以來，橡膠之消量增高，原有者不敷分派，故公會又通知業主，添種新樹。其總數以十六萬公頃之面積爲限。仍以各原有膠樹田之面積來比例分配。去除老樹，改種新樹，亦須照同樣比例辦理。蓋舊法所種之樹，每公頃每年產膠五百公斤；新法所種者則倍之。成績最優者每公頃每年可產膠一千二百公斤以上。據云：海南島亦產橡膠樹，惟爲數不多耳。

編輯公約

一、本誌純以宣揚工程學術爲宗旨。關於任何惡意批評政府或個人之文字，概不登載。如有記載錯誤經人檢舉，立卽更正。

二、本誌所選材料，以下列三種爲範圍：

甲、國外雜誌重要工程新聞之譯述；

乙、國內工程之記述及計劃；

丙、各種工程學術之研究。

三、本誌稿件，務求精審，寧闕毋濫。乙項材料，力求翔實。丙項材料，力求切實。

四、本誌稿件，雖力求專門之著述，但文字方面則務求通俗，以適應普通曾受高等教育者之閱讀。

五、本誌歡迎投稿。稿件須由投稿人用墨筆謄正，用新式標點點定。能依本誌行格寫者尤佳。如有圖案，須用筆墨繪就，以不必再行縮小爲原則。譯件須將原著作人姓名及原雜誌名稱說明，由投稿人署名負責。

六、凡經本誌登載之文稿，一律酌酬稿費。每篇在一千字以上者，酬國幣十元至五十元。內容特別豐富者從優。一千字以下者，隨時酌定。

七、本誌以複雜圖案，昆明市無相當承印之所，有時須寄往外埠刊印。所有稿件，請投稿人自留一份，萬一寄遞遺失，俾有存底可查。

八、本誌係由熱心同人，以私人能力創辦。嗣後如有力之學術團體，願意接辦者，經洽商同意，得移請辦理。

內政部雜誌登記證警字第七一四九號

新工程

第六期

零售　國內每册國幣五角　香港每册港幣四角

★外埠另加寄費★

民國二十九年十一月出版

發行人　沈立孫

總編輯　翁爲

發行處　新工程雜誌社

代售處　各大書局

社址　昆明太和街三二六號鶱盧

代印處　昆明開智公司

新工程定價

時期	冊數	本省	外埠	香港越南
半年	三	二元二角	二元八角	一元三角港幣或越幣
全年	六	四元四角	五元六角	二元六角仝上

郵費寄費在內　郵票十足通用

中國通運股份有限公司

業務範圍

水陸貨運
報關裝卸
倉庫碼頭
代理保險
進出貿易

地址

總公司 昆明
分公司 昆明 重慶 海防
辦事處 瀘縣 碧色寨 西貢 仰光 畹町

陸根記營造廠

總事務所 上海西摩路卅弄十六號
分事務所 昆明護國路一〇二號
電報掛號均用六八六八

本廠專門承造鋼骨水泥堆棧橋梁涵洞及各種房屋道路等建築工程如蒙賜顧竭誠歡迎

毅成公司業務要目

運輸部 辦理港滬，仰光，昆明，畹町，貴陽，柳州，四川各省水陸運輸

貿易部 經營進出口貨品買賣

代理部 代理進出口客商買賣貨物報關及中外廠商經理推銷事務

住址 總行香港並在上海，仰光，畹町，貴陽，柳州，重慶，成都等處設與分公司及辦事處
昆明分公司南華街一二七號

新工程

第七期

中華民國新聞紙類登記執照第九號

28433

28434

昆明中國銀行（地址護國路三四五號）

發售「節約建國儲蓄券」鼓勵儲蓄、養成儉德

一、種類：儲蓄券分為甲乙兩種

甲種記名券　如有遺失可申明掛失請求補發惟不得轉讓或贈與半年之後即得提取本息如不提取利率逐年遞增無換單等之手續

乙種不記名券　不得掛失可自由轉讓或贈與

二、券額：甲乙種儲蓄券均分為五元、十元、五十元、一百元、五百元、一千元、一萬元、七種

三、利率：甲種券存滿半年增加紅利合利率八厘存滿五年者增加紅利合一分一厘存滿十年者增加紅利合一分二厘均每半年複利一次

乙種券存滿一年以上者另加紅利合利率一分三年至四年一分㊅五毫五年至七年一分一厘八年至九年一分一厘五至十年一分二厘均每半年複利一次

四、購買：甲種券按券面價值購買須填具領購申請書並應留存圖章或簽字式樣以備領款時核對

乙種券依照訂定購額表繳款購買（例如繳款三千九百五十元六角九分購買一萬元券一張十年以後領取金額一萬元）並無其他手續

五、兌付：甲種券存滿六個月後可向原售券行立即兌付並可向本行各地分支行處申請代兌領款時須於券上簽蓋原留印鑑並可申請先兌一部份惟兌付數額須為五元之倍數先後付五次為限

乙種券須依照購券時所定年期到期後照兌亦可申請本行各地分支行處代兌

本行雲南省內分支機關

下關　保山　楚雄　祥雲　開遠　曲靖、宣威　平彝　[illegible]

個舊　祿豐　芒市　畹町　昭通　以上均已開業

騰衝　正在籌設中

本行自建倉庫供堆客貨并代理中國保險公司承保水火人壽運輸各險海外僑胞請用通信辦法購券

中國農民銀行　經

國民政府特許為供給農民資金復興農村經濟促進農業生產及提倡農村合作之銀行

資本總額　收足壹千萬元

業務　本銀行除經營農民銀行條例規定之各項業務外並呈准設立兼辦儲蓄業務

總行　重慶

分支行處

雲南省	昆明　曲靖　蒙自　澂江　海口
江蘇省	上海
浙江省	寧波　紹興　金華　江山　溪口
安徽省	屯溪
江西省	上饒　吉安　贛縣　萍鄉　樟樹　寧都　南城
湖北省	宜昌　老河口
湖南省	衡陽　沅陵　零陵　常德　邵陽　新化　芷江　湘潭
四川省	重慶　成都　廣元　樂山　萬縣　瀘縣　宜賓　內江　資中　南充　宜濱　渠縣　永川　自流井　大渡口
福建省	漳州　泉州　永安　建甌　延平　寧德　浦城
廣東省	韶關
廣西省	桂林　南寧　柳州
貴州省	貴陽　安順　遵義　銅仁　畢節
陝西省	西安　潼關　南鄭　安康
甘肅省	蘭州　天水　平涼
西康省	西昌　雅安
青海省	西寧
寧夏省	寧夏

本行淪陷區域各行處現均撤至安全地帶辦理清理

昆明分行地址　鼎新街五七號

郵政儲金匯業局發行
節約建國儲蓄券

目的：提倡社會節約，奬勵國民儲蓄，吸收遊資，興辦生產事業。

種類：甲種券爲記名式，不得轉讓，可以掛失補發。
乙種券爲不記名式，不得掛失，可以自由轉讓，並可作禮券餽贈。

券額
分國幣五元，十元，五十元，一百元，五百元，一千元六類
甲種券照面額購買，兌取時加給利息及紅利。
乙種券購買時預扣利息，到期照面額兌付。

期限
甲種券存滿六個月後，即可隨時兌取本息一部或全部，如不兌取，利率隨期遞增，存滿五年及十年，並於利息之外，加給紅利。
乙種券分一年至十年定期十種，可以自由選定。

利息
甲種券週息複利六厘至七厘半，外加紅利。
乙種券週息複利七厘至八厘半。

優點
本金穩固——由郵政負責，政府担保。
利息優厚——有定期之利，活期之便。
存取便利——可隨地購買，隨地兌取。

暢通：重慶 漢中 涼州 成都 桂州 肅州 香港 蘭州 昆明 各地

歐亞航空公司

總公司 昆明尚義街五十號　昆明辦事處：正義路癸三三號

乘民生公司輪船

MING SUNG STEAMERS

SAILING FOR WANHSIEN, SUIFU, KIATING, AND HOCHOW

GUARANTEED CLEAN, COMFORTABLE PROMPT AND SAFE

MING SUNG INDUSTRIAL CO. LTD　SUAN SI STREET CHUNGKING　PHONE 721 CABLE ADDRESS 0674

流線型道格拉斯機

安全迅速舒適

1 渝昆仰線……重慶—昆明—臘戍—仰光
（每星期六由渝飛仰，星期一由仰飛渝）

2 渝昆河線……重慶—昆明—河內
（暫停）

3 渝蓉線……重慶—成都
（每日往返飛行）

4 渝港線……重慶—桂林—香港
（無定期—每週往返三四次）

5 渝嘉線……重慶—瀘州—敘府—嘉定
（每星期一四當日往返）

9 仰港線……仰光—昆明—香港
每星期（由仰飛港）

7 渝臘線—重慶—昆明—臘戍
每星期二四由渝飛臘，星期三五由臘飛渝

中國航空公司

辦理工程之要素

程韋度

或問辦事宜速乎宜遲乎此問也似屬突兀然答者與其言遲毋寧言速蓋速則寓意惜陰若遲則絕少理由可取然事舉辦之動機厥在觀成既樂觀成便寓求速之意開始舉辦而又不欲其速成此類情事究所罕見即辦事因循延緩進觀望不前而反遭遇優良之環境者古往今來固未嘗無有但只可目為例外不可以為常軌故古人有惜分陰寸陰之訓旨在勵人勤捷增其效率而楚君之劍及屨及貴在遇事果斷迅赴事機治事尚速已成定義雖然辦事之所以論遲速者其歸宿則在經濟立國固賴經濟亦個人生存所不能背離西諺因有時間即金錢之說故國之經濟觀念重者其時間觀念亦重經濟落後之國其人民對於時間亦視若無足輕重可為明証近來科學倡明每一發明必設一計算單位以度量之而舉凡一切單位之基本則蓋在長短輕重時間三者可稱舍言時間便無科學而事業工程之成功胥賴合乎經濟亦可謂舍言經濟便無工程時間經濟之為用亦大矣哉

以上以普通辦事概括而論至於工程則時間經濟二者尤為重要蓋工程者物質建設也一國之公私工程愈多則建設事業愈盛而辦工程尚得最經濟之道則其節省之人力物力可用以舉辦其他工程是以用同樣之人力物力一得經濟之道其所辦之事業必可增加而如何適合經濟端唯時間是尚在政治有常軌之國每舉辦一工程其事前之研究設計籌備開工以至全部落成之時日必定有一合理之準則縱在不同之國因天時地利人事之殊致時間有所差異亦斷不致過於懸殊所謂合理之時間者即最經濟之時間也曠時耗費固所不宜有時特求速成亦匪常理嚴格而言遲速實應視其本身關係而定速而違背經濟原則除有特殊原因外當然不宜如夜間以及遇有水雪風雨之候若令勉強工作將見用力多而成功少科以效率自不經濟反之若具速成之需要者如因迎合市場需要速製商品趕建工廠又如國防建設之急需水利工程之搶救鐵路災害之防禦必立使迅即完成或恢復舊觀藉以保衛安全維持交通遇此特殊情勢當然不顧一切惟速是求而亦不能目為有背乎經濟之道故辦理工程之時間經濟實相為表裏視其需要程度而定其合理之準則此項合理準則為主持工程者所當悉力以赴也

舉辦工程確定經濟時間不過懸實施之鵠的俾有合理之趨向至工程開始以後欲求順利進展以抵於成則尚另有必需之條件在苟不具備障礙橫生條件維何厥為得人得人之道尤必須分別政治的與事務的兩者兼備方能濟成厥美假如經營居處工程中之小事也苟對事之本身闕度無方足以曠時耗費對外之環境應付失宜更足惹隣人之阻撓必對內對外均得其人方能順利進行嘗察舉辦工程之目的約可分為四種（一）以營利為目的如製造貨品之工廠以及礦場等等（二）以享受或利民為目的如房屋建築以及水利道路等等（三）以留紀念壯觀瞻為目的如碑塔大廈等等（四）以國防為目的如製造各種軍器暨軍事工具之工廠以及堡壘濠障等等雖有時一種工程之舉辦兼具數種目的如鐵路則同時營利便民同時并為國防而專為國防所造之鐵路有時並不能藉以營利又如市政工程大都為便利人民享受而具壯觀瞻留紀念性質者亦多不適上述四種目的似已列其大

綜觀此種類可見舉辦工程必動用鉅款吾國自古以來每視工程為利藪啓謀利者之逐鹿以此一端即涉及政治或社會之關係工程規模大者且繫於整個之政局故國家鉅大工程之舉辦必須有具有政治力量之人主其政方能籌措工費排除種種環境困難障碍方足以言進展鄙人三十年來之目擊有開始後屢遭停頓者有幾經遷延勉强完成者有一經擱置永久無成者更有失其時效蠲棄前功者卽果推因不外下列數則

(一)政局更替或軍事影響

(二)主政者勢力或地位之搖動

(三)因環境而牽動資本或需要之材料

(四)地方人士不合作或加阻撓

(五)手續繁重以致遷延時日失去工作之時效

(六)主政者志在私利

上述諸端概可稱為政治之影響除末一端關係辦理者本人外餘則僉為其權力所不及故所受影響縱損失重大事屬莫可奈何惟此係在本文意義之外姑不深論至對於工程之本身應如何支配籌度以及首節所述之時間經濟合理準則應如何推行盡利其樞紐實繫於親預其役之專門人才蓋政治力量與技術學識非一人所能兼備勢亦非一人所能兼任故此項事務的方面人選最關重要全局之成敗得失悉惟所賴是非得一識驗優卓之技術專家不為功矧辦理工程物質方面之原素首在需要之工款材料得以源源及時濟應就理想言能將預算中需要之工款事前籌措充足需要之材料事前採辦齊集施工之際隨時得有應用最為快事但事實上相當鉅大之工事恒視進行狀況隨時籌撥款項陸續訂購材料於是支配調度種種機宜親預其役之工程專家似亦不能置身事外純粹以事務眼光立論比年以來以技術專才主辦工程遷延不成者亦所恒見揣其故實在綱領不舉調度乖張舍本逐末精神外騖諸如此類値「新工程」刊徵文之會爰擬一理想中主辦工程人才應具各點以就正於當世之賢達

(一)全局在胸　技術人員主持辦理工程原取其碩學專知鉅見長識故應有工程之全部印象縈迴腦海至少限度當知難易之梗概經驗者在憑己往度未來然自古時間空間完全符合之事可稱鮮有不過求其可能範圍中最類似相近而已故貴在多作實地之審察俾全局在胸權衡輕重收措置裕如之效

(二)設計之精確　工事研究應予澈底所有審察考慮之點均宜於事前為之迨設計確定卽籌備開工積極進展苟舉棋不定率爾更張則影響滋多損失至鉅故設計確定之先務宜審度周密力求盡善並預防種種可能之變化方為合理

(三)預算之籌維　預算本設計而擬各種工料單價常亦憑藉既往推算未來然市面物價起落不定人工勞力亦有低昂所列額數固難絲毫不爽惟要在一方面深知設計範圍另一方面更須審察人力物質之價格局勢市面之可能變化予以詳慎熟慮庶工程不致因款缺料缺而中途停頓

(四)工作之區分　當局者既具全局在胸應於整個工程中察知其局部之情況視其性質難易將工作加以區分或為類或為區或為段或為部份劃成各個單位而其要旨仍不外以時間為歸宿就理想論苟各段工程難易相等自將同時開始同時完竣然徵之實際未必盡然

蓋除工程難易之外尚有環境之能否合湊亦足為進展遲速之影響故當以工程最難環境最不易湊合之部份為時間之標準上項部份完成其他自不成問題便可稱全部告成若難者先成易者落後有時雖或出於環境之阻礙人事之疏忽而大都必屬於區分之失當故此項區分工作實具提綱挈領之要

（五）人員之支配 工作區分後之要務即為人員支配問題以主管論才力優長者不妨配以較次之輔佐才能較次者則必予以幹練之助手以包工論遇能力強者所用工員亦無妨稍弱苟包工能力薄弱則非有極幹練勤明工員不足以資督促更以各個工程單位論較艱難複雜之處必以能員任其衝要應斟察需要分派得力人員佐其事惟對於全部最艱難複雜之部份則在役人員不論工員或包工主管或助手應人人求其幹練共同努力方足以應付事機總之用人之道固貴知人善任因才而篤權衡輕重調劑盈虛而尤要在審察各人器度個性選擇其意氣相投者使之合作庶減少磨擦收和衷共濟之效此種用人之道為當事者所必深切體會者也

（六）施行之程序 當事者苟胸羅全局辦斷精微對工作施行程序自必能因時制宜知所先後蓋在工作區分之後每個單位之舉辦時間何處宜先何處宜後何處宜急何處宜緩何處之更不妨後某處完工後方行開工具有一定之程序必按步策進庶預貲之時間可以不逾

（七）進行過程中之情報 當事者對整個工程之進行程度應隨時分別視察知其詳細確實之情況惟工程之簇聚一隅者固不難時時躬自履勘苟各個工項分散延長至極遼遠地帶則應責由主持工員按時具送詳確之情報俾明瞭各個單位之進行程度如有照預估期間計已落後者或有在中途發生窒礙者便應從速加緊工作急起直追以資補救或籌劃方法代為解決困難務使預定之整個工作完成期間不致遺受影響為迅速傳遞情報計於整個工程範圍內之電訊設備亦有及早注意之必要

（八）工友之選擇 不論何種工事身親勞役者厥為工友可以工友之優劣決工作之績[illegible]工友之勤惰定期間之遲速苟在役工友各能協恭努力則衆志成城增一簣之勞百仞之山立就可以其片段之效牽促整個事業之速成反之則成績之低微竟可出於意外故當事者之於工友允宜先之以選擇繼之以訓練安定其生活鍛鍊其身心庶在工克加勤捷效率得以增進惟此係指永久事業論於技術工友尤屬必要若短期工程或時作時輟不能常留多數工友者則需採包工制蓋包工於其依為職業之工作恒備多數熟練之工友縱不常保留定必知招募之途徑

（九）精神貫注 諺有精誠所至金石為開之語辦事者原應貫注其全副精神於事業之上故舉辦工程最健全之組織以有政治力量者應付一切環境俾主持技術者心無外騖專門致心力於本身之工作嘗見以技術人才兼負應付政治環境之責者個人方面反樂此不疲實以周旋酬酢為誤入政途之捷徑殫心力而為之而將工程本身一切卻置諸腦後若是其工程業務寧能達合理進行之地步舍本逐末為技術當事者應力圖自戒也

（十）減輕手續 治事應以事為本其他一切為末手續者不過為事中經過之程序其目的不當為增進事務本身之便利然可見種種限制重重束縛致負責辦事者不得不置事業本身於不顧經年累月周旋糾纏於手續之中其耗損國力曷可數計主辦工程當事者於其環境手續或不能求免但於其主管範圍之內卻應力求其簡以不曠廢時間為旨縱為明責任防弊竇起見不得不酌訂手續亦應事事從大處着想辦事之道在識大體一涉苛細便落下乘

所列十項不過擇其犖犖者言苟主持工程者能加以體會實行則決不致過於曠時耗費國家建設可節無數之物力也

結語

上述舉辦工程要素首應具有「合理之時間經濟」次更分別政治事務論得人之條件復以事務上一切制用諸度經於專才爰設一迎想工程人才之楷範用為要素中最後之希冀誠以吾國經濟落後之貧國也舉辦工程籌措工費大非易事總視察往踣而有動費[illegible]倍或十倍之時間工欵始克觀成者其為國力之損失何可勝數杜耗巨[illegible]於遲延歲月之中至堪痛心至耗資而不能告成者更無論矣國家建設既極能易其因政治軍事影響致蒙巨大損失者固屬無可奈何惟技術專材既親其役苟能竭其智慮亦足為國力之補救此次戰役破壞滋多將來建國復興應舉工事必更繁多夫前事不忘後事之師前車之轍後車可鑒吾故縷陳要素後之來者其有所取鑒焉

滇緬鐵路西段沿綫視察記

程孝剛

緒言

余於二十九年四月二十一日偕滇緬鐵路杜局長建勳，張副局長海平，顧課長時敏，陳秘書碧笙，暨總段長繼成諸君，視察滇緬鐵路西段。沿途指示工程，研究路線，余追隨其間，不啻如一練習生，獲益綦多，雖亦間參末議，而以研究機務問題，運輸問題，及考察沿線之風土人情，爲其最有興趣之目標。逐日所得均記於日記中。返渝於後，偶一展讀，如展舊遊，聊以自娛而已。至於滇緬鐵路，則繫思滇西情況，關心者多，而文獻尚感不足。尤爲全國關切之交通路線。其建築之關鍵，在西段而不在東段，余沿途所記，雖甚簡陋粗率，容不無一顧之價值。與其敝帚自珍，毋寧公之大衆，但日記體裁，所記過於散漫，不宜於作有系統之敘述，爰重行編定，以餉閱者。

（一）路線研究

（1）沿線概畧　滇緬鐵路西段，東起祥雲，西迄緬甸邊界。沿途所經之重要地點，爲祥雲縣，彌渡縣，南澗，公郎，雲縣，孟定各處。如第一圖

沿線之組織如下表

總局（駐祿豐）直轄	第九總段	駐彌渡
	第十總段	駐南澗
	第十一總段	駐公郎
	第十二總段	尚未成立
孟定辦事處（駐南捧）指揮	第十三總段	駐芒貴
	第十四總段	駐雲縣
	第十五總段	駐雲縣
	第十六總段	尚未成立
	第十七總段	駐孟定
	第十八總段	尚未成立
	第十九總段	駐孟澗
	第二十總段	駐南捧

按西段路線，曾於二十七年間，初測完成。瀾滄江以東，並已有數段開工，原定於二十八年雨季後，全部開工。但二十八年夏，該路改組。隨即在組織經費，及工程標準各方面，發生重大困難及爭議，以致停頓幾及一年之久，直至二十九年春，奉令趕工，始再積極進行，故前表所列，有數總段尚未成立，實則自第十六總段以下，均尚在設立程序中。

自孟澗以下至邊界，路線均沿孟定河。然有南線北線之分。其最終目標，則均係與緬甸鐵路接軌。孟定河北岸，中緬邊界，已確定以南帕河爲界。惟南岸界務則尚有爭議。鐵路初測，係循南岸。但因界務未定，則測量開工，均感困難，蓋中緬均不便在此主權未定之區域內，修造路也。今年鐵路局既奉令趕工，乃改測北岸線，並發見其在技術上，確優於南岸線，但英方則提出異議。並提議先劃界次修路，而以借款及積極興修聯絡線（緬甸鐵路，現僅通至臘戍，由此至邊界，尚有百餘英里。）爲交換條件

○爲英方視劃界重於修路，而我方則視修路重於劃界○觀點不同，致生爭執○倘此事不解決，則鐵路前途尚多荊棘也○

滇緬路軌距，經定爲一公尺後，雖曾有人提議改爲六公寸之軌距，以期速成，但因此，則運輸量決不能適合需要○箇碧鐵路，可資借鑑○故此議並未受當局之嚴重考慮○惟二十八年夏間，忽發生坡度及彎度新標準之提議，以致發生重大之波折，蓋該路原定最銳曲線之半徑爲二百公尺，最陡之坡度爲 3%○（連折減率在內○若照二百公尺之曲線折減則實際坡度僅爲2.5%）而新提議之標準，則彎度定爲六十公尺坡度連折減率定爲 4%○若果成爲事實，則機車力量，列車速度及載重量均須減低，運輸量將僅得三分之一○故俗稱原定者爲大標準，而新提議者爲小標準○念九年秋決定用大標準○但仍有數處，須詳加踏看，方能確有把握○本次視察之目的，即在於此○

工程狀況逐日進展本文所記均係目睹時之情狀，具有時間性○爲便讀者參稽起見，茲總括行程時日，列爲一表，以備查考○

四月廿三日　由祥雲起程，四月廿四日抵[illegible]宿南[illegible]

四月廿七日至廿八日　在公郎　四月三十日　渡瀾滄江○

五月四日至五日　在雲縣

五月八日至廿一日　在頭道水孟賴間（宿帳篷居無定址）

五月廿三日　宿孟定　五月廿七日　[illegible]

五月三十日　宿南捧

（２）祥雲至南澗　祥雲彌渡間，坡陀起伏，路線不難，亦非甚長○現土石方已完成約半數○彌渡塲子，南北長約七十里○鐵路自東北端進入塲子經縣城南行，直至塲子南端之佐力○路甚平直，土石方全已完工，僅有小橋數座，尚在修建中○公路有支線通彌渡，土方已完，而橋涵有待○又水流與鐵路平行者，爲石厓川，即紅河上游之一源○過佐力後，石厓川入峽，鐵路隨之○惟石厓川在峽中之天然坡度，約3%餘，鐵路坡度，不能如此之陡，故愈下則路線距河床愈高○幸下游河床稍平，過小水田後，得以下落過河○轉沿紅河之另一源上溯，數公里後，即至崇化河橋○現設有橋工處，專司其事○橋凡七孔，每孔二十五公尺○橋墩出水者兩個，準備做洋灰座者一個，在打樁或打木板樁中者三個○木板樁用整木挖槽製成，聞甚合用，打樁須用絞車起重，因鋼架絞車不敷，添用自行設計之人力平旋絞車二具，有同等効力○現該橋正趕工，預備於大水前，將洋灰做完，以免損失○至洋灰座上之石工，自無妨將來再砌也○南澗舊爲縣治，現改鎮隸縣○塲子不大，而患水，良田被沖淤者甚多○路線恐亦將受影響○

（３）南澗至公郎　南澗公郎間，有無量山脈之分水嶺○嶺東之水入紅河嶺西之水入瀾滄江○無量山脈，由北而南，其最高峯達三五○○公尺以上○鐵路線所經之隘口，（俗稱丫口）名大路口○由南澗至圈山路線輪廓已具，而工程尚差甚多○小標準之廢線，與大標準之正線，隨處並行○圈山以西，則土石方錯落開工，不成線路○自八十三公里（路線標識由祥雲起算）以後，始復連綿成線，但均爲小標準○將來須加工改正，方合應用○此段地勢寬展，天然坡度亦不甚陡，或可無重大問題○九十三公里爲河樂村○自此以上，盤旋繞山而上，遙趨大路口，逾無量山脈而嶺。無量山脈之東面，雖似不甚高，而其西面則高踞萬山之巔。下望峰巒重疊，雄偉之至，幸山勢廣闊，峯巒間均有山腰綿亙。故鐵路可循山腰，盤旋曲折下降六百公尺，而至公郎。此段路線，經數次之覆測。雖未開工，而對於大標準，則已有把握，亦無需用螺旋盤道Spiral 或之字蜷線Zigzag。其尤令人滿意者，則山頂及山腰之地，均經開墾，凡不及三十度之陡坡，似已全部利用。故山間村落，星羅棋布，人烟稠密。開工之時，便利當不少。

（4）公郎至瀾滄江橋　公郎及頭道水，爲滇緬西段之著名分水嶺，上落均達六百公尺。公郎以上情形，既如上節所述，已有把握，似此間問題已經解決。而實並不如此簡單。蓋鐵路自山頂落至普通平地後，即沿公郎河修築。而公郎河在公郎鎮以下數十里間，其天然坡度在4%甚至6%上兩岸叢山夾峙，地勢逼窄，間以斷谷支流。以致路線盤旋落至河床既不可能，而循山腰則愈建愈高，又難於逾越斷谷支流。故此段路線，實屬異常困難。滇緬鐵路當局，曾踏勘數次。此次又費去數日之時光，且臨時補測地形多處。但仍無十分把握，僅可謂比較有辦法，仍待詳細測量之覆勘而已。支流中有羅底河。兩旁石崖陡峻，而又爲路線必須越過之河流。此處工程，必甚艱鉅。

灣子距公郎二十公里，在瀾滄江邊。路線至此，較之公郎，又低落數百公尺，灣子爲預定之水陸碼頭，蓋瀾滄江流域一段路線，東西均隔分水嶺。在建築時期，公路鐵路，均不能通。於運輸材料機器，幾於毫無辦法。而此段工程，又異常艱鉅，非提早開工不可。故路局擬設法通航瀾滄江。若能成功，則鐵路之材料機器，可循滇緬公路，運至功果橋附近之江邊，再用船筏接運。順流而下至灣子，或鐵路橋址，再由彼間，設法分布於瀾滄江流域之各工段。

自灣子順瀾滄江而下，路線頗平坦。有數處並已開工。經過馬路田，漫賢渡，而至鐵路橋址。形勢甚佳，有兩種可能辦法如第二圖。刻橋工尚未開工，惟已從事於種種之準備及布置而已。

第二圖

（5）瀾滄江橋至雲縣　路線過江後，循江下行。逢老閘河後，（地圖上稱孟佑河或稱南橋河）即轉而上溯，直至雲縣。老閘河坡度甚平，其上游且可通舟楫，不假疏濬。惟下游入江處數十里間，則兩岸均石壁，河床多亂石。於開石取道，及截灣取直，二項工程頗大。路線初沿北岸，至京竹林過河，沿南岸行直至雲縣。中間有數處，已經開工。

此段路線，雖在河濱，而總分段駐地，則均在山上，驟視之，似不合理。但細按之則理由亦甚充足。蓋河濱道路未闢，多懸崖峭壁，隔成多段，彼此不能相通。如必須往來，則仍非取道山徑不可。與其一上一下，孰若由山逕下之爲愈。且山下氣候劣，蚊蠅多，居民鮮少。山上氣候佳，蚊蠅少，居民繁庶。種種優點，亦甚重要也。

雲縣爲滇西重鎮，惜於數年前，惡性瘧疾，猖獗成疫。死人如麻。至今元氣大傷。然鐵路經過，將來必可恢復繁榮也。自祥雲至雲縣，沿線均有總分段，可資寄宿。惟雲縣以西，則僅有頭道水，南捧二處有分段及辦事處。其他各處，則均爲多匪多瘴，少人少糧之區，吾人視察至此，不得不準備衛隊，藥品，帳蓬，米糧，鹹菜，無線電等等，然後動身。蓋邊地旅行，必須如此，否則一有疏忽，以後即呼籲無門矣。

（6）雲縣至孟賴　雲縣孟賴間，一上一下，以頭道水附近之丫口爲頂點。上下各六百餘公尺。爲瀾滄江流域及怒江流域之分水嶺。嶺東之水經官莊河老鬧河而入瀾滄江。嶺西之水，經南丁河而入怒江。自雲縣西行數里，沿官莊河上溯，即可遙望丫口。似并不高，工程亦若平平無奇。實則距離遠至三十餘公里，故呈幻覺。且天然坡度甚陡，兩岸逼窄，崖陡溝深，山形破碎。故其工程，實難於無量山之路線，而與公郎以下之一段相仿彿。雲縣頭道水間，經總段長劉擢魁君一年之努力，共得三比較線。經杜局長等費時三日，復加履勘，即成定局。惟頭道水孟賴間，則僅有初測一線。其挖填工程，動輒二三十公尺，以致不能採用，非另覓他線不可。余等在此段地區內，共工作十餘日。並動員當地總分段全體人員，從事測勘。每日均櫛風沐雨，逾嶺涉河，居不暇席，食無兼味，辛勞備至，而以土木工程人員爲尤甚，最後在緬寧河岸，覓得一可能比較線，蓋該河天然坡度既平，而兩岸亦易施工。路線初沿南丁河正源下趨。因路線坡度，不及河床坡度之陡，故愈下愈高處山腰。但轉入緬寧河岸後，即可逐漸下落至河床。過緬寧河後，再繞至南丁河岸，則河床坡度已稍平，而地勢亦較寬展，有迴旋之餘地。下至孟賴不至發生問題。惟此段長約四十公里僅憑履勘，未必有十分把握尙有待於實地測量耳。

孟賴壩子，連其毗連之馬路田，一併計算長約四十里，寬約三里，依山面河水利甚好。惟自杜文秀兵亂後，繼之以多年匪患，以致整個壩子，全部荒廢，寂無一人。近年匪患稍紓，而鐵路之興築，復予民衆以刺激，故漸有復興之象。余等到達之前兩個月，有擺夷十三家遷入居住。而山上之居民，亦漸下山耕種放牧。將來鐵路通後，則此萬畝良田之大壩子，容有繁庶之一日耳。

（7）孟賴至南捧　杜局長等此次視察，以解決頭道水之路線問題，爲其主要目標。現在既已勘定，較初測更優之線路，且證明大標準確可實行，此次視察，可謂已告成功。至於孟賴以下，據初測報告，坡度並不至大於 1.5%。以後僅由各總分段加以復測及改良即可。惟同行諸人，勇氣百倍，仍擬沿河履勘。惜調查結果，河灘險急，船筏不堪。而初測時所闢之沿河小徑，現亦爲草茅所封，馬馱尤不能通過，食宿均無所資。不得已決議與路線分離，改循大道，經孟勇孟撒而達南丁河岸之孟潤。除曾由孟勇轉赴孟止一次，畧察該處路線附近形勢，並與十八總段人員接洽外，均在叢山間旅行。孟潤以下，經孟定至南捧，則均在河岸兩側。路線形勢，甚易瞭然。計孟賴南捧間費時九日。雖云所經均係大道，而實則大都荒廢，日在泥沼密菁，河溝山谿中奔走。苟無鄉導，鮮不迷惑。旅行之安全舒適，更談不到，然亦有數處，見有石砌官道遺跡，寬約四尺，足徵已往之滇西，決不如今日之荒蕪。鐵路公路，雖云後來居上。然各縣鎮鄉村間之人行及馱運交通，仍不可廢，希望地方當局，能加以注意也。

於孟止見一竹筏，製造頗堅固合法。惟旅程匆促，未及詢明可通何處。且此種竹筏，土人未必能製，或係廿七年測量隊所遺留，亦未可知。孟潤南捧間，則有獨木舟，可資航行。(舟爲整個大木所挖成，寬約七公寸長約九公尺，底甚厚，故頗穩定。航行時，每舟約可載十人。馬馱過河時，須先卸載，載冉舟渡，馬則泅渡。孟顯南捧間，雖竹木繁植，而未見一橋，亦異事也。

南捧因河得名。村落僅有居民十餘家，均擺夷(孟定辦事處，在村旁小山。開闢草萊，建屋辦公。屋之柱壁地板，均用竹製，屋頂則編葦爲之。地板高出地面約一公尺至二公尺。蓋此間建屋材料缺乏，且無熟練工人，不得不仿照擺夷式樣，以遷就本地之材料及工人也。距辦事處三里許爲第二十總段，屋式亦如之。惟現已開窯多座，自製磚瓦石灰，備供正式建築之用。但本地木料，祇有硬木，不合建築之用。或需在孟定河上游取材，順流而下，以應付此項需要也。

滇緬鐵路員工生活，自雲縣以西，如適異國，居民大多數爲擺夷，(即泰族)其語言文字居處飲食風俗習慣，舉不與吾人相同，且擺夷性格，不喜與漢人合作。又氣候溫熱，疾病滋生，草萊未闢，土匪橫行。故鐵路人員，必須與惡劣環境，堅苦奮鬥，篳路藍縷，以啓山林。其生活之艱苦，得未曾有。而當地員工，均能有勇知方，進行不怠。其建設精神，殊足令人欽佩。

南捧西四十里，爲南帕河，即中緬國界。過河則英人所立97號界樁，赫然在目。南帕河亦爲南丁河之支流，泰語河爲南，而其何法係倒裝。南帕即帕河，南丁即丁河。漢人不察，遂加河字，遂致重複。鐵路處在此四十里間，趕修公路，以備接通水運，運至滾弄，藉便大宗材料之入口。修路工人約四百餘，中印籍皆有。而中籍者工資高，效率低。華工不競，此尙爲余所聞之第一次。然少數未必能該全體，容係招工不慣，致成畸形。否則華工尙安能在緬與印工競爭耶。

(二)機務研究

(1)機車所需要之性能　鐵路機車，均係分段行駛。但同時，直達之列車，則係分段接駛，故某段機車之性能，除必需適合該段路線之情形外，尙需考慮於運轉時接駛他段送來列車之便利，然後全線運輸，方能順暢，而不至發生擁塞(Congestion)之現象。(註此次戰事中各路之擁塞現象，甚爲嚴重。)此次視察西段，杜局長沿途諄囑，除必不得已外，坡度不得大於1.5%。連曲線折減率，大約不至超過1.8%。而特殊困難之段，則連折減率在內，坡度自必達到3%。今若命坡度1.8%之路線爲A段，坡度3%之路線爲B段，而將全線均分隸此兩種標準之下。則祥雲至南澗爲A段。(佐力至南澗容有劃入B段之可能)南澗經大路口公郎至灣子爲B段。灣子至雲縣爲A段。雲縣至孟定爲B段。孟顯至邊界後爲A段。如此，AB段相間錯，共分西段爲五段，而機車亦應有AB兩類，分別在AB段內行駛。就普通情形而論，AB類機車之性能應各具有各該段路線所容許之最大拉力。惟最大拉力之界說，至無一定。例如動輪軸數，在某曲線上，本有其最大限，但如採特殊裝置，則輪軸數亦可增加。又例如普通爲二汽缸，但亦可增至三、四或六汽缸。且隨輪上並可設輔助汽機，或雙頭行駛。但凡此種種，有利必有弊。權衡於利弊之間，則每類機車應有拉力若干，吾人可有選擇之餘地。且兩類機車相互間拉力比例之大小，亦爲研究接駛列車時之重要問題，若此例不當，則不但運轉增加，虛糜費用，甚至某段時常不免擁塞，而減低全綫之運輸能力。蓋綫路之能力，爲其最弱之一環。而鐵路之運輸能力，則等於其機力最弱之一段，理固有同然也。（六）

欲解決此項問題，吾人須知，同樣之機車，在1.8%坡道上所能拉列車之重量，約爲在3%坡度上之二倍。故解決方法，可能有兩種。（甲）B類機車之拉力，大於A類機車一倍，因而所拉列車之重量相等。接駛之時，原列車可無分割之勞。（乙）全綫均用同類同式之機車，但在B段，使用機車之數量加倍。意即B段接駛A段之列車，須分爲二列，或用雙頭（Double heading）接駛。若分爲二列，則列車數量，勢必加倍，錯車站亦有增添之必要。以上二法，自以（甲）法爲較便利。所應爲問題者，即B類機車之拉力，是否能比A類增大一倍而已。此新問題之關鍵，系於A類機車之設計及運用。若其拉力已至容許之最大限，則無備雙汽缸，而B類機車，已幾於不可能。但若令A類機車，在A段行駛之速度，高於B段列車之速度。則A類機車，勢必略減其列車之重量，因而可使AB兩段之列車重量相等，無礙接駛。而運輸量亦並不因此而受犧牲。蓋運輸量爲列車數量乘載重再乘距離之積。其單位爲噸公里。而距離又等於運轉時間及速度之積。速度增，則每列車所需之運轉時間減。以所省之機車時，增開列車，則列車之數量增。故整個運輸量，仍可保持不變，反之，若令A段列車，儘量加重，而B段並無善法。則運輸量必受B段能力之限制，而A段之努力，亦屬徒然。且適爲擁塞之資而已。至於西段必須注重全綫運輸之理由，則因該段經過地區，大部分尚未開發。將來運輸，必賴國際貿易。而其性質，則均爲直達全綫之列車也。

因此西段機車之性能，似應分爲AB兩類。設計之步驟，則先就B段路綫情況，設計一種適合實際之最大活節式Articalted四汽缸機車。然後就A段路綫情況，設計一種二汽缸機車，使其拉力略當B式之半數而強。至於運輸情形，則應以不分割列車接駛爲原則。而A段之運轉速度，（非最高速度）則較B段較高。

（2）給水問題　余曩曾與敘昆滇緬兩路局商定，以三十公里爲給水距離之最大限，嗣西段有人提出異議，謂給水站距離，須延長至四十公里，當時頗覺左右爲難。幸此次親察，始知西段之給水質與量均絕對無問題。即每站給水，亦可辦到，不僅限於三十公里而已。蓋該段所循之河道，其天然坡度均大，隨山挖溝，即可引水，且有天然之水頭。其在山腰或丫口之段，亦因四圍山勢甚高，從高處之山溝引水，殊無缺乏之虞。且此種引來之水，均爲軟性，極合鍋爐之用。縱有泥沙攙雜，亦可設澄清池以除去之。故西段之給水，可謂便利合用省費三者兼而有之。以往之疑雲，一掃而空，痛快之至。

給水既如此之方便，則水櫃機車，當然在可以考慮之列。蓋攜帶之水量既省，則水櫃之重量亦減。於是減十噸之水，即可減十五噸之重。其對於二百噸左右之列車，影響固甚重大。惟隨處上水，則延長列車行駛，時間必多。故必須合併考慮，方能處置待宜耳。

倘有一事，可附記於此者。卽沿途可發水電之處，甚爲衆多，將來不妨儘量利用。以余所見，石屘川，公郎河，羅底河，老閘河，官莊河，頭道水，南丁河，均有此種可能。車站所需之電量，既非甚大，則沿河設低壩蓄水，用低壓水輪發電，費用既省，管理亦便。至於大規模之水電站，供用於鐵路運轉，或工業者，雖亦有可能性。惟工艱費鉅，必須另行計劃，另加測勘，非匆匆一過，卽可得其梗概也。

（3）機廠車房之地點及佈置　自南捧起算，應設丙等車房一所於孟定對河。此處地區頗寬展，人烟亦頗稠密。車房內應置A類機車若干輛，擔任南捧孟賴間一百四十公里之運轉。其設備應能小修機車。但又應在邊界附近，設規模頗大之驗車房，附臨時修理客貨車之設備。以便檢查修理直達之車輛。此驗車房，可屬孟定車房兼管。

孟賴應設小規模之車房一所，專司收容兩端車房在此過夜之AB兩類機車。但同時應設一中等規模之機車廠於此，擔任西段全部機車之大修中修工作。按孟賴地勢寬展，風景優美。離邊界不至太近。其田地膏腴而荒廢，將來重行開闢，可得一新環境，甚或可由鐵路創辦模範村落，以爲地方改進之先導，又饒於竹木，取材甚便。而河流亦有利用作水力發電之可能。在此設廠，似比西段沿線任何地區，均較爲適宜。

雲縣應設乙等車房一所，置備B類機車若干輛，擔任雲縣孟賴間之運轉。並收容東端車房在此過夜之A類機車。其設備應能經常擔任小修，及臨時協助中修，以爲孟賴機廠之臂助。雲縣車房之地點，雖似偏於一端，但因頭道水附近，難得適宜之地點，無可設法。而雲縣爲重要客貨站，亦不能無車房也。

棲賢渡應設丙等車房一所，置備A類機車若干輛，擔任灣子雲縣間之運轉。其設備應能小修機車。瀾滄江在其附近，有急灘二處，於數百尺間，下落丈餘。似可在旁挖引溝一道，以供水力發電之用。

公郎應設丙等車房一所，置備B類機車，擔任南澗灣子間之運轉。其設備應能小修機車。公郎河水力發電，毫無問題。此車房亦似偏於一端，而其理由，亦因山嶺無寬廣之地區。

南澗應設一小規模之車房，專事收容兩端在此過夜之AB類機車。但因當地無機廠可以協助，故必須有小修之能力及設備。

祥雲應設乙等車房一所。置備A類機車若干輛，擔任祥雲南澗間之運轉，並收容東段在此過夜之機車。其設備應能經常擔任少數機車之中修及小修。因祥雲適位於昆明及孟賴二廠之中間，距離頗遠，故設備須稍好也。

（4）運輸量及標準之研究　在雲縣時，杜局長招集總分段人員談話，並邀余講演。因講運輸量及標準問題。茲撮要并補充數目字，附記於此以備關心小標準者之參考。

鐵路標準，先有工務，後有機務。故先談工務標準。工務標準之最重要者，爲軌距及載重。因此二項，已完全確定，姑置不論。其次要者，爲坡度及彎度。此二項，對機務標準，有直接之關係。對速度及運輸量，有間接之關係。

首論機車

假定標準麥克豆式，共有十軸除導軸載重七公噸外其餘均載重十四公噸。

拉力最大限$=\frac{14\times4\times2200}{4}=30800$磅

機車總阻力$=30\%$坡道阻力十機器阻力

$=66+133+38\times56+13\times77=8780+2128+1000$

$=11908$磅

有用拉力　$=30800-11908=18892$磅

若用小標準，則須減動軸一根

拉力　$=\frac{14\times3\times2200}{4}=23100$磅

機車總阻力$=4\%$坡道阻力十機器阻力

$=88\times119+38\times42+13\times77=13066$磅

有用拉力　$=23100-13066=10034$磅

拉力減弱比率$=\frac{18892-10034}{18892}=46.9\%$

即剩餘拉力等於原拉力之53.1%

次論速度

大標準規定

曲線半徑$=100$公尺，即曲線　$=11.46°$

但外軌超高度最大限$=100$公厘。

故列車最大速度

$$V\ =\sqrt{\frac{100}{0.006874\times11.46}}=35.7\text{公里}$$

小標準規定

曲線半徑等於60公尺，即曲線$=19.1°$

但外軌超高度最大限仍$=100$公厘

故列車最大速度

$$V_1\ =\sqrt{\frac{100}{0.006874\times19.1}}=27.6\text{公里}$$

速度減低率

$$=\frac{V-V_1}{V}=22.6\%$$

但上坡時，速度不能達最高限，其減低率爲零

故平均速度減低率$=\frac{22.6}{2}=11.3\%$

次論車輛

大標準車輛載重30噸其皮重對載重之比率爲50%小標準車輛載重20噸其皮重對載重之比率爲65%故皮重比率之增爲15%但其對於總重之比率增加則爲$\frac{15}{150}=10\%$

此項百分數應從算出之運輸量中直接減去

……………

又假定車輛總阻力（坡度及速度因素除外）$=10$磅/每噸

則坡度爲3%時

車輛阻力$=20\times3+10=70$磅/每噸

坡度爲½%時

車輛阻力＝20×4＋10＝90磅/每噸

其增加之百分數＝$\frac{90-70}{90}$＝22%

卽列車重量須減22%

次論運輸量

機車剩餘拉力＝53.1%

平均速度減至＝100−11.3＝88.7%

列車重量減至＝100−22＝78%

小標準之運輸量與大標準運輸量之比率等於前三項相乘之積。卽

$$=\frac{53.1\times0.887\times0.78}{100}=36.7\%$$

此數再須減去車輛皮重之增加率10%

33.7−3.67＝33.03

故小標準之運輸量與大標準之運輸量之比率＝33.03%

（三）沿線之一般情形

（1）民族分佈之狀況　雲縣之東，均爲漢人，或業已漢化之其他民族。雲縣以西，逾分水嶺入怒江流域後，則漢人漸遠漸少。居民以秦族（俗稱擺夷）爲多。其他民族，如卡瓦卡剌捧饢等，則屬少數。卡瓦繁殖之地，較路線略偏南。余等在鐵路線附近，未曾遇其蹤跡。卡剌係進化之卡瓦，或漢化或擺夷化。雜居各城市村落中。捧饢則於近邊界處，方始遇見。聞上緬甸尚有捧饢王國，直轄於國防部云。

漢人喜居高地。縱有耕地在山脚河濱，亦早下晚上，不以爲勞。而擺夷村落，則多在耕地附近。蓋高地蚊少通風而涼爽，較爲適於居住之地。其意義與長江一帶之避暑勝地，均在山巔相同。孟賴之河床，約海拔千餘公尺，落至孟止卽不及千公尺，至孟淵則僅七百公尺。漢族相傳，以爲低地有瘴氣。尤以近年疫盛，死人綦多，以致談虎色變。而醫界人士，又力爭並無瘴氣，只有惡性瘧疾。實則低地既濕而熱，居民鮮少，穢惡不除，虫虺窟宅，飲料汚穢。故除各種瘧疾外，其他疾病，亦復叢生。倘以瘴氣二字，釋爲各病總名之俗稱，似無不可。（例如中醫所稱之傷寒，含義甚廣。西醫所稱之傷寒則爲 Tybhpid之專名，意義各別）得此解釋，則雙方爭辯之目標既失，當可免於無謂之面紅耳赤矣。

（2）農業　路線所經之紅河流域，地勢高爽。凡屬平壩，如祥雲彌渡甪淜等處，均阡陌縱橫，村落繁庶。彌渡尤以出產豐富著稱。除當地食用外，尚有餘糧，運銷他處。過大路口，入瀾滄江流域後，則僅公郎有四五百戶，農產差足自給。自公郎至雲縣間，中間既無平壩，出產自稀。雲縣附近數十里間，農田尚多。但近年患疫，壯丁死亡，有全村僅剩婦女者，故荒廢亦多。恐無餘糧。，惟在此流域內，有一特殊現象，卽山巔居民，遠較河濱爲多。而山上之地，均墾闢有方。卽三十度之斜坡，亦經種植。其繁庶之象，遠非山下所可比擬。余後此旅行公路，經由高黎貢山楊梅嶺等處，亦莫不皆然。高黎貢山之巔，地勢尤廣闊。平疇高岡，錯落相間，彷彿置身湘贛間。然山上所稱，自以麥豆等

牧畜爲主。若發展稻田，則仍非下趨谷地不可，將來醫藥衛生進步，或可保護居民，使得安居低原，而地盡其利耳。

怒江流域之居民，戶口稀少。以余所見，僅孟定附近約二千戶，壩子亦大，稱爲繁庶。其餘孟勇孟潤孟止等處，均不滿五百戶。孟撒有村落十餘，共約數百戶。其他高地，間有村落，數家數十家而已。孟賴甚至寂無一人，余等則時兩個月前，始有十三戶，由者別遷來。然孟賴至者別間，五十餘里，未逢一村，未過一人。荒涼至此，殊堪浩歎。惟有一出乎意料之現象，即自孟撒西南行，愈趨愈高，至小舖子則海拔爲二千零三十公尺。以後，則一日間下降一千三百公尺，而至孟潤。在小舖子孟潤間，有一村名大寨。村址建於山間之斜坡上。四圍耕地不多，而村中居民稠密，竟達千餘戶數千人之衆。爲雲縣孟定間第一大鎮。似該村恃畜牧爲生，而不恃種植，因余見其畜牛甚多也。

公郎孟定間，雖農產不豐，耕地不多，而土質膏腴。山地性宜雅片，雲土馳名，即由於此。近年禁煙，改種糧食，收成亦好。低地之水田，地質亦肥美。聞擺夷習慣，於翻地後即撒種其中，直至收割，不復過問。不但無耘禾除草之勞，即插秧施肥，亦概行免除。得天之厚，殊是稱羨，惜因此而養成懶惰之習慣耳。

統全線之情形觀之，大部分之農產，僅勉能自給。若鐵路大舉開工，則糧食必恃外運。其可靠之來源，惟有緬甸一途，故計劃工程時期之運輸，必須將此項計入。倘漫無準備，則開工將不可能。余等視察時，灣子漫賓渡間某段，初有千餘民工工作，因米糧未到，枵腹二日，一哄而散。又沿線見各總分段，均爲購米事，大忙特忙，甚至無暇顧及技術事務。此種情形，均可爲殷鑒。至於鐵路通後，沿線居民增多，糧食供給，尤爲首要。然增加農產，必先須開墾，而開墾又必先注重醫藥。事勢固有表而似不相關，而實則需相因而成者。余意孟賴既全荒廢，而鐵路於將來，又須在該地設廠設段，似不若將整個壩子，劃歸鐵路用機器集體經營。倘能辦理得法，則每年餘糧萬石，當不難致也。

（3）礦產　按各方調查報告，西段沿線，雖不乏銅銀煤等礦。但視察時，未見亦未聞有一處曾經開採。就鐵路言，以煤爲急要。現在可靠之來源，惟有一平浪一處，但已遠在數百里外。祥雲附近，聞有煤礦，不審有開採之價值否。然滇緬沿線，尤其西藏之礦產，遠不及敘昆路沿線之豐富，則似爲定論耳。

（4）林產　瀾滄江兩岸之森林，極至豐富，均爲松朽類。鐵路通後林業大有發展之希望。現在因無運出之可能，鄉民亦不加以愛惜。合抱之大木，常倒臥路旁，無人過問，又常見鄉民將合抱之大樹，斫去近地樹幹之半，候松脂流出引火燒之，至相當時期，然後熄火，則松脂之流出益多。因取其脂，而全樹則已被犧牲矣。余等沿瀾滄江岸，行程約百里，遙望亦及百里，森林之盛，莫不皆然，誠可謂滇西之寶藏也。

怒江流域之南丁河兩旁諸山有樹而不成林。稍低窪之地，則均生硬木，亦不成林。其山上無林之原因，不能詳悉。而低地濕地之爲害樹林者，當推白蟻及籐爲最烈。白蟻之多，不可勝計。松杉等軟木，絕無生存之可能。硬木則抵抗力較强，不至被蝕。但又被籐類所害。籐性似喜濕熱，惡乾冷。故通風之處往往林木淡、雨季山溝及低窪之地，則蚊類甚其猖獗。往往有藤而草蕨叢繁生地僅山谷稍有樹至徑尺者，僅徑四三寸，則甚常見，被纏繞爲攀附藤樹間。一樹倒則及他樹，而藤與雜蔓亦復糾纏不清。以致全山殆無一完樹。其能與之競爭者，惟榕樹及攀枝花（俗棉而非木棉之一種），但皆爲無用之材。故整理森林，必先以除藤爲首務。余觀緬甸之森林雖其地氣候之濕與熱，均又甚於雲南，而藤類則已絕迹。有時可見樹幹，尚有藤纏遺迹。亦可見人工能治之不可緩矣。

至於其能戰勝藤及白蟻者，以余所見，僅有龍竹與二種。竹徑粗至三四寸許，叢生，凡同根雖論數十百株，均不出方丈以外，其成林者則仍以叢爲單位，合若干叢而成林。間有藤類攀沿之而上，則滑不易攀。縱令攀上，亦負重即倒，同歸於盡。故竹林中絕無藤類之害。又白蟻亦不食竹。故擺夷建屋製器均用竹，並無蟻蝕之虞。余意滇緬地區林業，以竹爲有發展之可能。保養易而用處多。保養易則成本輕，用處多則推銷廣。但須出以新意，加以精工，否則笨重之物，恐不能及遠耳。

（五）幣制　孟賴以東，均用法幣。但孟賴以西則已深入擺夷區域。彼等仍保持古代習慣，非硬幣不用。硬幣通行者，有兩種。一爲清代制錢，二爲滇省鑄之銀幣。（實爲銀鎳銅等合金）制錢換價不詳，銀幣俗稱半開。法價爲新滇幣五角，即法幣二角五分。但現在市價，則在此七倍以上。若掉換多數，則尤可任意抬高。以致鐵路在當地之開支，及員工生活費，均成大問題。蓋除擺夷區域外，半開已不通行，實無法購取以供需要，而物價奇昂，無法預算。於辦公及私人生活，均發生嚴重之影響也。

（六）衛生狀況　滇西號稱瘴鄉，固然與其謂爲天然之禍害，毋寧歸咎於人事之不臧。唐時柳宗元謫永州，其與人書，每以瘴癘爲慮。永州在湖南境，今未聞有瘴氣。緬甸爲雲南近鄰，其氣候比之滇西，尤爲惡劣卑濕，但亦未聞有瘴氣。或謂瘴氣若如前文所述，釋爲各病之總名，則於別名既立以後，總名雖取消，奈名亡實存何。此說雖甚辯。但一考滇西與他處之比較死亡率，及比較生病率，即可知滇西之衛生狀況，確甚惡劣。余意治標方法，雖自不外乞靈醫藥。而治本方法，則必須改善衛生與繁殖人口二者兼進。蓋卑濕之地，水草暢茂，蟲蟻繁殖，微菌猖獗，既多疾病之來源，又富傳染之媒介。此衛生之所以困難也。若人口繁盛以後，則卑濕之地，均將被疏濬而變爲田園。暢茂之水草，將供牛羊之嚙食。繁多之虫蟻，將被家禽及附依於人類之益鳥益蟲所啄食。因而微菌失所依附，亡其媒介，將不治而自消滅。至於衛生之須改善，則固易喻，而無庸解釋也。

（四）雜記

（1）水道通航　雲南水道，能全程通航者少，而能局部通航者，則仍甚多。若利用之以聯絡公路鐵道，則利益亦甚重大。惜當地人民，於造船筏之術，頗覺粗淺。以造渡船，勉堪應用。以造航行於急流大灘之船，則失事堪虞。滇緬路此次擬試通兩航線，其一爲南丁河下游，其二爲瀾滄河中游。皆所以聯絡工程時期之運輸者。造船工匠，或由仰光或由四川招來。

南丁河航程，自滾弄至南帕，約三十公里，滾弄在緬甸境，位於怒江西岸。沿公路達臘戍，而遇鐵路。沿弄下游數里，左轉入南丁河，經戶班而達南帕。水流平穩。一二十噸之船，可以通行無阻。南帕以上有急灘二處。若將其炸通，則船運可直達孟定或孟潤，航程延至百公里以上。鐵路計劃，擬用汽船拖運，以增周轉之速率，而減少船隻之需要數。此段航線，極其重要。既無公路可資替代，而自緬甸入口之材料機器糧食等，均以此為咽喉。其運輸能力之大小，對於工程進行之遲速，有決定之意義。

瀾滄江之試航，係應付趕工之要求。自滇緬公路六一二公里處，順流而下至灣子，與鐵路遇。聞此段內灘險甚多，曾有數次試航之竹筏傾覆，船員落水，幸無喪失生命之事。現試航事業，尚在艱苦奮鬥中。余祝其早日竣事宣布成功也。

（2）擺夷風俗　擺夷一致信佛，其廟宇稱緬寺。編戶幼男，均可入寺暫當和尚，得入者以為殊榮。在寺時受文字之教育，及教義之薰陶。長成後仍可還俗。若屆時不還俗，則終身和尚矣，文字有多種，而語言均能相通。其文字所記，有宗教經典歷算歷史文學工藝等。聞文學之中，以翻譯之三國演義，最為普遍。

孟定以下林產，均為硬木，不合建築之用。而竹材特多。居民建屋，均用竹。其建築形式，吾人初觀，甚覺奇特。其式下為竹柱，高約八尺。無牆。地板之上有竹牆，高約三尺。葦蓆低覆。不設窗。起居在地板上。地板及牆，均將數尺大竹，去節，壓裂，攤開，無編織之勞，自成捲片。屋小者僅一間，大者則隔成數間。室之一隅為火堂，烹飪在是，會客亦在是。餘地除通道外，均鋪以蔑席，供坐臥之用。地板之一端，延伸為平台。台側設梯。故此種房屋，遠視若無居人，實則一切均藏屋頂之內。此種住法，離地既高，可免卑濕及減少蚊蟲之擾。又雖無窗而通風，惟光線稍差而已。

（3）卡瓦風俗　卡瓦喜聚居高山。每村常數百千人。其防守之備特工。又慓悍好刦殺。故卡瓦一詞，幾與土匪同其意義。其俗務農敬天。所信神道，則僅孔明老爹一位。每年春耕下種後，必須取人頭祭天求福，若不得人頭，則闔村之男婦老幼，均覺惶惶不寧。故以能取得人頭者為英雄，而養成嗜殺之風氣。既得人頭，則洗刷乾淨，並由婦女哭道歉詞，然後祭天，以為豐年之瑞云。此族約共數萬人。不服土司管轄。數年前因故與軍隊開火，集團衝鋒，被機關槍掃射死千餘人，始稍畏懼。滇緬鐵路西段，幸無此輩蹤跡。否則青苗時，將不堪其擾。因初被派至西段工作之人，對於卡瓦，每生畏懼，而不明真相。故附記梗概於此。

（4）土司　世人每以土司為官職之名稱，實則非是。土司猶言土官，是一總名。其中最崇者，為宣慰司，僚屬有丞相等。明代設六宣慰司，分轄滇西及緬甸安南全境，職權甚大。次為宣撫司。又次為土知府，土知縣，千總，巡檢等。余等此行，曾會見三位土司。其一為耿馬罕土司，其兵力為土司中之最雄者。聞有快槍千餘枝。人亦幹練。其二為芒市方代辦土司，現為土司中之最富及最善交際者。其三為猛卯刀攝政土司。此公年事已高，早年曾參加革命。原為干崖土司。因其外甥應世襲猛卯土司，年幼，位將被奪，老刀土司，乃自以武力前往保護，旋即攝政。而傳干崖土司於其子。此事之詳細原委，曾載入「中緬之交」（商務版英人原著）一書內。

（四）旅行須知：開發內地之初步工作，如築路造橋探礦採木等，均以工程人員為先鋒。滇西情形亦然。公路鐵路人員，固已滿佈各地。而其他之工程人員，殆亦將接踵而來。然在鐵路未通以前，旅行於廣漠荒涼生疏之內地，其特殊情形，決非慣居都市之人所能熟悉。若籌備不周，冒昧出發，則中途所遭遇之困難，往往影響於工作及自身之健康。茲畧記管見於後，以供借鏡。

滇西氣候，冷如深秋熱則盛暑。所帶衣服，應與之相應，但絲棉織品不如毛織品，以其比較易汚易破且易濕，被蓋亦然。雲南本地出產之毛氈甚合被墊之用，惟甚粗不能貼身用耳。雨季旅行，須帶雨具。油布不論大小，應多帶數張，遮雨及包裹均有用，且甚輕便。鞋須多帶，以布底者為宜。糧食最少須足三日之用，因道路兩端，如發生阻滯，而中間又無村落，則絕食堪虞也。罐頭食品太重，不如鹹菜，輕而不易壞。若新鮮食品，則祇可沿途相機覓購。藥品在所必須，應不求量多，而求完備。如外傷虫咬，瘧痢痧等藥，均可酌帶，自救救人，方便殊甚。惟治惡性瘧疾，則服藥不濟事，須打針。故若能自己習用打針，並携用具藥品，則尤善矣。

鞋　旅行用具中，草鞋決不可少。選擇大尺寸者，以棉帶套縛於布鞋上，即可合用。草鞋之功用，首在不滑，危崖窄徑，旁無攀附，下臨深谷，偶一失足，即粉身碎骨，草鞋之附着力，勝於布鞋。若穿皮鞋，直等自殺。次則石骨嶙嶙，人行其上，如履刀劍，草鞋護足，兼防滑跌，又次則布鞋於旅途中，不易添置。草鞋可護履，而破損後，易於隨處補充。至於草鞋原料，初不僅限於草。麻棕桑皮鍾軟之竹片均合用。且均較草製者為優。

（五）前途之展望

滇緬鐵路之工程，因須越過三大分水嶺，技術上頗有不少困難。若在承平時期，以最新式之機械，及堅毅之人力以赴之，未嘗不可於三四年內，即告成功。但現值抗戰時期，又加以歐戰爆發，其增加之困難，不啻十倍。而物質上之缺憾，又非純恃人力，即可補救。以愚測之，現在祇可做到一分，即算一分。倘能局部通車，即於發展地方及抗戰建國之全局，不無裨益。初不必過分期望其於短期內全線完成也。且緬何鐵路，現尚不能通至邊界，與滇緬鐵路聯接。而英方既忙於戰爭，何時着手，渺無朕兆。在此種情形下，縱使滇緬路全線通車，亦與局部通車初無大異也。

沿西段之地帶，現在不能稱為富庶。然若努力設法增加人口至現在之十倍，農產亦未嘗不可自給。蓋水利雨量均好，雖叢山之區，亦可開為梯田或旱田也。礦產為未知數。但附近之銀鉛礦，頗有質量均富者。增修鐵路支線，以從事開發，殊有希望。木材工業之發展，則確有把握。倘滇東之實業發達，則相當於滇西之木材正殷，二者可以相得益彰。竹材工業亦甚有希望。但歐美並無此項工業，足資倣效，有待於吾人之自出心裁，設法利用。畜牧之業，大有發達之可能。山地放牧，水草豐美極矣。其他如木棉，金鷄納，有加利，草麻等樹之種植，均極有希望。中央及省府，正在提倡，僅待相地栽種而已。至附屬於上述各項之實業，則有木漿工業，酒精工業，冷藏工業，皮革工業，纖維工業，製油工業等。故此一帶之富源不可謂少。有志之士盍亟起圖之。

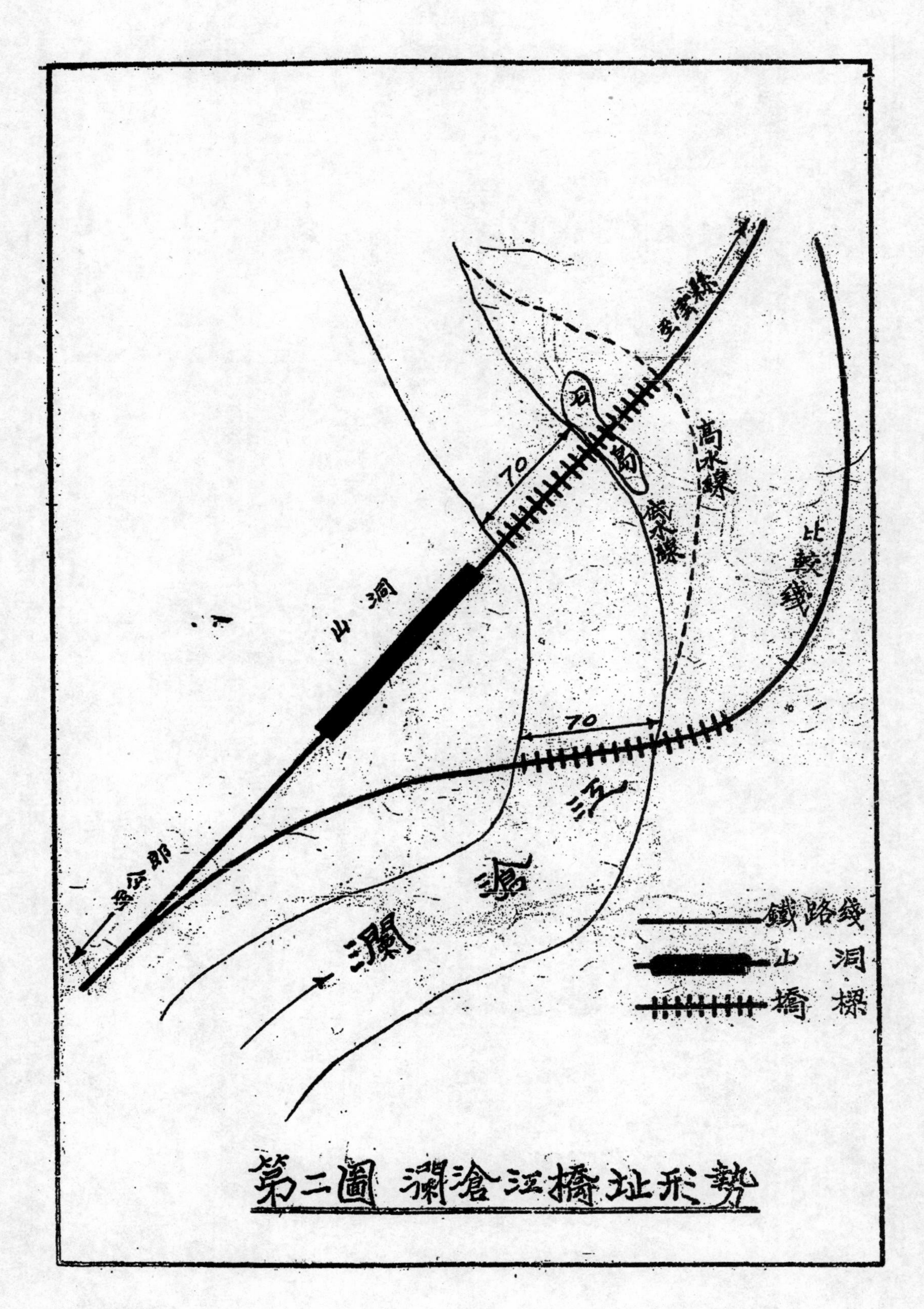

第二圖 瀾滄江橋址形勢

叙昆鐵路第一總段鋼筋混凝土水管工程

洪鍾秀記陳瑄校閱

概述

查鐵路所經，水流縱橫，排洩灌溉，皆有設置涵洞管渠之必要為數既多，其種類之選擇，關係完工期限及鐵路經濟至大且鉅。涵洞種類用於本路者規定石砌箱涵，明渠鋼筋混凝土水管，網紋鐵管，堆石暗溝，堆石明渠，石拱等數種，除填土甚淺處必須設置明渠外，普通水溝以石砌箱涵，鋼筋混凝土水管，及網紋鐵管施用最廣，網紋鐵管來自美國，際茲外滙高漲，價值甚昂，只因趕工及基礎不良關係畧與使用外，殊難普徧。建築材料自以就地取材為原則，石砌箱式涵洞除灰漿及勾縫要需要少數水泥外，粗石塊石及井石沿線皆有，頗宜充分使用以塞漏巵，然石砌箱涵蓋板石條塊重量自四百公斤至五百公斤，已非現有牛車所能裝載，且照規定厚度須自四公寸至五公寸，並因昆明附近石山並無層次，開採不易，根據西南石工效率，粗石工每方須開山工六工，琢工十一工，砌工五工共二十二工，叙昆第一總段管轄里程計七十三公里所屬各分段原擬多用箱式涵洞，計須蓋板石六百餘立方公尺，在此石工缺乏，雇工不易，開採困難之地段，決非短期內所能完成，又有鋼筋混凝土蓋板之設計，用以替代，但費用甚鉅仍不經濟，乃重於鋼筋混凝土水管之基礎及端牆者係白灰沙漿砌片石，管身之鑄造安裝亦尚簡易，其所需水泥鋼筋與使用於同一涵洞之鋼筋混凝土蓋板，為數尚不及一半，造價較石砌箱涵為廉，為施工備料趕工方便及節省經費起見、凡原定水流不大之石砌箱涵情勢許可，皆以流水面積約畧相等之單排及雙排各種口徑之鋼筋混凝土水管替代之，經此次更動後計45公分水管 485節，60公分水管1480節，80公分水管 485節，以一總段安裝大小鋼筋混凝土水管竟達二千四百餘節者，恐亦尚不多見，爰就見聞所得，按實記錄，謹供各方指正。

鋼筋混凝土水管與石砌箱涵之比較

60公分水管及60公分石砌箱涵（鋼筋混凝土蓋板）每公尺所需鋼筋水泥數量比較表

種類	填土高度	流水面積	鋼筋重量	水泥桶數
單位	m	m^2	kg.	BB.
1-0.60 水管	0.80-10.00	0.28	11.60	0.45
1-0.60 箱涵	0.80- 5.00	0.36	18.59	0.93
1-0.60 箱涵	5.00-10.00	0.36	20.41	0.97
2-0.60 水管	0.80-10.00	0.56	23.20	[illegible].90
2-0.60 箱涵	0.80- 5.00	0.72	27.25	1.39
2-0.60 箱涵	5.00-10.00	0.72	31.30	1.53

80公分水管及80公分石砌箱涵（鋼筋混凝土蓋板）每公尺所需鋼筋水泥數量比較表

種類	填土高度	流水面積	鋼筋重量	水泥桶數
單位	m	m^2	kg	BBI.
1-0.80 水管	0.80-10.00	0.50	22.50	0.72
1-0.80 箱涵	0.80- 5.00	0.64	22.39	1.17
1-0.80 箱涵	5.00-10.00	0.54	26.37	1.29
2-0.80 水管	0.80-10.00	1.00	45.00	1.44
2-0.80 箱涵	0.80- 5.00	1.28	33.10	1.84
2-0.80 箱涵	5.00-10.00	1.28	42.25	2.06

附註：1、箱涵水泥項內包括鋼筋混凝土蓋板及各石工灰漿，翼牆部份之水泥以十公尺分配之，各部石工均以1:3:12水泥白灰沙漿計算，若以1:3水泥沙漿計算之，所需水泥當不在此數。

2、水泥鋼筋之損耗量均未列入。

各部石工規定在低水位以下用1:3水泥沙漿，低水位以上用1:3:12水泥白灰沙漿，但涵洞之低水位各異而不易確悉，上列表內全以1:3:12計算之，60公分水管鋼筋僅箱涵之71%，水泥僅56%，80公分水管鋼筋僅箱涵之109%，水泥68%。

鋼筋混凝土水管及石砌箱涵所需人工比較表

表

項別	0.60×0.60公尺石砌箱涵				0.80×0.80公尺石砌箱涵			
	單位	數量	每人方工	工數	位單	數量	每人方工	工數
1:3:12及1:3 粗石	m^3	14.75	22	325	m^3	18.49	22.00	407
1:3:12及1:3 塊石	m^3	3.57	19	68	m^3	5.46	19.00	104
乾砌片石	m^3	1.77	6	11	m^3	2.85	6.00	17
合計				404				528

項別	0.60×0.60公尺石砌箱涵（R.C蓋板）				0.80×0.80公尺石砌箱涵（R.C蓋板）			
	位單	數量	每人方工	工數	位單	數量	每人方工	工數
1:3:12及1:3 粗石	m^3	11.84	22	261	m^3	14.25	22	314
1:3:12及1:3 塊石	m^3	3.57	19	68	m^3	5.46	19	104
乾砌片石	m^3	1.7.	6	11	m^3	2.88	6	18
1:2:4混凝土	m^3	1.60	3	5	m^3	2.12	3	7
合計				345				434

項別	0.60公尺鋼筋混凝土水管 數量	每方人工	工數	單位	0.80公尺鋼筋混凝土水管 數量	每方人工	工數
1:3細石	0.45	25	12	m^3	0.55	25	14
1:3石灰片石	7.12	7	50	m^3	9.61	7	68
乾砌片石	1.44	6	9	m^3	2.52	6	15
水管製造及安裝	12	1	12	節	12	1	12
合計			83				109

附註：1、上列涵洞水管皆係最短長度6.75公尺

2、零星項目若勾縫泥土等以影響不大，未曾列入。

3、各涵洞運距不一，運料人工隨數量而異，亦以涵洞為高。

在石工缺乏聲中，欲求施工迅速，當以水管為宜，石砌箱涵（R.C蓋板）與鋼筋混凝土水管相較，0.80公尺水管所需人工僅及前者25%，0.80公尺水管亦為前者25%若箱涵蓋板石仍用粗石工區所需人工更多，60公分水管全部工數僅及石砌箱涵之21%80公分水管僅及0.80×0.80公尺石砌箱涵之21%。

鋼筋混凝土水管及石砌箱涵造價比較表

項別	單位價	0.60×0.60公尺石砌箱涵 數量	包價	水泥	鋼筋	單價	合價	0.80×0.80公尺石砌箱涵 數量	包價	水泥	鋼筋	單價	合價
1: :12粗石	m^3	14.75	46.60	1?.30		57.4	846.65	18.49	46.60	1?.80		57.40	1061.3
1: :12塊石	m^3	3.57	39.80	9.0		48.3	1 4.22	5.46	39.8	9.00		4?.?0	266.?5
乾砌片石	m^3	1.77	17.80			17.80	31.51	2.8	17.80			17.8	51.26
合計						國幣	1 52.?8					國幣	13 79.04
項別	單位價	0.60×0.6公尺石砌箱涵(R.C.蓋板) 數量	包價	水泥	鋼筋	單價	合價	0.80×0.80公尺石砌箱涵蓋板(R.C.蓋板) 數量	包價	水泥	鋼筋	單價	合價
1: :12粗石	m^3	11. 4	46.60	10.30		57.49	679.?2	14.25	?6.60	10.80		57. 0	817.05
1: :12塊石	m^3	3.57	?9. 0	9.00		4 . 0	174.22	5.?6	39. 0	9.?		4?.?0	266.45
乾砌片石	m^3	1.7?	17.?			17.50	31.51	2. 8	17.8			17.80	51.26
1:2:4混凝土	m^3	1.6	30.2	146. 0	?8.50	265.20	2 .?2	2.12	30.20	146.?50		260?.?0	?51. 4
合計						國幣	1.?09.67					國幣	1.687.5
項別	單位價	0.60公尺鋼筋混凝土水管 數量	包價	水泥	鋼筋	單價	合價	0.80公尺鋼筋 數量	包價	水泥	鋼筋	單價	合價
1:3細石	m^3	0.45	58.60	21.60		80.20	?0.09	0.55	58.60	?1.60		80.20	44.01
1:3石灰片石	m^3	7.12	25.00			25.0	18 .41	9.61	25.0?			25.90	24?.9
乾砌片石	m^3	1.44	17.30			17.8?	25.3	2.52	17.?0			17.80	44.?6
水管	節	11.25	1 .0?	17.20	15.00	43.60	490.??	11.25	20.00	27.80	15.90	63.70	716.63
合計						國幣	736.33					國幣	1.?54.4

附註：1、水泥以每桶七十元，鋼筋每噸 1.200 元計。

2、零星雜項單價未曾列入。

3、以上各項單價係根據二十八年十月調查所得。

4、各項數量根據6.75公尺長最短水管涵洞。

由上列表內，水管之經濟已甚明顯，水管與箱涵相較，00公分水管僅及箱涵之70%，80公分水管僅及同樣箱涵之76%，同樣水管與鋼筋混凝土蓋板石砌箱涵相較，60公分水管僅及0.60×0.60公尺箱涵之56%，80公分水管造價僅及0.80×0.80公尺箱涵之63%，石砌箱涵各部石工皆以用1:3:12水泥白灰沙漿砌計算，若低水位以下用1:3 水泥沙漿水管之經濟更爲顯著。

水管工程進行狀況

全段水管除第一分段一部自行鑄製，其餘皆由包商承包，模型由段方供給，包價不論遠近，乾砌片石每方12.00元，1:3石灰沙漿砌片石每方17.00元45.60及80公分水管製造及安裝每節爲6.80，8.20，9.50元。二分段大板橋長坡鎮，三分段小堡子楊林鎮，大山哨，四分段黃官營菓子園七處皆有該包商之負責人員，洋灰鋼筋皆由總段依照各處需要數量，分發各該分段支段交包商應用。

材料：

所需片石沿線皆有，運距在四公里左右，最嚴重者爲沙之供給，除二分段資象河產沙質量尚佳外，其餘各處多含泥土石粒，且爲數不多，運距又遠，一經滌洗，所餘不及半。一分段產於k2及k13 兩處，二分段於k15-20資象河兩岸，三分段在k4

第二總段水管數量表（根據十月初旬調查所得）

直徑＼分段	一分段	二分段	三分段	四分段	總數	水泥	1/4"Ø鋼筋	1/8"Ø鋼筋
里程	0至15	15至35	35至54	54至71.5	0至71.5	0至71.5	0至71.5	0至71.5
單位	節	節	節	節	節	節	節	節
30 Cm Ø	9			30	59	8.75	0.15	
45 Cm Ø	32	196	164	93	485	24.[illegible]0	3.35	
60 Cm Ø	145	170	648	552	1460	[illegible]0.00	10.[illegible]0	
80 Cm Ø		60	291	130	[illegible]	20.60	0.83	5.53
總數					544.20	15.23		5.53

4及k50兩處，四分段在k68左近，多不合嚴格規定，但事實如此，惟有儘力督促，以求潔淨。石灰各分段轄境內皆有，惟價格不一，第一分段於k5及k12兩處，第二分段於k19大板橋，第三分段於k52附近，第四分段於k56大山哨附近，灰質尙潔淨細純，標準圖規定彌墻帽石須爲細石工，取料不易，改工亦大，改用1:3石灰沙漿砌片石，外抹1:3水泥沙漿。

第一總段各分段完成水管模型數量表

種類	單位	總段	二分段	三分段	四分段	共計
30公分模型	套	2.00				2
30公分底板	個					
45公分模型	套	15.00	3	4	10	32
45公分底板	個		22	4		26
60公分模型	套	23.00	15	1	14	53
60公分底板	個		2	1		3
80公分模型	套	11.00	5	21	5	42
80公分底板	個			21		21

模型：

水管鑄製速度全視模型數量及供給，各分段涵管經更動後，水管節數激增，當時約計爲45公分412節，60公分1080節，80公分598節，模型生命以每套鑄二十節，每三日拆模型一次，一月內全數打完計，需要45公分模型21套，60公分模型54套，80公分30套，每套以需要木工25工計，共需2500工，昆明附近木料缺乏，若由各分段分擔製造，可免往返運輸之困難。

第一總段水管每節模型費表

項目 / 直徑	水管節數	模型套數	每模型製造水管節數	模型造價	每節模型費
單位	節	套	節/套	國幣	國幣
30公分	39.00	2	20	90.00	4.50
45公分	485.00	32	15	130.00	8.70
60公分	1480.00	53	28	130.00	4.70
80公分	481.00	42	12	145.00	12.10

附註：模型造價係分段平均約數。

模型圍板規定厚一英寸半，市上本地木板厚度皆在一英寸左右，由二英寸方木改成，所費木料甚多，然模型木料品質及厚度直接影響其壽命，四分段所製模型成本最低，然以木板較薄，滲水後彎曲特甚，損耗甚速，據包商鑄製結果，總段所製模型，每套可鑄30節左右，完成15節後須時加修理，二分段所製可鑄25節左右，三分段約21節，四分段約16節，模型造價，以總段爲最高，，四分段最低，二三分段次之，平均價目已列表內，一部內80公分水管改為60公分，80公分模型多出甚鉅，並非每套八十公分水管模型僅能製12節，而每節模型費因之提高，模型經使用後，殘缺不完，鐵件損耗不多，少加整理即完好如新，表內未減鐵件之折舊，若鐵件保存全齊模型費即可減低。

水管製造及安裝：

普通於水管鑄成後六七日方可拆除模型，昆明一帶溫度較高為製造迅速計，每三日拆鑄一次，若僅拆除圓板底盤不予更動，每日能製造一次，底盤之加多即在此，二三分各處曾於每套模型附二底盤，每日拆鑄一次，各處依此施工，結果皆稱滿意，水管製造之困難即在其工作過於零星，工人一部時期消耗於分駐所及工地途中，若集中一處製造，運輸又成問題，60公分水管碩大笨重，已非牛車所能運載，各分段水管除管址接近公路集中鑄製造後由汽車運載外，其餘皆零星就地工作，鋼筋由分段分發至包商分駐所後，依照鄰近水管所需節數，一併紮成，所需二十號鉛絲由段方供給，據其工作結果，平均每日每工能紮八隻，工作效率可謂甚高。

製造未始，各管址所需沙及碎石皆須備齊，用於45公分水管之碎石，不能大於一英寸，以免空隙，經濟之方，在集中所有模型於鄰近數水管，大小工由分駐所槓運水泥鋼筋及工具前往，依次鑄製，沙及碎石先一日淘洗潔淨，模型之拆除洗掃，運移及裝置佔鑄製時期之大部，工作人數及大小工人數之分配，視模型數量而定，大工小工常成1:2之比例，左近管址相距較近處，每人每日能鑄三節，若間距較長每人每日所製僅一節至二節。

1:3石灰沙漿片石基礎砌成後，上加1:3石灰沙漿及碎石，用木夯擊緊，務使基礎頂平齊而保有所需之斜度，水管由下游端按次抬置，接筍處抹1:3水泥沙漿，沙漿宜稀薄，模型使用千餘次後，接筍處磨損擴大，致預留之1公分空隙逐漸減少，接筍不易緊貼，水管無形中加長，若二分段k11+500處之30公分水管一道，長度為38.43公尺，即需水管64節，而實際安裝時63節已足，水管斜度由水平板複核之。

開工以來，模型未能如期供給，水管數量較前增加，以致進行稍遲，但本年內當可全部竣工，此水管工程之大概。

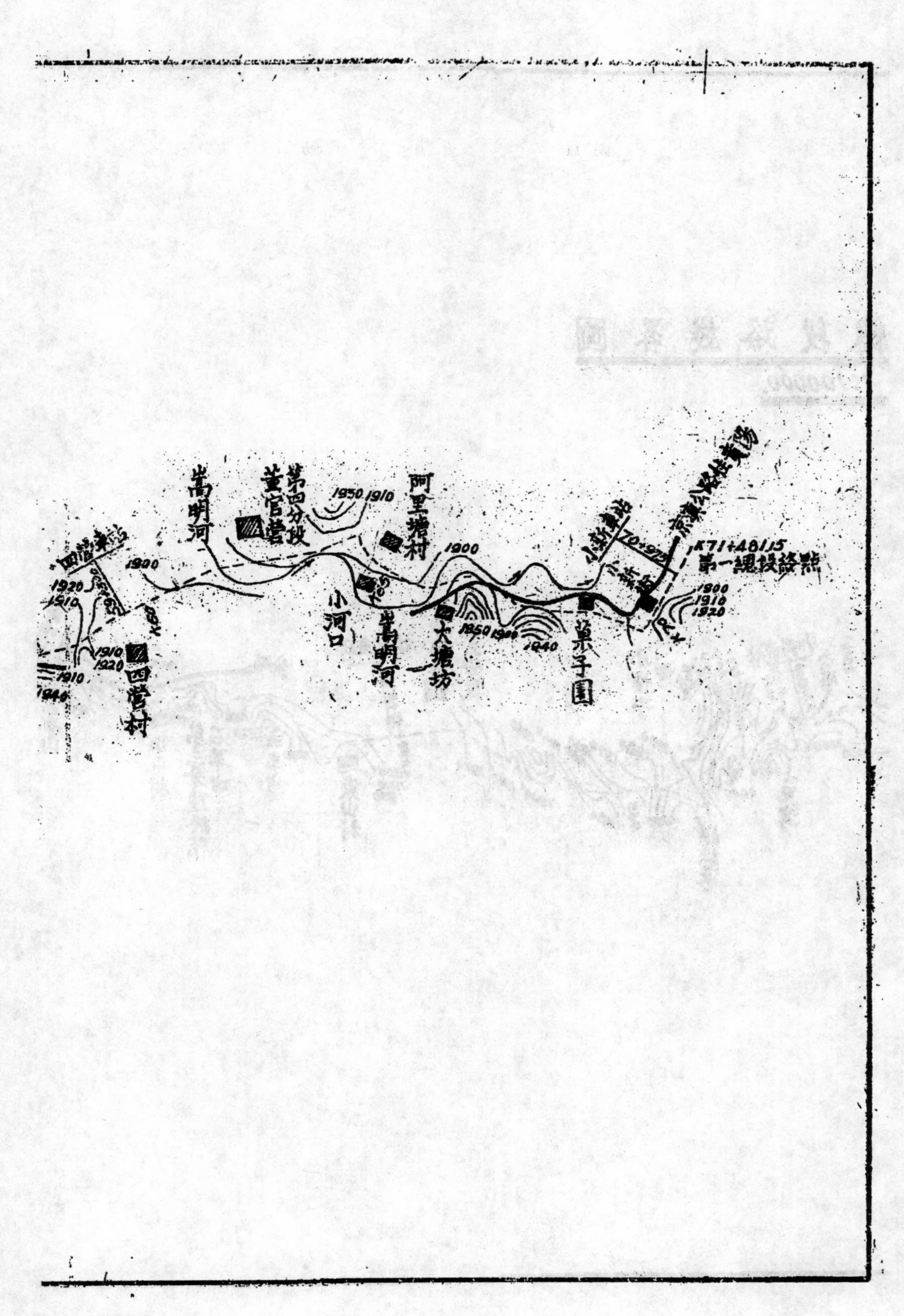

嵩明河
第四分段
董官营
阿里塘村
1950
1910
1900
小河口
嵩明河
大塘坊
菓子园
1950
1940
K71+481.15
第一測段終點
1800
1910
1920
四营村
1910
1920

28467

總段路綫畧圖

1:100000

敘昆鐵路第一
比例

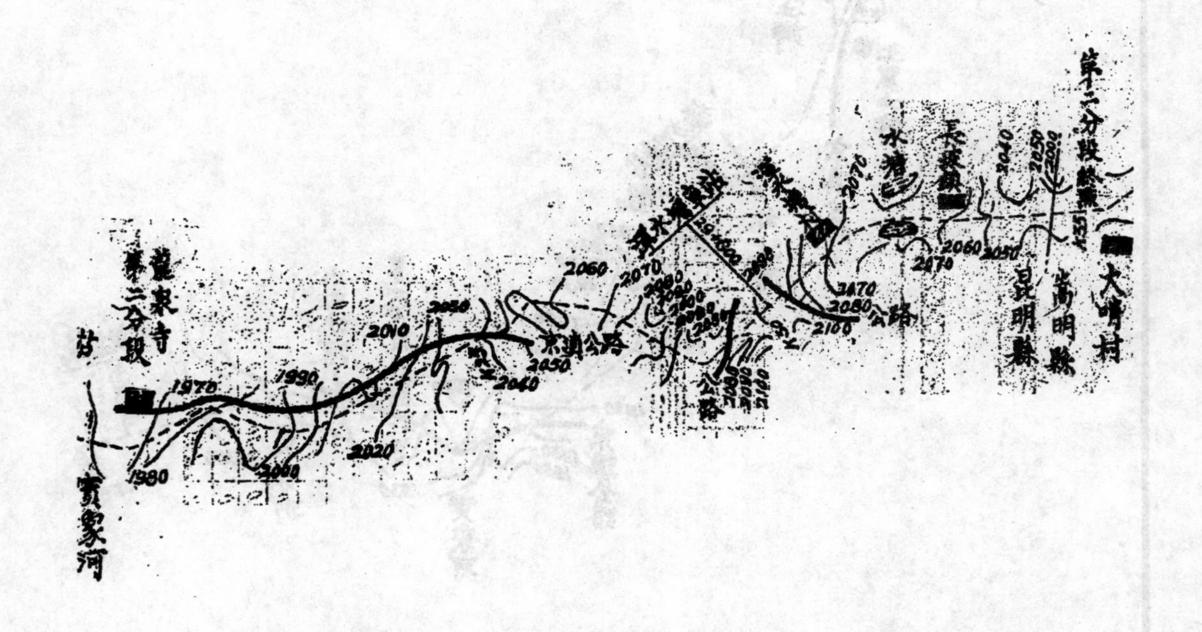

大哨村
嵩明縣
昆明縣
公路
京滇公路
龍泉寺
第二分段
賈家河

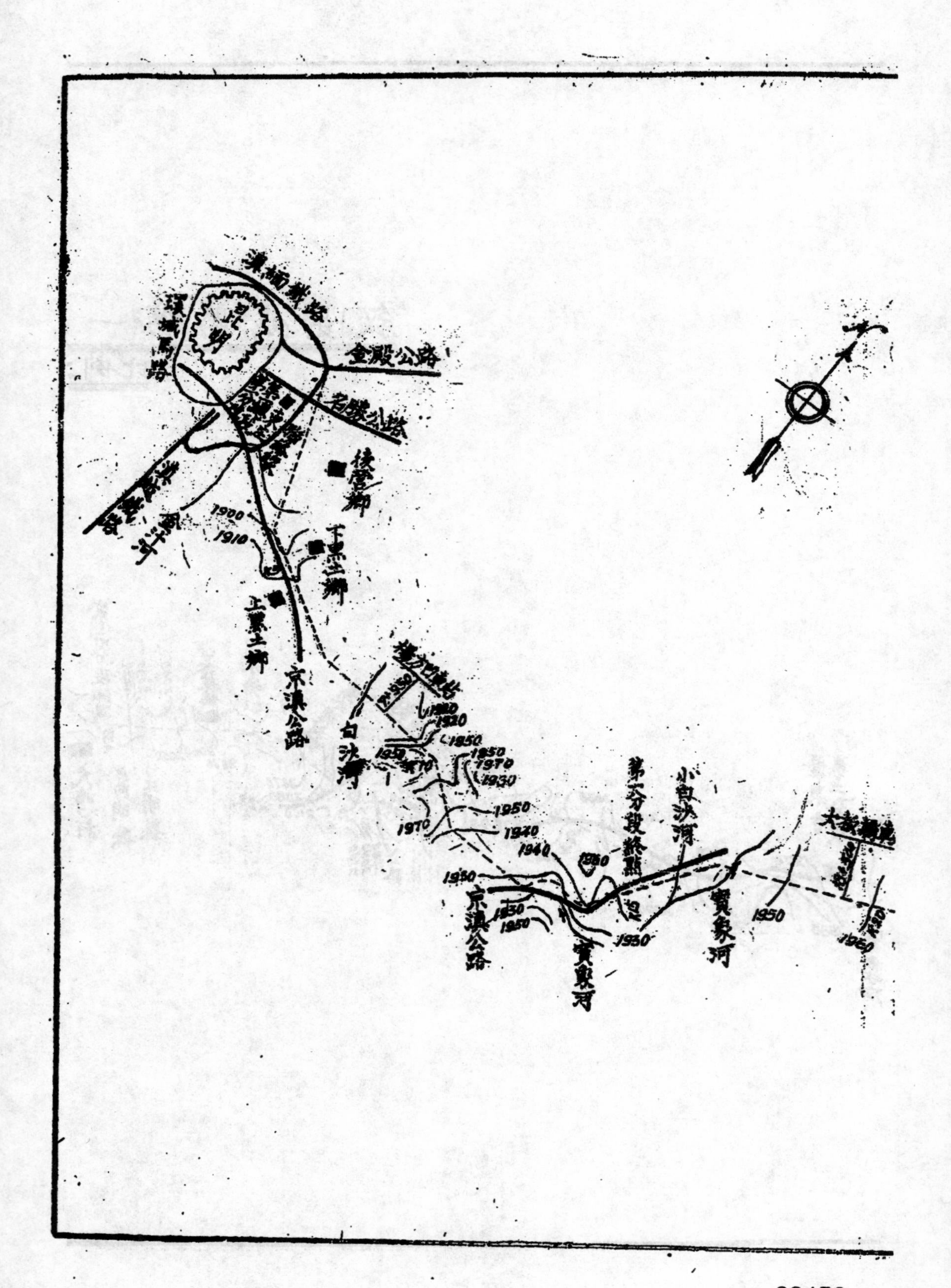

滇緬鐵路
昆明
環城馬路
金殿公路
名勝公路
滇越鐵路
1900
1910
京滇公路
白沙河
第一分段終點
寶象河
京滇公路
寶象河

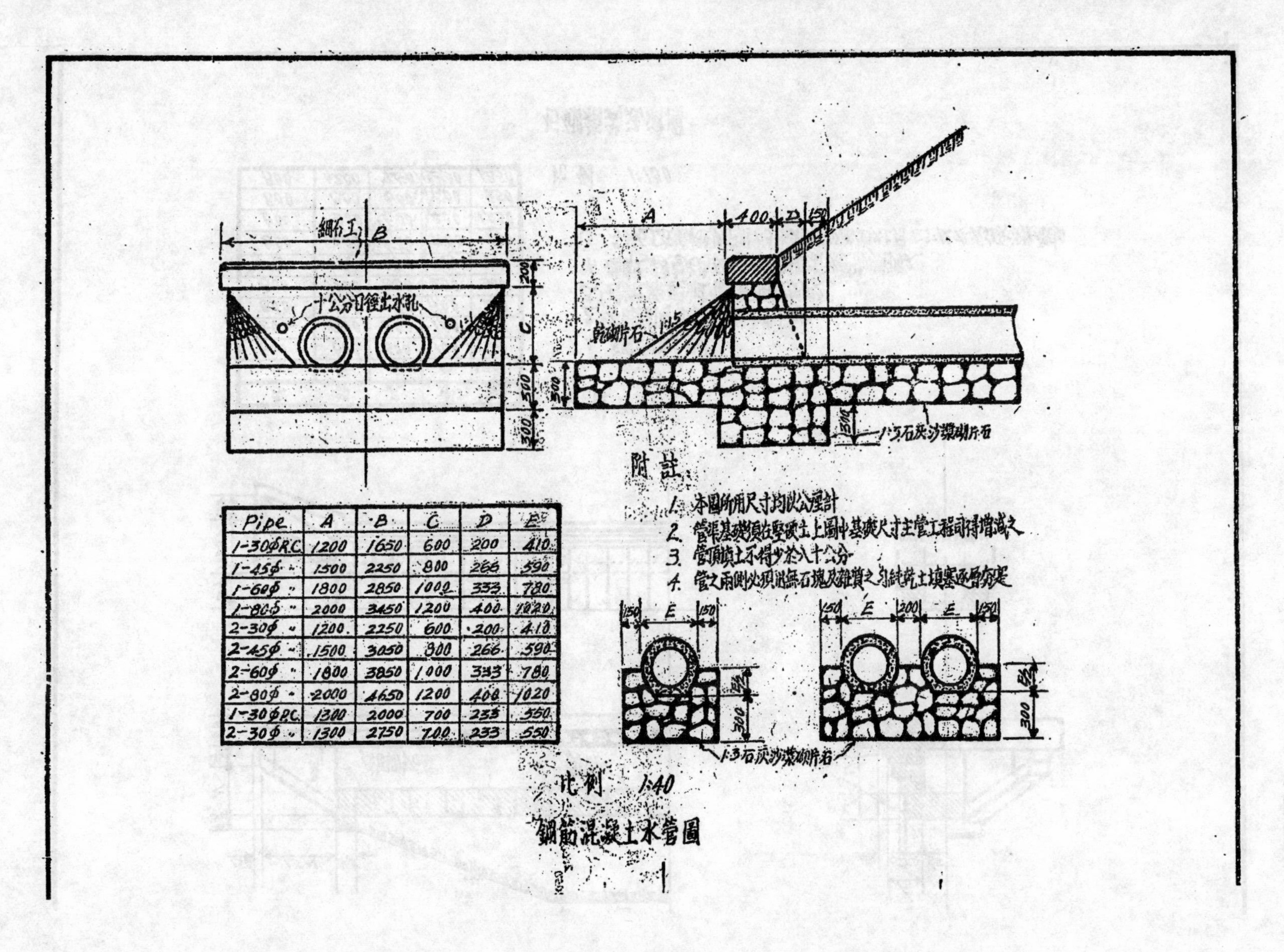

Pipe	A	B	C	D	E
1-30φR.C.	1200	1650	600	200	410
1-45φ	1500	2250	800	266	590
1-60φ 〃	1800	2850	1000	333	780
1-80φ 〃	2000	3450	1200	400	1020
2-30φ 〃	1200	2250	600	200	410
2-45φ 〃	1500	3050	800	266	590
2-60φ 〃	1800	3850	1000	333	780
2-80φ 〃	2000	4650	1200	400	1020
1-30φR.C.	1300	2000	700	233	550
2-30φ 〃	1300	2750	700	233	550

附註

1. 本圖所用尺寸均以公厘計
2. 管渠基礎須在堅硬土上圖中基礎尺寸主管工程司得增減之
3. 管頂填土不得少於八十公分
4. 管之兩側必須用無石塊及雜質之勻純乾土填塞逐層夯實

比例 1:40

鋼筋混凝土水管圖

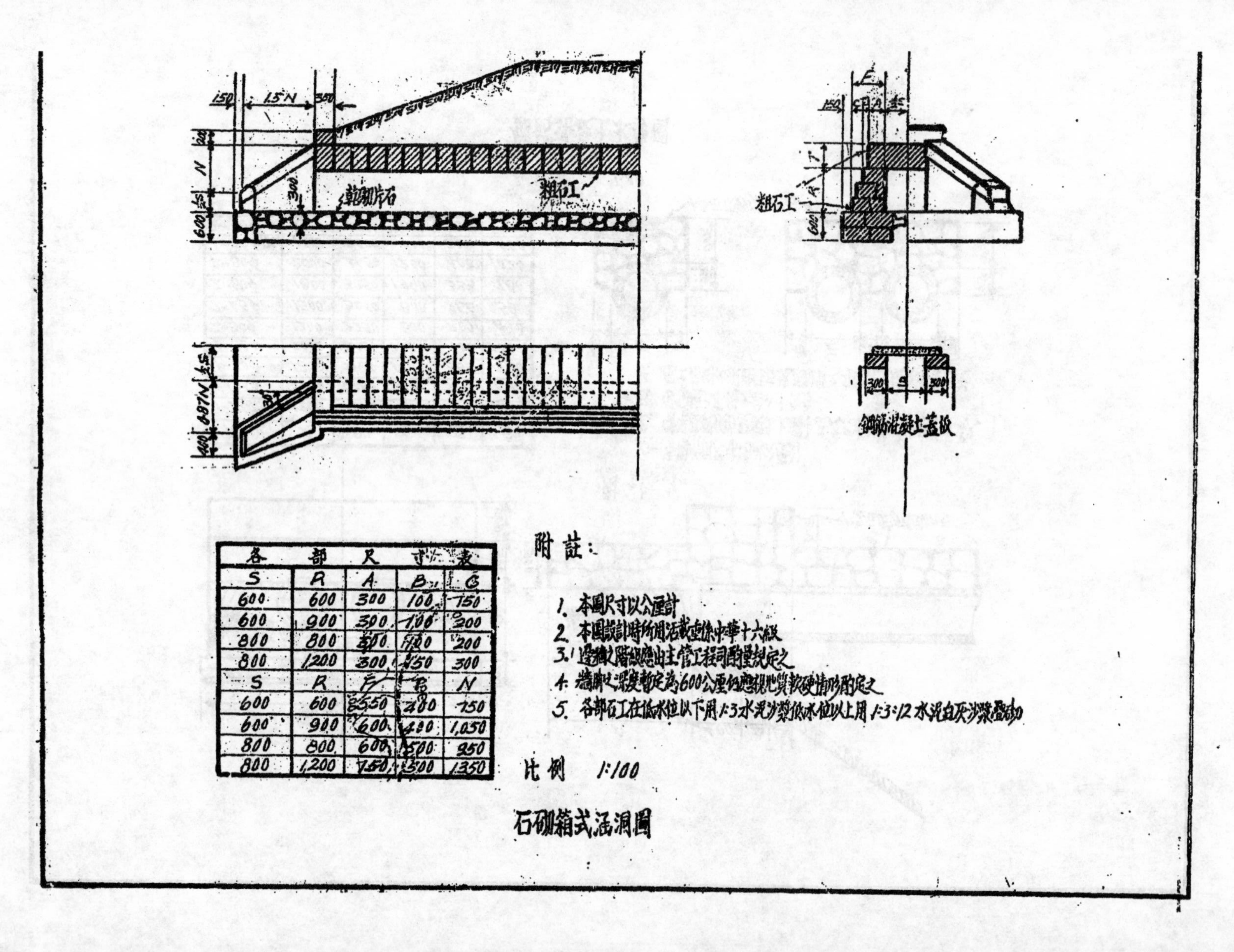

各	部	尺	寸	表
S	R	A	B	G
600	600	300	100	750
600	900	300	100	200
800	800	300	100	200
800	1,200	300	150	300
S	R	F	E	N
600	600	550	480	750
600	900	600	400	1,050
800	800	600	500	950
800	1,200	750	500	1,350

附註：

1. 本圖尺寸以公厘計
2. 本圖設計時所用活載重係中華十六級
3. 邊牆之階級應由主管工程司酌量規定之
4. 牆脚之深度暫定為600公厘但應視地質軟硬情形酌定之
5. 各部石工在低水位以下用1:3水泥沙漿低水位以上用1:3:12水泥白灰沙漿疊砌

比例 1:100

石砌箱式涵洞圖

關於混凝土之新學理與實驗

胡樹楫

（譯者弁言）本篇爲維也納工藝職業博物院建築材料試驗所長Evich J. M. Honigmann氏根據服務心得，旁參專門文獻，對近年來關於混凝土之新學理與實驗，所作簡明而有系統之論述。原文連載於 Eisen u, Beton" 38. Jahrgang（1939）Heft17-19）以限於篇幅，譯文與插圖間有从節畧之處閱者諒之！

吾人對於混凝土之知識（如混凝土之性質及與組合物料之關係）在最近五年至十年間，突飛猛進。例如由濕土狀混凝土製成立方體之强度，能推斷可型性與流性混凝土之質料如何，即爲不久以來之事。

「新時代混凝土工藝學」（Neuzeitliche Betontechnologie）之旨趣爲就影響混凝土性質之各個現象中之最重要者加以分析研究，各個現象之影響既明，然後稽討其對立之關係，藉知若者互相增長，若者互相消殺，庶無論在何場合，可以最經濟之方法，製成與所需要者切實符合之混凝土。

基於以上觀點（中畧）爰於下文將吾人今日所造詣者簡單論列（下畧）。

（甲）基本材料（Ausgangsstoffe）

（一）水　用於調製混凝土之水應盡量免除對混凝土有害之成分，自不待言，故有疑問時，須將水樣加以化學分析。海水係屬可用，含碳酸及類似之水亦然（據Grun氏就Selters礦泉水及著者就蘇打水及Karlsbad 珍珠泉水實驗結果）。成分不明之水宜用試驗紙查驗是否含有酸質，及用氯化鋇檢驗有無石膏質。凡存在於自然界之水幾無適用於調製混凝土，對於混凝土之性質亦無重大影響。（下畧）

（二）水泥　由原料燒成後之成分，燒煉之熱度，研磨之方法，尤其粒徑分配（Kornverteilnng）與研磨細度(Mahl-feinheit)，對於混凝土質料之良否，有重大影響。「標準料樣」（Normenproben）爲察驗水泥性質及其凝固情形等之良好資料。惟所謂「標準强度」（Normen-festigkeiten）係就用一定水份與一種粒徑之沙（標準沙）與水泥調合而成之試驗品所驗得者。純粹「水泥石」（Zementstein即水泥和水後之凝固體）之强度則較此爲高，並與水份之多寡有關，一如混凝土然。（中畧）

水泥石與砂石泥間之粘結力（Haftfestigkeit）大於水泥石之强度時，則混凝土之載重能力端視後者之大小而定。圖(1)示德國Ostmark 產樸特蘭水泥凝固二十八日後之抗壓强度及抗拉强度與水泥對水比率"Z/W"（Zementwasserfaktor）之關係（譯註：Z代表水泥成份，W代表水份，均就重量上比較，例如每二公斤水泥加水一公升——即一公斤——即 $W/Z=\frac{2}{1}=2$。普通多以其反商，即「水對水泥比率」W/N爲標準，以f——Wasserzementfactor——表之。）圖中曲線 a 與 b 爲關於水泥漿者 c 與 d 爲關於標準水泥膠（以水泥與一定比率之沙和合）者N爲與標準「稠度」（「Konsistenz」）相當之強度，f，p，e分別表示「流性」（Flüssig）「可塑性」（Plastisch）與「濕土狀」（Erdfeucht）三種混和狀態。（下略）

（乙）使水泥漿凝固爲水泥石之「膠體化學作用」（水化作用Kolloidchemische Hydratationsprozess）（圖二）在發熱之情形下演進，發出之熱使混凝土之溫度增高，其程度視該項物體之形狀，尺寸成分配合，及環境傳熱之情形而異。混凝土凝固時，溫度升高之數值，既與多種因素相關，故不適於作一般比較推算之資。可充一般比較推算基礎者，爲每公斤純水泥與一定水量和合時在各種溫度下發出之熱量（以「千熱爲單位」—Kcal—計）（參閱附註）。此項熱量可按時間單位分計或從頭（混和入模時）起隨時間之經過累計（圖三）。

（附註）因實地服務界人士至今尚有不明水泥或混凝土發出熱量與其溫度變化之區別者，故爲作簡單解釋如次：

每公斤水泥於凝固時不斷發熱，可按每小時千熱單位數量計。假如此項熱量能傳導於環境（模殼。空氣等）而無阻礙，則凝固體本身之溫度增高甚少。實地情形與此差相符合者爲薄混凝土物體，在低氣溫與強風冷雨或人工加冷之情形下者，或在海水中者。反之，若熱量發洩困難，或完全被阻，例如巨大混凝土物體之內部，及在厚模殼，高氣溫，無風，太陽照射，或人工加熱等情形下之混凝土物體，則由水泥放出之熱量幾全部用於該物體本身溫度之提高。在上述兩種情形之下，水泥發出之熱量大致相等，惟一則幾無溫度之增高，一則溫度增至最大。故如外界環境，沙石成分，比熱等情形不明，溫度之測驗記錄毫無意義，亦不能據以推算同一種水泥或混凝土在他種情形下所有之溫度。惟若知某種水泥之「熱量時間關係線」（Waermeabgabezeitkurve）（圖三），則在各種已知因素（氣溫，沙石成份，比熱等）之下，某一混凝土物體內部與表面溫度之變化，可以預計。

在著者主持之試驗所中，備有一種極靈敏之自記量熱器，以供上述用途。（中略，原附圖（四）—（六）亦從省）此種量熱器直接記錄每時間單位發出之熱量。

因水泥或混凝土之強度亦（如發出熱量）隨凝固時尚增進，故如以發出熱量爲度計，龐大混凝土建築物（攔水壩）內部或任何地位强度之標準，於理差合（圖七）法以量熱器永久埋入建築物內，藉以作積年累月之熱量記錄，而察驗強度之增進情形。

關於水泥凝固時體積之變化，於後文「混凝土」章論述之。

（三）沙石料（粒料）

（甲）沙石料之性質　在各種不含有害成份（對混凝土而言，由檢驗決定）之沙石料中，自以選用硬性（Haerte）與强度較大者爲佳。惟須記取膠結各個粒料之水泥石强度有限，粒料與水泥石間之粘着力亦然。故沙石之强度雖甚大，對於製成之混凝土不必有多大裨益。但如混凝土須耐磨蝕，則沙石之硬性自以愈大爲愈妙，水泥成份亦宜從高，庶沙石料本身强度既大，與水泥石之粘結亦佳。

由上所述，沙石之「表面構造」，大可注意。如沙石表面與水泥石有高度之粘着力，以對抗拉力與剪力自爲最佳。（下略）

除與岩石性質，來源（例如河礫與坑礫）或軋洗方式有關之沙石「表面構造」外，沙石之「粒形」（Kornform）（亦與來源及軋洗方式有關對於混凝土之強度亦有密切之關係。據經驗「圓形料」（有稜與河礫之別，河礫中又有取自上下流之分）在同樣情形下（同一粒徑配合，水泥水份，）水份給予混凝土之強度大都較「稜角料」爲高。圖（八）示一種試驗結果。（該項試驗所用圓形料係維也納Donau河沙礫，稜角料係軋碎之斑岩石，水泥爲Ostmark 產品，圓料與角料之粒徑配合大致相同。）惟稜角料之軋成方式（立方體或平行六面體之多寡）及混凝土之調製情形（搗實或震實等）亦與強度大有關係。故上項試驗結果難以一般適用。

（乙）「篩線」與空隙　圖（九）至（十一）示就各種混凝土，按規則與不規則「篩線」（Sieblinie）配合者，所作多數試驗之結果。圖（九）之關係篩線，隨篩孔徑 d 規則變化，通過篩孔 d（公釐）之沙石成份 y（以%計）爲

$$y=100\left(\frac{d}{18}\right)^n;\ n=1/4,\ 1/2,\ 1,\ 2$$

混凝土之混合比率（水泥與沙石重量之比率）一律爲 1:4，稠度概爲可塑性狀態。抗壓及抗拉強度與混凝土重量均爲在凝結七日後所驗得者（壓力試驗用邊長七公分之立方體料樣，拉力試驗依照當時奧國標準），透水量試驗係就七公分徑，二公分厚之圓板，加以每平方公分二．五公斤超壓之水力，經過三小時。如背面無顯著凝水滴水現象發生，則將超壓提高至每平方公分四公斤，再經過五小時。較緻密之混凝土，在後一種超壓下，亦無透水痕迹可尋。

可注意者爲：鬆堆沙石料之空隙率 h 與「水泥對水比率」W/Z（因水泥成分Z爲固定不變者，故亦即與調成同一稠度所需之水分W）成正比（參閱圖（九）中關係之兩曲線）在本試驗中兩者之關係爲　$h \cdot \frac{W}{Z} = 12.2 \pm 0.2$

更有堪注意，並爲求混凝土之經濟利用起見，有繼續研究之價值者，爲細粒料成分比較小時（n=0.5）混凝土之抗拉強度與抗壓強度之比率隨而增大，不透水之情形亦較多。惟n=0.5時，抗壓強度達絕對最高值。

圖（十）爲就水泥膠（水泥與沙之重量比率爲 1:1.[illegible]，沙之粒徑爲〇．二—〇．五公釐，混和成分各異，稠度爲可塑性），圖（十一）爲上項水泥膠加入粗粒料（水泥與沙石之重量比率爲 1:4，稠度爲可塑性）後之試驗結果（圖略）。由上項結果觀之，由不透水之「水泥膠」與粗粒料和成之混凝土亦可透水，而純由粗粒料（粒徑八公釐以上）。按同一混合比率與水泥調成之混凝土反得相反效果（此因粗料間之孔隙雖大此項孔隙雖乏細粒料爲之彌縫，然充塞其間之水泥石，可禦水侵入）。

前此關於沙石料粒徑分配之各種理論，因上述各項試驗之指示，有重加檢討之必要。

「篩線論」（Sieblinientheorie）及以數字（乘冪指數等）代替篩線之種種理論，係以一種「假設」為出發點，即沙石之「粒形」為一種「幾何形狀」，尤以假設為圓球者居多。根據此種假設而有以篩孔大小與通過成份多寡為根據之種種公式，藉以求粒料最緊密之組合與水泥最少之消耗，而獲得一定強度之混凝土。

「孔隙論」（Hohlraumtheorie）之出發點，係認粒料非圓球狀，某種粒料組合內之孔隙祇須以硬化之水泥漿彌縫之，故水泥漿用量與孔隙率成正比。

如實論之，欲得堅實之混凝土，不特沙石間之孔隙須予填塞，各個粒料之藉水泥石互相聯繫亦屬必需，或較前者尤為重要。欲完全達到後一種目標，又必須每粒沙石完全為水泥漿所包裹，故水泥漿之用量與混凝土之調製，必須使全部沙石料之表面（等於各個粒料表面之和）為水泥漿所沾着。自承受與傳遞外力之立場而言，又須力求混凝土成為緻密無孔隙之物體，否則水泥石剖面為孔隙所減削，不能達到應有之強度。

「孔隙論」不能滿足「水泥漿包裹每粒沙石」之要求，因大中粒料間之孔隙因細粒料與粉屑之羼入而減小，而待包裹之表面積則因而增大，可使填孔所需之水泥漿不敷供粒料間相互聯繫之用，其結果為在混凝土內形成強度小而可透水之薄弱部分。

「規則篩線」之理論及其他以粒徑成分配合求最緊密「沙石組合」之方法，如能顧及「粒形」之差別及孔隙容積與粒料表面積因而增減之情形，則甚為適用，蓋稜角粒料和同量水泥調成之混凝土，所以較用圓形粒料（按同樣篩線配合）為弱者，正因孔隙總容積與粒料總表面積有不同故（稜角粒料因表面較滯糙，與水泥調成同一稠度所需之水份亦大都較多。）

吾人應懸之理想為水泥漿用量之規定，一方面可適應孔隙容積與粒料表面積之要求，同時並獲得充分之水泥石剖面，使其本身強度與其對粒料之單位粘着力得同程度之利用。

（附註）在著者主持之試驗所中曾試行一種實驗方法如下：最初測驗最粗粒料單獨具有之孔隙容積。次將不同試之次級或第三第四級粒料試行加入，以定兩種粒徑配合時之最小孔隙及最小表面積。上一着成功後，復加入次一級次兩級等粒料，以求三種粒 配合時之最小孔隙與表面積，餘類推。因此得有關於各種沙石料（圓形料與稜角料）有決定性之數字。試得之配合料復按不同混合比率與稠度與水泥調成混凝土，而對其性質加以精密察驗。

（丙）其他加入沙石或混凝土內之物料　此種物料，凡對混凝土不發生化學作用，且不妨礙其凝結與硬化者，得因其有減小孔隙及表面積，增大表面粘着力，減少細孔容積，構成摩阻面（Gleitflaechen）等功效而利用之。

（乙）材料之混和（[illegible]）：

欲求製成混凝土原料之先後一致，以一切有關因素之不變動為先決條件。故在理論上，粒徑之配合，沙石料與水泥之性質，及其混合比率，乃至加水之多寡，均須前後絕對一律。但此在實際上殊難辦到，故應設法使此種因素之變動減少，或對其影響得以認識而防阻之，或兩者兼顧並籌。

一、粒徑配合之一致，可藉沙石料之分運分堆及在工場上按重量配合約略達到。如沙石料含有水份，須於衡量及加水混合時顧及之。而以沙石按容量混和時為尤然，因水份不同時，容量與材料性質及篩線之關係變化甚鉅也（參閱圖十二）。

沙石料所含之水份有四種：（1）由毛細管作用存留於孔隙間者，（2）由於外黏力（Adhaesion）與表面張力附着於沙石粒表面者，（3）由於沙石粒本身吸收者，（4）岩石內自含有者。沙石料「乾化」時，上述各種水份，隨列舉之次序，次第蒸發，而以岩石自含者之排除為最困難而持久。

沙石料之絕對「乾化」或於和合時按絕對「乾化」者折算，究竟有無意義與理由，為常遇之問題。蓋乾沙石料於加水和合後，終亦吸取水份之一部而不復發出（其多寡視建築物之形狀，大小，地位，用途而異），則上述辦法似非必要。然為便利實地上與研究上情形之比較起見，吾人對於上項問題毋寧肯定。惟吾人有應明瞭者，即全乾之沙石於加水混合時迅即吸收之水份，約與其重量千分之若干相當（確數視岩石性質而異），故真正之「水對水泥比率」實際上較按混合時所加水量計算者為小，亦即供水泥「水化」用之水量較混和時所加水量為少。如混和不勻，或細粒料過多，尚有因毛細管作用而被吸收之水，自當別論。隨濕凝土之凝結與「乾化」（此類乾化對於濕土狀混凝土甚為危險），水份在水泥石與粒料之間成均勢狀態，一方面由於粒料內之毛細管作用，另一方面由於水份在後期水化緩緩期間對於水泥石之親和力（Affinität）。岩石自含之水份在實地上可不計較，祗須知（1）至（3）項水份之總和，於混和加水時如數扣除之。

關於各項材料置入混和機之次第，依著者之意，如沙石料乾燥而多塵屑，應先加水，將妨礙水泥石與粒料間黏着力之塵屑滌去，然後和入水泥，此外情形視混和機之種類與工作方式而定。

各項材料之溫度應力求一律，如將沙石或水加熱以防凍害，應俟上兩者之溫度調劑後，再加入水泥，在高溫之下，水泥之「水化」作用進行較速，如加熱水於水泥與沙石之混和料，即有凝結過速之虞。

混凝土之混合比率視混和後之「調製」方式（參閱（丙）章）及凝固後應有之性質而定。水份過高（即「水對水泥比率」較大，或「水泥對水比較」較少）足使水泥石強度減小，亦即在同一水泥成份之下，使混凝土強度及稠度減小，（參閱圖（一））。加水過少（此時之混凝土大都為「濕土狀」，有時亦近似「可塑性」狀態），亦足致強度降低，因水泥漿「石化」所需之水份不足故。

水泥漿有減小沙石面「粗糙性」（在稜角料較圓形料為大）之作用，使其「潤滑」，在相當水份之下易於調製。如水泥成份稀少，則水泥漿較稀薄，其潤滑作用隨之減低，須多加水於沙石，始便調製。故混合比率較小，因而水泥石之強度隨之降低。此外因水泥漿爲量較少，不敷塡補孔隙與粘結粒料之需，亦可使混合比率較小之混凝土在同一稠度之下，強度較小。

由上所述，可知水泥與水兩種成份，於採用同樣沙石料時，爲決定混凝土強度之因素。如將三種數量（每立方公尺混凝土製成品含水泥公斤數，水泥對水之比率及混凝土強度以每平方公分公斤計）視爲變量，而以三軸位標系統表示之，則由所成之曲面——混凝土之「性況面」（Zustandsflaeche des Betons）——可一望而知三種數量之相互關係，如將三種稠度之界線畫入，則尤佳。圖（十三）至（十五）示沙石料按圖（十六）內三種篩線配合所製混凝土之「情況面」。（譯者按：因篇幅關係且圖（十三）及（十四）與（十五）完全相似，僅轉載圖（十五）及（十六）以資說明，在每圖之兩投影面中所顯示者爲「情況面」層次線（Schichtenlinie）（如地圖中之等高線）之投影（圖（十五）上右——按水泥成分，下右——按混凝土強度），另一投影面（圖（十五）上左）則納入各種稠度（濕土狀，可塑性及流性）範圍之分界線。此項稠度範圍在其他兩投影面中亦經列入（圖（十五）上右在各水泥成份層線上以點畫線，粗實線及斷續線分別表示）。經「水泥成分層次線」（圖（十五）右上）之最大強度點引曲線a（在圖（十五）各投影面中分別以a'a''a'''表示），則「情況面」爲所分劃而成兩部分：其一關係實地上所需之混凝土配合，下以「流性」範圍之極限線與「失斷」（Entmischung 即水份過多，水泥漿稀薄，迄不與沙石膠結，詳見後文）範圍分界；另一部分則屬水份過少而水泥不能充分凝結之範圍。

（附註）圖（十三）至（十五）以及後面若干圖解係按一種「函數量尺」（Funktionsmassstab）繪製。函數量尺上之長度x隨比例尺上之長度y與a b兩常數依等式

$$x = \frac{ay}{b+y}$$

變化，如圖（十六）（乙）所示。設計此項函數量尺時，可任選兩點，例如自零點至無窮點之長度，及其間另何一分劃點（例如代表長度10之點）（中畧）如將三軸位標系統之三種量尺均爲自負無窮點至零點至正無窮點之函數量尺，則由無限之空間縮成有限之平行六面體，且無窮遠點可在有限之範圍內確定之。如此，可免圖解上應用「漸近線」式曲線之不便。

上述包括水泥成份與水份之「情況面」，將來更應就工場上沙石成份可能變動着想，多予擴充發揮。

如情況面所明示，藉簡單經驗公式計算混凝土強度之理想，絕少實現可能。蓋情況面表現於投影平面，拋物線圓墻或對數線圓墻者，殊難以簡單而準確適用之公式代替之。況經過不多之扼要實驗，即可製成情況面圖，藉此及用「揷入法」（Interpolation）即可得圖解之資，故公式之設立亦非事實上所需要（下畧）。

關於調合稠度（Konsitenz）之檢定與數字上之比較，前此各方面曾有種種方法之試行，惟至今尚無一完全適用者。舉凡散佈試驗（Ausbreitprobe），搖盪桌（Ruttaltisch）Powers 氏之變

形器(Umformgeräte)，貫入試驗(Eindringproben)等等僅能供給一定之數字記錄，而不能普遍適用於一切沙石種類，粒形及粒徑分配。(下畧)

在與本文內「情況面」圖有關之各項試驗中所有和成混凝土之稠度，係由曾受多年學校敎育之檢驗員與工匠純憑主觀印象予以判定，其可靠性可由各圖中繪成之範圍分界線無待多加修校而自成規則曲線見之。

關於混凝土稠度之判定，下列各點可資大致之依據：

恰好之濕土狀混凝土料為可加搗築者，捏於掌內，則於手面留濕痕，輕加盪搖，表面不變其滑糙狀。濕土狀範圍向下之界限（最低水份界限）為乾燥過甚，雖勤加搗築亦不能成形；常有不凝結之賸餘水泥成分。其向上之界限（最高水份界限），亦即可型性範圍向下之界限，為搗築時水易排出，搖盪時恰現顫動狀。

恰好之可型性混凝土料，及水泥膠料於搖盪時有明顯之動勢，但仍保持其原形（例如堆成之山狀或劃成之谷形），可輕加搗築而排出水份或加以督鏊。可型性範圍向上之界限（最高水份界限）亦即「流性」範圍向下之界限，為搖盪時初顯形狀改變，恰有流動趨勢。

恰好之流性混凝土料與水泥膠料輕加搖盪即行流動，表面不平之處，能徐自彌縫。流性範圍之向上界限（最高水份界限），亦即「失調」(Entmischung)範圍之開始，為稀薄水泥漿或渾水與沙石分離，流入孔隙深處，上面之沙石，有時如被水洗，留置不動。「失調」現象每有遷與可型性範界銜接者，即流性範圍全付缺如，常於採用稜角沙石料與低水泥成份時見之。

關於各種混和方式對於製成混凝土之影響，有若干研究工作，正在進行之中

（丙）混凝土之調製

混凝土料便於調製(Verarbeiten)與否，繫乎前文所討論之種種因素。調製之目標，除絕成應有之形體外，在改善混凝土之質料（原料配合與混和方式不變）至一定程度，使增加之費用至少可與在原料等方面所節省者相抵補，或竟使全部費用因而減低。關於此點，近年各方面頗有長足之進步。大抵任何「與材料相適應之能力輸送」(Materialgerechte Energiezufuhr)對於混凝土質料之改善方面均有裨益。至於「與材料相適應」之界限如何，則至今在種種方面尙無定論，而須隨「混凝土工藝學」之演進完成以認識之。

濕土狀混凝土料之「搗築」(Stampfen)為一種能力輸送，使其組織緊密，細孔減除。此外或更有增進水泥石與沙石間粘着力之效。

「震盪」(Vibrieren)改善混凝土質之作用，在排除空氣，使混凝土組織緊密，細孔減少，而尤以水泥石之緻密化為主要。但震盪亦不可過甚，否則水泥石與沙石之粘着將受影響，且水泥漿因比重較小，上升於沙石而致混凝土「失調」，或水泥漿中之水泥成份竟與水分離。據Graf氏之說，此種「失調」尤使軟性及流性混凝土強度減小特甚。然由於水份之急速上升，可使受震盪之混凝土較受搗築者尤乾，則水泥石與混凝土之強度因而增大，亦屬可能

。最大強度接近「可型性」濕土狀」界之混凝土料，因水份減少，強度卽隨之降落，雖震盪在他方面另有增加強度作用，未必足以相抵，故此種混凝土之震盪應審愼從事。

爲比較研究起見，最好就種種震盪與不震盪之混凝土料作大規模之試驗，製成「情況面」圖。

據美國方面之試驗結果，每立方公尺（製成品）含水泥在二四〇公斤以下之混凝土料，於震盪後強度減小，含水泥成分較高者之強度則增高一〇－一五%。

據E. Bittner氏之報告，混凝土與鋼筋間之粘着力可因震盪而增加一〇－一五%惟混凝土質料愈佳，增加率反愈少。混凝土強度在每平方公分二八〇公斤以上時，經震盪後，上項粘着力竟較尋常爲低。採用竹節鋼筋時，粘着力增高特多（可達七〇%），但強度在每平方公分三〇〇公斤以上之混凝土則爲零。

含水泥成份較少之混凝土因震盪而強度降低之理由，依著者意見，爲混凝土料震盪後，水泥成分盡量分佈於沙石表面，存留於各個粒料間者過少，致各剖面間摩阻力減低而易滑動，又因少數水泥分佈於較大面積，形成之水泥石剖面亦較小。反之，不經震盪之混凝土，所有水泥漿依毛細管定律僅集合於各個粒料相接觸處，藉沙石間點與點之粘着，亦可成較堅強之物體。由此可知如混凝土所含水泥漿成份不足以塡充震盪後賸餘之孔隙，則震盪工作恒屬有害。

混凝土強度較大時，鋼筋粘着力因震盪而減小之理由，比較難以明瞭。或因質料較密之混凝土對震動較和緩之鋼筋，傳動之情形有所不同，致由鋼筋周圍凝集水份，而發生上述現象。

壓縮工作使混凝土強度增加，自不足異。在高壓下不斷凝結與硬化之混凝土，其質料所以特佳，一由於孔隙之縮小，次由於原供塡充孔隙用之水份可除去，復次由於空氣隨水份排除，使水泥石無細孔或僅有極微細孔，最後理由（或亦卽最重要理由）則爲水泥石與沙石間粘着力之增大。

旋製法（Schleuderverfahren）爲「壓力下硬化法」之一種，並另有離心力之輔助作用。

於混凝土硬化時加熱，促進「水化」之作用甚著，故可藉以加速混凝土之凝固。惟最後強度是否因而增加，尙未經切實解決（因後期硬化之檢驗須經過甚長時間）。凡在高溫度下水泥放出之熱量初時雖較多，但總熱量則[illegible]變動。故圖（十七）所示「廿八日強度」之試驗結果，不足爲[illegible]問題之証明。然因加熱而使混凝土初期硬化甚速，因而得提前拆卸模殼，究爲不可抹殺之優點，故Brund氏主張電溫樣品，藉以迅速檢定水泥與混凝土之性質。

關於低溫對於混凝土之影響及因此所致之凝固遲緩，間斷，中止等弊之避免方法，有種種文獻可考（例如：A. Kleinlogel, Winterarbeiten im Beton-u. Eisenbetonbau）茲不贅。

（丁）混凝土製成品

關於混凝土之強度，前此各方面大都就壓力與拉力方面加以檢驗，其在「彎撓拉力」與「彎撓壓力」方面之情形則較欠明瞭。著者所持之意見爲欲揭發混凝土之強度性質，首應作拉力試驗與壓力試驗（因應力分佈情形爲吾人所確知），此外應以彎撓拉力試驗爲輔，至用於壓力試驗之樣品，則在力學上着想，固壞較立方體爲勝。

更有一點，易爲一般，尤其工程界，所忽視者，卽混凝土製成品之强度與其形狀有密切關係，而就通常樣品驗得之强度鮮能移用於他種形狀乃至他種尺寸之物體，或僅能作有條件限制之移用（下畧）

蘇里克工學院材料試驗所驗得空氣中凝結與在乾濕混合存放情形下凝結之混凝土對於彎撓拉力之强度大都相差懸殊，絕不可禁，故其數字上之採用極應審愼。水中凝結之混凝土對於彎撓拉力之强度可爲「立方體抗壓强度」（Wurfeldruck-festigkeit）五分之一至九分之一。

混凝土對於彎撓壓力之强度，據Saliger氏就鋼筋混凝土所驗得者，大致與立方體對於直接壓力所表現者相符。

以上各端僅就混凝土材料本身之性質而言。至於混凝土製成品（如管筒，板塊，級步，鋼筋混凝土梁柱等）則除質料外，其形狀極關重要，幷應盡量仿照實際載重情形加以檢驗。例如對於管筒應就彎撓，頂點壓力，內部壓力，磨耗等方面考核之。

試驗時間之久暫，與驗得强度之大小有關，故標準料樣之檢驗常有一定之施力速度。至「耐久强度」（Dauerstandfestigkeit）卽混凝土物體在長時間之靜懺下恰能支持之單位應力，普通可定爲短時間靜懺下驗得破壞應力之五分四。

據Graf氏等之試驗，混凝土更番承受由零至一定數額之應力至任何次數而恒保持一定之彈性壓縮率時，則此項定額應力可視爲混凝土所能承受更番懺重之極限。載重不超過上項極限應力，入卽「迭懺强度」（Dauer-oder Ursprungs-festigkeit）時無論更迭若干次，對於混凝土之强度並無影響。如反是，則强度視載重超過之數量與更迭次數而相當減少（圖（十九）），此項迭懺强度爲「立方體抗壓强度」之三五至五五%，在概算上，尤其採用較佳混凝土料時，可假定爲五〇%。

混凝土之彈性係數（Elastizitatsmodul） E亦至不一律。圖（二十）示瑞士方面觀察之結果（彈性係數隨立方體抗壓强度變化之平均數，可能之平均變動數及極限值）。

彈性係數由「應力變形關係線」（Spannungsbehnungslinie）之切線定之（圖（二十一）），卽

$$E=\frac{d\sigma}{d\varepsilon}$$

其中σ爲抗壓應力：$\sigma=\frac{P(公斤)}{F(平方公分)}$，

ε爲變形率（卽彈性壓縮量λ與長度Z之比率：）

$$\varepsilon=\frac{\lambda}{Z}\left[\frac{公厘}{公尺}或‰\right]$$

在圖（二十一）中，係以角代正切（因角度甚小），由圖可知彈性係數隨應力變化。Ei爲決定各種混凝土料特性之數值。

圖（二十二）示抗壓强度每平方公分二一〇公斤之混凝土，受每平方公分八〇公斤之更迭載重至n次時所有彈斂係數變化之情形（更迭載重量小於迭懺强度，卽每平方公分0.5×210=105公斤）。

圖（二十三）所示亦爲蘇里克方面之試驗結果，惟更迭載重高至每平方公分一三〇公斤（超過迭徵強度）。於此，彈性壓縮率不斷變化。各「應力變形關係線」原應上凸者，成扁平狀，其後且變爲上凹，至經過一定迭徵次數後試驗品破壞爲止。（下畧）

混凝土受彈性壓縮時之「橫脹係數」（Querdehnungszahl），卽m＝縱變形率ε÷橫變形率ε，普通爲四—六，例外時爲八。更迭載重後，橫脹能力卽趨衰竭。

以上所述種種現象可就水泥石與沙石之聯合作用上加以解釋。於此所以關於彈性性質之因素爲出發點。混凝土物體受更迭載重而其重量小於「迭徵強度」時彈性率稍形減小，亦卽彈性稍形加大，或較強韌（Geschmeidiger）質料因迭徵而加良。但（乙）章所論關於混凝土強度之種種因素既無變動，則上項物體之「靜力強度」當不因迭徵而有增減。僅「內部滯糙性」（Innere Sperrigkeit）由於迭徵而降低，故彈性加強，而由於水泥石與沙石料之彈性作用及其接觸面之移動不超過最小範圍，故組織上亦無變動。

反之，迭徵量超過「迭載強度」時，則水泥成份首先顯示「疲乏」，而視水泥石粘着力與其強度之孰大孰小，或沙石粒與水泥石脫離，或水泥石因剪力及拉力而發生裂縫，由小而大，由微而著，終至陷全物體於破壞之地步。圖（廿三）中各「應力變形關係線」之漸趨扁平以至上凹，卽物體組織漸形鬆懈「疲乏」之明證。

混凝土硬結時之凝縮量（Schwinden）與脹大量（Quellen）視水份之吸收或發放情形而定。水中硬結之混凝土每公尺約脹大〇・一公厘，空氣中硬結之混凝土則每公尺約縮小〇・四—〇・五公厘。

混凝土除於（空氣中）硬結時凝縮外，又於承受單向載重時於載重方向繼續變更其長度，卽所謂「爬伏」（Kriechen）。此外尙有隨載重量而發生之彈性變形與永久性變形。收縮量總額與時間之關係，約如圖（二十五）所示。

或謂混凝土之「爬伏」卽加強之凝縮，此項凝縮在經過二年以上之混凝土可告終止，由於混凝土吸收水份（原因不明）而脹大，其量等於或大於在載重下之「爬伏」量云。（下畧）

試思天然石料並無凝縮與爬伏現象可尋，卽知爬伏原因由於水泥石之作祟。沙石料與水泥石在混凝土內之分佈情形，亦卽粒形，篩線，水泥成份水份等因素，換言之，沙石粒之互相支持情形及支持點粘結料之厚度，與本問題當大有關係。因此有人揣測，如選用大粒而堅硬之石料或可防止爬伏現象，其中尤要理由爲水泥石成份減少。然如是，必須大粒石料直接互相支持，不可有中細粒石料滿塡孔隙或甚至將大粒石料擠開，而混凝土之強度，密度等，是否因此蒙受不良影響，尙有待於大宗試驗結果之指示。

巨大混凝土物體之凝縮與爬伏情形與試驗室中之小樣品有殊（如多方面所報告），其原因殆由於表面積與總體積之比率不同及內部水份之向外瀰散（Diffusion）有難易（物體愈大，水份由部內向表面彌散之路途愈長，阻力愈大）。以上兩項因素使巨大

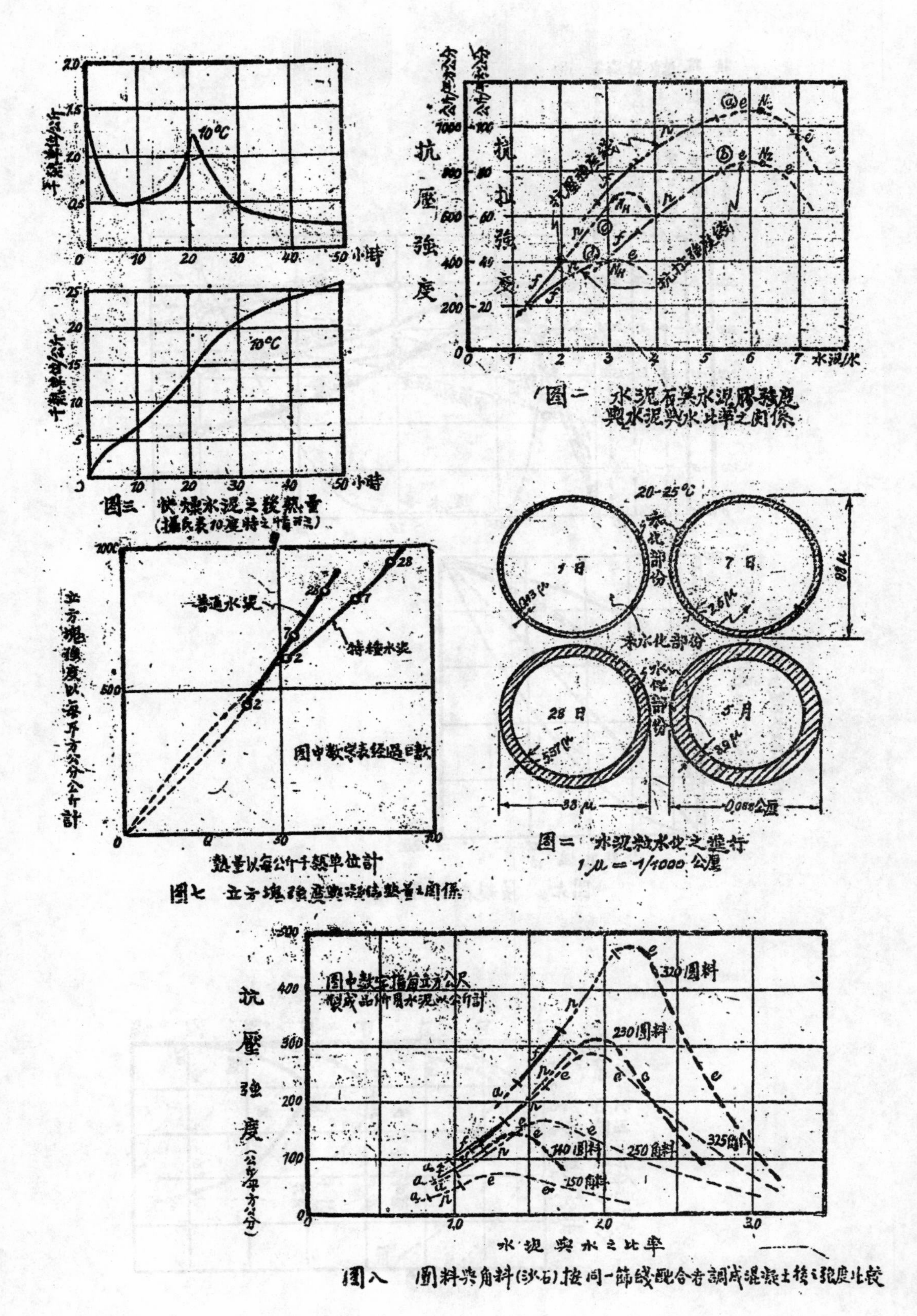

圖八 圓料與角料(沙石)按同一篩綫配合者調成混凝土後之強度比較

28483

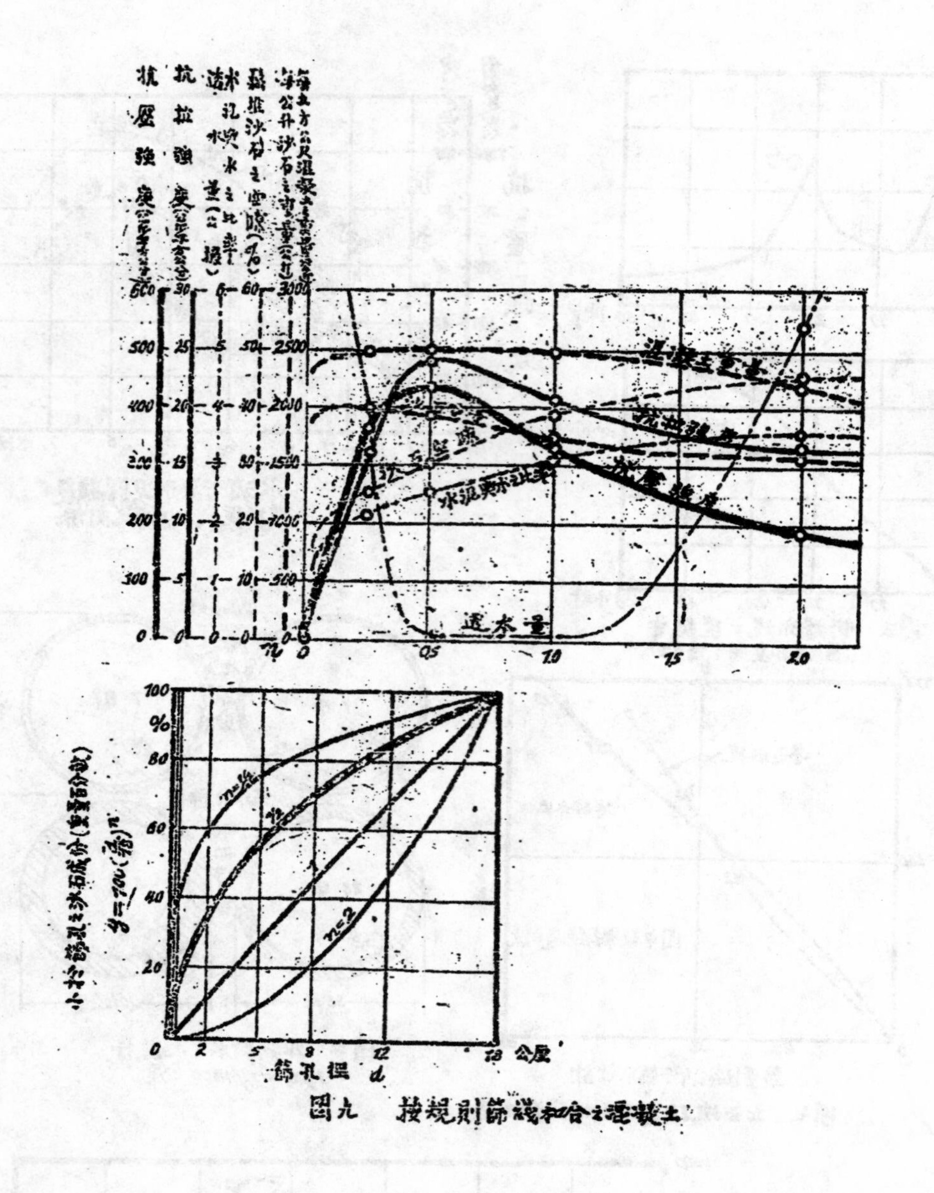

图九　按規則篩綫和合之混凝土

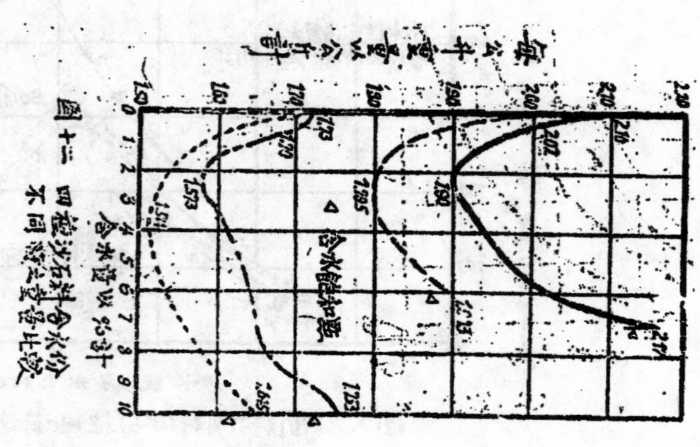

圖十一　四種沙石料含水份不同時之重量比較

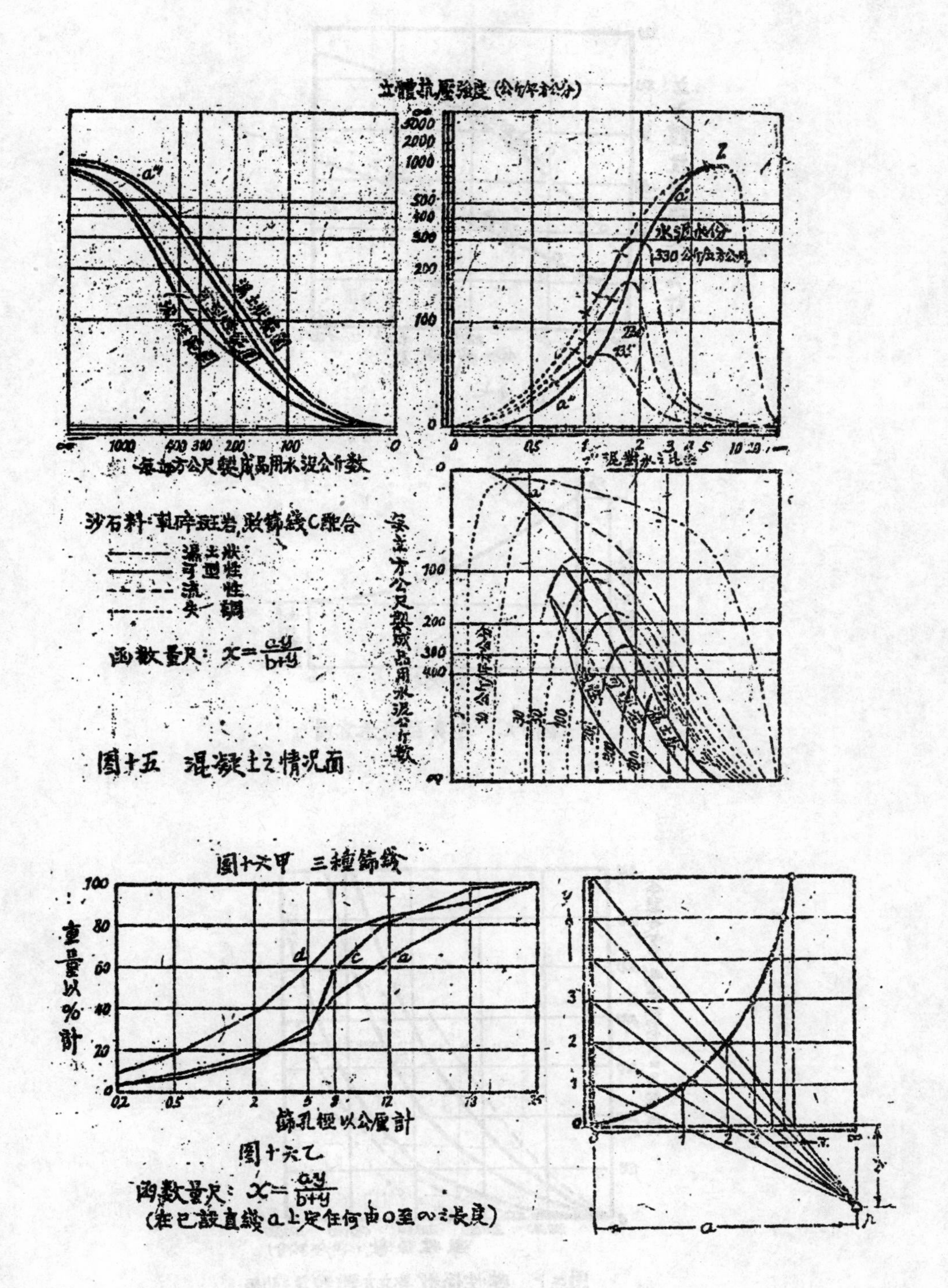
立體抗壓強度(公斤/平方公分)
每立方公尺製成品用水泥公斤數
混凝水之比率
沙石料：軋碎斑岩，照篩綫C配合
濕土狀
可塑性
流性
失調
函數量尺：$x=\frac{ay}{b+y}$
每立方公尺製成品用水泥公斤數
水泥水份
330公斤/立方公尺
圖十六甲 三種篩綫
重量以%計
篩孔徑以公厘計
圖十六乙
函數量尺：$x=\frac{ay}{b+y}$
(在已設直綫a上定任何由0至∞之長度)

圖十五 混凝土之情況面

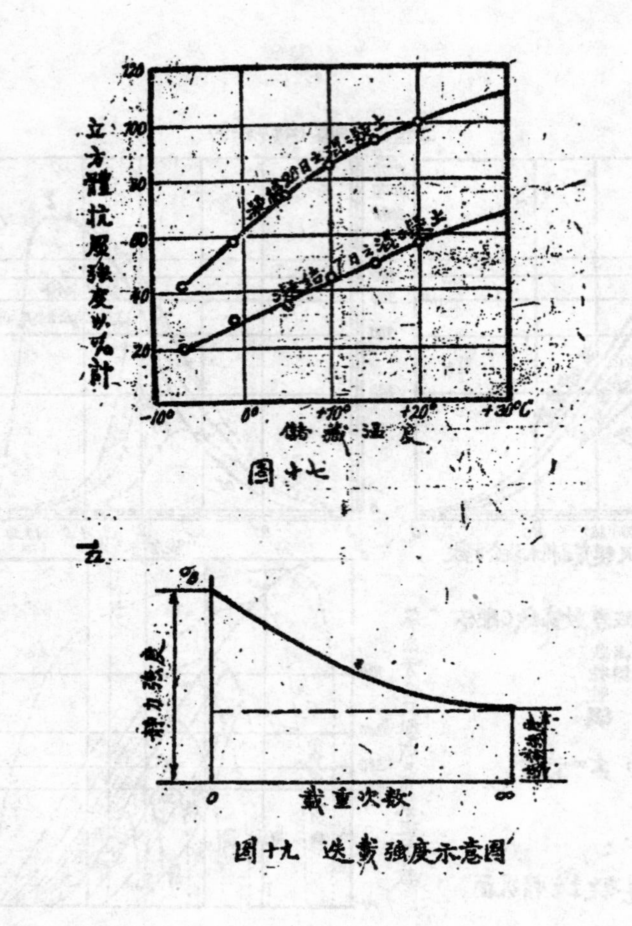

图十七

图十九　迭载强度示意图

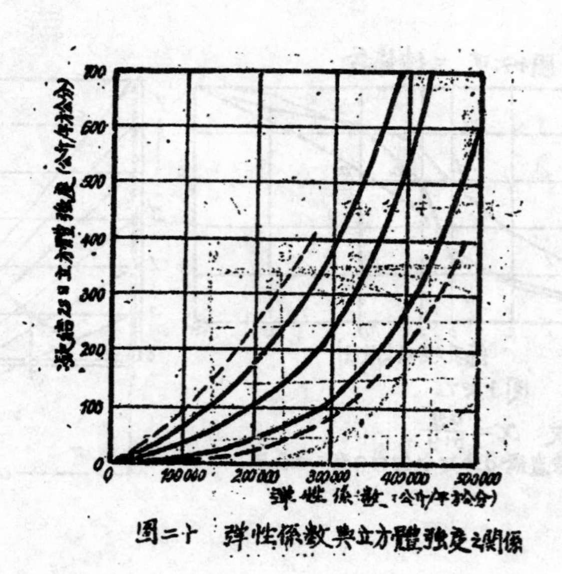

图二十　弹性係数與立方體強度之関係

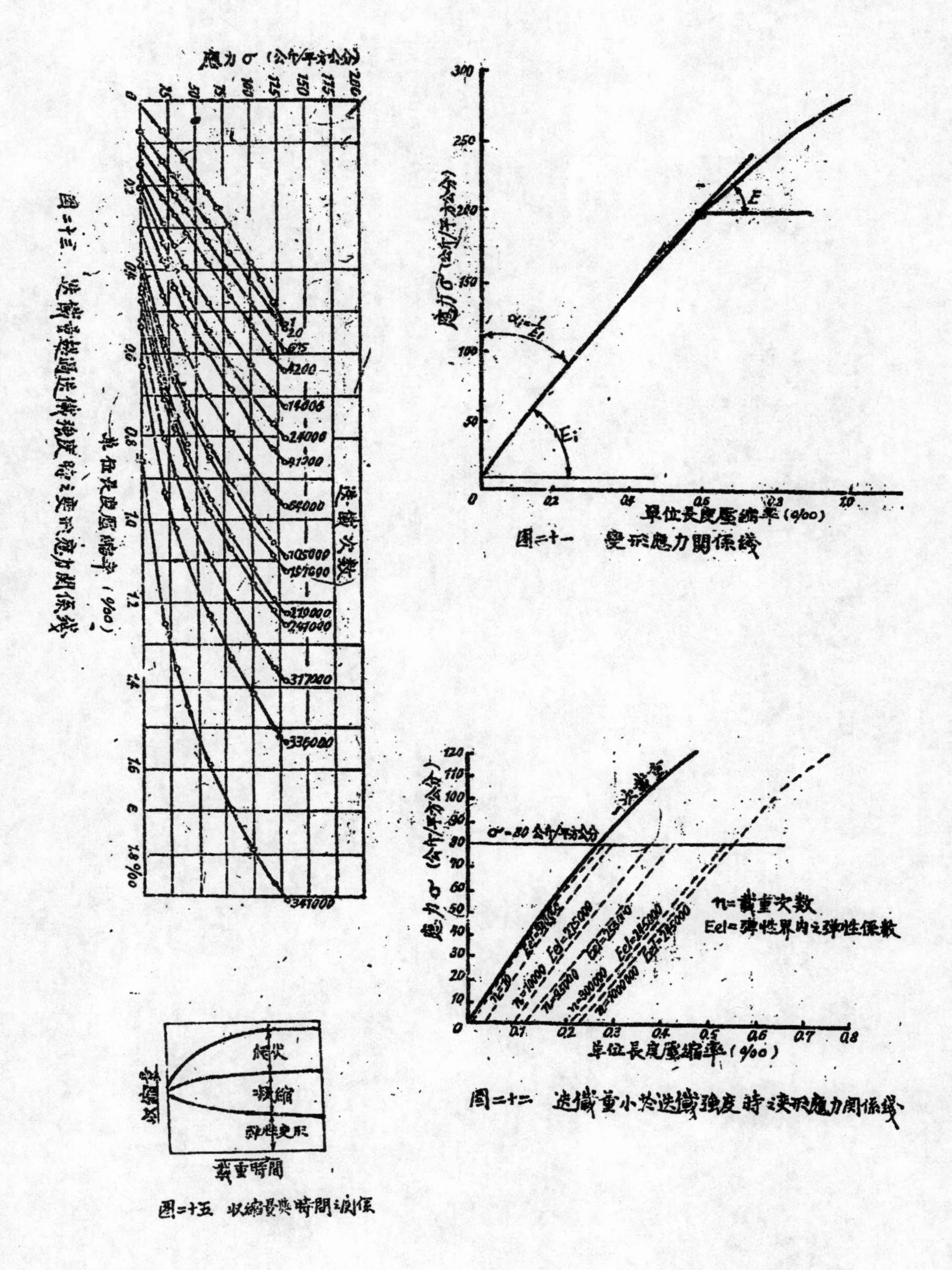

圖二十一　變形應力關係綫

圖二十二　迭載重小於迭載強度時之變形應力關係綫

圖二十三　迭載重超過迭載強度時之變形應力關係綫

圖二十五　收縮變與時間關係

28487

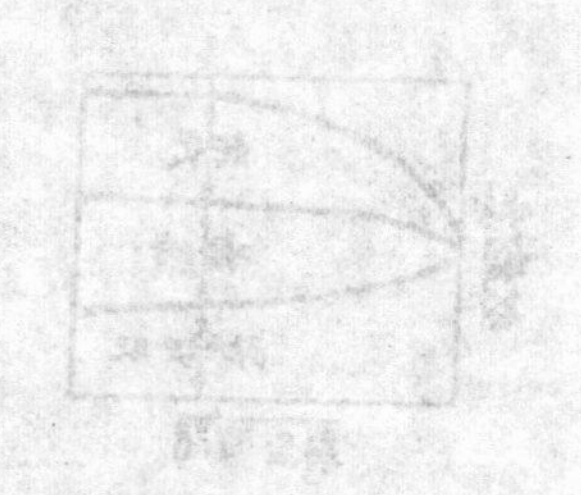

物體「乾化」遲緩，亦即凝縮時間延長。此外「水化」作用發生之熱能亦與凝縮之進行有關。此項在水泥石內到處發生之熱能，勢須向外揮散。物體內之游離水份亦隨熱流趨向表面。物體內之溫度在最初二年內逐漸降低，至與表面溫度相等時始止。至於「爬伏」為「加強凝縮」之可能解釋不外載重時內壓增加，微孔減少，使水份外散較多。（下畧）

混凝土之不透水性應盡量於適當之沙石粒徑分配及適當之水泥成份求之，而以加入填孔物料（與混凝土之組織無關者）為最後方法。如上項物料僅經過短期試驗，而對於三年以上露天物體之影響如何未經切實證明，尤不可過予信賴。（下畧）

混凝土之耐寒性不能預先切實斷定。據經驗，質密，混和良好，稍具可塑性，水泥成份不過少，經過相當時間之混凝土可耐寒。Erof 氏由試驗證明，「瘦」混凝土（即含水泥成份較少者）亦可得耐寒性。（中畧）除寒凍外，其他氣象對於混凝土無甚影響。（下畧）

火力足以損害混凝土內沙石料與水泥石之強度，而據Erü'n氏之說，其影響於沙石料者尤甚。但數公分厚之混凝土掩護層有可驚之防火功效。（譯者按：參閱拙譯建築物之防火效能，載本刊第　期）

（戊）新知識之應用與傳播

據著者所主持之試驗所於若干年前代各方檢驗料樣之統計，同一水泥成份之混凝土，其強度輒相差懸殊，例如同為每立方公尺（製成品）用水泥三〇，〇公斤之混凝土驗得之強度有高至每方公分五〇〇公斤者，亦有低至每平方公分五〇公斤者（圖二十九從畧）。於此知實地工作人員有受澈底訓練與曉示之必要。妥經組織傳授夜班，每週授課五小時，一學期卒業，旋復會同德國混凝土學會駐與分會為入會廠家之技術人員開辦補習班，計分高低兩級，分別為技師技副及匠目工人而設，卒業時組委員會考驗其成績。各班課程均有關於混凝土工藝學，水泥，混凝土混和與運輸設備等之學理演講及在混凝土，水泥，天然石料實驗室中之實地練習。此項努力之結果，輔以專門文獻之宣傳，顧問機關之指導，使送驗混凝土樣品之強度平均數按年遞漸增進（圖（三十）從畧）。強度之極端值，初亦如是，其後隨知識經驗之增進，為求混合之經濟，又趨降落。然僅勉符規範之樣品仍復不少。故混凝土建築界工作人員之繼續加強訓練，在今日為不可或緩之要圖。最終目標為以最經濟之方式獲得性質上符合要求之混凝土料，此於混凝土工藝學之演進有重大影響，因此項科學部門為研究家留備之新領域正多也。

（譯者按：本章與文題原無甚關聯，因所論訓練工程界人員，以求混凝土料利用之經濟，亦為我國所迫切需要，故幷譯錄之，以資借鏡。又原文尚有（己）章，為以上各章之總括，以無關宏旨，從畧。）

附圖一、二、三、七、八、九、十、十二、十五、十六、十七、十九、二十、二一、二二、二三、二五、共十六圖

飛機場之排水問題

吳[illegible]生

機場面積之大，坡度之平，其排水實爲一困難問題。此問題之解決視該地之雨量，地形及其土壤之性質而異。如機場在多雨之區域，地勢較高，地爲黏土不透水，排水的方法要使場地略有坡度，地面之水易於流入溝渠；或於跑道（Runway）兩旁設排水溝。若機場在多雨之區域，地勢低窪，上層土壤爲沙土能透水，而下層土壤爲黏土不透水，雨水易透入土中而不易流出，則應用空節瓦管埋於地下組成一排水系統，使地下水面降低，足使場地乾燥。茲將各種排水方法詳述於下：

測量及泥土鑽探——設計排水系統前須先作精密測量。測量地圖應示明下列數項：可能的出水處，各業主地的界線，分水線內之面積，等高線（等高線間距爲一呎）等。土壤之性質應用泥鑽（Soil auger），或掘探穴（Test Pits）深四五呎以探求之。此種鑽探結果應在圖上詳細指明。如下層爲黏土時，則應將此層之地形用等高線繪出。地下水面之高度及其變化亦可用等高線表示之。

水之出路——設計排水系統之第一步工作是決定水之出路。普通出路是天然河流湖沼，或人造溝渠。若無上述數種出路，凹窪地，但須注意大雨時，水管出口不可沒入水中。設機場較四周地勢爲低，無適當之出水處可利用，則惟一的辦法是掘一深溝環繞機場。

（甲）地面雨水之排洩

機場之坡度——設機場地勢較高，土質成黏性，排洩雨水之方法可使機場略有坡度。機場之坡度最小應有百分之一，但最大不得過百分之二。因坡度過大，飛機降落時易生危險。

跑道之排水——設機場位於多雨之區，即使場內略有坡度尚不足以排水，則必須建築跑道。跑道截面之坡度絕對不得過百分之4.5。跑道旁排水溝之建築有二種，如第一圖所示。甲圖所示

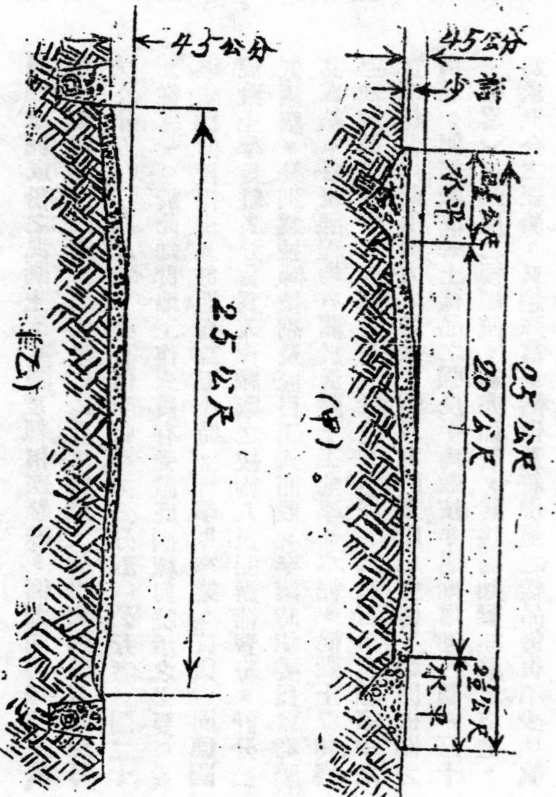

第一圖 跑道之截面圖

之排水溝是用碎石集成。最大徑者於溝底，近溝面碎石漸細，路面伸至溝面上。此種排水溝最適用於透水性路面。乙圖之排水溝底置有空節瓦管（Open Joint Tiles），上填滿碎石。雨水由路面至排水溝經瓦管流出。此種排水溝適用於不透水之路面。跑道路面務必與溝內之碎石面相平接，飛機衝到跑道外時不至有傾覆的危險。此點不易保持，因溝內碎石爲行人或其他原因易散佈於溝外，使溝內碎石漸減而不能保持與路面平接。

若路面爲煤屑或碎石等材料所舖，則雨水甚易滲入路床。若路床爲黏土不易透水，即須在路床上作排水之計劃。最簡便而有效之方法，爲每距數十公尺，開一橫渠與跑道之軸線垂直，以碎石實其中，通有道旁之排水溝。橫渠之截面約爲0.3×0.4公尺，坡度約爲百分之三。其終點至少須較跑道旁排水溝底高5公分以利排水。

碎石溝——若因經濟或其他關係不能建築跑道，則排水之法爲每距數十公尺掘一溝，內填滿碎石，通於場外。溝面務爲與場地平接。設機場一面依山另一面臨河，則山地之水必經機場而入河流，使場地潮濕。可於山地與機場交界處築一碎石溝使由山地流入之水環繞機場而入河流。

（乙）地下水之排洩法

機場上層土壤爲沙土下層爲黏土時，則非用空節瓦管之排水系統不能收效。此種排水系統之設計敘述於下。

空節瓦管與地下水面之關係——設上層沙土飽含水分，於此層內埋有空節瓦管之排水系統，則瓦管空節四周之水受上面水之壓力而流入管內，流至場外，地下水面漸降低如第二圖所示。

第二圖

排水瓦管系統——排水管分支管，副主管及主管等，合而爲一排水管系統。此種系統用於飛機場者有三種：（1）鐵排式（Gridiron），（2）鯡骨式（Herring bone），（3）雙主管式（Double main），如第三圖所示。視機場之地勢以定採取何種系統。要之，支管之方向應與該地之等高線垂直，即不能，支管與等高線之角度亦不得小於45度。

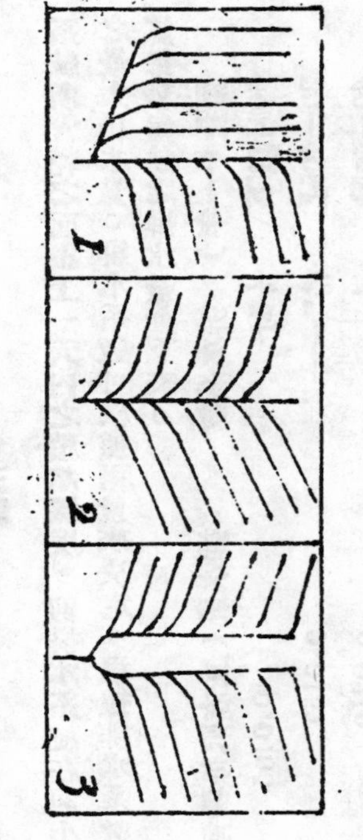

第三圖

死管之深度——設計排水系統之目的是要使雨水迅速的流出。若場地之泥土含沙量多，則死管愈深，水流入速度愈快。若爲不易透水之黏土，則死管愈深水流入愈慢。死管亦不可離地太近，近則易爲飛機壓破。在黏土中，死管之深度應爲2呎到$2\frac{1}{2}$呎，在沙土中，死管之深度應爲$3\frac{1}{2}$呎到4呎。

支管間之距離——定支管間之距離須考慮雨量，地之坡度，及泥土之性質等。上述數項足以影響水量及水流之速度。死管離地面愈淺則其間距離亦應愈近。第四圖所示死管間距離與地下水面之影響。支管間之距離普通自50呎到100呎，爲最適宜。

死管之坡度——死管之坡度最好能與地面之坡度，相等則死管之深度一列。設地太平，死管之坡度不能與之相同時，則支管不能太長。直徑四吋死管之最低坡度在黏土內爲0.2%，在沙土內爲0.3%。普通一行支管之坡度全長皆相等，但依水力學原理，坡度應自管之高端漸減，則水流速度全管一列。

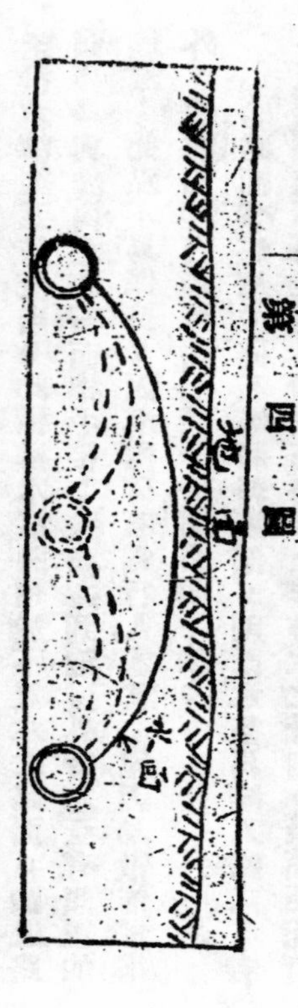

第四圖

死管之直徑——計算死管之直徑是根據：（1）應排去之水量，（2）管之坡度，（3）管之內部與流水之阻凝力。應排去之水量以排水系數（Run-of-modulus）爲根據。排水系數是排水

系統所管轄之面積上一天內之積水深度，即排水系統在24小時內之最大排水量。排水系數可根據雨量來決定，根據排水系數可計算每秒每畝之排水量如下表。

雨量（一年）	排水系數	排水量（立方呎每秒每畝）
30吋以下	$\frac{1}{4}$吋	0.0105
30—40吋	$\frac{5}{16}$"—$\frac{3}{8}$"	0.0157
40—50吋	$\frac{1}{2}$"	0.0210
50吋以上	$\frac{3}{4}$"	0.0314

支管之直徑普通皆用4吋或5吋不必計算，所需要計算者爲副主管及主管之直徑。計算公式可用克脫氏或美國農部公式（Kutters formyla）or（U,S,D,A formula）。

克脫氏公式 $V=\dfrac{23+\frac{1}{n}+\frac{0.00155}{S}}{1+\left(23+\frac{0.00155}{S}\right)\frac{n}{\sqrt{r}}}\sqrt{rs}$（公尺制）

美國農部公式 $V=Cr^{\frac{2}{3}}S^{\frac{1}{2}}$（英尺制）

死管內部與流水之阻凝系數在克脫氏公式之n可用0.011或0.012，在美國農部公式之C可用138。此兩公式之意義及其應用，習水力學者皆能瞭然，茲不贅述。

結論

設計飛機場之排水系統時應特別注意機場之中心及飛機庫航空站前之排水。排水之各種方法既如上述，但在何種環境及情况，應採用何種方法及如何設計，務必審慎考慮，使排水系統能迅速完成其任務并且合乎經濟原理。

機車對於彎道上之加寬及超高度之動態分析

陸尙欽

凡研究鋼軌之壽命及行車事變，多注意於曲線設計，蓋機車在彎道上行駛時之動態，異常複雜，頗難分析，本文除分析其動態外，兼及鋼軌之壽命補救法，尤其在叙昆滇緬兩路，因地勢關係，坡度既陡，彎道又銳，將來養路之鋼軌壽命及行車事變，頗值注意探討。

（A）彎道上軌距加寬

彎道上軌距加寬，係專為機車而設，普通車軸之四輪轉向架 4 Wdeel truck 決不致在彎道上擠住而致不能行動，此因標準軌距，中間有 3/8" 之活度 Ploy ，故同一車軸之左右兩輪，不能同時緊貼兩軌，因此對於普通車輛並無加寬彎道軌距之必要。

至於機車下部之動輪則至少有三根車軸，固定而平行且為定輪距 Rigid Wheal base ，倘此定軸距，或總軸距 Total Wheel base之矩形，欲在彎道上自由駛過，在機車方面常有在軸，軸箱與車架間設有活動地位及擺動中心轉向架 Swing Center Pilot Truck，無緣輪 Flangeles Wheel 等設備，在軌道方面須有適當之加寬，以便減少鋼軌磨損及輪緣爬上軌頭致有掉道出軌之危險，故軌距加寬實與機車下部組織有密切關係，我國鐵路對於此加寬問題，往往不問機車下部組織而僅根據以往經驗及曲線半徑（或彎度）而酌定之，甚至監工或道飛班在撥道後，亦不加以丈量修正，較太擠則減少鋼軌壽命，太寬則常有掉道之虞。

茲為研究起見，將各國之加寬軌距尺寸彙錄於后：

德——Henschel Und Sohn Cos Hond Book R=1000 公尺，加寬五公厘至R=100公尺，加寬三十公厘。

美——American Locomotive Cos Hand Book

彎度8°以下者用4'8 1/2"，以上者，每加2°則加寬 1/8" 其加寬限度不得超過1 1/2"

我國鐵道部規定曲線內之軌距應加寬如下：

曲線彎度（弦長二十公尺）	1/2	1	1 1/2	2	2 1/2	3	3 1/2	4	4 1/2	5	5 1/2	6	6 1/2	7	7 1/2	8	8 1/2	9及9以下
加寬公厘數	2	3	5	7	8	10	12	13	15	17	18	20	22	23	25	27	30	

凡不須加寬軌距之最大彎道其公式如下：

（1）設定軸距有三對有緣輪互距相等

$$D=\frac{3825\times P}{I^2}$$

D=不須加寬之最大彎度

P=輪緣與軌頭間之活度（英寸計）

I=定軸距（英尺計）

（2）如定軸距不相等

$$D=\frac{956\times P}{ab}$$

ab=中軸距兩端之數

查浙贛鐵路之規定其公式為 $S=\frac{5620}{R}-5$

S=軌距加寬（公厘）

R=曲線半徑（公尺）

其加寬之限度以三十公厘為最大，一千公尺以上者不加寬，半徑在八百公尺至一千公尺內加寬二公厘，其餘按此公式計算，該公式可參考浙贛鐵路標準圖，本文不過借以作參考而已。

（B）彎道上之外軌超高度

彎道外軌之超高度，所以使列車重量之壓力與行車時，所發生之離心力兩者之合力之方向，可與軌道平面約成九十度之垂直角，其最後目的即為車輪對於內外兩軌之壓力可相等，而不致偏重偏輕，當車輛行經彎道時，如超高度太大，則內軌可承受之力，大於外軌，內軌常較外軌易於磨損，半徑較小之曲線上尤為顯著，影響鋼軌之壽命極大，實不容忽視也。

計算外軌超高度，普通均根據離心力公式 $C=\frac{m}{R}$ 而求得之，在英美兩國為 $0.00066V^2D$，V=英里/時

D=曲線之彎度

德國規定之超高度 $Q=\frac{v}{2R}$

我國鐵道部之規定 $C=0.000984DV^2$　V=公里/時

D=曲線彎度，以二十公尺弦計

浙贛鐵路之超高度公式 $e=\frac{V^2}{8R}$ 其外軌超高度以一百五十公厘為限。

外軌超高度，本應以行車速度不同而異，然在同一路線上，其客車貨車之速率，大小懸殊，而欲求一適當之超高度，使任何列車均能適合，實不可能，普通習慣，為使客車行駛平穩及安全起見，所有超高度，均依客車之平均速率而定，因此貨車行駛時每較超高度過大，內軌之磨損，亦每較外軌為大，今以e為外軌超高度。

G為軌距

b為車輛重點之高度 CG

W為軸重

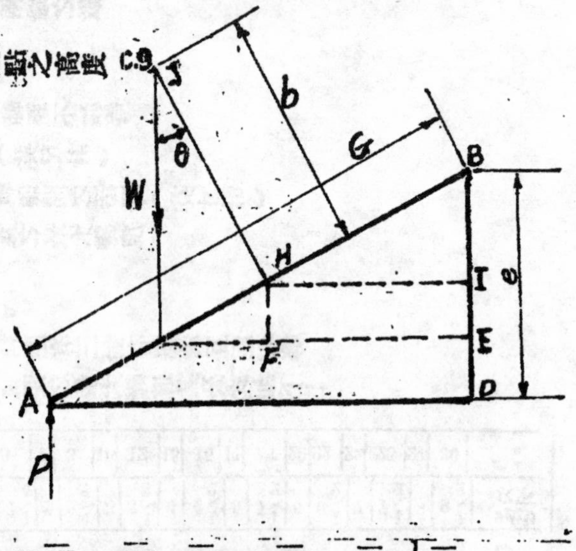

$P\,\overline{AD}=W\overline{CE}$,　$\overline{CE}=\overline{CF}+\overline{FE}$,　$\overline{FE}=\frac{1}{2}\overline{AD}$

$P=W\frac{\overline{CE}}{\overline{AD}}=W\left(\frac{\overline{CF}}{\overline{AD}}+\frac{\overline{FE}}{\overline{AD}}\right)=W\left(\frac{\overline{CF}}{\overline{AD}}+\frac{1}{2}\right)$

$\frac{\overline{CH}}{b}=\frac{e}{\sqrt{G^2-e^2}}$,　$\overline{CH}=\frac{be}{\sqrt{G^2-e^2}}$

$\overline{CF}=\overline{CH}\cos\theta=\frac{be\cos\theta}{\sqrt{G^2-e^2}}$

$$\frac{CF}{AD}=\frac{be\cos\theta}{AD\sqrt{G^2-e^2}}=\frac{be}{AB\sqrt{G^2-e^2}}=\frac{be}{G\sqrt{G^2-e^2}}$$

$$P=W\left(\frac{1}{2}+\frac{be}{G\sqrt{G^2+e^2}}\right)$$

則列車輛靜止時，內軌所承受之輪壓重，當為上式所稱之P。

根據以上公式，超高度愈大，則兩軌受輪之壓重相差愈大，即內軌之所受磨損愈大，同時車輛之重點愈高，內軌所承受力之輪壓重亦愈大，欲減少內軌之磨損，當求得一最適宜之外軌超高度或用特別強度之鋼軌，德國有Mox. Hutte其壽命可較普通鋼軌大三倍半，或用電鋼軌及含炭素較多之鋼軌，在美國裝置自動洒油機，注射於外軌上，在德國則以黑鉛與油之混合物用注油器，塗於外軌上，以上兩法，均因油滴凝聚，而減少拉力，致速率減低，瑞士鐵路以水代油，其結果頗佳，另一補救辦法，即當內軌磨損不能用時，將內外軌對調之。

法國Nadal's公式，為德國所採用，先假定：

（一）機車向彎道圓心旋轉，作等速運動（二）輪腳在軌頂作圓柱在平面上滾行（三）輪緣軌頂間橫壓力之力點，作水平方向，此問題即研究輪緣橫壓力須大至若何程度，即發生事變。

今以 W為輪重

Q為輪緣橫壓力

R鋼軌之反力，方向與垂直成B角

V為磨擦阻力係數，VR當與R成正交。

欲使輪不出軌其受力情形，當如下：

$$W\sin B-Q\cos-AR>0\cdots\cdots(1)$$

$$R=W\cos B+Q\sin B-\cdots\cdots(2)$$

（2）代入（1）

$$W(\sin-V\cos B)-Q(\cos+\sin B)>0$$

$$\theta<W\times\frac{\sin-V\cos B}{\cos B+V\sin B}$$

$$<W\times\frac{1-B\cot B}{\cot B+V}\cdots\cdots(3)$$

接德國B最大為60°，V0.27則$\theta>W\frac{1-0.27(0.577)}{0.7+0.137}=0.99$

W

故如欲不出軌，輪緣壓力，必須小於輪重，不然即有出軌之可能。

（完）

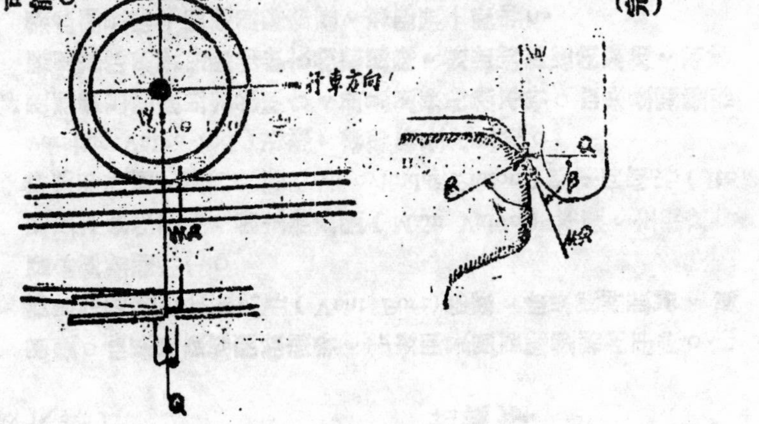

機車損壞應急修理方法

（續第六期）

胡麟壽

（丙）制動部份（Air brake system）

1. 風泵不能動作，怎樣處理？
風泵忽然停止動作的時候，可用手錘輕敲主錯汽閥蓋（Cap of main Valve Chamber），或注油，或開放洩水塞門。或暫先關閉風泵的汽閥，再忽然大開。用這一些方法，往往能使風泵仍然動作。如果用上邊的方法，仍然無効，就應該拆開詳細檢查，說不定是風泵調整器（Governor）不好。

2. 風泵發熱以後，怎樣處理？
風泵既然發熱，就應該設法減少風泵的動作。或將風泵關閉，讓牠熱度減退，再適當的加油。打開回動閥賓蓋，澆入一些適宜的油。

3. 風泵不能開動的時候，牠的毛病，或者是在蒸汽管裡邊，或在乏汽管裡邊，或在風泵調整器裏邊，或在風泵的本身。怎樣險查，以分辨毛病在什麼地方呢？
卸開蒸汽管的接頭，看看有無蒸汽。如果不見蒸汽，那或者是蒸汽管堵塞，或者是汽閥不能暢開。就可以斷定風泵的毛病，是在蒸汽管裏邊，再想法修理牠。
蒸汽雖然能進風泵，如果乏汽路不通暢，或者完全堵塞，風泵當然亦不能動作。卸開乏汽管（Exhaust Steam Pipe）和風泵的接頭，如果風泵就開始照常動作，可見這是乏汽管裏邊的毛病。
使用司機閥（Brake Valve），減低列車風管（Train Pipe）的風壓。如果風泵就開始動作，這表明是風泵調整器的毛病。有時風泵調整器的通汽孔（Vent Port）堵塞，如果將牠通暢，風泵也就能動作了。
風泵本身的毛病，像主錯汽閥（Main Valve）不嚴，主錯汽[illegible]鞲鞴漲圈折斷，風筒[illegible]鞲（Air cylinder Piston）脫下回動桿（Reversing Valve rod）折斷，等等都是常見的。

4. 風壓業已超過規定的壓力，但是風泵仍然不停。如果是調整器風塔和風管接頭的地方的濾風網，被油泥堵塞的緣故，你怎樣知曉是那一個濾風網堵塞，修理那一個呢？
如果總風缸的風壓，超過定壓很多，或者幾乎和鍋爐裏邊的汽壓相近，風泵仍然不停，就可斷定是調整器的兩個濾風網，同時都被堵塞。
如果司機閥的手柄在行車位置（Running Position），總風缸裏邊的風，增高到高壓風塔規定的風壓，風泵開始停止，就可以斷定是低壓風塔旁邊的濾風網被堵塞了。
如果司機閥的手柄在中立位（lap Position），總風缸的風壓，雖然增高到高壓風塔規定的風壓，風泵仍然不停。等到總風缸的風壓，和鍋爐的汽壓相近，風泵方才停止。這是高壓風塔旁邊的濾風網堵塞的毛病。

5. 風泵調整器的[illegible]室磨耗，如果不將[illegible]室鏇光，只換[illegible]襯圈，容易發生什麼毛病？怎樣處理？
照上面所說的情形，有時因爲調整器的鞲鞴，壓下來的行程稍撒這些汽常被卡住而不能上升。因此風泵不能行動。在這個時候，用手錘輕輕的敲擊調整器，藉着震動力，使瓣上升，風泵就可以恢復工作。

6. 風泵調整器的針閥(Pin Valve)是否洩漏，怎樣曉得？
如果針閥洩漏，通氣孔就有風吹出。

7. 列車上的閘桿拉條(Brake riggings)折斷，或風閘不能使用，怎樣辦理？
關閉該車上閘缸旁邊的切斷塞門(cut off cock)，該車的風閘，就失掉作用了。

8. 閘缸漏風，怎樣防止？
最好常常試驗，明瞭漏風的程度。普通多係皮墊(Packing leather)不嚴，應該拆修，或更換。

9. 如果最初放風孔(Preliminary Port)堵塞，不能用自動司軔閥(Automatic brake Valve)的緊閘位(Sevvice Position)制動，怎樣用閘？
在這個時候，司機應該小心謹慎，將自動司軔閥的手柄，移到急閘位(Emergency Position)。如果有充裕的時間，可將手柄移到中立位，並且鬆動司軔閥和平均風缸連接的風管接頭螺母，這樣減低列車風管的風壓。

10 自動司軔閥的手柄，在緊閘位，列車風管的風，不能放出。是什麼緣故？
這或者是因為最初放風孔堵塞，或者是列車風管的放風孔堵塞。

閥11如果喂不良，列車風管和副風缸的風壓，比較高一些。在緊閘的時候，恐怕制動力太大，發生不良的結果。怎樣辦理？
當緊閘的時候，如果減低列車風管的風壓，不超過二十磅，副風缸的壓力，尚且不至於比較普通壓力高出太多。所以緊閘應當輕微。減低列車風管的風壓，不可太多，免得閘缸裏壓力太高。

12 附掛無火的機車，牠的制動力，應該怎樣調整減低？
無火的機車往往是煤水比較少些，機車的重量，也就比較輕些。如果使用普通的制動力，機車容易發生滑行(Sliding)。普通都應將分配閥的保安閥，減低定壓，改定為二十五磅。就可限制機車閘缸的風壓，最大是二十五磅，因此減低制動力，機車的働輪，就不至於滑走磨傷。

13 如果平均風缸的風管破壞，可以堵塞已壞的平均風缸的風管，並且堵塞列車風管的放風孔。這個時候，就不能使用緊閘位(Service Position)來停車。但是仍然可以使用急閘位來停車。
在使用急閘位的時候，應該怎樣的注意呢？
這是使用急緊位，來代替普通的緊閘作用。應該注意使用司軔閥，將手柄稍微的移到急閘位。假如移動的太多，用閘定然太猛，要發生不好的結果。手柄從急閘位移到中立位的時候亦須要慢慢的移動。如果移動的太快，列車風管的風，當向外界放散的時候，放風口忽然遮斷。列車風管的壓力風，仍然有向機車的方向流動的趨向，靠近機車的車輛，有暫時自動的緊閘的毛病。

14 機車要和列車摘開，讓列車單獨的停在坡道上，怎樣處理？

要是在坡道上面，使用風閘來停車，恐怕經過的時間過長，風閘失却效用。所以應該先充分的擰緊各個車子的手閘，然後再鬆開風閘，或摘開機車。列車再從該坡道上開行以前，應該等到列車的風壓充足了以後，再鬆手閘。

15 為求用閘便當起見，編配貨物列車的時候，應該注意什麼？

最好是每個車，都有良好的風閘裝置。最低限度，讓有閘的車輛和無閘的車輛，均勻的混合編配，空車和重車，也要分配均勻。

16 機車和列車連掛的時候，機車和煤水車的閘管裏的風，很快的流到列車風管裏去，機車和煤水車的閘，發生速動的作用（Qucik action）。怎樣辦理？

如果已經發生速動作用，就應該將司機閥手柄移到解放位（Release Position），等到列車風管的風壓，大約到五十磅的時候，暫時將手柄移到中立位。先增高總風缸裏邊的風壓，然後再移手柄到解放位，這樣就能讓機車和煤水車的閘，鬆的妥當。

17 因為機車上水，調換機車或調車，必須將機車從列車上摘開。怎樣辦理，比較妥當？

先關閉列車風管的折角塞門（Angle Cock），折開橡皮風管的接頭，再稍微開放折角塞門，讓列車緊閘。這樣，機車再和該列車聯掛的時候，列車不易發生激動。

18 列車因用閘不當，在未到停車目的地以前，就有停車的趨勢，要須開汽，讓列車前進的時候，或是在行車中，忽見險阻，使用急閘，將要停車，又見險阻號誌撤去，又須繼續行車的時候，應該怎樣的注意辦理？

遇到這種情形，應該等待全列車的閘完全鬆開以後，再開汽門。要是一方面開汽門，一方面移動司機閥手柄到解放位，最容易發生車輛分離等故事。

19 用閘稍猛，容易引起滑行。如果業已發生滑行，可否用撒砂的方法來防止？

用閘的時候，如果需要撒砂，應該在緊閘以前，先行撒砂。等到全部車輛，走進撒砂區域以內，再行緊閘。到列車停止，或開始鬆閘的時候，停止撒砂。如果業已發生滑行，再行撒砂，不但沒有好處，反而增加車輪的磨耗。

20 如果因為風泵調整器不良，風泵不能動作，怎樣檢修？

折開調整器，檢查修理。如果是調整彈簧鬆弛，就可以適當的扭緊。如果是調整彈簧折斷，就該更換。如果是針閥下面，附有泥垢，可以將泥垢清除。風泵就可以恢復動作了。

21 因為風泵調整器和喂閥定的壓力太高，風泵不停，超過規定的風壓。怎樣辦理？

先將喂閥定好。（普通喂閥調整的壓力，是七十磅。）再將司機閥手柄移到行車位，（或保持位holding Position和解放位也可以）將調整器的低壓風塔定好。（普通定九十磅）。再將司機閥手柄移到中立位，（緊閘位和急閘位也都可以），將高壓風塔定妥。（普通定到一百一十磅）。

22 風泵的放風閥洩漏了，怎樣試驗？

先將各處的風打足，再關閉風泵，打開風泵的風筒上部的油盅，並且卸風筒底蓋的螺絲堵，如果有風從上部的油盅吹出，就以証明是上部的放風閥洩漏。如果有風從下部的螺絲堵吹出，就是下部的放風閥洩漏。

23 風泵的進風閥（Air inlet valve）洩漏，怎樣試驗？

開動風泵。如果是上邊的進風閥洩漏，風泵的鞲鞴，向上面行走的時候，比較快些。鞲鞴走到上頭，常有打擊的聲音。如果是下邊的進風閥洩漏，氣泵的鞲鞴，向下面行走的時候，也要發生同樣的現像。

24 喂閥不良，怎樣修理？

先關閉司軔閥下面的切斷塞門。將司軔閥手柄移到急閘位。折開喂閥，檢查喂閥的調整閥，閥的下面，常有油泥，閥座因此不潔，應該擦除清爽。卸開鞲鞴外面的螺絲帽，檢查鞲鞴和滑閥，發現毛病，或者有漏風的地方，就可修理。擦除清爽，滑閥加上一層油，再把牠裝好。

25 如果總風缸已到規定的壓力，但是列車風管裏不能去風，是什麼緣故？

司軔閥手柄在行車位的時候，總風缸裏充滿定壓的風，不能到列車風管裏去，這是喂閥的毛病。或者是調整閥的小孔，被油泥堵塞。或者是滑閥和鞲鞴，被油泥黏住，滑閥停在中立位。或者是調整彈簧的彈力太弱。等等的毛病，都可以應付修理。

26 風泵的進風閥黏住在關閉的地位，或者是放風閥（Air discharge Valve）黏住在開放的地位，你怎樣會曉得呢？

看風泵的鞲鞴行動的不均勻，就可以曉得。如果將手放近濾風器，可以感覺到在某一個時期，不能吸風。

27 風泵的風筒鞲鞴漲圈，如果是太鬆漏風，怎樣試驗？

風泵按照普通的速度動作的時候，將手放近濾風器。如果感覺鞲鞴上下行動的時候，平均的吸風，就是表示漲圈不漏。如果感覺在鞲鞴行程的一部份不能吸風，或者是吸風比較少，一定是漲圈漏風。

28 機車正在途中，忽然風閘的某一部份損壞，不能使用風閘。若是繼續行車，似乎不合安全的條件。應該怎樣辦理？

所謂行車安全，是機車在出發站，各部都應該良好的意思。如果中途發生損壞，是另外一個問題。只要沒有很大的危險，或者是危險的成分不多，就應該維持行車，才是正理。但是司機應該特別注意。減低行車的速度。進站更要慢行。通知調度方面，通知各站注意。司爐用手閘來幫助。或者也關照車長，鈎夫使用手閘。

29 煤水車下面的風管破裂，怎樣辦理？

如果機車上有號誌風管，可以用機車的橡皮風管，和煤水車的號誌橡皮風管連接。再將煤水車後頭的號誌橡皮風管，和列車的橡皮風管連接。開通連接的每個折角塞門。就可以利用號誌風管，將風傳到列車。照常的使用風閘。

30 用機車的前鈎掛車，推行列車的時候，如果靠近排障器的風管裂損，怎樣辦理？

將煤水車後面的列車風管橡皮管，和號誌橡皮風管連接。再將機車前面的號誌橡皮風管，和列車的橡皮風管連接，開通連接的各個風管的折角塞門。機車號誌管的給風門，和機車前面風管的切斷塞門都要關閉。

31 連接平均風缸的風管破裂，怎樣救急處理？

將損壞的風管，和自動司軔閥下面放風口，一齊堵塞。就可照常行車，用急閘位來停車。

32 從總風缸通到分配閥的風管破損，怎樣處理？

先將總風缸旁邊的風管口堵塞。如果和總風缸連接的一截風管上面，有切斷塞門，把這個塞門關閉。就可照常行車。此後列車用閘，和從先一樣。但是機車和煤水車的閘，不論是用獨立司軔閥，和自動司軔閥，都沒有作用了。

33 如果通到分配閥的列車枝管破壞，應該怎樣處理？

先將列車風管旁邊的斷口堵塞。就可照常行車。但是使用自動司軔閥緊閘的時候，機車和煤水車的閘，都沒有作用。只能獨立司軔閥，緊機車和煤水車的閘，鬆閘的時候，仍然要把手柄移到解放位。

34 風泵的風閥，有時黏住，在閥座上，不能活動。普通應急的修理方法是怎樣？

用小錘輕敲閥箱，藉這震動力，讓風閥活動。

35 關閉發生障礙的風閘以後，怎樣辦理？

將這個車上的副風缸裏的風放出來。

36 某一車輛的列車風管破裂，必須改編到列車後部。最後二個車中間的橡皮風管接頭（Caupler of air hose）和折角塞門，應該怎樣處理？

橡皮風管的接頭，都和啞接頭（Dummy Caupling）連結。折角塞門，也須關閉。

37 橡皮風管的接頭墊圈（Caupling gasket）漏風，怎樣應急防止？

在墊圈的上面關下面加墊，讓牠接觸嚴密。或用手錘輕敲打接頭，讓接觸的地方密切。或卸下列車最後的墊圈，用牠來更換。

38 司機並沒有使用司軔閥緊閘，列車自動的抱閘。這是什麼緣故？

這或者是風管破裂，列車分離，使用車長閥（Conductor's Valve），某處漏風太甚。遇到這種情形，司機應該關閉汽門。將司軔閥手柄移到行車位，下車探尋出事的原因。如果是風管破裂，一時不能發現破裂的地方，可將司軔閥手柄移到行車位，聽漏風的聲音在什麼地方。

39 中途風表損壞，怎樣辦理？

應該作緊閘（appre the brake）和鬆閘（Release）的試驗，試驗結果良好，就可照常行車。

40 裝有風閘的列車分離，或車長閥開放突然的停車，怎樣辦理？

普通應該將司軔閥手柄移到中立位，節省風力。如果車輛很多，分離的地方，又靠近機車，應該移司軔閥手柄到鬆閘位置，迅速的處理後邊的列車折角塞門，稍開汽門，讓機車前進，免得被後部車輛衝撞。

（本節完，全篇待續）

（丁）水泵（Injector）

1. 來水管洩漏的時候，水泵（揚水式或非揚水式）能吸水否？請你說明這是什麼緣故，如何修理。

用揚水式的水泵，如果水管（Suction Pipe）洩漏，就不能吸水。因為空氣進入水泵，破壞真空，所以不能吸水。此時設法堵塞或纏裹破漏的地方，使牠不透空氣，就能維持給水。

用非揚水式的水泵，如果來水管洩漏，仍可照常吸水。因為來水管裏邊，時時有水櫃的水，水從破損的地方流出，對於吸水，並無多大影響。

2. 當水泵的汽閥稍稍開放的時候，水櫃裏邊的水，可以吸入，並且由溢水閥（Overflow Valve）流出。但是開大汽閥，不能將水送入鍋爐，是何處發生故障。如何修理？

這些故障，或因水櫃閥（Tank Valve）開放不充足，或係濾水器和濾水橡皮管堵塞了一部份，可拆視或檢修，比較容易處理。如果上面所說的故障，係因管喉的中心不一致或係管喉（Nozzle）或送水管（Delivery Pipe）的口徑被水垢縮小，行車中不易修理。

3. 當水泵的汽門，稍稍開放的時候，根本不能吸水到水泵裏邊，是什麼故障，怎樣處理？

這是水櫃閥關閉或濾水器完全堵塞的緣故。但如果是鍋爐止回閥（Check Valve）不嚴密或者是揚水式的水泵來水管洩漏，都能發生同樣不能吸水的結果。分別檢查，不難處理。

4. 水泵不能吸水，或因水櫃閥關閉，或因濾水器（Strainer）堵塞，或因止回閥不嚴，或因來水管洩漏，怎樣分辨？

水櫃閥是否關閉，濾水器是否堵塞，拆開機車的過水橡皮管，看看有水或無水，就可明白。若是止回閥不嚴，必然送水管很熱，並且可以看見溢水管中有蒸汽噴出。來水管洩漏，也容易看見。

5. 水泵不能吸水，應該怎樣檢查其原因？

第一步，先看水櫃中是否有水或缺水。再檢查水櫃閥是否開放。再看溢水管中有無蒸汽噴出來，檢查送水管是否太熱。如果仍然不能發現其原因，可以卸開過水橡皮管，檢查濾水器有無堵塞。

6. 若是因為鍋爐止回閥洩漏，不能用水泵給水，怎樣處理？

先關閉球閥（Globe Valve），將水泵的汽閥，稍稍開放，務使水櫃的水，進入水泵。再將汽閥大開，同時使司爐開放球閥，就可給水。

7. 當不使用水泵的時候，溢水管（Overflow Pipe）裏有汽噴出，這是水泵的汽閥洩漏呢？還是鍋爐的止回閥不嚴呢？

如果從溢水管噴出的，純粹是蒸汽，係汽閥洩漏。如果從溢水管噴出的，大半是水，係止回閥不嚴。要想精密分晰，可以關閉球閥。

8. 混合管喉梗塞的時候，怎樣處理？

拆去汽帽（Steam Valve Bonnet）用鐵絲通暢牠。或卸開送水管和喉管，除去梗塞的東西。

9. 水櫃閥和閥桿脫開，水櫃閥關閉，怎樣處理？

關閉水泵的溢水閥，再開水泵的汽閥，讓蒸汽倒流入水櫃，將水閥推開。

（戊）其他各部

1. 在行車的時候，機車的某一部份損壞，仍能照常行駛，怎樣辦理？

在安全範圍以內，當然以維持行車為原則。設法偵查損壞的地點，和損壞的程度。作應急處理或補救的準備。停車的時候，停在不妨害其他列車通過和便於修理的地方。

2. 如果機車一邊的蒸汽，不能使用，應該怎樣處理，用那邊的單汽缸，維持行車？

卸下發生故障的一面的閥動裝置。在行動機車和移動回動手把的時候，這邊的汽閥，固定不動，就算妥當。

3. 機車途中發生故障，不能行駛，怎樣處理？

第一，須設法維護行車的安全。考查出事的原因和經過。預先估計修復的時間。或要否救援機車及器材。將各種詳細情形，通知有關係的地方。最好以不延悞其他列車為原則。

4. 假設機車的洗爐塔（Washout Plug）或放水門（Blowoff Valve）破損，或是不能閉塞，怎樣處理？

先妥為落火。利用惰力，使機車和列車駛入側線，再行修理。或求救援。

5. 途中爐條破損或燒壞，怎樣辦理？

撥開火層，將爐條燒壞的地方的煤火，清除妥淨。用鐵塊或鐵鈑遮蓋，再將火層布勻，掃除灰盤，然後行車。

6. 在行車途中，調整閥（Throttle Valve）不能關閉，怎樣辦理？

遇到這種情形，應該酌量減低鍋爐的汽壓，減少牽掛的車數，或者減低行車的速度。利用回動手把和風閘，維持行車的安全。

7. 水櫃的彈簧折斷，怎樣辦理？

用千斤頂 Jack 將水櫃架起，用木塊墊至適當的高度，代替彈簧的作用，就可以維持行車。

8. 如果途中調整閥不能開放，怎樣辦理？

通知有關係的地方，請求救援。注意關放給油器（Lubricator）注油到汽缸和汽閥，以免拖行的時候，磨壞了汽缸。若是天氣很冷，恐怕汽缸和汽閥凍結，可以將油管的止回閥卸去，讓較多的蒸汽，進到汽缸和汽閥裏邊。

9. 動輪的彈簧吊桿（Driving Spring hanger）折斷，怎樣處理？

就在這個軸箱和車架的中間，墊以鐵鈑，並且將彈簧的均重桿（Epualizing bar）墊平，讓各個車軸所担負的重量平均，可以應付着行車。

10 彈簧均重桿折斷，怎樣辦理？

遇到這種情形，所有受到影響的各大軸（Driving axle），軸箱上均須加墊。最好讓機車在復軌器（Re-railing frog）上或者帶斜坡的墊物上行走，作加墊的工作，比較便當。

11 如果透視給油器（Sight-feed lubriaptor）的一個給油嘴堵塞，怎樣處理？

關閉水閥，並且關閉其他給油嘴的調整閥。再開洩水塞放出給油器內的水，讓油管的上端露出油面爲止。開大堵塞的給油嘴的調整閥，藉平均管內的汽壓，將給油嘴內的堵塞物品吹出。

12.如果暖汽表指示適當的汽壓，但是暖汽管裏邊的汽壓太低，這是什麽緣故？

公或係減壓閥調整的壓力太低。或係暖汽表不準確。如果暖汽表良好，或係暖汽管裏邊，有堵塞的地方。暖汽管裡邊有堵塞，往往是在暖汽橡皮管裏邊，可以拆開檢查修理。

（完）

鐵路叢談

程文熙

第三章　鐵路之經營

一、歐戰以前
二、歐戰以後
三、內部工作之分配
四、賬目登記之狀況
五、營業款項之收支

自民國紀元前一〇二年，美人斯帝文斯創造鋼軌。紀元前九七年至八二年之間，英人斯梯文生創造蒸汽機車。而世界遂增添一新事業曰鐵路。其經營之方法，累有變更，由草創而漸達於成熟，有足述者。

一、歐戰以前

鐵路創始之初，宛如公路河道，任何人得於鐵軌之上，備車行駛。嗣以管理上感覺困難，遂改爲包商承辦制。將鐵路租與商人承包辦理，以期統一車輛之形式。旋復以包辦性質，往往不顧衆利益，於是進而爲有條件之包辦制度。其必須遵守之條件如下：

（一）保障公衆利益。
（二）安全。
（三）往來車次多。
（四）任何人有坐車權利。

建築鐵路，需資本甚鉅，初非一人資產，可以勝任者。故有由資本家合資創設公司者。有由政府籌款辦理者。各國鐵路營業制度，互有異同，別之約可分爲四類：

（一）自由競爭制　政府准許資本家建造鐵路，幷鼓勵之，以期普徧。盈虧由資本家負責，政府祗盡助成之力。驟視之，此制甚佳。資本家出資競築鐵路，則交通愈便，運輸能力，愈可增强，運費愈可減低。但事實上適得其反。蓋商辦之路，路線所經，必選富庶之地，俾獲厚利。貧苦地帶，遂無人問津。且既屬自由競爭，則兩路並存之地，勢必彼此減低運費，增加速度，以爭取客運，而行車安全，必難顧及。英國嘗有各鐵路因斷本而組成同業公會，彼此聯絡，避免競爭者。然此不過為顧全私利計耳。對於公益，仍為所忽。於是政府不得不出而干涉，訂定一切技術上商業上之章則以糾正之；而官督商辦之局以成。

（二）官督商辦制　政府定一路線，招商投資，雙方簽訂合同，在指定期間之內，所有已成未成各段路線，均歸商家經營，合同期滿，路歸政府；政府倘在期滿前欲專用此路，亦出資購買之。平時鐵路公司之財政，應報告政府；倘遇不敷，可請政府資助；萬一鐵路公司債務過重，不能付息時，亦可請政府補助之，將來由公司負責償還；若開支及利息之外，尚有贏餘，政府亦應分潤；公司財政及各種公益事業，政府均有監察之權。此制於發展沿途之工商業甚為有利。商辦鐵路，恒注重於工商，以求發展其營業；營業既旺，車次自加，運費自減，贏餘益豐，更有餘款，可以建造其他路線，而鐵路之擴展，益有望矣。

（三）官路商營制　造由官造；管理營業，則由商辦公司，遵照國有鐵路章制，負責辦理之。每年由公司供給政府利息若干；此數或為預定，或與公司營業為正比例。公益仍可保全。但亦有其缺點：（1）招商難得其人選；（2）商人注重謀利，合同時期不長，路產維持不易。據云意大利曾試行此制，成效尚佳。

（四）官辦制　鐵路國有，始於民元前三十五年（西一八七六年），首由德國創行之。其優點在政府可預定全國鐵路計劃，而次第發展施行；且既屬公營，則競爭絕跡，而獲利較易；所有盈餘，無紅利之分配，可用於鐵路之本身；因此運費可以減低，車次可以加多，而一切措置，得以遠大為期。假為國家所必需，即虧折亦在必辦，此其長處也。其短處在官方專營，遂近壟斷，且以不關私人利益，責任心少；每與政治有關，易受政潮牽制，辦事之手續較繁，營業之費用較大。當前次歐戰時，美國各鐵路，實改歸官辦；嗣於西歷1920年，復又歸還公司，改為官督商辦。英國亦然。其所以然者，費用大而成績次佳故也。

五、歐戰以後

歐戰完畢時，各交戰國之鐵路，損壞不堪。其損壞之情形有兩種：（1）在戰區以內者，或由自已拆毀，或由敵人破壞；（2）在戰區以外者，或因維持及修理之不周，或因人心不安，辦事之疏忽所致。此種情形，我國亟應知之。因現時對日抗戰，鐵路被損壞之處極多，歐戰後之情形，可為我國修復鐵路時之研究資料。下列數項為英德法三國鐵路普遍之情形：

(1)客車晚點，旅客感覺不便。

(2)運送貨物遲緩，商人無法維持交貨日期之信用。

(3)機車燃料及各種原料均缺乏，鐵路工廠及其他各工廠，不能按時工作。

(4)物價增高，其原因如左：

(a)產量減低。

(b)人工缺乏，或被徵為公用。

(c)稅捐加重。

(d)每日八小時工作。

(e)商人居奇，囤積，或壟斷。

(f)鈔票發行太多。

(g)存貨太少。

(5)戰前各廠之工具，均完全，且按時改良，按時增加，以資適應需要。及戰爭發生之後，人工減少，維持車輛及路基之能力，亦減至極小程度，且另分一部份之力量，來助戰事，以求最後勝利。戰事完結以後，各項工具均欠完善，熟練之路員亦減少，代之者，或經驗不足，或對路務不發生感情。

歐戰之時，法國北部及東北部均為戰區，全國面積十六份之一，被德軍占領者幾有四年之久，故其鐵路所受之損傷，亦與其他各國不同。德國雖未為戰區，然因戰敗國之故，曾將機車車輛之一部份及鐵路材料之一部份移送法國，作為賠償，故鐵路所受之損傷亦獨多。英國又與德法不同。為明瞭英德法三國，各於戰後之鐵路特殊狀況起見，茲再分別之言如左：

(甲)英國鐵路：

(1)燃煤不夠用。

(2)使用機車不合法，或成績欠佳。

(3)實行每日八小時工作，及時常罷工，以致物品產量減少，而成本增高。

(4)海口，及出發站，存車太多，以致道路堵塞。

(5)缺少空車。

(6)列車行駛遲緩，致運輸物品之時間加長。

(7)購備材料不易，修理工作遲緩。

(8)某種物指定先運，以致車站秩序混亂，調撥車輛發生困難。

(乙)德國鐵路：

(1)機車車輛之損壞不能用者幾達半數。

(2)實行每日八小工作，且工作時間減少修車困難。

(3)富有經驗之路員稀少。

(4)道德淪忘，不忠於職務之行為，時常發見。

(5)燃料不夠，且質地不佳，油潤缺乏，修車材料亦窮。

(6)機車每日所能行之里程縮短。

(7)待修之車輛日增。存車道不夠用，調車困難。

(8)快車全停，客車及貨車或開或停。客多之時，免開貨車，貨多之時，免開客車。隨時隨地不同。如燃料，糧食，及製造織之原料，指定可以先運。客多之時，凡客人能證明實有要事者，可以先得車位。

(丙)法國鐵路：

(1)以人事方面言：

(a)有經驗之路員，在戰時或死或傷，人數減少，新者因戰事無法訓練，結果熟練路務之人太少。

(b)機務人員亦然，尤其是司機升火，在戰前必須有三四年之經驗，方可為一正式司機，今則練習數月，即令開車，故行車事變獨多。

(c)自規定八小時工作以後，工作時間愈短，需要之人數愈多，熟練者已經稀少，今再欲增加人數，自然困難倍之。

(d)戰後人心不安定，器具不齊全，工作之成績不良，產量減低。

(2)以物質方面言：

(a)司機升火不够用。

(b)機車車輛不够用。

(c)維持及修理機車車輛之工作特別遲緩。

(3)以燃料方面言：

量不足，而質亦太差。因質欠佳，而消耗量愈多。且機車因用壞煤，而爐鍋損傷者，亦甚多。

(4)以行車方面言：

(a)戰後運輸潮流，與戰前不同。故初辦之時，往往調度不得其當。

(d)卸車太慢，車輛周轉不靈。

(c)卸車後，不將貨物運走，致貨載積於車站，妨碍站務。

(b)因運輸潮流不同，原有倉庫亦不適用。

(e)壞車太多，車站岔道不够用。

(f)原有車房之地位太窄，從前本來無需車房之處，戰後實有另建車房之必要。

(g)車站與車房間之電話，太不靈通。致車機方面，彼此缺少聯絡，不明晰沿途情形，不知列車晚點，對於改善行車狀況，無法進行。

(h)戰區以內之行車設備，如車站車房及機廠均須另行建造，並須較舊者加大。

下爲戰事後之鐵路經營制度：

甲、法國

歐戰時，法國北部各鐵路，均被破壞。戰事結束，竭力修養，因經費支絀，終難恢復戰前原狀。民國十年，法國各鐵路公司與政府商訂一新式經營制度，名曰一九二一年鐵路新協定。其的在使(一)收支平衡化；(二)技術標準化；(三)運價統一化。

在此制度之下，各路財政，仍爲獨立。各路進欵之中，提出其營業費用；資本利息；股票紅利；及負債本息外；餘者存入全國鐵路公積庫。如遇入不敷出之時，可向公積庫借貸。倘收支相差過鉅，則可呈請政府，准其增加運費，以資平衡。

員工有奬勵金，其制：(1)某路進欵超過1920年者，得在餘餘內提 3%爲奬金；(2)某路虧蝕少於1920年者，得在所少數目之內，抽 1%爲奬金。由公司及其人員分有之：公司得一成，人員得二成。

政府預定每年添造新路若干公里。建造新路之資本，政府出五之四，鐵路公司有餘欵者借五之一。惟此五之一之股票，在1928年以後，政府得出資收回之。

凡屬商辦鐵路，皆立股份公司。其管理權在董事會。債券分兩種：(1)有官利而兼有紅利者；(2)祗有官利者。兩種債券，皆分期還本，以路產爲担保。每年開股東大會一次，出席股東，須持有預定額數股票，否則不能參加。如開會不足法定額數至二次者，則第二次會議時，在場股東之決議，即得生效。股東大會之任務，爲選舉董事，規定紅利，核消總帳目，增加資本，變更定章，至公司行政，則由執行董事主持之。執行董事，應有股權一百股，任期五年。由董事會推選之。董事每月開會一次，出席人數，必符規定，決事方生效力。其每年經常費用，與外界訂立緊要合約，購買大批材料，准許買賣公司資產，動用大宗存欵等，均須由董事會決定之。惟用人之權，則由總工程司遴選呈請董事會批准。董事會得選派若干人爲管理委員或局長，主持日常事務。

上述股東大會，董事會，執行委員會，均係對下而言。至與政府公共工程部聯絡，則有下列之兩種組織之：

（1）全國鐵路參議會。其會員由下列各處組成之：

甲、部派會員三十人，代表全國各方面之利益。

乙、每路派代表二人，一由低級員工中選出，一由中級員工中選出，共派十四人（法國有鐵路共七條）。

丙、各路董事會各選派二人，共十四人。

丁、各路局長公推一人，及國有鐵路之董事長一人，共二人

戊、參議會會長，由公共工程部另行派充。

共計六十一人。其職務如左：

（a）開創新路線　（b）計劃新路工作　（c）發行股票

（d）核定規章　（e）核定運價　（f）提議改良行車事務

（g）各路工作時間問題　（h）薪餉　（i）養老金等等：

如遇一路或數路，因專門問題而發生糾紛時，部長得參議會同意之後，可讓一部份權限與參議會，由參議會代表解決之。其方法用投票式。

（2）全國鐵路理事會。辦理各路營業上之各項事務。如統一運價，訂製技術規章，聯運規則，工作章程，薪餉養老金，分配運價及進欵出欵之類皆屬之。其組織由每路派員三人，即以參議會丙項之人員，各路局長，及國有鐵路董事長充任之。政府方面，由路政司長爲代表。每路有選舉票一權。以多數決定之。

如路與路，或路與員工之間爲工作薪餉等問題而發生糾紛，則組織臨時法庭調解之。法庭人員凡五：（甲）參議會之乙項二人，（乙）丙項二人，（丙）其庭長由部派參議會員三十人中公推之。

至於監察建築工程，運輸事務，及工作成績等：均直轄於公共工程部。

按法國鐵路，原有商辦及國有兩種。如東方，北方，南方，P.L.M.及P.O.等各公司，原屬商辦，各有其營業權之期限，其長度，共計三、三八八九公里。如A.L.及國家鐵路，均屬國有，計長一、一七二七公里。1921年之新協定，至1933年六月爲止。1933年七月起至1937年八月止，有第二次協定，其綱要如左：

（1）各路股票之利息，皆由政府担保。

（2）政府對各路有監察之權。

（3）路有餘利，政府可以分潤。

1937年八月以後，又有第三次協定，其主要目的，將各商辦

鐵路之營業權取消，另行設立法國鐵路國有公司。凡各商營鐵路之土地，原屬國有。今以每路之土地及車工機等之物產，統共作價。則商營各鐵路，可得股票百分之四十九，國有鐵路可得股票百分之五十一。此一百份之股票，皆作為法國鐵路國有公司之資產。各路之股東，均為該公司之股東，經營管理均歸該公司主持之。收支應出入相抵，不敷之時，由政府貼補之。不能貼補之時，須准其增加運費，倘運費至相當數目，於商業發生害處時，仍由政府籌款貼補之。其籌款方法，或由郵電項下酌次加價，或分期加價，或由其他款項中撥給之。總而言之，一方面欲維持鐵路之出入相抵，一方面欲無害於其他事業，此為其宗旨，欲知詳細情形，請閱Revue générale des chemins de fer du 1er-12-1937。

（乙）英國

英國管理鐵路之情形，與法國相仿，惟部方之權不如法國大。（見Railway Pact of 1921）。凡遇糾紛，鐵路以外之人，亦得加入評判，但限於運價及薪餉二項。路員代表發言之權，亦有相當限制。

各路彼此獨立，其運費不妨各異，無獎金制。

（丙）美國

美國鐵路與政府聯絡之機關有二：

（1）聯邦委員會（Interstate Commission）。會員皆鐵路以外之人。凡屬鐵路公司之利息運價，皆可以加以評判。即鐵路之管理及分配車輛等事，亦可批評。

（2）工作室（Bureau of Work）。有委員九人，代表路者三，代表公司者三，鐵路以外之人三。

凡遇路員與路局發生糾紛不能解決之時，即由以上委員組織臨時法庭解決之。

用路外之人評判路務，其優點在無派別，無私心，其劣點則不免隔膜。

（丁）德國

德國鐵路皆屬官辦。其上有鐵道部，其下分區。每區一局，主其事者為局長，局長之下，設有處長，分工合作。

（戊）比國

比國鐵路，均屬於鐵道部，部長即局長。其下有處長及工程司。

（己）何加利

何加利同比國

三、內部工之分配

鐵路公司，宛似為車行。惟以機車代馬，鐵路代公路，車務人員代替賬房先生而已。故無形之中，已將車工機三處專門事務，分別清楚。凡百事務，總其成者，只可有一人，故為車行由其主人主持，鐵路公司由其經理主持也。

（美國鐵路以分段為主體，每段似一公司之分號，一切事務皆單獨行之。內分車工機三門事務，但管理車務，可兼管工機兩首領。此為其特點。積數分段為一總段，總段之首領稱運務長，下有工務機務總工程司各一人。積數總段成一運輸區，區長即為經理之代表，下分總務商務會計及車工機等課，每課設課長一人，車務課長之權，仍高於工機兩課，宛似各分段之辦法。最高機關爲總公司，內部分車工機三處，由車務處領導統籌及管理全路運務。此外又有商務處專門研究全路商業之發展。至於財政會計產業等項，均屬於公司之參議會焉。美國鐵路經營制度，原爲統一治權。至於車務之高級首領，爲統轄工機兩處事務起見，須在車工機三處，曾次第擔任重要職務者爲合格。所謂經營一種事業，對於該事業之內容，均須明瞭，方得免失敗之虞。

法國鐵路分三大處：（1）車務處專管行車，車站，及商務。（2）工務處專管路軌，橋樑及新工程。（3）機務處專管車房，機廠，及材料庫。

凡普通事務，及與車工機三處有關者，如會計，出納，醫務，養老，軍役，股票，產業，及爭訟等項，均屬總務處。

德國自一九三一年起，設立運輸部。上有部長，下分七區。每區分數局。每局分車工機電等處。爲統一事權起見，數局之上，可設立一統一辦事處，以資聯絡而求迅速。

按美國制度，因統一治權關係，對於段內事務，其直接首領，比較明瞭。惟總公司對於段內事務則不免署爲隔閡。法國辦法，取車工機三權鼎立。彼此監察，此爲其優點。外段事權不統一，爲其缺點。但無論何種制度，均不能稱謂完善，一切尚恃人爲。故當事人之道德，學問，經驗，才能，熱誠，不可不注意也。

四、賬目登記之狀況

凡一事業，其財政狀況佳者，必能持久。故無論何種經營制度，皆應維持其財政。欲達此目的，必須量出爲入，或量入爲出。並立各項必需要之賬目，以研究之。下列各節，爲鐵路財政登記賬目之類別及其說明：

（1）鐵路建築時，工程用款，及薪資等一切用款，皆爲建築賬目，即資本支出賬。又爲鐵路成本。

（2）鐵路築成後，開始營業，即有收入款項，是爲營業進款。

（3）一方面支出者，爲運務費維持費，及薪資等等，是爲營業用款。

營業賬之結果，表示鐵路業務之盈虧也。

（4）鐵路收支款項，凡不能列入營業進款，或用款賬，且非資本收支，而爲事實上必有者，如債券及証券之利息，租金，稅款，及其他等，並營業進款與用款兩數相抵盈虧之數，應列歲計賬。

歲計賬之結果，表示一年度之盈絀也。

（5）凡以前會計年度，各種交易，其所發生之收支款項等，雖與本年度盈絀無關，而適在本年度內處理者，如過期賬之注銷，或注銷後復行收回，及出售資產所發生之盈虧等類，並歲計賬盈絀之結餘數，應列盈虧賬。

盈虧賬之結果，盈則分配用途，虧則設法彌補之。

（6）凡列年之盈虧結果，與本年盈虧結果，合併記賬，該賬表示截至本年度末，盈虧情形，及撥用或彌補辦法，是爲盈虧補撥賬。

(7)該賬爲鐵路一年度營業最終結穴之點，其結果應轉入總平衡準表，而以資產負債兩數平衡之。總平衡準表者，所以表示鐵路各賬清結之日，全路之財政狀況，及自該路開始日起，至該日截止，所有財政上，營業上各種交易結果者也。

(8)以資產爲借方，以負債爲貸方，分別資金資產，營業資產，未來之借項及累積虧折。以負債爲貸方，分別資本營業，負債，未來之貸項，盈餘之撥用，結餘或未經撥用之盈餘。今若以借方及貸方兩數平衡，則一路之賬全矣。

前後賬目既經明瞭，則研究改良之工作，自可着手進行矣。

五、營業款項之收支

無論何種事業，何種經營制度，其目的莫不爲將本求利。利得不到之時，謀出入相抵，出入不能相抵時，或設法彌補或停業，鐵路亦然。故經營鐵路，第一步工作，應瞭解進款與用款之部份，俾得研究多進少出之方法。再以每年每公里之進款與用款爲比較，藉以考察各路進出款之多寡，及其業務之盈絀。更以歷年營業百分率爲比較，即可知其盈絀之原由。營業百分率愈小愈佳。惟業務太弱者，其營業百分率必大，太強者，其營業百份率亦大，因進款雖多，其開支亦大之故。茲將我國各鐵路營業款項之收支，分別縷述如左：

(甲)鐵路之進款

鐵路營業之進款，不外乎下列各項：

一、客運業務(專指旅客)

二、客運業務(指與旅客有關係者如行李之類)

三、貨運業務(專指貨物)

四、貨運業務(指調車裝卸等類)

五、渡船業務

六、電報

七、總機廠餘利

八、雜項進款

九、租金

十、附屬營業

十一、互用車輛

以中國各路營業進款總數計之，二十二年份可得一萬萬四八二四萬六一七一元三〇

附各路營業進款之總數表(二十二年份)

	營業進款
平漢	31,006,609 $.28
津浦	22,203,624 .78
北寧	22,192,242 .49
京滬	13,872,794 .52
膠濟	13,808,627 .46
平綏	8,761,463 .10
隴海	8,062,578 .39
滬杭甬	6,672,700 .26
正太	5,472,195 .05
廣韶	4,951,923 .81
湘鄂	3,074,488 .51
汴洛	2,936,484 .23
廣九	2,172,588 .76
道清	1,675,102 .60
南潯	1,483,348 .06
總數	148,346,171 .30

附各路客貨運進款比較表（二十二年份）

	客運	貨運	其他	總數
廣九	86.19	10.31	3.30	100
京滬	70.21	18.98	10.86	100
滬杭甬	65.21	28.50	6.29	100
南潯	64.86	27.19	7.95	100
廣韶	49.70	46.31	3.99	100
汴洛	46.82	42.68	10.50	100
湘鄂	42.78	50.90	6.32	100
津浦	42.25	44.73	13.02	100
平漢	29.72	61.22	9.06	100
隴海	27.89	61.03	11.08	100
北甯	26.11	56.77	17.12	100
膠濟	24.98	68.79	6.23	100
平綏	20.89	71.12	7.99	100
正太	20.45	69.57	9.98	100
道清	17.61	77.25	5.14	100
平均數	37.35	52.27	10.38	100

但各鐵路之營業進款，有兩種，（一）非現金進款，（二）現金進款，非現金進款，又分兩項：

第一項、為政府客運及貨運之進款，並不付給現金，僅以轉帳手續了事。

第二項、為運輸他路或本路材料，應得之運費，及互用車輛應收之租金，其數目，亦不過各路互相轉帳，按例登記，亦無實驗之現金，若於營業進款中除去兩項之數，即鐵路實收之現金進款也。

茲將全國各鐵路非現金進款，及現金進款，列表如左：（民國二十二年份）

政府運輸	旅客　民事運輸	128,338$17
	軍事運輸	5,961,711.71
	行李貨幣	23,680.27
	車輛牲畜	154,350.34
	專車	108,358.39
	郵件	548,438.69
	客運總數	6,924,877.87
	貨運	7857,116.22
他路材料		627,883.77
本路材料		2,009,048.39
互用車輛		1,896,677.65
非現金進款總數		19,315,603.90
各路進款總數		148,346,171.30
非現金進款		19,315,603.90
現金進款淨數		129,030,567.40

附各路每公里平均進款表（二十二年份）

北甯	47,647$00
京滬	42,407.00
膠濟	30,463.00
平漢	23,467.00
滬杭甬	23,274.00
正太	22,594.00
津浦	20,098.00
廣韶	18,051.00
汴洛	15,959.00
廣九	15,161.00
南潯	11,657.00
隴海	11,363.00
道清	10,125.00
平綏	8,996.00
湘鄂	5,991.00
平均數	20,617.00

上列各表，均由鐵道部統計總報告中抄來，對於各路進款之

多寡，客貨運進款之比較，現金及轉賬之分別，以及某路每公里附有進款若干，均經詳細表明，一目瞭然，此進款項下之大概情形也。

（乙）鐵路之用款

一、總務費　凡局長室，總務處，會計處，材料處，醫務處，法律顧問室等之薪金公費及辦公室之費用，並一切相類之費用等，如解部之款，人命及貨物之賠償費，鐵路教育經費，路警費，員工之獎金及醫藥費等均屬之。

二、車務費　車務處辦公室，及沿線車站員工之薪金公費，暨消耗品等費。

三、運務費　行車費，機車之燃料及水費，各車輛之油脂費，機車及列車上員工之薪資，清理出險及其他意外費用，渡船事務及與上項相類之各費。

四、機務維持費　機車，車輛，渡船，機器及工廠等之修理費，車輛等之折舊費，亦在其內，其計算法，應就原價及預算年數，決定之。

五、工務維持費　維持路身，軌道，壓道，橋樑，信號，電報，船塢，及其他性質相同之一切不動產之費用。

六、互用車輛費　為一路租用他路車輛所應付之租金，各路均有互相租用車輛之事，故此項祇結總數。

附中國鐵路各項費用比較表（二十二年份）

類別	營業用款總數
總務費	28,390.140.05
車務費	14,856.903.63
運務費	20,889.833.38
機務維持費	22,039.193.50
工務維持費	19,879.704.47
互用車輛	44,145.14

上列數字包括現金及非現金

附法國鐵路各項費用比較表（以一公里計算）

	各項費用
工務費	3500法朗
機務費	9800法朗
車務費	9000法朗
總務費	1500法朗

以上兩表比較，則中國路之總務費，似覺稍大，推原其故，實因國內不靖有以致之。（按英德美三國鐵路之用款亦以機務維持費為最大）

附各路每公里平均營業用款表（二十二年份）

路別	營業用款
京滬	29.993元
北寧	28.288元
膠濟	24.736元
滬杭甬	18.020元
平漢	15.581元
津浦	14.855元
正太	14.010元
廣韶	13.664元
廣九	12.652元
汴洛	10.915元
南潯	8.712元
道清	8.709元
平綏	7.966元
隴海	7.519元
湘鄂	7.314元

至每公里營業用款，時有漲長，其原因甚多，而以業務之盛衰，為最重要，欲知路之貧富，業者以用款佔進款之百份比率為根據，此即所謂營業之百分率也。

附各路營業百分率比較表（民國二十三年份）

路別	百分率
北寧	59.4 %
正太	62.0 %
隴海	66.2 %
平漢	66.4 %
汴洛	68.4 %
京滬	70.7 %
津浦	73.9 %
南潯	75.4 %
廣韶	75.7 %
滬杭甬	77.4 %
平綏	79.7 %
膠濟	81.2 %
道清	86.0 %
廣九	90.1 %
湘鄂	122.7 %

以上各表均由鐵道部統計總報告上抄來，藉以表顯用款項下之大概。

附安南各鐵路營業百分率比較表

年份	西貢電車公司	滇越鐵路	安南國家鐵路
1935	85 %	80 %	113 %
1936	92 %	65 %	95 %
1937	98 %	51 %	86 %
1938	92 %	60 %	91 %
1939	79 %	76 %	80 %

綜觀上述各節，鐵路進款，原以客貨運為大宗。其出款，當以機務維持費為最高。運務費次之，今若以「量出為入」四字做辦事綱目，則車務為進款最多之機關，其責任比較重要。若以「量入為出」四字而論，則機務之職責，比較重要。其實一進一出，各有其限度，「量出為入及量入為出」兩者應並重。為獨立應付事業之環境計，當以「量入為出」四字做辦事綱目。故歐美人辦理鐵路，重視機務。在我國現狀之下，則應注重總務也。

連續框架之力矩計算簡法

丘勤寶

I、引言：連續框架中力矩之計算方法甚多，或為圖解或為連算法，各有其特長之處，其原理及應用，詳于各書誌。茲所述者乃一未曾發表之新法，其原理簡而應用易，對于計續框架之力矩計算，誠為有價值之貢献也。

凡一連續框架之樑柱，彼此互相固結于節點時，則將因其上之活載重而發生應力，有如該架上受載重所發生者然。等鄰跨受不同之載重，或不等鄰跨受等載重，或若干鄰跨負載重，其他則否，則其樑柱上之力矩所受影響甚鉅，而整個框架作用所生之力矩，非為普通之力矩係數所可解求者也。

II、跨度載以對稱之載。

設第一圖(a)係表連續框架之一部，其樓地板之一跨度AB載以對稱之載重，A及B節點遂受其影響而起扭轉，扭轉之程度，係依集結該點樑柱之硬度而定。Ad, Ae, Af, Bg, Bh, Bk 等乃係控制的樑柱，今設 θA 為A點所生之扭轉，而 θB 為B點所生者，則依斜坡撓度原理（Slope-deflection）于圖一(b)之A點上

$$M_{AB}=2EK_o(2\theta_A+\theta_B)-C$$
$$M_{BA}=2EK_o(2\theta_B+\theta_A)+C \quad \cdots\cdots(1)$$

其中E為彈率，$K_o=\frac{I}{l}$，C為AB固定樑之端矩，（End moment）此端矩本文以後概稱為「載重項」（load term）。

同樣，依斜坡撓度原理，Ad底端之力矩為

$$M_{Ad}=2EK'(2\theta_A+\theta_d)$$

今設在d之控制情形已知，則θd亦可知。

例如：若此柱為固定于d，則θd=0，故

$$M_{Ad}=4EK'\theta_A \quad （同樣 M_{dA}=2EK'\theta_A）\cdots\cdots(2)$$

同理，設d為鉸住，

則：$\theta_d=-\theta_A/2$，$M_{Ad}=3EK'\theta_A \cdots\cdots(3)$，$M_{dA}=0$。

設 $M_{Ad}=-M_{dA}$，

則：$\theta_d=-\theta_A$，及 $M_{Ad}=2EK'\theta_A \cdots\cdots(4)$

設 $M_{dA}=M_{Ad}$

則：$\theta_d=\theta_A$ 及 $M_{Ad}=6EK'\theta_A \cdots\cdots(5)$

以上四式，可以總括于下之普通方式內，

$$M_{Ad}=N_dEK'\theta_A \cdots\cdots(6)$$

其中Nd為係數，依d點之控制程度而異，

依平衡定理，$M_A=0$，則由上列(1)至(6)式，

$$4EK_o\theta_A+2EK_o\theta_B-C+N_dEK'_1\theta_A+N_eEK'_2\theta_A+N_fEK'_3\theta_A=0 \text{ 或 } (\Sigma_1^3NK'+4K_o)E\theta_A+2K_oE\theta_B=C \cdots\cdots(7)$$

同樣，取力矩于B點，則 $M_B=0$，即

$$2K_oE\theta_A+(\Sigma_4^6NK'+4K_o)E\theta_B=-C \cdots\cdots(8)$$

以K_o除(7)(8)二式，于是對於任何樑柱之 $K'=K/K_o$，故

$$(\Sigma_1^3NK'+4)E\theta_A+2E\theta_B=C/K_o \cdots\cdots(9)$$

$2E\theta A+(\sum^{6} NK'+4)E\theta B=-C/K_0$ ……………… (10)

今設 $a=\sum NK'+4$ ……………… (11)

$b=\sum^{6} NK'+4$ ……………… (12)

解(11)及(12)式則得

$$E\theta A=\frac{b+2}{ab-4}\cdot\frac{C}{K_0}\qquad\cdots\cdots(13)$$

$$E\theta B=\frac{-b+2}{ab-4}\cdot\frac{C}{K_0}\qquad\cdots\cdots(14)$$

將上式之值代入(1)式，則最後得

$$M_{AB}=-\frac{(a-4)(b+2)}{ab-4}C\qquad\cdots\cdots(15)$$

$$M_{BA}=\frac{(b-4)(a+2)}{ab-4}C\qquad\cdots\cdots(16)$$

在上式其端偶力(見圖一(b))依順鐘向扭轉者，為正號，例

(1)設圖二為一連續框架，AB之上載以每呎W磅，假定d及g為鉸住(hinged)，f為固定，及：

$$M_{hB}=-M_{Bn},\quad M_{KB}=M_{BK},$$

由方式(2)至(5)

$$N_d=N_g=3,\ N_f=4,\ N_h=2,\ N_k=6,$$

$$C=\frac{Wl^2}{12},$$

故 $a=(3\times2)+(4\times3)+4=22,$

$$b=(3\times2+2\times1+6\times3)+4=30,$$

$$M_{AB}=\frac{(22-4)(30+2)}{(22)(30)-4}\cdot\frac{Wl^2}{12}=-\frac{576}{656}\cdot\frac{Wl^2}{12}=-\frac{36}{41}\cdot\frac{Wl^2}{12}$$

$$M_{BA}=+\frac{(30-4)(22+2)}{(22)(30)-4}\cdot\frac{Wl^2}{12}=+\frac{624}{656}\cdot\frac{Wl^2}{12}=+\frac{39}{41}\cdot\frac{Wl^2}{12}$$

惟須注意者，在A點而言，因AB之載重所生之力矩作用于A點，反對此力矩者僅為控制柱Ad，及Af內之抗矩，(Resisting moment)。又因 $M_{Ad}+M_{Af}=M_{AB}$，對 M_{AB}之抗矩，係依Ad及A之Nk'而分配于其上，由此，Ad之總控制程度(Total Restraint)為 $3\times2=6$，Af為 $4\times3=12$，故

$$M_{Ad}=-\frac{6}{6+12}\cdot M_{AB};\quad M_{Af}=-\frac{12}{6+12}\cdot M_{AB},$$

或 $M_{Ad}=+\frac{1}{3}\cdot\frac{36}{41}\cdot\frac{Wl^2}{13}=\frac{12}{41}\cdot\frac{Wl^2}{12};$

$$M_{Af}=+\frac{2}{3}\cdot\frac{36}{41}\cdot\frac{Wl^2}{12}=\frac{24}{41}\cdot\frac{Wl^2}{12}$$

同樣，在B點：

$$M_{Bg}=-\frac{6}{26}\cdot\frac{39}{41}\cdot\frac{Wl^2}{12}=-\frac{9}{41}\cdot\frac{Wl^2}{12}$$

$$M_{Bh}=-\frac{2}{26}\cdot\frac{39}{41}\cdot\frac{Wl^2}{12}=-\frac{3}{41}\cdot\frac{Wl^2}{12}$$

$$M_{Bk}=-\frac{18}{26}\cdot\frac{39}{41}\cdot\frac{Wl^2}{12}=-\frac{27}{41}\cdot\frac{Wl^2}{12}$$

因f為固定，力矩$M_{fA}=\frac{1}{2}M_{AF}$，由（1）式，C與θf均為O，AB中間之力矩為

$$\frac{M_{AB}-M_{BA}}{2}+\frac{Wl^2}{8}=\frac{-36-39}{2\times41}\cdot\frac{Wl^2}{12}+\frac{3}{2}\cdot\frac{Wl^2}{12}=\frac{24}{41}\cdot\frac{Wl^2}{12}$$

圖三(a)係表力矩圖解，各力矩表以$\frac{Wl^2}{12}$之係數。圖三(b)則表各樑柱之力矩符號，

III、載重分佈于若干跨度…………

當若干跨度載重時，則照圖一(a)所示之形式分開計算，各樑柱之力矩則可依圖三(b)所示計算之，如此每樑柱必經兩次計算，然後將數次計得之力矩相加而得結果力矩，……

IV、最大或小力矩時，活載重之地位。

排列活載重使其鄰接點發生最大或最小之控制情形，則可決定力矩之最大或最小。圖四之跨度及樑高係一律相同，其上之活載重之排置乃係使×點發生最大力矩者。例如圖四(a)之排置，係使E點之扭轉，愈大愈妙，而A點則固定不轉。圖四(b)A,B.節點之扭轉，均須愈大愈妙，

圖五係示單位框架（Unit Frame）為便于計算圖四之載重所生之力矩者。圖五(a)係相當于圖四(a)，其餘類推，其四周之數字係表N之值，依公式(2)至(5)而估得之；…

V、各跨度載以不對稱之載重

前所推演之(15)式及(16)式，係假定跨度載以對稱之載重，而不管其跨度是否對稱。今設其載重之排置為不對稱，則上式當為：

$$M_{AB}=\frac{2}{l}\left\{\frac{(a-1)(bC_{AB}+2C_{BA})}{ab-4}\right\}\cdots\cdots\cdots\cdots(17)$$

$$M_{BA}=\frac{2}{l}\left\{\frac{(b-1)(aC_{BA}+2C_{AB})}{ab-4}\right\}\cdots\cdots\cdots\cdots(18)$$

其中C_{AB}及C_{BA}為假定A及B點固定時之端矩。

VI、斷面改變樑

普通往往于樑與柱間加以支腰，或于樑下作成弧形，似此，樑斷面之改變，足以影響力矩之分配，應用上述之法，欲解求此種連續框架之力矩，只須稍加改變即可。

前述之(1)式，可以改成下列形式：

$$M_{AB}=Ek_c(C_1\theta A+C_2\theta B)-C'AB\cdots\cdots\cdots\cdots(19)$$

$$M_{BA}=Ek_c(C_2\theta A+C_1\theta B)+C'BA\cdots\cdots\cdots\cdots(20)$$

其中

$K_c=\frac{I_c}{l}$，I_c＝斷面改變樑中點之惰矩(moment of inertia)

C_1,C_2＝依樑之斷面形而異之係數。

$C'AB,C'BA$＝A及B點固定時之端矩，其情形與以前同。

設AB為對稱形狀，並為對稱載重則二者將相等。

今試研究一控制的樑，如A×者，若M×A＝O，即設此樑係鉸住于或簡單支于×，則

$$M_{A\times}=\left(\frac{C_1^2-C_2^2}{C_1}\right)EK_c'\theta A\cdots\cdots\cdots\cdots(21)$$

其中Kc'弧此桿之$\frac{Ic}{l}$

設θ×=0,即此桿係固定于×,則

$$M_{A\times}=(C_1)EKc'\theta A\cdots\cdots\cdots\cdots(22)$$

設θ×=+θA,　$M_{A\times}=(C_2-C_1)Ekc'\theta A\cdots\cdots(23)$

設θ×=−θA,　$M_{A\times}=(C_2+C_1)Ekc'\theta A\cdots\cdots(24)$

公式(21)至(24)乃相當于(2)至(5),括弧( )中之數,相當于N之值。

假定$\sum_{c}^{1}Nk_c'/kc+C_1=a$　$\sum_{c}^{6}Nk_c'/kc+C_1=b$,

則如前節所述,而求其端矩,結果:

$$M_{AB}=\frac{(C_1-a)(bC_{AB}+C_2C_{BA})}{ab-C^2}\cdots\cdots\cdots\cdots(25)$$

$$M_{BA}=\frac{(b-C_1)(C_2C_{AB}+aC_{BA})}{ab-C_2^2}\cdots\cdots\cdots\cdots(26)$$

其中C_1,C_2,CAB及CBA乃僅係依據載重桿AB之情形而定。所感有趣者,即在(21)至(26)式中,令$C_1=4$,$C_2=2$時,則結果所與以前斷面不變桿所得者無異也。

C_1,C_2,CAR,等之值,曾為Evans氏算出,並繪成圖表(見Evans,L.T;Modifiad Slope defection eguations,Procc.A.C.I, volume 28,P.109(1931—32)其中曲線圖對于移動載重,便于繪製力矩之影響線(Line of Injluence)

設AB之A與B點之力矩,如圖六所示,則由方式(21)及圖解13及17(Euans氏)

$$NAD=\frac{10.8^2-4.7^2}{8.01}=8.73$$

$$NADk_e'/ke=\frac{8.73\times2}{1}=17.42$$

柱AE,由方式(3),

ENAEk/ke=3

而$\sum_{E}^{D}Nk/kc=17.42+3=2.042$

檢Evans圖解(1),AB之C_1為22.5,∴a=20.42+22.5=42.92

同樣,由圖解(9),NBc=$\frac{32.5^2-8.2^2}{32.5}$=29.9

因ARF=3,NBFk/kc=3,$\sum_{c}^{F}Nk/kc=119.7+3=122.$

檢圖(1),AB之C_2=17.5,　∴b=122.7+17.5=140.2,

檢圖(1),CAB,CBA為0.115Pl與0.228Pl,如K=0.6,則後者與前者相等,蓋在此情形下,桿之形狀為對稱也。

A與B點之力矩,可計如下:

$$M_{AB}=\frac{22.5-\ldots(\ldots.115+\ldots)Pl}{(42.9)(140.2)-(17.5)^2}$$

$=-0.072Pl$

$$N_{BA}=\frac{(140.2-22.5)[(17.5)(0.115)+(42.9)(0.228)]Pl}{(42.9)(140.2)-(17.5)^2}$$

$=0.244Pl$

四、應用「單位框架」于連續框架之分析

圖一、二及五，係示「單位框架」其上僅一跨度載重，此種情形，即可引用上述之公式。至于較大之框架，如圖四所示，則可運用單位框架分析之。例如以圖四而論，節點A之右跨為載重跨度，第一個單位框架如圖五（a）下右所示。節點B之柱及右之樑受其上下及以外之樓地板載重之影響後，節點D,C,及E之扭轉可視為等于（近似）θB，而其方向則相反。由公式（4），B點各樑柱之N，均將為2。

在A點上下之各節點，框架對扭轉，俱有相當之控制力，故無因載重而起扭轉之影響。因此，這些節點可假定為固定（近似），而由公式（2），N=4。因載重係對稱者。如假定這些節點為絞住，則可得同樣結果。

附圖六

圖五（a）之左上角係示第二個單位框架圖解，其情形與第一個單位框架者同，惟位置相反。兩單位框架中，AB端之n值，可取為3.5，此數介乎鉸住（n=3）與固定（n=4）之情形間。

係數已經決定，MAB力矩，自可于各單位框架中求得之，然後將此二者之結果相加即得。例如，在第一單位框架中，先將MAF力矩求出，然後$M_{AB}=-\frac{N_{AB}K_{AB}}{\sum A_{nk}}\cdot M_{AF}$蓋MAF係為A各樑柱之力矩所抵消也。

設計連續框架時，第一步要先用近似法，即假定樑柱之力矩為$\frac{1}{12}Wl^2$，$\frac{1}{8}Wl^2$或$\frac{1}{10}Wl^2$，設計各柱樑之大小，以得近似之複矩I，因而可得硬度K，及N之值，然就應用本文所述之簡法，分析各框架樑柱之實際力矩及應力等，據此，再校正近似法所求得之斷面大小，以求最經濟之設計，蓋近似法所計者，往往失之過費而不經濟也。以篇幅有限，應用上述原理以設計連續框架之實例姑且從畧。

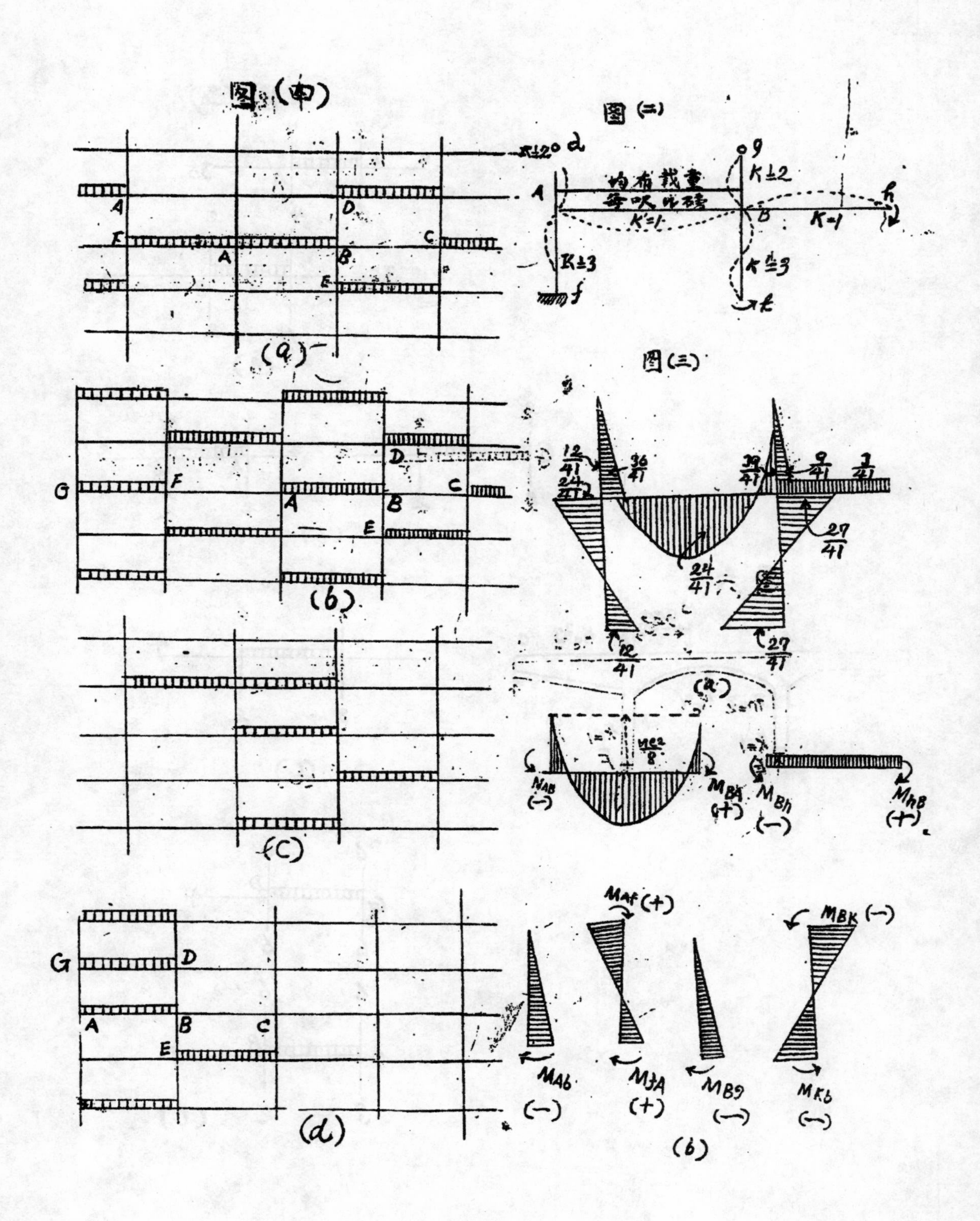

图(四)
(a)
(b)
(c)
(d)
图(二)
均布载重
每呎ㄦ磅
图(三)
(a)
(b)

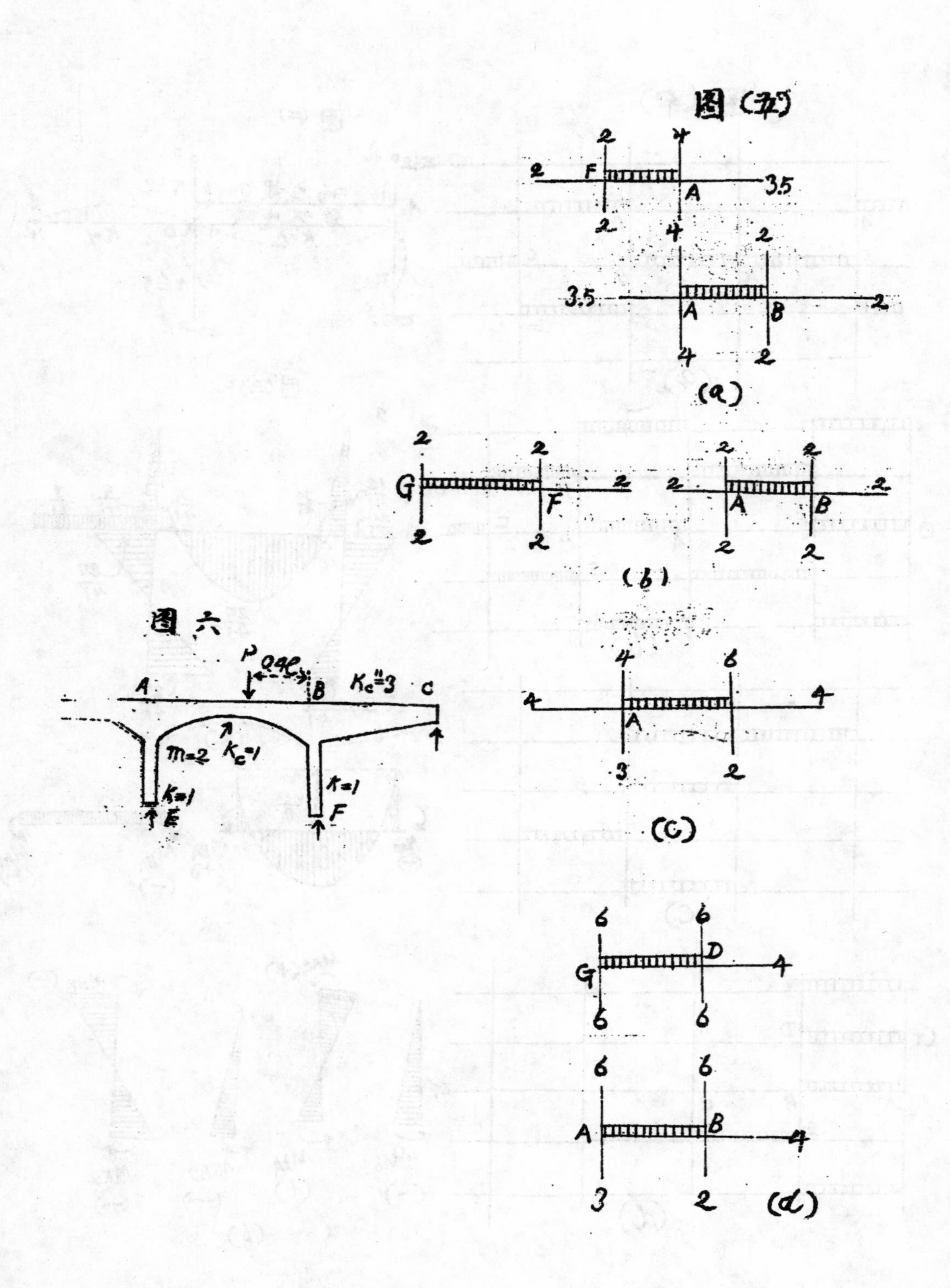
图(五)
2
4
2
F
A
3.5
2
4
2
3.5
A
B
2
4
2
(a)
2
2
G
F
2
2
2
2
2
2
A
B
2
2
2
(b)
图六
P
0.4l
A
B
$K_c''=3$
C
m=2
$K_c=1$
K=1
E
K=1
F
4
6
4
A
4
3
2
(C)
6
6
D
G
4
6
6
6
6
A
B
4
3
2
(d)

合中企業股份有限公司

UNITED CHINA SYNDICATE

LIMITED

Importers Exporters & Engineers.

經理廠商一覽

GRAF & CO.	鋼絲針布
J. J. RLETER & CO.	紡織機器
JACKSON & BROTHERS, LTD.	印染機器
J. & H. SCHOFIELD LIMITED	織布機器
SOCIETE ALSACIENNE DE CONSTRUCTION	毛紡機器
HYMAN MICHAELS CO.	鐵路鋼軌
RAMAPO AJAX CORPORATION	鐵路道岔
BOSIG LOKOMOTIV-WERKE	新式機車
FEDERATED METALS CORPORATION	銅錫合金
YORK SAFE & LOCK CO.	銀箱銀庫
SARGENT & GREENLEAF, INC.	保險鎖鑰
ALLGEMEINE ELEKTRICITAETS GESELLSCHAFT	電氣機械
FULLERTON HODGART, & BARCLAY	各種機械
SYNTRON CO.	電氣工具
JOHN ALLAN & SONS, LTD.	愛倫柏根
FLEMING BIRKBY & GOODALL	優等皮帶
RUDOLF KNOTE	撥治審定機

總公司：上海圓明園路九十七號　　電話一三一四一號

分公司：香港雪廠街經紀行五十四號　電話三二五八一號

昆明青年會三百零二號

電報掛號各地皆係"UCHIS"

28521

中國企業公司

運輸部 承運渝昆滇緬各綫公商貨物

貿易部 經辦卡車轎車輪胎配件油料棉紗及其他各項進出口貨品

鹽務部 抄運滇鹽濟銷黔岸

總公司

地址 昆明環城東路三三一號

電話 二三七〇

電報掛號 九一九一

辦事處 重慶 貴陽 柳州 臘戍 畹町

及車站 元永井 安南縣 平彝 一平浪

28523

法商加波公司

資金壹萬萬佛郎

總公司 法國里昂

越南分公司 西貢 河內 海防 PHOM-PENH TOURANE QUINHON

雲南分公司 昆明 蒙自

分公司設遍全球大商埠

專辦各種

五金鐵器 鐵筋水泥 化學原料 起重工具 衛生器具 應有盡有

建築材料 工業原料 農工用具 炸藥鎗彈 各國紙張 歡迎賜顧

28524

28525

28526

各國洋紙 歐美文房 測量儀器 工程圖籍 繪畫用具 寝釘布尺 教育用品 晒圖帝張 摹圖紙布 石印材料 零沽批發 格外克己

T. H. LEE & CO.

STATIONERS~PAPER-MERCHANTS~DRAWING & SURVEYING MATERIALS SPECIALISTS~ 'TOWER' BRAND DETAIL, TRACING & SUN-PRINTING PAPERS DISTRIBUTORS~ DEALERS & WHOLESELLERS FOR LITHOGRAPHIC, OFFSET & JOB PRINTING SUPPLIES.

16 POTTINGER STREET
HONGKONG

CABLE ADDRESS "TIENLIHA" TELEPHONE – 32585

編輯公約

一、本誌純以宣揚工程學術為宗旨。關於任何惡意批評政府或個人之文字，概不登載。如有記載錯誤經人檢舉，立更正。

二、本誌所選材料，以下列三種為範圍：

甲、國外雜誌重要工程新聞之譯述；

乙、國內工程之記述及計劃；

丙、各種工程學術之研究。

三、本誌稿件，務求精審，寧闕毋濫。乙項材料，力求翔實。丙項材料，力求切實。

四、本誌稿件，雖力求專門之著述，但文字方面則務求通俗，以適應普通曾受高等教育者之閱讀。

五、本誌歡迎投稿。稿件須由投稿人用墨筆謄正，用新式標點點定，能依本誌行格寫者尤佳。如有圖表，須用筆墨繪就，以不必再行縮小為原則。譯件須將原著作人姓名及原雜誌名稱說明，由投稿人署名負責。

六、凡經本誌登載之文稿，一律酌酬稿費。每篇在一千字以上者，酬國幣十元至五十元。內容特別豐富者從優。一千字以下者，隨時酌定。

七、本誌以複雜圖案，昆明市無相當承印之所，有時須寄往外埠刊印。所有稿件，請投稿人自留一份，萬一寄遞遺失，俾有存底可查。

八、本誌係由熱心同人，以私人能力創辦。嗣後如有力之學術團體，願意接辦者，經洽商同意，得移請辦理。

內政部雜誌登記證警字第七一四九號

新工程

紙張印刷費昂貴 錄本改售國幣伍元 [illegible]售訂購同價

第七期

零售 國內每冊國幣 香港每冊港幣

★外埠另加寄費★

民國二十九年十二月出版

發行人 沈立孫

總編輯 翁為

發行處 新工程雜誌社

代售處 各大書局

社址 昆明太和街三二六號壽廬

代印處 昆明開智公司

新工程定價

時期	冊數	本省	外埠	香港越南
半年	三	元 角	元 角	元 角港幣或越幣
全年	六	元 角	元 角	元 角仝上

郵費寄費在內 郵票十足通用

28529

新工程（台灣）

28531

要　目

新工程出版社
MODERN ENGINEERING PUBLISHING SOCIETY
歡迎批評指教
臺灣臺中第六十六信箱

資源委員會臺灣省政府

臺灣機械造船公司高雄機器廠

廠址：高雄市成功二路

業務項目

I. 製糖機械製造及修理

II. 一五噸機車製造

III. 三五，七五，一〇〇，一七〇及二〇〇噸漁船木船製造

IIII. 一一五及二〇〇馬力重油機製造

V. 船舶機車修理

VI. 工具機及鋸木機製造

VII. 汽鍋及壓縮器製造及修理

VIII. 二〇馬力起錨裝卸兩用機製造

XI. 鑄鋼，鑄鐵，鍛鐵及加工

X. 各種鋼架之結構

中國工程師信條

一　遵從國家之國防經濟建設政策實現　國父之實業計劃

二　認識國家民族之利益高於一切願犧牲自由貢獻能力

三　促進國家工業化力謀主要物資之自給

四　推行工業標準化配合國防民生之需求

五　不慕虛名不爲物誘維持職業尊嚴遵守服務道德

六　實事求是精益求精努力獨立創造注重集體成就

七　勇於任事忠於職守更須有互切互磋親愛精誠之合作精神

八　嚴以律己恕以待人並養成整潔樸素迅速確實之生活習慣

發刊詞

本社

在學校裏念書的時候，許多工程科學的書籍是西洋書；出了學校，踏進社會，有時爲了滿足求知慾，探求高深一點的學理，亦得借助於西洋書；有時爲了工作上的需要，更非參攷西洋書不可。但是自從中美商約簽訂後，不容許我們任意翻印西書，連西洋書都不能輕易讀到了。本國文字的工程科學出版物，實在貧乏到極點，這表示我們未能吸收而消化現代文化，未能建立本位文化。豈非全國整個工程科學界之恥；豈非國家工業化進程中的最大障碍。

◆　◆　◆　◆　◆　◆　◆　◆

美國的工程科學出版物，有通俗的，有專門的，量旣多而質亦精。有家麥克格勞（McGraw－HiI1）出版公司，發刊二十六種科學工商業的定期出版物，還有每年許許多多的出版物，無怪乎美國人民一般知識水準之高，工程科學之飛速進步！

◆　◆　◆　◆　◆　◆　◆　◆

在臺灣，看到一部份日本圖書，更使我們感慨萬千。戰前美國德國新出版的工程科學書籍，一二年後，就有日譯本了。我們看到日本的機械工學便覽（Handbook），共計二千二百八十七頁是集合二百四十餘位專家編纂而成的。反觀吾國，還沒有工程手册之類的出版物。在歐美已經發展二三十年的工程科學，國內仍有許多沒有譯著介紹。這幾年來，工程科學方面，有着多少新字彙，根本還沒有中文譯名，更不用說統一的標準譯名了。政府年來對於文化工作方面的努力，固無庸諱言，但是對於實際方面的工作，似乎太不够，仍有待於更大的注意與努力。全國的工程師，科學家，對於工程科學的介紹譯著工作，是否盡了最大的責任與努力，亦是值得反省與檢討的。

◆　◆　◆　◆　◆　◆　◆　◆

中國進入現代化的途徑，無疑的是工業化與普及教育，我們希望能够憑藉這個小小的期刊，在這兩方面盡我們應盡的責任。我們要以介紹，啓發，研究工程學術，作爲普及教育的一種工具，以促進國家的現代化。

◆ ◆ ◆ ◆ ◆ ◆ ◆

我們絕對歡迎一切批評與指教！

編者雜記　　陶家澂

我們不得不申明這個雜誌是業餘性的，白天我們有八小時的工廠工作，編輯，寫稿以及一切雜務都是利用業餘的時間，好在大家非常有興趣，因此鼓起勇氣來創辦，希望趁此可以得到全國工程界的合作，給我們一切可能的協助，批評與指教。

本刊發刊時期，正當一批青年學生離開學校，投身社會；另一批青年升學之際，同時近年來，國家建設事業需材孔急，對於工程人材之培植問題，確是值得注意與商討的。陶家澂先生特對此問題發表一些意見，希望下期能刊載讀者們的討論文字。陶先生去年自美國飛機製造廠工作回國，目前參加實際飛機製造工作，對於吾國一般工業情形，感慨極多，因此寫了『論吾國飛機製造工業』一文。關於這種普通性的工程論文，本刊每期願刊載二、三篇，希望讀者多多賜稿。

二十世紀的工業進展期中，在各種機械製造法方面，起了一個大革命。那就是：特種單純功用機器之產生，工具準備之週到與乎標準化的大量生產制度。饒子範先生在美國工廠工作經驗極爲豐富，特爲本刊寫了一篇心得之作『現代機械工場的一般情形』，可爲機械工程人員的寶貴參攷資料，讀者千萬不要忽視。

鋼珠軸承對於工業的重要性，無人不知。吾國向來自外輸入，對於它的製造方法，從未加以注意。東北鞍山有很大的鋼珠軸承廠，可惜被蘇聯強搬走了；現在瀋陽尚留有資源委員會接管的軸承廠，已有小量生產。日本賠償的物資中，有分配給我國的鋼珠軸承製造廠，遲早終要搬來國內，開工出貨的。因此對於它的製造方法，有提起全國工業界注意之必要。本期有葉翰卿先生的『軸承鋼珠的製造』，取材新穎有趣，當可使讀者了解其大概情形。

李永炤先生在美國專攻 Tooling engineering（暫譯爲工具準備工程），特爲本刊寫『鑄模新材料 Kirksite－〝A〞及其應用之研究』一文，係參攷多種美國什誌書籍而成。Kirksite－〝A〞一詞，在國內工程什誌上恐怕還是第一次出現，無適當譯名。究竟它是什麼東西？有何性質？作何用途？看了此文，即可得一明確認識。臺灣臺中某廠已在試驗這種新材料，鑄造鋁片及不銹鋼板的衝模及壓模。試用結果如何，當可在以後本刊發表。

很多人常有一個疑問，那就是：美國的飛機製造商，爲了獲得軍部及各航空公司的製造飛機定單，而競爭投標時，他們究竟如何預算工時及成本而作估價呢？工時預算不準確，成本即不準確，則所估之價不是太高，就是太低。太低了雖然得標，但要虧本；太高了，根本得不到定單。兩者都足使工廠關門大吉。因此飛機製造工時之預算，對於美國飛機製造商是個非常嚴重的問題。范鴻志先生在美國飛機工廠工作時，對於『工時研究』(Time study)，頗具興趣，介紹了一個預算飛機製造工時的方法，雖然這個方法不一定適合吾國，但至少可以使大家解決上面的疑問。

全國各地接收敵產之中，一定不少，『日本製虎牌計算器』，蔣君宏先生於使用之餘，推敲其構造及應用上所根據的數學原理。這篇文字頗費心思，我們欽佩蔣先生的好學深思，正是工程師應有的精神。

『工業安全工程』(Industrial Safety Engineering)，有人稱之為『人道工程』(Human Engineering)，確是工程人員必須注意的一門學問。可惜吾國尙無專籍介紹，報章什誌亦很少此類文字。陶先生參攷二十餘種美國書籍什誌並根據實際經驗，費了年餘時間，編著而成此書。現初稿已成，尙在修改增補中。本刊特闢專欄，每期刊登兩章，一俟登載完畢，即出單行本，或為本社出版叢書之一。本刊分期登載此書之用意有二；第一可以隨時得到讀者們指正與批評的機會，以便於單行本中修改；第二，希望能够得到工程界中對此問題有興趣的人士，告訴我們更多的參攷資料。

本期刊登二章，第一章基本概念，可以說是導論，解釋幾個有關工業安全工程的名詞，以及安全工程師的責任與應具備之條件諸點。第二章，美國工業安全運動的簡史，可使讀者明瞭美國人士對於工業安全堅苦奮鬥的經過及其現況，以為我國政府社會人士之參攷。趁此想對目前我國情形，提出幾項建議；（1）輿論界應多負推進工業安全運動之責（2）組織全國安全工程師學會及全國安全總會。（3）政府部門如社會部，經濟部，資源委員會，內政部等應速增設有關勞工福利，工礦檢查，工業安全之機構。（4）訂立勞工賠償法案。（5）積極推進社會保險制度（6）推行各級學校社會之安全教育，尤須注意職業學校及大學工科之安全教育。（7）各礦廠須設置推行安全工作之機構及技工訓練。（8）釐訂各項安全標準。

寫工程文章最大的困難是專門名詞的中文譯名，本期許多專門名詞，簡直找不到適當的中文字眼，但是我們不管三七二十一的譯出來了。讀者或者覺得譯得不好，希望大家提出意見來，使它有名副其實的譯名。記得不久以前，大公報工業副刊上，有兩位先生討論〝Plastics〞的譯名，婆說婆有理，公說公有理，這種為一個譯名而論辯的精神，是值得效法的。

下期我們已特約曾在美國考取美海陸軍部五種銲接技術的萬德峯先生寫『泛論銲接技術』，這是個好消息，像萬先生這樣學識經驗俱富的工程人材，中國有幾個呢？本期萬先生因工廠工作太忙，他在從頭做起籌設一個最新式的銲工場，同時還在訓練數十名銲工。

無論什麼事，都不是一個人所能辦好的。就本刊之籌劃，編稿以及印刷出版諸事而論，完全集合幾位熱心同事的力量而成的，即所謂〝Team work〞（集體工作）者是也。特別應該提出來的，是劉叔眉先生負責印刷的工作，非常辛苦，而使我們感激萬分。

論工程人材之培植

陶家澂

何謂工程人材？我想一個稱得上工程人材的，第一至少要有一種比較拿得出來的專長，或者說專門技術，同時還需兼具一般的工程知識，亦可說是常識。實際說來，一位工程人材，除了技術之外，還應有管理的能力，兩者兼具的人材是最理想的，但是難得的。試問：全中國有幾个侯德榜與茅以昇？

如何培植工程人材？這眞談何容易，中國需要工業化，工業化運動中，教育人材，培植人材，自是首要之圖。一切事業之興廢在人，尤其在上領導的人，所謂『事在人爲』者是也。

美國的學生，都認爲工科最難學，他們軍隊裡亦以技術官佐（Engineering officer）的待遇最高。就以空軍來說，美國人以爲訓練一位高中程度的飛行員，只要兩年就够了；但是一位飛機工程師，却要有數十年的訓練。工程人材之難於培植，可想而知。

講到工程人材的培植，可分三方面來說：(一)學校教育，(二)社會培養，(三)自身修養。

(一)學校教育：我國工程人員訓練的第一個階段，是進學校。目前工程教育的最大弊病，是在太注重書本的知識訓練，而忽略了工程人員必需的手腦並用教育。工科學生一出學校，走進工廠，或從事於其他工程事業，最初往往覺得格格不入。學過的，用不到；用到的，沒學過。我遇到一位某著名國立大學航空工程系的畢業生，在飛機工廠內担任鍍煉工作。在他接事之初，非常惶恐的樣子，他問我，『鍍煉工廠將來究竟做些什麼工作？我一點不知道』。我說：『你在大學裡學過電鍍與熱處理嗎？』他說：『學是學過的，只知道幾個名詞而已，那位教授亦講不出什麼道理來。』我說：『是的，我知道大學裡的情形，我亦是過來人。學校裡沒有鍍煉的設備，教授亦不帶學生到工廠裡去看，去做。你上了課只知道幾個名詞，這不能怪你，是整個中國工程教育的問題。不過，現在你的機會很好，我們正要籌設這個工場，你可以從頭到尾有個學習的機會，你可以看看究竟要安置些什麼設備？怎樣裝電爐，裝動力機，裝一切應有的儀表？鍍的時候，應該用些什麼溶液？如何配合這些溶液？熱處理的時候，你要注意那種合金鋼要經過退火、淬火、回火等工作？鋁合金應該怎樣處理？鍍煉在飛機工廠內是一個非常重要的工作，而且工作很多。你現在可以利用公餘，多看幾本專講電鍍和熱處理的書，有實際的工作在你眼前，再去看書，你的進步，一定更快』。

上面是一段很普通的談話，我遇到過不少初從學校裡出來的同事，他們都要從頭學起，我自己也是一樣，所以我萬分同情他們。自然我們不能厳責學校，把畢業生看做樣樣都懂，不必再學的工程人材。我的意思是說：學校的工程教育，至少應該使學生知道某種工程究竟是怎麼一回事，使他們知道應該從何着手，這些基本概念的教導，無論如何，應該是學校的責任。只教幾個名詞，實在太不够了。學生進了工廠，自然更應該邊做邊學，但現在的工廠，對於初出茅廬的學生，差不多要從頭教起，這是工程教育的失敗。工程人材的培植，第一步既是學校，則對當前工程教育的改革，就成爲急要之圖。民國三十年，我在重慶沙坪垻劉英士先生主編的『星期評論』上發表過一篇『論大學機械工程教育的改革』，力言書本教育之弊病，工廠實習之重要以及大學工科師資之不合要求諸點。六年後的今天，更感吾國學校的工程教育，有根本改革之必要。請教育當局先從這點着手，才能談到培植工程人材。同時還應該促進大家注意的是普設各種職業補習學校的重要。使一般工程從業人員，有更多的進修機會。

（二） 社會的培養：學校教育只是初步的階段，一個工程人員能否在工作上有所成就，是要看他出了學校之後的社會培養。工程人材的養成需要數十年繼續不斷的努力，但是我們這个國度裡充滿着『用非所學』。學採礦的做了縣長，學電機的做了校長，學航空的做書店經理，學紡織的做農場場長，諸如此類，不勝枚舉。這種社會風氣，實在壞到極點。有人或者會說：『因爲各部門事業人材不够，不得不如此互相調用』，這是不成理由的。我們的任用制度，根本談不到『人才主義』，亂七八糟，只要有背景，阿猫阿狗都可上台，管你學的是那一套。這種環境之下，中國的工業永遠得不到抬頭之日。你想：一位有二三十年工程經驗的人，假使做了大學校長，他那裡還有時間去實驗研究，設計著作？他在工程上决不會再有進步的機會了！像這樣的人材，不是白白的斷送了嗎？有人或者會說：美國的大學校長，亦有工程專家担任的，如聖路易城的華盛頓大學校長康普頓博士就是舉世聞名的原子物理專家。但是我們要注意美國與中國的社會環境，完全不同，大學組織的機構不同。我們的大學校長一天到晚忙的是什麼？美國的大學校長沒有中國大學校長不得不做的工作，他們還可以繼續不斷的在學術上求進步的。所以工程人材的社會培植，第一必須健全我國的任用制度，千萬不要把優秀的工程人材斷送了。第二獎勵發明和在工程上有成就的人，這種重視工程學術的風氣，社會應負提倡培養之責。吾國經濟部的專利制度，不合實際。試問：假使有了很有價値的發明，發明人沒有資本設廠製造，政府是否應該負責設法？憑空給他一張專利證書，除了虛榮之外，對人民社會有何實益？在美國，每年有青年工科學生的競賽獎金以及其他各種工程學術獎金；政府特設收買人民發明專利權的機構。在美國的工廠內，每星期有新的工程改良或發明。記得我在加省某飛機工廠工作時，有位專門搬運衝床模型的工人，手指着一條鋼絲繩上的鈎子，笑嘻嘻的對我說；『我把這個鈎子銲在鋼絲繩上，搬大模型時，工作方便得多了。廠裡說我這是發明，獎我十塊錢』。還有個工人指着別的一個同事對我說：『他是個天才，他在那部滾邊機上添裝三个零件，工作効率增加二倍，廠裡獎他好幾千塊錢』。這種獎勵發明，獎勵改良的制度，一方面使工作人員感高工作的興趣，另一方面使美國的某一部機器，逐步的改良，增加工作效率。如此積少成多，日積月累，由小發明而大發明，年青的工程人材，都能鼓起興趣向上爬，工程學術因此而得發展進步。我國社會上，固然充滿着『提倡學術研究』，『獎勵發明創造』這類的標語文章，但事實在那裡呢？第三點，在吾國目前的學校教育制度之下，初出學校的工程人員，他們不知道如何從事於工程工作，所以在上的人，負有極大的指導責任。對於這些新工程人員，最重要的一點，是如何使他們能從工作中得到最大的進步，譬如美國的Cincinnatti Milling Machine Co.,對於大學工科畢業生新進廠者，施以兩年的實作訓練；職業學校畢業或有高中程度者，施以四年的實作訓練。所謂實作訓練，其實就是替工廠作工，所以亦有工資，不過所作的工作是照固定的訓練計劃而支配的。換言之：即寓訓練於工作，而偏重於訓練之意。訓練期滿，再視其能力與興趣，正式指派工作。如此新進人員即有良好的工程基礎，進步自極容易。反觀吾國，一位沒有工場經驗的大學畢業生，進了工廠，從事於設計工作，這在工程的觀點上說，此種工程設計，無異紙上談兵，隔靴搔癢，他們無法求得進步的。在目前工程人材極度缺乏的情形下，工廠為了工作上的需要，對於新進人員工作之指派，自然不能盡合理想。但我提出這一點，完全是為了請大家注意，在可能範圍內，應該有計劃的指派青年工程人員的工作，將來一定會發生很大的效果的。

（三） 自身修養：學校的教育與社會的培植對於工程人材可說是一種外來的力量。在我們這種不合理的社會制度之下，假使工程人員自身不知修養，就很難成為人材了。關於自身的修養，第一，最重要的一點，是要有恆心，要有堅定的意志，立志終身從事於工程事業，以表現工程上的成就為惟一目標，取消一切名利薰染，切忌中途改行。我想當錢塘江大橋落成通車之日，茅以昇先生以及其他工作人員在精神上的快慰，恐怕要算人生最有意義的至寶了！美國的道格拉斯先生，當他看到親手設計的運輸機，向天空飛去的時候，其內心的快慰亦是至高無上的。第二，要認識自己，工程人員大致可分為三類，（1）技術與行政能力兩者兼備，（2）只有技術而無行政能力，（3）行政管理能力超過本身的技術。所以每位工程人員，都需認清自己屬於那一類，然後可以決定工作的方向。不要為了『做官』而把自身可以在技術方面的成就埋沒了，同時亦不要專做技術工作而不發揮優異的行政能力。我曾經看見過好幾位技術專家，因為勉强從事行政職務，而弄得焦頭爛額。技術與管理兩者，正如鳥之兩翼，在工程上缺一不可的。主要的是人盡其才，各得其所，然後能發揮最高的才具而達到最高效率，如此才可養成真正的工程人材。其他如虛心，合作，努力求進，諸種美德，自然應該隨時注意修養的。

結論：中國工業化的過程中，需要數千百萬的工程人材，工程人材之培植訓練，決非一朝一夕之功。希望我們的政府，社會以及工程人員自身，都有一番徹底的反省與檢討，多多注意『工程人材之培植問題』。

論吾國飛機製造工業

陶家澂

第二次世界大戰，給我們一個明確的啓示，那就是蔣主席所說的『無空防即無國防』。空防的基礎無疑的是在飛機製造，現在我以從業人員的地位，略論吾國的飛機製造工業。

根據航空工程界前輩錢昌祚先生所著：『三十年來中國之航空工程』一文中所示，吾國於宣統二年，有劉佐成，李寶焌等在南苑自造飛機一架。此後於北京政府時期，國民政府成立之後以及抗戰時期，都有從事飛機製造的工廠，曾經仿造過教練機，戰鬥機以及大型轟炸機，亦有相當的成績，但是直到目前，無可諱言的，我國的飛機生產能力，離開國防的需要，實在太遠了！

美國第一架飛機的完成，是在一九〇三年；吾國第一架飛機的製成，是在宣統二年，即一九〇九年。就時間上講，相差僅六年，但在目前，兩相比較之下，眞有天壤之別了。我國始終不能大量製造飛機，究竟爲了什麽？筆者願對此問題，作一番基本原因的分折，俾國人知所警惕。

製造飛機需要原料，設備與技術。

先說原料：飛機的原料，大別之，可分下列數類：(一)鋁合金，(二)非鐵金屬(銅合金，鋅鎂合金等)，(三)鋼合金，(炭鋼，鉻鉬鋼，鉻鎳鋼等)，(四)木材及層板(銀松，桃花心木，浮桐等)，(五)酪膠，綜合樹脂膠等，(六)蒙布，塗布油及噴漆，(七)其他如鋼珠軸承，鋼絲繩，塑膠，橡皮輪胎，飛行儀表等另件。

試問：吾國能供給些什麽原料呢？木材，層板，膠粉，蒙布等曾經國人研究製造，已能供給一部份，但這不過是整個飛機工業中的百分之四五而已，其餘百分之九十以上的原料，都得購自外邦，當然使大量製造工作發生困難了！

次說設備：目前吾國能自行製造之機械設備，僅是些車床，鉋床，鑽床等普通工具機而已。但是製造飛機，需要精密的磨床，搪床，自動螺絲機，精密形切機，金屬板材成形機，鉚釘機，衝床，油壓機，噴漆機，銲接機，鍍煉設備以及其他精密的小工具。試問吾國工業界能夠供給多少？我想百分之九十以上，仍得向國外輸入。吾國經過空軍當局歷年來的努力，確實已有幾個規模可與美國相比而無愧色的飛機發動機製造廠及飛機製造廠，但是一旦需要擴充設備時，不是應當自力更生嗎？這有賴於經濟部，資源委員會以及全國工業界的努力了！

再說飛機製造的技術：以往國人曾經自行設計，自行製造成功少數的飛機。民國三十一年起，由於現空軍總司令周至柔將軍及航空工業局局長朱霖氏的遠大眼光，先後派遣三百餘名服務於空軍機關的技術人員，赴美實習。實習計劃非常切實周密，每一實習人員專學一門，如銲接，金屬板材工作，鍛煉，模型，機工，設計製圖，材料研究，螺旋槳製造，起落架製造，儀表製造，塑膠工作，發動機另件製造等等。這批人經過二三年的實地工作，現在回國來，確確實實已能担負起各部份的製造工作了。他們能够應用新式的機器，製造飛機的各部另件。舉個例來說：實習銲接的某君，曾考取美海陸軍部所有飛機銲接技術的七種執照。關於飛機的銲接，因材料及技術之不同，可分合金鋼氣銲及電銲，不銹鋼氣銲及電銲，鋁合金氣銲，鎂合金氣銲及電銲等七種。在美國的銲接工人，必須取得海陸軍部特定的飛機製造銲接執照，才有資格做飛機工作。換句話說，這類銲接工人，才能為飛機製造廠所雇用。美國普通飛機製造廠內工資最高的銲接工，不過取得三，四種執照，而吾國某君在短短的二年餘時間內，考得七種執照，曾經引起友邦工程師及技工們的驚異。還有兩位在加利福尼亞省某大飛機製造廠專學飛機工具製造的，成績優異，大為主任工程師所賞識。筆者某次參加加省聖地亞哥城航空工程師宴會時，適逢該廠工具部主任工程師演講，他說：『我設計最近的三十六座位客運機的工具時，得到兩位中國空軍工程師的幫助很大，他們是我這一部門內最好的兩個工程師。』其他實習生中學有專長而在美國飛機工廠顯露頭角引人起敬者，頗不乏人。講到吾國航空技術人員的成就，還有一點值得表揚的，那就是三年前，大公報曾經有文介紹過的旅美華僑領袖鄺炳舜等在舊金山集資創辦的『中國飛機製造廠』(筆者按：該廠於大戰後，即行改組，大部技術人員在紐約創辦中國發動機廠，詳情見本年八月八日朱啓平君之紐約通訊)。該廠工程方面負責人胡聲求君，係交通大學畢業生，後在美麻省理工大學得航空工程博士學位。廠內技術部份主要人員，均係吾國青年，於大戰時承製北美飛機製造廠AT-6運輸機的機身，機翼，成績優良。一年之內，曾獲利數十萬美金。這種種，足以証明吾國飛機製造技術人員的優異，只是還得注意繼續不斷地培植更多的人材而已。以目前而論，假使我們有足够的原料，相當的設備，很可以按步就班的從教練機做起，則數年之內，在技術方面一定可以立下良好的根基，然後從事於戰鬥機以至轟炸機的製造。將來有了更多的人材，對於大量生產，亦非難事。但是我們所最担心的是國內無法取得大量的製造原料。在某地，我們有設備齊全的飛機發動機製造廠，有學有專長的技術人員，但因原料接濟的困難，以致產量未入正軌。『巧婦難為無米之炊』，假使我們把美國的道格拉斯先生請到中國來，沒有原料，亦是束手無策的。在現代工程分工專精之情形下，要從事飛機製造的技術人員，負責先把原料煉出來，那是不可能的事。我們以飛機製造的觀點來說，不得不促請經濟部，資源委員會以及全國工業界協力合作，對於整個國防工業，先作一個通盤的計劃。爲了立足於現世界，成爲一個獨立大國，强大的空軍是萬萬不可缺少的。强大的空軍建築在大量的飛機製造工業。發展飛機製造工業的前題，是在建立鋼鐵工業，鋁鎂工業，機械工業，化學工業以及石油工業等等。基本工業不發達，不能大量製造飛機，亦就不能確保國家的安全！

人家已進入原子彈，噴射飛機，火箭炮，操縱飛彈，以及雷達時代了；想想我國的基本工業情形，究竟能配合得上製造那一種空中武器呢？

本社啓事

(一)

第一次公開徵文

對於目前吾國大學工程敎育的意見〃

大學工程敎育範圍廣泛，全面的綜合評論固所歡迎；如僅就機械，電機，航空，化學，建築，礦冶，土木諸工程中專論一門亦極歡迎。謹希全國大學敎授，大學同學，敎育家，工程師，不吝賜稿。採用稿件，稿酬特別優待。

(二)

本社現正着手編著第一種叢書〝工業安全工程〃(Industrial Safety Engineering)。第二種叢書〝工礦技工安全守則〃(內容爲各種礦廠技工工作時應注意之安全法則)。茲爲集思廣益計，公開徵求各項有關資料。賜寄時請註明贈閱借閱，或有條件的借閱諸項。不勝感禱！

現代機械工場之一般情況

饒子範

本文應陶總編輯之囑，倉卒草成，文中引據之處，多取諸Consolidated-Vultee飛機廠工具設計室之資料，因公餘時間有限，未詳盡之處實多，幸閱者同仁匡正之！一作者識

(一) 緒述

機械工場之製造工作，因大量生產而日益改進，往日每製一件成品，由工人一手包辦，其製作步序，切削工具等，均由工人自出心裁，需有技藝頂好之工人，方可任此工作，至於生產數量，成品互換性 (Interchangeability)，切削效率等，都談不到，似此之製造方法，只宜於小量生產或工具製造之場合，若大量商品亦採取此種方法時，則所製之零件，難免尺寸參差，使裝配發生障礙。又因手藝工價高，出品遲緩，成本與定價，隨之而高，對於推銷亦有困難。並且商品購用者，每感零件尺度未必一致，不便修配。由於此種之情形發生，機械工場之設施，乃日漸改進，注重生產之迅速與成品之均匀。其製造方法，則化為簡易，使普通技藝工人，亦可雇用，故今日機械工場之一般情況，與舊時機械工場，縣然大異。茲略論其梗概如次：

(二) 機械工場之性質

機械工場之工作方法，其製造工具者與製造一般成品(商品)者，略有不同；前者所謂工具機工場 (Tool Room Machine Shop)，後者即本文所指之機械工場，亦可稱為機工製造工場，(Production Machine Shop)。製作工具者，着重於精確，而不在數量，因此在工具機工場之工人，必須經驗豐富，手藝高超，並需有各方面之工作常識；而在機工製造工場之工作，則着重於『量』。生產之方式，力求分工合作；工人品質亦只需對某一種工作，有熟練之技巧即可，因為製作中之困難與程序，均已由工程師籌劃分担，如工具型架之供應，機器刀具之選定，均已預為準備；工程師對於成品設計時，又已顧及大量生產之可能，規定其允差 (Tolerance) 與偶合度 (Fit)，使製出之成品，可具有互換性；至若設計工具之偶合度，通常都為擇配裝合 (Selective assy) 而已，其允差之小，餘隙 (Allowance) 之緊，即所以使工具製造之方法，與一般製造方法之有別也。

(三) 工作機之近況

機工製造工場之性質，既如上述，其本身進展之情況，可舉其犖犖大者概見之，即工作機之改進與刀具切削之研求是也。其他如材料轉送(Material Handling)工具設計，工場佈置 (Shop layout)，工作推行 (Shop running) 等，無一不求考究，以配合增產為目的。

關於新機器之採用，初期成本 (First cost) 較高，然以大量生產之觀點權衡之，有些工作，為舊機器所不能如願者，或以品質低劣，或以出品遲緩，則寧可首先投一筆資本，購用新機器，於是不僅可得優良出品，並可減少檢驗及裝配之

時間。避免劣品之剔出，亦卽避免人工材料之耗損也。選用新機器之目的，固以經濟爲第一義，而工作性質，工作能力等，都爲先决條件。總之從前視爲困難之工作，或需用工具工場之方法者，今日在生產部門，亦獲解決，如從前須用工具鑽床(Jig borer)或模鈑(Die)製作之工作，今日在普通機械工場，亦可製造。又如從前切削平面，多用鉋床，今則多用銑床或磨床，再如緣型銑床，(Profiler)使用便利，諸如此類之機器，較工具工場之方法，迅速簡單。其中尤以剝床(Broaching)工作之發展，方興未艾。以前此項機器，用途有限，但因其切削迅速精確，又對於材料之剝削性(Broachability)之日益研究，於是爲用漸廣，凡可用其他機器切削者，亦可用剝床切削之(大概硬度在樂氏C 25－35之材料，均可剝削；切削速度，可至每分鐘30呎，普通鋼料，用每分鐘12－24呎之速度)。更有進者，有許多工作，如用其他機器時，需經數層手續，而剝床則一次可成，因其各刀口，均能按其設計之進削(Feed)與削速(Cutting speed)依次工作，首先爲粗削(Rough cut)，漸次爲精削(Finish cut)，無需分作數次手續。

新近機器之構造方面，一般趨勢爲自動操縱，(Automatic control)與單純作用(Single purpose)。

自動操作之方法，有利用液壓循環者(Hydraulic Cycle)，如銑床是；有利用THYRATRONS電子管者，如螺絲床(Thread miller)是，有利用繼電器(Relay)者，如精密磨床等；亦有利用機械凸軸者，如自動車床(automatics)是。總之，凡可用自動操作之處，不獨節省人力，又可使切削均勻，非切削時間(Non-cutting time)減少，故無不儘量利用之。

用於生產方面之機器，並不以全能(Universal)爲可貴，能有數項動作之完善，即稱足矣。故機器之目的，多趨向單純作用，此不僅增速生產，又使操作之人，易於管理。在極度生產發達之場所，機器愈形單純化，因此產生甚多特種機器(Special Machine)，如汽車廠之專爲汽缸座鑽孔之鑽機，鑽軸互成V形，一次即可鑽成許多孔；又有專爲磨曲軸之曲軸磨床(Crankshaft grinder)。類似之機器，不勝枚舉，本文所指之工作機，係普通機械工場所備，用於一般之製造工作；如六角車床，自動車床，爲引擎車床添增刀架而成，可以繼續進行各種工作，而無需取出刀具；又如排鑽床(Gang drill)，係普通鑽床，添增鑽軸而成，可以連續鑽孔，擴孔(Reaming)，搭絲(Tapping)，無需停止鑽軸，更如螺絲機(Thread Miller)，遠較普通車削爲速；此中有許多機器，初視之似屬特用機器，如自動車床，螺絲磨床，搭絲機(Tapping Machine)等，作者曾見美國許多普通機械工場，亦多備置，實因該項工作(Operation)，在今日工業製造中，極爲普遍，故是項機器，亦成爲普通設備矣。

（四） 刀具(Cutting tool)之近況

使用刀具最主要之條件，即切削之精確與刀具之壽命(Tool life)；前者多决定於刀具設計，切削方法等；後者則與材料切削性 (Machinability)，及刀具本身材料，息息相關，茲分別論之如次：

(A) 切削之精確——決定於刀具設計與切削方法

以一般情形而論，刀具設計不堅實者 (Rigid)，難求精確；定形刀具 (Form tool) 之切削，精確較遜；又進削 (Feed) 大，削速 (Cutting speed) 小，亦不易精確；如銑削平面時 (Face Milling)，設計之刀片 (Blades)，應與銑刀體極度相齊，一方面較為堅實，一方面可免銑屑 (Chip) 轉於刀口之下，而刮傷銑削面；又軸斜角 (Axial rake) 為負角時，可維持刀口 (Cutting edge) 銳利；此就刀具設計而言，若以切削速度而言，則其決定切削之精確，影響更大，如削速高，進削少，則其銑削面最精良，無論徑斜角 (Radial rake) 為正為負都如此——但若太過，即削速太高，進削太少，則容易使刀口變鈍；如進削大，削速低，則銑削面最劣，由此觀之，可見切削方法，對於成品質料影響之大，故今日機械工作者，莫不注意及之。

(B) 刀具之壽命——與材料之切削性及製刀具之材料，皆有關係，

材料之切削性，對於使用刀具之重要自不待言，尤以今日許多新合金問世，其切削性各異，如無詳細知識，豈獨影響刀具壽命而已，亦將減低切削之效率，與精確之程度。所謂切削性者，即包括刀具壽命，精削程度(Surface finish)，與切削速度。故切削性良好之材料，能以一定切削速度，得出某種精確之切削面，而刀具壽命又長。亦即謂刀具每磨銳 (Ground) 一次，可削之極快，用之最久。此固決定於材料本身，而與刀具種類，刀具形式，機器檯具之堅實，進削，削速，深度，甚至切削油 (Cutting oil)，都發生連帶關係。如同類鋼料，冷作(Cold drawn) 與熱作者 (Hot roll)，有不同之切削性，此乃由於材料本身之關係。又如低碳鋼 (S A E 1112之類) 在自動車床上切削，毫無問題。若切削製螺釘齒輪等之中碳鋼 (S A E 2330之類)，則須視切削形式 (Type of operation) 而定，此乃工作情形之影響於切削性。至於用以製工具模鈑 (Die) 等之高炭鋼，在切削時，磨擦發熱，易使刀口變鈍，故含炭素對於切削性之決定，尤屬重要。大概少量含炭素，可增加切削性。若肥粒鐵 (Ferite) 之情形則因其柔韌而富延展性，切削容易，不致使刀口變鈍，但並不宜於精削 (Finish cut)，因其削屑，隨刀口刮走，不易脫落，有時則留結刀口之上，增加摩擦，可能使刀口軟化。諸如此類之情形，皆為決定切削性之因素。

工廠中對於刀具之磨銳工作 (Ground)，為一種極不經濟而無可避免之事，因此，刀具之主要條件，即其壽命。自高速鋼用作刀具以來，可謂已湊上乘，因其用途廣泛，壽命亦長。如釩類高速鋼之用於銑刀，即取其壽命之長久；鈷類高速鋼之用於鉋刀車刀 (車削鑄鐵之用)，即取其耐熱性。故今日一般刀具仍非高速鋼莫屬也。除此之外，新近又有金剛 (Carbide) 刀具之興起，及研磨刀具

(Abbarasive tool)之擴展，於是在機械工場中，起一大改革，無論機械設備，工具設計，製造方法等，都受有影響，請先略述金剛刀具之用途如下：

金剛刀具之用，不過十數年而巳，以前對於其性質及運用方法，知識尙少。工程界日漸研究之後，於此次大戰生產中，己大事採用。如車刀，搪刀 (Boring tool)，甚至鑽頭 (Drill) 亦有用之者。尤以銑刀之採用，使金剛刀具，身價百倍，競相應用，凡鑄件鍛件之硬度在C55—45之間，均可切削自如。

按金剛刀具所以爲用之廣，亦即因其鋒銳耐用，較之鋼質刀具，幾乎耐用十倍。據Consolidated—Vultee飛機廠之工具設計室，曾在該廠作一比較研究，用各類銑刀，切削同一種材料(鋁合金)，結果高速鋼側面銑刀 (Side cutter) 每用八小時，需磨銳一次，而金剛銑刀，用四十八小時，仍可維持精確之切削面。又高速鋼光面銑刀 (Face cutter)，其壽命爲四小時；金剛銑刀則爲二十四小時，由此可見金剛刀具之引人注意也。

金剛刀具之發展，不僅由於其持久耐用，更因其切削速度，可以大增無慮，而得出之切削面，又極精確，無須再加精削或磨光 (Grinding)。如以空心直銑刀 (Shell end mill) 爲例，用以切削鑄鐵，每分鐘可以切削八九吋，若用高速鋼銑刀時，每分鐘僅約三吋而己，(用金剛銑刀時之周圍速度即SFPM約爲每分鐘五百呎，而用高速鋼銑刀時約四十呎)，故用金剛銑刀時，出品迅速，較用高速鋼銑刀增加二三倍。又如金剛刮刀之使用，使以前所不能得到之精確度，在今日覺易如反掌。其刮削能力 (Boring Rnage)，即刮削長度與刮削直徑之比，可至8：1，因金剛材料之彈性係數 (Elastic Modulous)，爲高速鋼之2.8倍，故刮出之孔，不致有斜度 (Taper)。至於金剛刀具使用之方法，外國雜誌，常有研討，非本文所欲多及。

其次，用研磨沙質(Abbarasive Material)以作切削之工作，在以前機械工場，亦不發達，因爲研磨床，價値高昂，操作不易，而切削又慢，多限於精削或視爲一種工具工場之工作而巳。但在今日機械工場，却成爲一種必需廣爲應用之設備矣。其原因約如下述：(一)今日工業品，日臻精美，需要細緻之切削面，與密切之偶合度，爲普通生產機器所不易得。例如切削螺絲，如用引擎車床則太慢；如用螺絲機 (Thread Miller) 或螺絲頭 (Die Head) 則不够精密。若用螺絲磨床，(Thread Grinder) 既迅速且精密，故此項工作機，巳不僅限於工具工場之工作矣。 (二) 由於研磨機之動作，多使用繼電器操縱，減少工作者之技能要求，此亦未始非其發展之原因。例如無心磨床 (Centerless Grindor) 之應用：磨外圓者，操作簡單，出品迅速；磨內圓者，將工作物裝於三滾筒 (Roll) 間，較普通內徑磨床省事而可保持同心 (Concentric)。又如平面磨床 (Surface Grinder) 之磁力檯，加以改裝後，能使許多物品，同時磨削，較之使用銑床，可省時三四倍之多。 (三) 有許多硬度較高之工作物，使用其他機器時，難覩成效，且發高熱；則不如用研磨床之爲經濟。此上所舉數端，以明磨床之擴展。若在機件製造工廠時，（如汽車引擎製造廠之類），則其應用更廣泛，然多屬特種機器，如磨削齒輪之各種磨床，非普通機械工場所備。

（五）　結　論

新型工作機及刀具之進展情況，畧如上述。其在各方面之影響至巨，茲不論工場設置，材料轉送等，僅就製作方法與機器本身而論，即有下列各種情形：

1、工具之極度應用：如鑽孔之型具（Drill jig）及銑削之栓具(Milling Fix-ture)，使用尤多，其目的不外增速生產，減低成本，使普通技藝工人，亦可製成大小相若之成品，而具有互換性。若工作物爲選擇配合者，則工具之應用，更爲重要，因製成之尺寸，稍不精確，即可成爲廢品。

2、工具設計問題：工具之使用，必需裝卸時間(Loading and Unloading Time)較切削時間爲少，然后工具之應用，始稱經濟。現今各種刀具之切削時間，既如是其速，因之工具之夾制（Clamping）方法，必求敏捷，故空氣鉗，（Air vice）磁力檯（Magnetic Chuck）液壓夾（Hydraulic clamp）等之應用更多。又如鑽孔型具之設計，不僅因爲排鑽之工作迅速，而需改進其夾制法。即以單軸鑽床而論自從如意鑽頭（Quick change chuck）裝用後，鑽孔，沉鑽（Counter Bore），擴孔等工作，亦可連續進行，不必停止鑽軸。則型具設計問題，又在如何使套墊(Bushing）更換之便捷也，

3、定型工具之使用與裝工法(Machine set-up)之考求，此亦爲配合迅速生產之目的。裝工之意義，乃使工具應用之得法、機器操作之有効。故對於切削油之規定，與乎切削弊點之規避等，皆有備載，不厭其詳。例如挖銑工作（Climbing Mill），當工作物退回時，必使銑刀仍然轉動，則不致損及刀口，似此情形，裝工單(Set-up Sheet）中皆有註明，因此使裝工迅速而有効。

4、機器製造廠家更須注意堅實與各種調節：如齒隙調整(Back Lash Elimina-tor）抬面鎖扣（Table jib）等，因爲現今切削速度太高，震動必大。例如用金剛刀具以切削鋁材，其周圍速度（S F P M）竟至12,000。設使機器不堅實，或端隙(End Play）太多，自必損害切削之精確。

5、製作方法上亦有改變：如金剛光面銑刀之用，則筒形銑刀（Slab Mill）幾無存在之理，因其磨銳工作費時；轉動亦慢。又如跨銑法（Straddle Milling），原視爲一種增速生產之工作法，但其裝置時，須與工作物尺度密合，亦極費時，而普通金剛銑刀之削速，既可增高三四倍，則不如每次銑削一面，仍屬經濟。

如上之例甚多，工作者若不隨時注意，誠覺進步之驚人，本文所述，猶不過此次戰時生產中所見而已。

軸承鋼珠的製造

葉 翰 卿

在第二次世界大戰初期，英美集中空軍轟炸德國的鋼珠工廠，德國也拼命設法保護這些工廠，使英美轟炸隊受到極大的創傷：這可證明鋼珠對於軍事是如何重要的了。同樣的，鋼珠對於民生工業也佔有重要地位；因為一個現代化的機械，如製造用機器，精密儀器，交通工具，甚至那最新出品的原子筆，都需要那圓而又滑的鋼珠。

戰爭用的儀器設備，如轟炸瞄準器，自動駕駛儀，雷達，魚雷及炸彈操縱機構，電動槍塔等，凡需要精確而又靈活的機械，幾無不裝有鋼珠軸承。轟炸瞄準器的小鋼珠軸承精確到百萬分之幾吋，只要用最軟的紫狼毫筆尖一撥就可使他轉個不停。

鋼珠的製造相當複雜，但非常有趣。我國現在還沒有一個鋼珠製造廠，自然談不上我們自己的方法，下面所介紹的是美國首屈一指的SKF廠的製造方法。

SKF的鋼珠製造工場是沒有窗的，空氣和光線都加以人工調節，從製造開始到最後檢查，室內溫度總是保持在76°F左右，溼度常在40%左右。

女工一律穿白色工衣，着手套，免得汗液把那精細的鋼珠弄銹了。全廠掛着禁吃水菓的警牌；因為一滴菓汁會糟塌一框精貴的出品。他們要求清潔的程度比醫院還要嚴格。

SKF的戰時技術，現在也應用到平常工業上了。原子筆頭上的小鋼珠，僅僅0.03937吋直徑，已在那裡製造了。那些小鋼珠的直徑準確到0.000050吋以下，圓度準到0.000010吋。

製造一公厘至 7/16 吋鋼珠用的是SAE 52100號鋼，含碳0.95—1.10%，錳0.25—0.45%，磷0.025%以下，硫0.025%以下，矽0.20—0.35%，鉻1.20—1.50%，鎳0.35%以下，銅0.25%以下，鉬0.08%以下。此種鋼料是用電爐製煉的。

製造步驟

鋼珠的原料是鋼絲或鋼條，由原料到成品可分十個步驟，那就是型壓，去邊，粗磨，槽磨，滾磨，熱煉，精磨，磨光，檢驗及度量。

型壓分兩種：一種是冷壓，(Cold press) 凡鋼珠直徑在1吋以下的都用此法，那就是用一具型壓機先把鋼條切下小段，然後放在兩個杯子似的鋼模中壓成圓球，這部機器是自動的每分鐘可壓400個。還有一種是熱壓 (Hot press)，凡是直徑1吋以上的，受冷壓時，因壓縮變形過甚，容易開裂，所以要用熱壓。熱壓和冷壓的機器大同小異，不過熱壓以前，要把鋼條切成的許多適度的小段，先用高溫爐加熱至1800°F.左右，經過相當時間，把它鉗出放在壓力機鋼模中壓成圓球形。

這樣壓成的鋼球，沿鋼模合縫處都留一圈壓擠出來的邊，所以另需一部去邊機。去邊機是上下兩面銼刀似的圓盤，上面固定，下面旋轉，將500磅左右的粗壓鋼珠倒入漏斗中，鋼珠即在兩個圓盤中打滾，因爲離心力的關係，可使他們自動滾出來。出來的鋼珠，邊圈都已去掉。

接着是粗磨工作。磨床分上下兩半，上半每分鐘900轉，下半60轉。鋼珠夾在當中打轉，不斷的變換磨擦面及其旋轉軸，因此球面每點都受到同樣磨擦，磨成的鋼珠直徑相差不到0.002吋，這種機器每小時可磨3/4吋鋼珠1068個。

其次爲槽磨(Groove grinding)，這就是所謂哈福門方法(Hoffman method)。用一多槽磨機，可將鋼珠的直徑和圓度磨得非常均勻，彼此相差不到0.0001吋。磨時須用一種稀薄的礦物油，爲冷却及潤滑劑，藉以保持磨輪的鋒利，硬度，以及成品的潔淨。

滾磨機(Tumbler)實際是一個內襯橡皮的旋轉桶，每分鐘約轉30次，內置鋼珠拌雜着磨粉和水，由於互相磨擦打滾，把鋼珠磨去0.0001吋；最後用木屑將附在鋼珠上的磨粉除去，可使其達到非常光潔的程度。

熱鍊包括加熱，淬火(Quenching)及回火(Tempering)。加熱爐的溫度是1500° F，爐內的空氣加入丁烷氣體(Butane gas)，使在爐內燃燒以減少氧氣，氧化碳及水蒸氣，以免鋼珠表面在高溫時氧化而使其含碳量降低。鋼珠熱透後，投入水中淬火，然後用低溫回火，所得硬度約爲魯克威爾C65(Rockwell C Scale)。這些熱處理工作，完全是在一部自動機器內完成的，它能自動的操縱空氣，自動的調整溫度，鋼製的轉動鍊自動地把鋼珠帶進去加熱，淬火及回火，所以只要一個人，即可操縱自如。

精磨是把鋼珠磨到最後所需求的精確度；因爲熱鍊時熱脹冷縮，多少會使鋼珠發生變形，所以精磨必須在熱鍊之後。把鋼珠壓在2呎直徑之磨輪上，轉動很慢，約60R. P. M.，鋼珠沿導板前進，經過12小時之後，其精確度可以達到0.00005吋。

SKF製造的頭牌最精細鋼珠才需經過磨光(Lapping)。這一步驟可以精確到0.000025吋，磨光機和去邊機相似，但用一種極細的磨粉。產品表面極爲光滑，以製精細軸承或用於油壓機活瓣(Valve)上，可使接觸良好不致發生聲響或漏油等弊。

特種技術

1929年SKF廠承製美國轟炸瞄準器的鋼珠軸承，這是一種秘密工作。開始發生問題的是如何大量製造0.125及0.15625吋的鋼珠而保持其最大誤差在0.00001吋以下，經多方努力，不斷改進機械設備，總算在一定期限及容許之誤差內完成了大量的0.125吋及0.15625吋的鋼珠。

爲要使潤滑油對鋼珠的附着力良好，SKF工程師曾發明一種特別的磨光方法，用以製造轟炸瞄準器的鋼珠，那就是在鋼珠磨光之後再磨一次，將它們裝面磨成許多極細的抓痕。此法現在也用於 0.03937吋 的原子筆鋼珠的製造上；因爲這種抓痕，可使墨水容易流出，書寫時不致中斷，停用時不致乾枯。

從上面的敍述我們可以知道鋼珠製造的困難是在精確，均勻，圓滑，光亮而又須帶有目不能見的細槽，原子筆之能書寫流暢，鋼珠軸承之能轉動自如而又不發生聲響及震動，全靠這些條件。原子筆現在算是摩登的了，但小鋼珠又在另謀出路，許多鐘錶公司正硏究用小鋼珠軸承來替代鑽石軸承。至於那些精細的儀器和機械，祇要牠有轉動的機件，便離不了鋼珠；所以鋼珠是時代的寵兒，現在和將來會永遠被寵愛的。

時代的巨輪向前轉，只有鋼珠才能使我們轉得更快。試看：那一樣高速度的機械上沒有鋼珠？什麼時候我們才能把鋼珠造出來，加速國家的進步呢？

鑄模新材料 Kirksite—"A"及其應用之研究

李永炤

本篇所介紹之合金"Kirksite—A"與落鎚衝模 (Drop Hammer Die) 乃近今金屬板材成形時常用之材料與方法。金屬板材爲飛機，汽車，及其他工業製造時必需應用之原料。現當我國各項工業正在萌芽之際，特作此文，以供工程界之參攷。

Kirksite—A(以下簡稱K—A)爲一種鋅鋁合金，近年廣泛用於落鎚衝模之製作，公認爲標準材料。今以陋見所及，就K—A之性質及落鎚衝模之製法分述於後：

(一) K—A之物理性：据美國製鉛公司(National Lead Company)之報告，K—A合金之重要物理性質如下：

抗壓强度	(Compressive Strength)	60,000—75,000磅/平方吋
熔點		717°F.
重量		432磅/立方呎
綫膨脹係數	(Coefficient of Linear Expansion)	15.4×10^{-6}每°F.

由物理性已可概見其較普通低炭鋼爲佳，惟實際設計時，K—A之鑄件，則以 37,800磅/平方吋計其抗壓强度；鍛製之件，則以 62.000磅/平方吋計算。拉伸强度與抗壓强度相同。

凡鋅鋁(少量之銅，鎂)合金之鍛拉 (Extrusion)，與其速度及溫度有甚大之關係。鍛拉愈速，强度愈大；溫度愈高，强度愈小。K—A之鍛拉性質亦然。

(二) K—A之化學成分：K—A之化學成分係製造公司之秘密，然我人極易知其爲鋅，鋁，銅及少量鎂之合金。

一九三九年 E. Schmid 在 Metallwirt 雜誌上發表一種鋅鋁合金，經冷作後可達 73,000 磅/平方吋，其成分如下：

鋁	(Al)	10 %
銅	(Cu)	20 %
鎂	(Mg)	0.03 %
鋅	(Zn)	剩餘值

吾人可由此推斷，K—A之化學成分想必與此相近。

(三) K—A之工作性能：

1、 可鑄性——極佳。

2、 切削性 (Machinability) ——磨，鉋，車，銑各種性質與低炭鋼者相似。

3、 抗摩性——佳。

4、可焊性——佳，但需用K－A焊絲。

（四）K－A之應用：由上述三節可歸納而得如下三點：

1、鑄造：溫度——爐溫可維持800－850°F.

2、冷作或滾輾所成之K－A板材——可製切形及成形模（Blanking, Forming Dies），普通用之於油壓機（Hydro－press）。模子上覆以橡皮墊，以壓成較平易之捲邊（Flange）工作，即著名之哥林法(Guerin Process)是也。

3、K－A鑄品——用於落錘衝模之鑄造。於下節詳述之。

（五）落錘鑄模：落錘之種類甚多，普通有三：一爲繩索式，二爲空氣式，三爲液壓式。第一種已屬陳舊而爲第二種所代替，第三種最新式。落錘之大小以錘面之大小計算，小者二十至三十吋，大者六十至七十吋，錘重一噸至五噸，形式甚多。空氣落錘之擊衝可以先輕後重，使金屬板材徐緩成形，不易撕裂。著名之 Cecostamp 機器，即屬此類之代表型。今就製造座模（Die）及衝頭（Punch）之方法與材料，分述如后。

1、材料概述：

(1) 座模（Die）——最初爲鋅，亦有用生鐵及鑄鋼者，近因K－A物理性及工作性之優越，故已普遍採用K－A。

(2) 衝頭（Punch）— 衝頭以熔鉛澆成，鉛內常含6－10％銻，以增强度，然以鉛質之軟，比之K－A之堅，一衝頭之壽命僅及座模壽命之$\frac{1}{5}$至$\frac{1}{8}$而已。

(3) 模型（Pattern）——普通爲木製，惟以落錘製成品大多爲深度頗大彎度複雜之件，木製模型甚爲化費時間。再加製型時必須使用縮尺（Shrinkage Rule），極易招致差誤，晚近遂有使用石膏模型（Plaster Pattern）者。石膏雖隨處皆有，然用於製型者，須質地純粹，俾易操縱其膨脹性。以美國石膏公司（The United State Gypsum Company）之出品爲例，石膏可分爲三種：

a. 普通石膏——白，軟，無膨脹性。

b. 硬性石膏（Hydrocal）——灰色，硬，無膨脹性。

c. 高脹硬性石膏（High Expansion Hydrocal）——質硬，如硬性石膏，塑型二小時後可膨脹至最大限度。其膨脹率可用水與石膏之混合比例(以重量計)操縱之。

今例表如下：

第一表：　高脹石膏混合比例表

% 水	% 石膏	長度膨脹 %
28	100	2.0
35	100	1.7
40	100	1.1

製作K－A落錘衝模時，有人主張K－A之冷縮程度爲每呎0.14吋，有人以爲$\frac{1}{10}$吋較爲適宜。作者之意見，則偏向於後者。因之，我人製作一模型時，應有每呎$\frac{1}{10}$吋之放大，其尺寸可如上表，以水與石膏攪和量之多寡調整之。

(4) 砂模 (Sand Mold)——普通細砂，與鑄鋁時所用者相似。

2、模型製作：木製模型須用縮尺，表面光潤工作亦極困難，石膏模型遂起而代之。今所述者，乃石膏模型之製作步驟也。

(1) 主型 (Mock-up or Master)——主型可用木製，或用樣品。如無樣品時，複雜之形體，可用普通石膏爲之。其法可將工程藍圖上之尺寸，分段 (Section) 製成木樣板 (Template)，然後將樣板間隔安置，以石膏填塑，用刮刀刮光其曲面，即成立體主型。此法較之木製者迅速光滑多矣。見圖一a。

(2) 第一凹型 (1st. Negative)——圖一a所示爲一飛機或汽車之汽油箱。我人如分成兩半製之，可以灰色之硬性石膏，覆在主型上而獲得其一半之凹型，如圖一b所示。爲增加强度計，鋼筋，稻草，麻莖皆可和入石膏中，惟其表面則力求光滑平順。此型以後可作凸型之校對規 (Checking gage)。

(3) 第一凸型 (1st. Positive)——應用同種灰色硬性石膏，覆至第一凹型，即得第一凸型，如圖一c。尺寸之準確與表面之光潔爲其主要要求，蓋由此更進一步，即製成所需之模型(第二凹型)。此型以後可作落錘衝模之校對規。

(4) 第二凹型(2nd. Negative)——此即模型，須用以製作砂模以鑄K－A模者，應用高膨硬性石膏。石膏之調製參照表一及K－A之冷縮程度，見圖一d。

3、砂模：砂模之製法與一般翻砂並無多大分別，即以一木板放置地面，將模型(第二凹型)放置上面，四圍木框中盛細砂(與鑄鋁合金時所用之砂粒相同)，壓打堅實，上覆另一木板，如一木箱。然後倒置，取出模型。其修補等工作，一如處理其他砂模。注入熔化之K－A，亦無其他特異之處。惟經注滿時，K－A模已漸呈冷縮形態而形成中間低窪，須以氣焊嘴燒熔，另以熔化之K－A填滿之。

4、修模：落鏈衝模之修磨，普通利用壓縮空氣手磨砂輪。選用砂輪之尺寸，可以修正衝模應有之曲度。此時可以第一凸型，外塗藍油墨，以覆此K－A模之凹度，以查核製。

5、衝頭製法：衝頭為鉛製，可用K－A模子為模子，四圍錫皮，注入熔鉛，並嵌入螺釘，以作將來連接衝頭座子(Punch Holder)之用。鉛熔爐可維持在700°F，蓋鉛之熔點為620°F左右也。鉛液冷固後即成衝頭。通常可以不予修磨，惟需要精密之製品時，可略加修磨，如上節所述，第一凹型即為其校對規。

6、設計落錘衝模之注意點：落錘衝模設計，現仍無一定方法。普通均以成品展開面（Blank）之大小，邊緣之起縐及破裂等為研究之對象。今就所見分述於下：

(1) 成品展開面之計算：落錘衝模製成品，大都形狀複雜，不易算出其展開面之尺寸。通常計算時皆以製成品之體積V為常數，由下面之公式可以求出展開後直徑D之值：

$$D=\sqrt{\frac{4}{\pi}\frac{V}{T}}$$

T＝材料之厚度，見附圖二。（圖二所示為一凹體之切面）

V＝製成品之體積。

惟一般製成品之展開面不一定為圓形，D之數值僅可作為參致而已。為穩妥計，可將所得展開面邊緣之尺寸放大，以待壓成製成品後，加以剪裁。

(2) 落錘衝模製成品之圓角：此種圓角通常以半徑R代表。圓角太大，即易起縐；圓角過小，則易破裂。按照經驗所得，製成品如圖三所示，則其圓角處半徑，可如下表所列：

第二表：落錘衝模製成品之平均圓角與深度關係表

C之深度（吋）	R_1（吋）	R_2（吋）	R_3（吋）
1	.1	.3	.65
2	.25	.5	1.0
3	.35	.7	1.5
4	.5	.95	2.0
5	.6	1.25	2.5

6	.75	1.5	3.2
8	1.0	2.0	4.2
10	1.25	2.5	5.0
12	1.4	2.8	5.5

如設計成品深度相當大，而圓角比上表所列之平均值爲小時，則落錘衝模須分成數套，即所謂 Progressive Die 者是也。

(3) 設計時之容差 (Tolerance)：落錘衝模之製成品，不能維持極精確之容差，此係擊衝式成形法所共有之缺點。加之衝頭與座模逐漸損磨，更不易保持精確之容差。今列表如下，以示設計時之容差值。（參看圖三）

第三表： 落錘衝模製成品之尺寸與容差之關係表

ABCD之尺寸(吋)	容差 (吋)		
	A,B	C	D
2	1/32	1/32	1/32
6	1/32	3/64	1/32
10	3/64	1/16	1/32
20	1/16	——	3/64
30	3/32	——	1/16
50	1/8	——	3/32

(4) 落錘衝模設計時其他注意點：落錘衝模成形法之容差，因使用次數之增加而增大。衝頭之壽命較座模更短，故設計時須注意。此法並非大量生產法，普通製成品在二三百以上，千件以內，可以採用此法。

a
b & d
c
圖一
圖二
圖三
D
A
B
C
R1
R2
R3

飛機製造工時之預算

范鴻志

飛機之成本估價正和其他任何工業產品之成本估價一樣，不外一、材料；二、工價；三、耗損，（這裡所謂耗損包括房屋機器之折舊；水電油料之消耗，工具費用，非直接參加生產人員之工資，以及其他一切非一二兩項所能包括之費用）

一般說來，材料一項，經過設計計算後，其價值即不難求得。但工價却不如此簡單，因爲一架飛機之零件何止千萬，其間有的經過剪壓，熱煉，鑽孔，鉚釘；有的經過磨光，刨平，焊接，吹沙。又有的經過膠合，油縫，裝配，矯正等等。其工時之測得，誠極困難。工時不能求得，則何能計算工價，何况機器設備各廠不同，工人技能，亦各不同，愈使工時一事，難於測算。更有甚者，即製造第一架飛機之工時，與製造第二架飛機之工時不同，任何兩架飛機之工時皆不相同。至於〝耗損〞，又與工時有直接關係，即工時愈多，則耗損也必愈大。通常〝耗損〞係按工時之二倍或三倍計算，所以〝工時〞一事在成本會計中遂成爲中心之問題。因此，欲減低成本，必先從減低〝工時〞着手。

如果工時能够實地測得，則整個工價即可求得。但吾人欲在飛機製成之前，即需預知其成本，作爲各種預算的根據。所以〝工時〞在飛機製造中必須〝未造先知〞。

美國各飛機製造廠根据多年來實際之經驗，測得一个製造飛機架數和工時上的關係，這種關係可以用曲線來表示，這種曲線便叫做經驗曲線。（LEARNING CURVES）

平　均　工　時

完全根据經驗與統計，這種曲線若劃在 LOG－LOG 方格紙上時，幾乎是一條直線。牠便成了一个成本估價和人工配備所應用的定律，一直到現在牠是美國各飛機製造廠家的法寶。

這个曲線告訴我們：當飛機出產之架數加倍時，其每架飛機之平均工時(Cumulative Average Man－Hours) 卽減爲 80%。如下表：

飛機生產數	每架所需平均工時		總　工　時	
1	100,000		100,000	
2	80,000	(100,000×80%)	160,000	(80,000×2)
4	64,000	(80,000×80%)	256,000	(64,000×4)
8	51,200	(64,000×80%)	409,600	(51,200×8)
16	40,960	(51,200×80%)	655,360	(40,960×16)

這就是所謂 80% 經驗曲線 (80% LEARNING CURVES)。

當我們把這曲線畫到 LOG－LOG 方格紙上時，牠是一條直線，牠的公式應該是 $y=kx^n$，於是任何架數之平均工時，均可在這曲線中求得。

總工時和單架工時 (CUMULATIVE TOTAL MAN-HOURS AND INDIVIDUAL UNIT MAN-HOURS)

設 T_c＝總工時　　　　A_c＝平均工時＝$t_1(U)^n$

U＝架數　　　　t_1＝第一架飛機之工時

T_u＝任何一架之工時，(單架工時)

n＝平均工時曲線之斜度 (在LOGARITHMIC SCALE上)

則：$T_c=A_c\ U=t_1(U)^n\ U=t_1(U)^{n+1}$

$T_u=t_1[U^{(1+n)}-(U-1)^{(1+n)}]$；$T_u\cong t_1(1+n)(U+\frac{1}{2})^n$

因此如果平均工時之曲線已知，則總工時及單架工時之曲線，也可求得，但在這裡我們必須知道 n 之值。前面已經說過，這个曲線是80%的經驗曲線，即每當飛機生產之架數加倍時，其每架飛機之平均工時即減爲80%，所以我們可以得到下面的關係：

$0.8=\frac{K\cdot 2^n}{K\cdot 1^n}$　　$\log(0.8)=n(\log 2-\log 1)$，$\therefore n=-0.32$

這〔$n=-0.32$〕在估計工時內是必用的常數。

如何求得第一架飛機工時 t_1

平均工時，總工時，和單架工時這三條曲線，只要有一條曲線已知，其他兩條便可求得或劃出來。讓我們看々到底如何開始這件事：

美國政府根据多年之經驗與統計，以美國現有各飛機製造廠家之設備與國家之一般工業基礎，得到幾个相當準確之經驗數字，即在製造第一千架飛機時，

1、　教練或驅逐機——生產每磅機殼 (Airframe)(不包括發動機螺旋槳，起落架，輪胎等等)，需 1.2 工時，

2、　雙發動機飛機——生產每磅機殼需 0.8 工時，

3、　四發動機飛機——生產每磅機殼需 0.5 工時，

如果飛機機殼之重量已知，則在製造第一千架時之工時即可求得，

依照　$T_u=t_1(1+n)(U+\frac{1}{2})^n=t_1(1-0.32)(U+0.5)^{-0.32}$

$T_{1000}=t_1(0.68)(1000.5)^{-0.32}$

$\log T_{1000}=\log(0.68t_1)-0.32\log 1000.5$

$\log T_{1000}=\log(0.68t_1)-0.96$

則 t_1 可以求得，t_1 既知之後，則平均工時，單架工時以及總工時之曲線皆可求得。

曲　線　之　應　用

在成本估價中，總工時爲不可少之曲線，因爲飛機製造廠家在訂定若干架之合同時，必須知道製造如此數量之飛機需要若干工時，始可知爲若干工價。當生產飛機之總日程表 (SCHEDULE) 訂立之後，其人工之配合，必根据平均工時曲

線方可，比如在10月份中日程表爲自第121架，至第190架，則人工應加或應減，加若干或減若干，必須依照平均工時曲線計算。否則人工不足，則不能附合生產日程表；人工太多，又等於增加成本。從這些曲線我們也可以明白爲甚麼產量增加時，不一定要增加人數；人數不變而產量不增加，便是管理不善，浪費人力，有漏洞。

結　論

所謂80%經驗曲線，並非一直不變的。比方工具的改良，新機器的增加，會使得80%突然改變。但不久之後，這條曲線便可恢復到80%了。

美國政府在戰時每月內各製造廠家要製造每磅機殼所需用的工時，這個數目在月月減低着。直到戰爭結束時，作者所知，在第一千架時，這個數目是：小型飛機 1.2；中型飛機 0.8；重型飛機 0.5；倘若製造的方法沒有特殊的改革這些數字也不會有多少改變了。

鋁合金工作戒條

蔡　之

(1) 鋁片彎曲半徑不得小於圖樣所示。

(2) 在鋁片上劃綫不可用劃針，應用較軟之鉛筆。

(3) 不論塗漆或未塗漆之鋁片，都不可劃痕或擦壞。

(4) 打鉚釘時，不可將鋁片打出痕跡來。

(5) 凡熱處理後之鋁鉚釘，經一小時後不能再用。

(6) 鋁片夾在老虎鉗上，必先在老虎鉗口加銅皮或鋁片鉗口墊片。

(7) 鋁片夾在老虎鉗上時，必先把鋁片及鉗口擦清。

(8) 鋁製品焊接處，切不可用銼刀去銼。

(9) 17S或24S之鋁品，切不可氣焊。

(10) 圖樣上規定之鋁合金材料，切不可任意改換。

(11) 鋁片彎邊時，彎邊須與鋁片之絲紋垂直，（絲紋俗稱絲頭），不可與絲紋平行。（除非必要時則爲例外）。

日本製虎牌計算機使用原理

蔣君宏

日本製虎牌計算機，應市者共有三型，一爲基本型，一爲特裝型，一爲連乘式特裝型。此種計算機構造小巧，置案上使用，不大佔地位，各種應用計算，堪稱完備。使用方法比較簡單，筆者曾試爲推求其使用原理，皆有其簡單數學上之根據，謹將各原理述之於后，以供使用諸君參攷。至計算機之使用方法，則不再贅述。

爲敍述方便計，姑採用下列名詞指示計算機之各部：

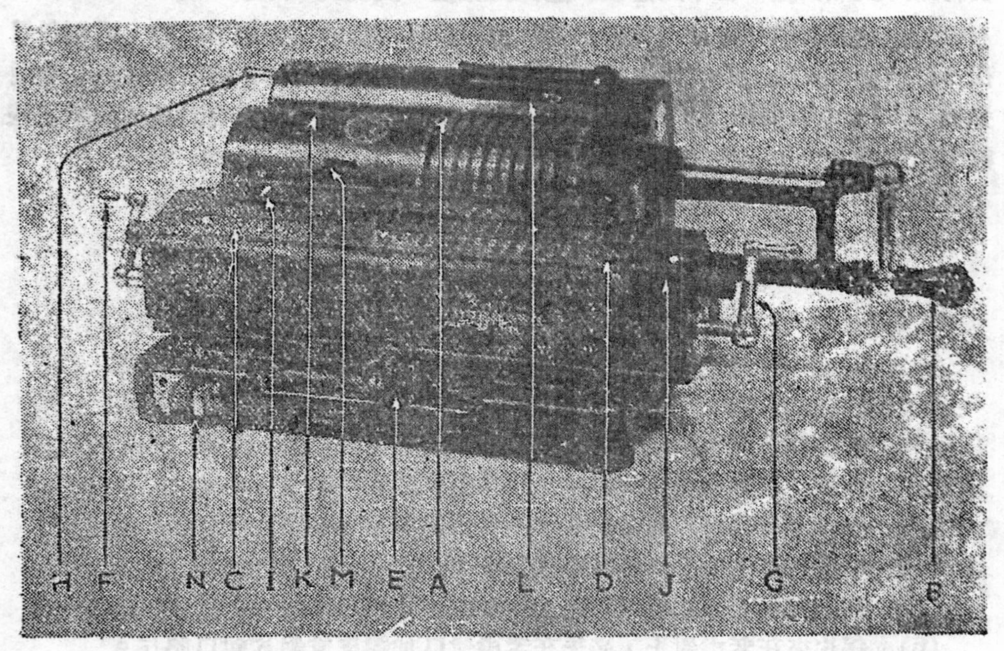

A—置數柄	B—搖柄	C—左數欄
D—右數欄	E—移位鈕	F—左歸零柄
G—右歸零柄	H—置數歸零柄	I—指標
J—定位針	K—安全銷	L—置數欄
M—接合子	N—連乘用鈕	

I. 加法及減法

計算機構造之主要部份在搖柄所帶動之滾軸，當置數柄置放在某一數字時，滾軸上相當行即凸出同數之齒。當搖柄正向轉動一週時，滾軸上凸出之齒即帶動右邊數欄之齒輪，而在其上現出相同之數字。此後將置數柄另置放他數上，再將搖柄正向轉動一週，此次滾軸上之齒繼續帶動右數欄之齒輪，使之繼續轉過相當數字，則右數欄所現之數字爲兩次數字之和。依此任何數字之相加均可按此行之。

反之，如欲行減法，則將置數柄置在被減數，將搖柄逆向轉動一週，則此數己被右數欄原有之數減法，所餘即爲荅數。

加減法爲計算機構造之基本原理， 此處僅略及其初步構造， 無所謂證明與否。其他計算皆由此而來，不過因如何加減或加減何數之不同而變化爲各種計算耳。

Ⅰ. 乘 法 及 除 法

乘法即是累加法，如 A×B，即將A個B（或B個A）累加。此時接合子（M）放在×號時，搖柄每正向一轉，左數欄即累加一字，故左數欄所指出者爲搖柄所共轉之次數。亦即可知某數 B累加至 A個時，搖柄應正向轉 A次，左數欄內應現 A，而右數欄即現乘積A×B。

同理，除法即是累減法，如B÷A，先將B數置入右數欄，A數置爲被減數，將搖柄逆向轉動，視由B中減去若干個A後，方減至零。設由 B中減去 C個A，餘數爲零，則 C即爲所求之商，搖柄應逆向轉C次。此時接合子（M）放在÷號時，搖柄每逆向一轉，左數欄內累加一字，故最後減畢時左數欄內所現者即爲 C。

累加法由個位做起，對於多位數之乘法，似嫌過煩。而累減法由個位做起，非但過煩，而且對於不盡商或小數之除法，解釋似欠適當。故應使用移位法以簡化之。在乘法，先將定位針定位後，如需移位，無論移前或移後，左數欄與右數欄所移位數相同，亦即乘數 A與乘積 A×B 所移位數相同。此蓋甚合理，因被乘數B之位不動，A與 A×B 本成比例，故其相當位所在之位置應相同。

同理，除法亦然，先定位後，由被除數之最高位起減，至不足減時，移位後再減，如此對於不盡商或小數均可繼續求得小數點以下之商。

Ⅱ. 開 平 方 法

開平方所用之法則，係由被開數中繼續減去 1, 3, 5,……至減至零時爲止，則共減去若干項數即爲平方根。以式表之如右：

$$1=1^2$$
$$1+3=2^2$$
$$1+3+5=3^2$$
$$1+3+5+7=4^2$$
$$\cdots\cdots\cdots\cdots$$
$$\cdots\cdots\cdots\cdots$$
$$1+3+5+\cdots\cdots+(2n-1)=n^2$$

說明：即此等差級數項數之平方等於所有各項之和，故欲求某數之平方根，只須由該數中繼續減去 1, 3, 5,……。所減去之項數，在左數欄可以現出。被開數減至零時，左數欄所現即爲平方根。

今證明此恆等式如下：

假定 $1+3+5+\cdots\cdots+(2n-1)=n^2$ 爲眞，

則 $2n^2=1+3+5+\cdots\cdots\cdots\cdots+(2n-1)$
$+(2n-1)+(2n-2)+(2n-3)+\cdots\cdots\cdots\cdots+1$

28565

$$= 2n + 2n + 2n + \cdots\cdots + 2n \quad (\text{至第n項})$$

$$= 2n \times n = 2n^2,$$

因此式爲眞，故原恆等式亦眞。

依此，對於位數較多之數，自個位起，依次減去 1，3，5……但嫌過煩，而且對於小數開方，亦不適用。

吾人熟知，整數平方後，其相當數之位數爲原數位數之二倍，例如原在10^r位上者，平方後在10^{2r}位上。而小數平方後，其相當數之位數在原數位數之下二倍，例如原在10^{-r}位上者，平方後在10^{-2r}位上。(此點與吾人習慣所稱謂之個，十，百，千位之爲第一，二，三，四位數不同，蓋個位爲10^0，十位爲10^1，百位爲10^2；小數第一位爲10^{-1}，小數第二位爲10^{-2}，故個位平方後仍在個位。吾人不得以$7^2=49$而認爲個位平方後在十位，蓋 9 字仍在個位，而7^2不等於 490 也。)故某數在開平方之初，應自小數點起算，每兩位一段，整數部份包含若干段，即表示其平方根應爲幾位數。應用計算機開平方時，由最高位之一段依次減去 1, 3, 5,……，則左數欄內所現數字之位數適爲被開之段位數之半。(位數仍指所在位10^r之 r。)

依此，當第一段數字已減少至不足再減時，即應移位，自第二段內續減。設第一段已開得之數爲 n，則置數欄內相當之被減數適爲 $2n-1$。在移位後，對於第二段言 n 已在10^1位，即可作爲在原數中已共減去 $(10n)^2$，即 $n^2\times100$。此時置數欄內相當之被減數應爲 $2\times10n-1$，次一被減數即應爲 $2\times10n+1$。依此，再由第二段中繼續減去 $20n+1$，$20n+3$，$20n+5$，………，則左數欄之平方根亦繼續現出 $10n+1$，$10n+2$，$10n+3$，………，直至不足再減時，再移位由第三段減去。依此，至開盡爲止，

例：開 2950.771041 之平方，由第一段 29 中陸續減去 1. 3. 5.……至左數欄現 5, 上方置數欄爲 $2\times5-1$，即 9，右數欄餘數爲 450.771041，已不足再減，移位，左數欄爲 50，右數欄第二段餘爲 450，可視爲已自 2950 中減去 50 之平方2500，次一數應自 $2\times50+1$，即 101 起，依次減 101，103，………各奇數。故得一固定法則，即凡遇本段不足再減時，移位，將置數欄原被減數增至次一偶數。例如 9 增至 10，而此數對第二段言，因移位之故，在10^1位，再加 1，依此奇數級數再順次減去，遇不足減時再移位，至開盡爲止。

IV. 開 立 方 法

開立方所用之法則，係由被開數中繼續減去 1，7，19，………至減至零爲止；則共減去若干項數，即爲立方根。此級數中，除第 1 項外每項係以其以前之項數乘以 6 加於前一項而得。

以式表之如后：

說明：下方級數 n 項之和等於 n 之立方。故欲求某數之立方根，只須由該數中繼續減去 1，7，19，………所減去級數之項數即搖柄所轉之次數在下數欄內可以現出，被開數減至零時，下數欄所現即爲立方根。

第1項	(1)	1	$\} 1^3$
第2項	(7)	$1+(1\times6)$	$\} 2^3$
第3項	(19)	$1+(1\times6)+(2\times6)$	$\} 3^3$
第4項	(37)	$1+(1\times6)+(2\times6)+(3\times6)$	$\} 4^3$
第n項		$1+(1\times6)+(2\times6)+(3\times6)+\cdots\cdots+[(n-1)\times6]$	$\} n^3$

$$n^3=n\times1+(n-1)(1\times6)+(n-2)(2\times6)+(n-3)(3\times6)+\cdots\cdots+[(n-1)\times6]$$

今證明此恆等式如次：

引用算學歸納法，假定此恆等式爲眞，則以 n+1 代 n，亦應眞，故

$$(n+1)^3-n^3=1+(1\times6)+(2\times6)+(3\times6)+\cdots\cdots+[(n-1)\times6]$$

$$3n^2+3n=(1\times6)+(2\times6)+(3\times6)+\cdots\cdots+[(n-1)\times6]$$

$$n(n+1)=2[1+2+3+\cdots\cdots+n]$$

$$=1+2+3+\cdots\cdots+n$$

$$+n+(n-1)+(n-2)+\cdots\cdots\cdots+1$$

$$=\underbrace{(n+1)+(n+1)+(n+1)+\cdots\cdots\cdots+(n+1)}_{\text{至第n項}}$$

此式爲眞，故原恆等式亦眞。

在使用計算機時，可以左數欄內之數字乘以 6 加於置數欄內前次之初減數而得次一項應減數，如此可免去强記級數之各項。

應用於多位數時，自個位起繼續減去此級數之各項，仍嫌過煩，而且亦不適於小數開立方。與前同理，應用分段開方，由最高位之一段起減。開立方之分段係由小數點起每三位一段，因原在 10^r 位上之數字，立方後在 10^{3r} 位上；而小數之原在 10^{-r} 位上者，立方後在 10^{-3r} 位上故也。設第一段已開得之數爲 n，此時不足再減，移位，由第二段中減去。對於第二段言，n 已在 10^1 位，可作爲已由第二段內減去 $(10n)^3$，即 $n^3\times1{,}000$，故次一應減之數爲 $(10n+1)^3-(10n)^3$，即 $300n^2+30n+1$。

例：開 15,625 之立方，由第一段內開得2後右數欄之第一段只餘7，已不足再減，移位由第二段 7625 中繼減。上方置數欄中之 7 應該除去歸零，另置 $300\times2^2+30\times2+1$，即 1,621，於置數欄由第二段中減之，

式 $300n^2+30n+1$ 在使用計算機時，每需心算乘方及加法，故此式在實際運用時並不便利，茲利用前段最後之被減數導出之如下：

第一段既開得n，設最後一被減數爲P，

則 $p=n^3-(n-1)^3=3n^2-3n+1$，

而 $300n^2+30n+1=(p-1)\times100+30\times(10n)+3\times(10n)+1$，

如前例，左數欄己開得2，第一段不足再減，移位。對第二段言，左數欄己爲20，置數欄己爲700，將700退置於600，將左數欄之20乘30得600加於先之600得1,200，再將20乘3得60加於1,200得1,260，再加1得1,261，同前數。

故得一固定法則，即當本段不足再減時，移位，然後

(1) 將置數欄內前段之最後被減數p退置於次一偶數，因移位之故，對第二段言，此數適己在10^2位上。

(2) 左數欄中，n己在10^1位，將10n乘以30加於數欄內。

(3) 將10n乘以3加於置數欄內。

(4) 加1於置數欄內。

然後由第二段內減去此總和，左數欄現10n+1，再以(10n+1)乘以6加於置數欄內之數上再減去之，如是繼續至減盡爲止，左數欄所現者即爲立方根。

拉丁美洲工業化

蔡之

譯自一九四七年四月號 McGraw—Hill Digest

巴西——就製造公司的數量，生產品的總值以及技術工人的數量而論，巴西在拉丁美洲諸國中佔第一位。巴西的工業化計劃，配合着本國農業，畜產和礦藏的情况，正在努力推進中，以期達到高度的自給自足。雖然她的工業，經濟，己有空前的進步，但仍未脫離幼稚時期。全國八萬二千工廠的產量，仍不能供給消費品的需要。二次大戰期中，巴西工業上最主要的進展爲金屬工業的成長，建築業亦有迅速的擴展。

阿根廷——阿根廷工業化的推廣，在過去十年之內，己增加六十萬技術工人。最近建立的工廠，在技術上，得力於來自歐洲的移民——技師和工程師，他們帶來了資本與專門技術。現在阿根廷己有食品製罐業，自行製造化學品，水泥，肥皂，玻璃，服裝，皮鞋，毛織物，絲織物以及人造絲等。一九四四年阿根廷的工業機構己利用百分之八十的農業產品。原料的輸出，一九三七年爲四萬萬四千萬美元，一九四四年減至一萬萬七千萬美元。同時期內，半成品以及製成品的產量，則自一万万三千六百万美元增至三万万七千五百万。近來金屬工業工廠數量激增，規模日漸擴大。

墨西哥——墨西哥政府己擬訂一個三万万八千三百万美元的長期工業化計劃。其中有五十八個項目，包括鋼鐵工業的擴充，紡織業的現代化，五千万美元的

發展動力十年計劃，一万万五千八百万美元的農田灌溉，重建鐵路系統，擴充水泥工業以及建立化學工業等計劃。食品製罐業亦在計劃發展中。

其他各國——拉丁美洲較小諸國的工業化計劃包括食品製罐業，水泥工業，建築工業等。此類計劃同時促進交通的改進，農產品的改良；運輸工具（包括鐵路及電車車輛），防織廠，航運以及輸出貿易的增加。

拉丁美洲工業化的過程中，須要克服許多推行近代化制度的障碍，這不是短時期內所能成功的事，或許要好幾十年。

阿根廷的五年計劃

蔡　之

譯自一九四七年四月號 McGraw—Hill Digest

一九四六年至一九五一年，阿根廷政府籌撥十六万万美元為振與國家經濟的五年計劃費用。五年計劃的目的在去除外國資本，減少原料輸入以及增加工業品的自給自足。減少原料輸入的外滙，可以用作增加輸入急需的重工業機械設備。五年計劃包括土地改革，二十五萬的外籍移民，勞工情況的改良，資源的開發（包括水力發電，石油，森林及漁業），工業的發展。

倍諾斯愛勒 (Buenos Aires) 至康麻屠拉列伐達維亚 (Commodora Rivadavia) 油田區，將安裝一千二百哩長的地下管，使油區的天然氣通至四十個新興的社會與四十萬新起的消費者。全國電氣化計劃己延長至十五年；因為煤礦的缺乏，水力發電廠將供給全國大半的動力，從四萬五千瓩增至一百四十萬瓩；二千八百哩的電力輸送網亦在計劃中。動力的分佈與農田灌溉都有連繫的計劃。

鋼錠產量，一九四三年為十二萬噸，一九五一年將增至三十一萬五千噸，所增之產量，足以減少全國每年百分之二十至三十五的輸入。馬口鐵向來毫無生產，戰前全賴輸入，此後可以增加到七萬噸。非鐵金屬以後可以不再輸入，或有輸出的餘額。

棉紡織物年產量可以增加一萬七千噸，相當於戰前每年輸入的二分之一；毛紡織物年產量可自二萬一千五百噸增至三萬噸；人造絲產量可以增加一倍，達到八千噸的目標；蠶絲年產量可自二千磅激增至六十萬磅，一九三七年蠶絲的輸入計達三十四萬二千磅。

炭酸鈉年產量可以達到二萬五千噸，戰前每年輸入為三萬二千噸。苛性曹達產量可較戰前一萬噸增加四倍。戰前每年輸入十五萬噸至十八萬八千噸的白報紙，一九五一年白報紙產量可增至五萬噸，他種紙類可達到十九萬噸。

下面為五年計劃中幾種建設事業經費的分配表：（單位為百萬美元）

公共衛生　　一五五

農田灌溉	四〇
燃料及動力	
油田	一二四
天然氣	五四·二
固體燃料	三二·六
植物燃料	一一·二
水力	一二八
電氣	九七
公用事業	
航運及港埠	一二〇
保育事業	一二〇
道路	一一一
運輸	一八〇
國立公園及遊覽事業	一三
倍諾斯愛勒飛機場	二四

百分之二十五以上的經費將用於改良運輸及港埠的設備，其中大半用作增添鐵路及電車車輛或翻造舊車輛。西部礦區增建短程鐵道；臨近巴西邊境的鐵道路軌將改爲米突制。巴拉拿 (Parana) 至里奧尼格魯 (Rio Negro) 兩河將加疏濬，以增港口噸位容量；倍諾斯愛勒 (Buenos Aires) 及羅薩里奧 (Rosario) 港口均將擴大；沿南部海岸將增建六個港埠。阿根廷的商業航運亦將增進，計劃添造十三萬七千噸的各種船舶。

徵稿簡章

(一) 本刊內容廣泛，凡有關工程之文稿，一概歡迎（讀者對象爲高中以上程度）。

(二) 來稿請橫寫，如有譯名，請加註原名。

(三) 來稿請繕寫清楚，加標點，並請註明眞實姓名及通訊地址。

(四) 如係譯稿，請詳細註明原文出處，最好附寄原文。

(五) 編輯人對來稿有刪改權，不願刪改者，請預先聲明。

(六) 來稿一經刊載，稿酬每千字國幣二萬至三萬五千元（臺幣三百至五百元）。

(七) 來稿在本刊發表後，版權即歸本社所有。

(八) 來稿非經在稿端特別聲明，概不退還。

(九) 來稿請寄臺灣臺中66號信箱 陶家澂收

工業安全工程　陶家瀓著

第一章　基本概念

（1）工業安全工程之定義。

無論研究何種學問，必先了解其含義，何謂工業安全工程？

〝工業〞兩字是指利用勞工與資產的一種企業。

〝安全〞即無〝意外危險〞之虞；換言之，使吾人避免傷害與損失。

〝工程〞的最初含義為〝管理引擎〞(Managing Engines)，現在新的解釋，應該是〝計劃〞(Planning)與〝實施〞(Executing)。

如將上述〝工業〞，〝安全〞，〝工程〞三個名詞合起來講，即可得〝工業安全工程〞之定義如下：

〝計劃並實施防止因意外事件而發生的勞工傷害，與資產損失〞。

（2）何謂〝意外事件〞(Accident)？為何預防？

簡言之；〝意外事件〞是一種突然的遭遇，阻碍某種工作的進行。

為何預防？則有兩大基本理由：第一，人道上的；第二經濟上的。

第一個最大理由是要避免人類的苦痛，故安全工程近來已日趨重要而成為人生必需的一種學問。有人稱之為〝人道工程〞(Human Engineering)，確亦名副其實。工業安全工程可以增進工業從業人員的幸福，同時亦即增進其父母，妻子，兄弟，姊妹，親戚，朋友的幸福。雖然每個人不免一死，但因工業上意外事件而發生的死亡與傷害，決非創辦工業必需的副產品，而是絕對可以用安全工程來預防的。

第二個經濟上的理由：每一次工業上的意外事件，引起許多種經濟上的損失，如醫葯費與賠償費等直接損失；以及生產停頓，効率減低，機器，工具，原料，受傷之工時，管理費用等等間接損失。工業是講求効率與經濟的，自應設法取消此種種不必需的損失。安全工程師固然認清意外事件對於經濟的重要性；但預防時，其着重點，仍以〝人道第一〞，〝經濟第二〞。

（3）安全工程師之責任。

安全工程師責務繁重，下面列舉其應負之責任：

第一、計劃工作綱領。

預防意外事件是一種有計劃的工作，需要慎密研究。各種工業的安全工作，固有其共同之點，但應用時必須適合個別的環境與情况，故須加以詳細研究而後計劃之。即在同一工業機構內，如某工廠之某工場，僅須設立單獨之勞工安全委員會，而在另一工場之安全委員會中，則須包括監工管理人員等。

第二　監督安全工作之進行。

各種工作計劃往往不能自行推動，安全工程師必須明瞭其工作計劃，常因不真之指導而發生流弊，故須有專門負責的監督。

第三　配合安全工作與生產工作。

例如：意外事件之預防不應阻碍生產工作，而須成為增加生產的一種方法。安全工程師與生產部份之工程師，必須熱誠合作，時刻討論，會商並研究彼此應負之責任，以增相互之諒解而使雙方工作密切配合。

第四　檢查工作。

檢查為安全工程師之一種主要任務，須具有各項專門知識。如檢查機器設備時，應認清可能發生之危險。檢查各種不安全之情况時，須進一步研究應行添置之防護設備。同時，須注意技工操作方法是否安全？是否違背安全規則？

第五　收集，記錄並利用各種意外事件之事實與統計資料。

各種意外事件之報告常為極有價值之參考資料，例如，某次輕微之傷害，如不加注意，往往釀成嚴重之死亡。分析每一傷害之報告，可以發現其發生原因，因此，即可採取適當的預防措施。研究技工之個別傷害報告，可以發現其曾否發生相同之錯誤行為。各工業各工廠之傷害發生率記錄，(Injury Frequecy Re-cords) 與傷害嚴重性記錄 (Injury Severity Records)，可使安全工程師明瞭各種意外事件之趨勢；並可作為各種工業之比較而決定其應行注意之點。

第六　調查意外事件。

此為安全工程師最主要之工作。意外事件之調查需要專門知識與技術，否則無法獲得正確之結論。各種有關情况調查清楚後，須繕具詳盡之調查報告。

第七　宣傳安全之重要性。

多數安全工作計劃，常因宣傳不周而未能發生真好效果。安全工程師須利用各種方法，如標語，圖畫，相片，電影，演講，公告，手册之類，以宣傳安全之重要性。安全工程師之一言一行，更須特別注意，不應違背安全原則。〝以身作則〞實為最好之宣傳方法。

第八　收集他人之意外事件經驗 (Accident experience)。

安全工程師須聯絡各同業，相互交換意外事件之記錄，並須注意報章，什誌之工業意外記載。如此可增加其閱歷經驗，而利工作之進行。

第九　參加一般社會之安全工作。

安全工程師之最終目標，在增進一般社會之福利，故須利用其專門知識才能，為社會服務。

（4）　安全工程師應具備之條件。

能够完成上述各項責任之安全工程師，並非超人，但決非每一普通人員均能勝任者。安全工程師之對象錯綜複雜，除機器，工具，材料，建築外，更須注意各種不同階層之人類行爲，故應具備特種條件，始能成爲合格優良之安全工程師。茲爲易於說明起見，比照上列九項責任之次序，分別列舉其應具條件如下；

第一　具有豐富之學識，以決定安全工作計劃。

具有建設性之想像力，以預知勞工對於安全工作之反應。

具有公平之判斷與推行安全工作之熱誠，以感動全體員工；引起員工之同情。

第二　具有監督之才幹；與人發生友愛而後能合作；判斷正確而後能引人敬佩，如此始能推進安全工作。

第三　熟悉製造方法，然後能使安全工作與製造計劃配合。

第四　觀察銳敏，以達檢查之目的。

第五　具有豐富之數學知識，以分析各種統計資料之正確性。

第六　具有公正與同情心理，然後能調查意外事件之眞實性。

第七　具有寫作演講才能，以便利宣傳安全工作。

第八　善於交友，而後可獲得他人之意外事件經驗。

第九　具有充分之人類愛，然後有熱誠參加各種社會之安全工作。

綜上所述，安全工程師應行具備之條件可以四種性格代表之，卽：

1、眞誠（Sincerity），
2、能幹（Ability），
3、友愛（Friendliness），
4、熱誠（Enthusiasm），

如將此四英文字之第一個字母合拼起來，卽得〝SAFE〞一字，卽〝安全〞也。

SAFE = Sincerity + Ability + Friendliness + Enthusiasm

安全第一

SAFETY FIRST

第二章
美國工業安全運動簡史

美國於一八〇〇年後，因受英國工業革命影響，逐漸由手工業轉變爲機械工業。最初數十年之勞工工作環境，非常悲慘。毫不注意安全，健康，福利諸問題。亦不考慮光綫，通風，衛生諸設備。所有工人，大部係婦女與六歲至十歲之童工。工作時間甚長，每星期工作六日，每日工作自十二至十四小時。受傷與死亡者，屢見不鮮。一般人士均認此爲工業發展過程中，必須償付之代價。當時雇主對於受傷勞工不負任何責任，如能以門房看守之職，安插殘廢者；或捐助一部分受傷致死者之撫恤金，即可謂莫大之恩惠。

麻省（Massachusetts）因蒸器機之應用最早，爲工業最先進之一州。在工業立法方面亦處於領導地位；另一方面此係得力於牧師與報章輿論對於人道及勞工福利之呼籲。一八六七年麻省通過工廠檢查法，兩年後，成立勞工統計局，以調查研究各種意外事件。不久，又規定女工每日工作最長時間爲十小時。一八七七年麻省又訂立各業雇主必須防護有危險性機械之法律。一八八五年阿拉巴馬（Alabama）省通過雇主責任法（Employer's Liability Law），麻省於一八八七年亦通過此項法律。雖然此種法律爲保障勞工之一大進步，但當時訴訟費甚大，受傷勞工依据法律要求賠償獲勝者，亦須支付極多之法律費用，故多數勞工即使受傷，亦不要求賠償。總之，雇主在此時期，金錢上之賠償支出，並不足以激勵其改進預防勞工傷害之工作。

保險公司之安全工作：各州通過有關保障勞工之法律時，保險公司爲避免雇主對於勞工傷害所引起之重大損失起見，特聘請工程師檢查保險之工廠，估計其發生傷害之可能性，以決定其保險費。此等工程師於研究各項工業情況及發生意外之原因時，獲知極多減少及消除危險之方法，故對預防工業意外事件，實有重大貢獻。

工業安全之發源地：最初工業界中，對於安全工作並無創導者。一八九二年伊利諾鋼鐵公司 Joliet 廠成立安全處，首先從事引擎飛輪之檢查。因該廠安全工作極爲具體，在短期內其他各鋼鐵廠亦效法推行，故 Joliet 鋼鐵廠被譽爲〝美國預防工業意外之發源地〞。

勞工賠償法：雇主責任法實施後，發生種種弊病。因此勞工，牧師以及輿論界均竭力主張修改，而有勞工賠償法之產生。此項法律規定：雇主應償付受傷勞工之醫葯費及失去工作能力時期之家庭最低生活費；勞工不必支付一切訴訟費用。如此增加雇主之賠償損失，促其特別注意安全工作。

國會於一九〇八年通過之賠償法，僅限於政府中某種公務員，且規定之賠償額亦極少。美國最舊之賠償法目前尚在實施者，爲一九一一年紐傑賽州（New

Jersey）所通過者，該年內共有七州通過此法律，一九一二年有三州，一九一三年有十一州，一九一四年二州，一九一五年十州。一九四三年時，除密西西比一州外，其他四十七州均已實施勞工賠償法。有此法律保障，要求賠償傷害者增多，雇主損失甚大，因此雇主方面逐漸覺悟一極重要之事實：即預先設法防止意外，所需費用實較事後負責賠償所受之損失爲少。

全國安全總會：一九一二年威斯康辛州，密爾瓦溝城（Milwaukee）有少數工程師，於鋼鐵電機工程師學會領導之下，交換有關意外事件損失，發生原因及其預防方法之意見。此種熱心安全工作之人士，代表保險公司，企業公司，聯邦政府，州政府及其他有關團體。當時交換意見之結果，決議於一九一三年在紐約召開規模較大之會議，是年完成全國工業安全總會之組織，從事研究工業意外問題。一九一五年該會更名爲全國安全總會。其工作範圍擴充爲各種意外事件之預防，除工業意外事件外，他如市街，公路，學校，家庭等之意外事件均包括在內。在此總會領導之下，安全工作日漸擴展，奠定今日全美安全工作之優異基礎。該會發刊六種月刊爲：全國安全新聞（屬於工業界者），公共安全，工業督導，安全勞工，安全駕駛，安全教育，（屬於學校教師者）。尙有他種半技術性之出版物，如安全工作綱領，健康設施，工業統計，意外事件統計，安全會議年刊，安全標語等。該會之圖書館，所藏安全圖書，爲其他圖書館所不及；並聘請工程師負責解答各界預防意外及其他有關問題。但因該會之經費係由各會員工廠按照工人人數比例交付，對於非會員工廠之協助工作，有時不得不加以限制。

一般社會之安全協會組織：全國安全總會成立後，社會人士均感到推行大規範之安全工作，似有設立各地方附屬機構之必要。一九一七年匹茲堡市府特設安全幹事一名，聯絡市府職員，學校當局，實業家，家長教師協會，報館，牧師，保險公司代表及其他團體，推行大規模之預防意外事件運動。數年之內，各地方安全分會增加至六十以上。最近全國各大城市均將有此類似之組織。

以下爲各安全分會之主要工作項目：

(1)　各業高級代表之安全會議，

(2)　安全工程師之安全會議，

(3)　領工及監工員之安全會議，

(4)　勞工之安全會議，

(5)　車輛駕駛員之安全會議，

(6)　工業安全競賽，

(7)　報章及無線電宣傳，

(8)　出版預防意外之書箱雜誌，

(9)　安全演講等。

他種從事安全工作之組織：美國除全國安全總會外，尙有數百種組織，從事各方面之安全工作，其主要者如下：

（1） 美國安全工程師學會

（2） 美國標準協會

（3） 美國安全博物舘

（4） 美國公共衛生協會

（5） 美國運輸協會

（6） 美國石油研究社

（7） 美國鐵路協會

（8） 汽車製造協會

（9） 美國工業衛生協會

(10) 聯邦標準局

(11) 全國消防協會

(12) 各州政府安全處

(13) 勞工部

(14) 聯邦礦務局

(15) 聯邦公共衛生處

各重要組織之工作：玆將數種較重要組織之工作簡單介紹於後：

（1） 聯邦礦務局(華府)：成立於一九一〇年，隸屬內政部。主要工作爲研究礦工意外事件之原因，及其疾病之發生，並推行各種預防方法。歷年來，礦工意外事件之減少，大部應歸功於該局之努力。該局最顯著之成就爲煤礦爆炸發生原因及援救方法之研究；並訓練救護人員應用各種特殊裝備，其急救教材爲各方所採用。最近國會令該局設立煤礦檢查制度，以與各州之煤礦檢查工作取得連繫。

（2） 勞工統計局(華府)：成立於一九一三年，隸屬勞工部。發刊各項工業意外及健康問題之統計資料，每年出版全國工業傷害之總數，及各業傷害之分析報告。

（3） 聯邦標準局(華府)：成立於一九一〇年，隸屬內政部。創制各種材料及設備之安全標準及其安全度之試驗方法。其他關於預防火災及工業意外方面之工作，亦甚有成績。該局與美國標準協會合作訂立各種安全規範。

（4） 勞工標準處(華府)：成立於一九三四年，隸屬勞工部。其主要工作目標爲擬訂勞工法律之標準，及工作環境之改良。安全方面之工作爲訂立美國安全標準規範，並爲勞工組設安全及健康顧問，協助各州訓練安全檢查人員。同時致力於安全運動之推行，以減少工業傷害。勞工標準處亦爲聯邦政府安全總會之主要份子，促進公務人員之安全工作。一九四〇年該處組織國防工業人員調節委員會，其主要目的爲設置安全顧問工程師，協助推進安全工作較差之工廠及擬訂安全訓練之教材。

最近之趨勢：（1）注重各州之安全工作（2）推進安全教育。

（1）各州之安全工作：各州對於薪工階級之安全問題，均特設一機構負責。此種機構之名稱，則各州不同，如工業局，勞工工業局，勞工處等。最早成立之組織爲一八六七年麻省之工廠檢查處。各州安全機構之主要目的，爲實施各項法律，以改善雇員及勞工之待遇與環境。勞工賠償法通過後，即訂立各公司及工廠防護危險性機械之法規。其實施常借助於警察强迫力量，如不遵行，則處以罰金或拘禁。有數州，規定不遵從法規之雇主，不准運用機械之一部，或停閉全部工廠，直至其改頁爲止。目前各州均力圖提高安全檢查之標準，以減少意外事件之重大損失。

（2）安全教育：最初之安全教育僅着重於工廠內員工之訓練及提高中小學學生之安全感，並未在大學中專設關於工業意外預防之課程。創設大學安全課程時，曾感大學師資與教本之缺乏，此種困難，現已解除。且因二次大戰時期，需要大量之高級工作人員。費城本薛爾凡尼亞大學爲適應此種需要，與費城安全協會，美國安全工程師學會費城支會及勞工標準局等機構合作，最先設立一百五十小時之工業安全教育課程。此後全國各大學均設置較短期之安全課程（將一百五十小時縮改爲九十六小時），一九四三年一月一日，曾有二萬名主要工程人員，完成此項訓練。

戰時固須注意預防工業意外之安全教育，和平時期，亦同樣重要，至少應推廣預防意外之基本知識教育。依目前之趨勢，吾人可斷言，大學教材中安全課程之設置爲必然之事。一九四三年一月有人建議兩種辦法：第一爲設置安全工程師學位，第二爲各種工程課程中兼授有關安全之教材。例如：機械設計一科，應包括安全防護設備之設計，以保障機械操作者及其附近工人之最大安全度。對於願以預防工業意外爲終身職之工科學生，可於四年級時，設置安全工程之選科。工科畢業生均應具有安全感，故以第二種辦法較爲合適。

◇◆◇◆◇◆◇◆◇◆◇◆◇◆◇◆◇◆◇◆◇◆◇◆◇◆◇◆◇◆◇

◁新工程出版社▷

總編輯　陶家瀓
發行人　葉翰卿
印刷者　臺成工廠
通訊處　臺灣臺中六十六號信箱
臺灣總經售處　中央書局股份有限公司
臺中市中正路九一號
電話九五七號
上海特約經售處　程鶴鳴先生
上海(25)建國東路103弄37號
電話：　7631號

28578

臺灣碱業有限公司

營業項目

氯化鈣　氯酸鉀　液氯　漂粉　鹽酸　燒碱

總公司

臺灣省高雄市草衙四二四號

電報掛號：四三五四號

第一廠	臺灣省高雄市草衙四二四號
第二廠	臺灣省臺南市安順庄媽祖宮八七二號
第三廠	臺灣省臺南市安平一〇〇〇號
第四廠籌備處	臺灣省高雄市前鎮
上海辦事處	上海市四川中路六七〇號四樓
臺北辦事處	臺灣省臺北市漢口街三二九號
臺南辦事處	臺灣省臺南市大宮町五十八號
高雄辦事處	臺灣省高雄市前金三七四號

28580